U0338635

自补图理论及其应用

（第2版）

许 进◎著

山东科学技术出版社

·济南·

图书在版编目（CIP）数据

自补图理论及其应用 / 许进著. -- 2 版. -- 济南：
山东科学技术出版社，2025. 1. -- ISBN 978-7-5723
-2416-1

Ⅰ. O157.5

中国国家版本馆 CIP 数据核字第 2025L35P01 号

自补图理论及其应用(第 2 版)
ZIBUTU LILUN JIQI YINGYONG(DI ER BAN)

责任编辑：陈　昕　张　琳

主管单位：山东出版传媒股份有限公司
出　版　者：山东科学技术出版社
　　　　　　地址：济南市市中区舜耕路 517 号
　　　　　　邮编：250003　电话：(0531) 82098088
　　　　　　网址：www.lkj.com.cn
　　　　　　电子邮件：sdkj@sdcbcm.com
发　行　者：山东科学技术出版社
　　　　　　地址：济南市市中区舜耕路 517 号
　　　　　　邮编：250003　电话：(0531) 82098067
印　刷　者：山东彩峰印刷股份有限公司
　　　　　　地址：潍坊市潍城区玉清西街 7887 号
　　　　　　邮编：261031　电话：(0536) 8311811

规格：16 开(184 mm×260 mm)
印张：18.5　字数：420 千
版次：2025 年 1 月第 1 版　印次：2025 年 1 月第 1 次印刷
定价：128.00 元

内容简介

本书第 1 版出版于 1999 年，是我国，也是国际上第一部关于"自补图理论及其应用"的学术专著。20 多年来，自补图理论及其应用方面的研究一直有新的结果出现。本次修订增加了自补图理论方面新出现的研究成果，更新了文献资料，并订正了第 1 版的一些疏漏。

全书共 9 章，系统地研究了自补图的基本性质与基本理论，涉及自补图的基本性质、自补图与有向自补图的计数、自补图的分解与构造技术、自补图中的路与圈、正则与强正则自补图理论、2 重自补图理论、偶自补图理论、自补度序列图理论。在应用方面，探讨了强正则自补图在对角线型的 Ramsey 数问题研究上的应用，还讨论了自补图在图与其补图色多项式研究中的应用。

本书从 ABC 出发，采用循序渐进的写作方法，把读者逐步引入自补图研究的最前沿。在本书的第 1 章给出了图论中一些必要的内容，使得不具有图论知识的读者也可以顺利阅读全书。本书的每一章均附有尚待解决的公开问题或猜想，供那些有兴趣进一步研究的读者参考。

本书可供数学、计算机科学、电路与系统、智能科学以及有关工程技术人员使用，也可作为大学本科生和研究生学习的教材和参考书。

谨以此书献给
养育我的父亲和母亲

作者简介

  许进 北京大学教授,博士生导师,理学、工学双博士,主要从事图论、生物计算以及理论计算机与算法研究。出版学术专著 5 部、译著 1 部,发表学术论文 300 余篇。作为第一完成人,获国家自然科学二等奖 1 项、教育部自然科学一等奖 2 项、湖北省自然科学一等奖 1 项。先后主持国家自然科学基金重点项目、重大国际合作项目、重大仪器专项、863 项目、国防项目、国家重点研发计划共超 10 项。现任中国电路与系统学会副主任委员、中国通信学会云计算与大数据委员会副主任委员、生物计算与生物处理专业委员会理事长;*Artificial Intelligence Review* 与《电子与信息学报》副主编,《电子学报》《计算机学报》与《软件学报》编委;曾任中央军委科学技术委员会领域专家、电子学会图论与系统优化专业委员会理事长、湖北省运筹学会理事长、北京市运筹学会副理事长;第一、二、四、五、七、八届国际生物计算机大会主席。

第1版序

1984 年,我在攻读硕士学位期间,学习由李慰萱教授所译 Harary 的《图论》一书时,发现其中第二章的习题 2.17("画出有 8 个顶点的所有 4 个自补图")有问题,因为我构造出了具有 8 个顶点的 6 个自补图。于是,我通过查阅 Read 在 1963 年的文章得知:8 个顶点共有 10 个自补图!很快,我通过一种自补图的分解方法把这 8 个顶点的自补图全部构造了出来。由此,我对自补图产生了浓厚的兴趣。1984 年至今已经有 15 年,在这 15 年当中,我几乎每年都完成几篇关于自补图方面的学术论文。正因为对自补图的浓厚兴趣,使得我在自己的硕士学位论文《论自补度序列图及自补图的构造》以及我的理学博士学位论文《图的自补性与色性》中均对自补图进行了较为深入的研究。本书就是在我的上述两篇学位论文的基础上完成的。

一个图若与它的补图同构,则称这个图为自补图。自补图是有趣而重要的一类图。业已发现,自补图在对角线型的 Ramsey 数方面的研究、关于图的 Shannon 容量的研究、图与它的补图的色多项式相互之间关系方面的研究、强完美图(strong perfect graph)猜想以及图的同构测试问题等的研究方面有其重要的应用,因而越来越多地受到图论学者的关注。

自补图的研究始于 20 世纪 60 年代初,它几乎同时由三位著名的图论专家 Ringel、Sacha 和 Read 各自独立地进行了研究。随后有许多著名的图论专家展开对自补图的研究,如 Rao、Clapham、Mathon 等。到目前为止,关于自补图理论及其应用的研究已经取得了丰富的成果,并且有许多优美的结果与独特的方法。基于此因,我们撰写了这本关于自补图理论及其应用的学术专著。在这本书中,我们几乎对自补图理论方面所有重要的结果都给予了较为详细的论述。

本书是国际上第一部关于自补图理论及其应用的学术专著。全书共分 9 章,系统地研究了自补图的基本性质与基本理论:诸如自补图的度序列特征与实现算法;自补图的直径特征;自补图与有向自补图的计数;自补图的分解与构造技术;自补图中的路与圈,特别是关于自补图的 Hamilton 性的刻画;正则与强正则自补图的计数与构造;引入 2 重自补图类,较系统地研究了 2 重自补图的基本性质与基本理论,并将其应用于有向自补图的研究之中;通过发现自补图的一种分解方法,引入了偶自补图的概念,指出了偶自补图是自补图中一类关键的、核心的生成子图,进而对偶自补图的基本特征与基本性质进行了较为详细的研究;引入一类自补图类更广泛的图——自补度序列图并对其基本特征与基本性质进行了研究。在应用方面,主要有两个方面的内容:一是强正则自补图在对角线型 Ramsey 数问题研究上的探讨,特别是提出了 Ramsey 数 $R(5,5)=46$ 的猜想;另一个是自补图在图与其补图色多项式研究中的应用,成功地应用自补图方法解决了 Akiyama 和 Harary 在这一领域所提出的猜想。

由于 Laszlolovasz 在 1979 年的突破性工作(Laszlolovasz. On the Shannon capacity of a graph. IEEE Trans. On IT,1979,25(1):1—7),使得关于图的 Shannon 容量的研究陡然"热"了起来。然而,关于图的 Shannon 容量的研究还是非常困难的,目前仅有极少数的图类可求出 Shannon 容量,对一般图的 Shannon 容量的计算是困难的,甚至对一些极其简单的图也是如此。应用自补图对图的 Shannon 容量的研究是 Laszlolovasz 在 1979 年所提出的,但这仅仅是一个开始,还没有实质性的工作。我们试图应用自补图对图的 Shannon 容量作进一步的研究。目前已经有一些好的进展,但还不够成熟,故在本书中尚未讨论。另外,关于自补图在强完美图猜想以及图的同构测试问题的应用也未列入,这也是我感到很遗憾的不足之处。

本书在完成过程中得到了国内外许多同行的关心与帮助。首先要感谢的是我的硕士生导师、西北工业大学的王自果教授,我的博士生导师、北京理工大学的王朝瑞教授和新加坡国立大学(National University of Singapore)数学系教授 Koh K. M. 博士。王自果教授教给我图论,引导我研究自补图理论。王朝瑞教授使得我的自补图理论的研究更加深入。

1994 年,Koh K. M. 教授邀请我去新加坡国立大学访问讲学,并作了关于"Self-Complementary Graphs:Theory and Application"的学术报告。访问期间,Koh K. M. 教授就这本书的编写大纲及内容与我进行了多次磋商(其中包括 1997—1998 年我在新加坡国立大学作计算机系的 Research Fellow 期间),并给我提供了许多关于自补图方面的资料以及他本人的学术论文,在此表示衷心的感谢。

在本书的写作过程中,还得到了中国科学院应用数学研究所的王建方研究员、厦门大学数学系的张福基教授、山东大学数学院的刘贵真教授、陕西师范大学数学系的魏遐苏教授、西安石油学院基础部的欧阳克智教授、华东交通大学的周尚超教授的帮助,在此一并表示感谢。

我特别要感谢我的恩师,中国科学院院士保铮教授这几年给我的关怀和帮助,给我提供良好的学习和工作环境,使得我能潜心写作,本书才得以问世。

在本书的完成过程中,西安电子科技大学出版社李荣才总编、夏大平先生、陈宇光先生以及刘晓雪小姐、闫卫莉小姐,西安电子科技大学电子所的段旭红小姐给予了极大的帮助,在此一并表示衷心的感谢。

由于本人学识水平有限,书中不妥之处在所难免,恳请读者给予批评指正。

许　进

1999 年 10 月 12 日

于西安电子科技大学

第 2 版序

本书第 1 版出版于 1999 年,是我国,也是国际上第一部关于"自补图理论及其应用"的学术专著。20 多年来,自补图理论及其应用方面的研究一直有新的结果出现。本次修订增加了自补图理论方面新出现的研究成果,更新了文献资料,并订正了第 1 版的一些疏漏。

在第 1 版的基础上,第 2 版主要补充内容包括:第 2 章增加了关于自补图最大自同构群(第 2.6.3 小节)、自补图的主特征根(第 2.7.3 小节)、自补图的边着色(第 2.8.2 小节)方面的结果;第 3 章第 2 节和第 4 节分别增加了自补图构造方面的新结果,补充了自补图是弦图的充要条件(第 3.5 节)、分离自补图(第 3.6 节)和最小度为 2 的自补图(第 3.7 节)方面的结果;第 4 章增加了自补循环图的计数和二部自补图数目方面的结果;第 7 章增加了对称自补图(第 6.7 节)、顶点可传自补图(第 6.8 节)、顶点可传自补图与图的字典积(第 6.9 节)以及循环自补图(第 6.10 节)等方面的结果;第 8 章增加了有向可传自补图分解的结果(第 8.7 节)。

第 2 版的修订工作从资料查阅、选择、翻译到切入本版的章节,全由我的学生李泽鹏教授完成。李教授严谨认真,发现并修改了第 1 版参考文献以及书写方面的漏洞与不足,再次表示感谢。

我还要感谢山东科学技术出版社副社长郑淑娟对本书第 2 版的出版策划和编辑陈昕及其团队在出版过程中的细心编校与反复打磨。

最后,再强调一下,强正则自补图有望在 Ramsey 数 $r(k,k)$,$k \geqslant 5$ 的研究方面起到一定的作用。

许 进

2024 年 12 月 15 日

于北京大学办公室

目录
CONTENTS

第1章 图的基本知识

本章采用循序渐进、逐步深入的方法介绍了图论中的一些基本概念与基本理论。在保证读者能顺利阅读全书最基本内容的基础上,对图论中的某些内容进行了较为深入的讨论。本章末配有大量的习题,供不太熟悉图论基础知识的读者进一步巩固图的基本概念与基本理论时使用,有些习题是对本章有关内容的补充。为了激发读者对图论的兴趣,我们在本书每章后都给出了几个尚未解决的问题,其中有些是猜想,有些是尚待解决的图论难题。我们比较详细地给出了有些问题的出处、研究进展以及参考文献,供有兴趣进一步研究的读者参考。本章的安排如下:1.1 节中引入图的定义并给出图的各种不同的类型;1.2 节中引入图的同构的概念;图的度序列是刻画图的一个很重要的不变量,我们在 1.3 节中给予了较为详细的讨论;子图及其各种运算安排在 1.4 节;1.5 节中引入路、圈、连通图以及刻画图的连通性的 3 个不变量:连通度、坚韧度与核度,还引入了补图与自补图的概念;匹配、独立集、覆盖与 Ramsey 数等概念的介绍安排在 1.6 节;1.7 节中介绍了图的 3 种矩阵:相邻矩阵、S 相邻矩阵与关联矩阵;1.8 节介绍了群与自同构群的有关知识。

1.1 图的定义与分类

有序对 $G=(V(G),E(G))$ 称为一个**图**,其中 $V(G)$ 是一个非空有限集。$V(G)$ 中的元素称为 G 的**顶点**,$E(G)$ 是 $V(G)$ 中**全体不同元素构成的不同无序对集合**的一个子集,$E(G)$ 中的元素称作 G 的**边**。我们称 $V(G)$ 是图 G 的**顶点集**,$E(G)$ 为 G 的**边集**;在不致混淆的情况下,有时分别用 V 和 E 表示 G 的顶点集和边集。G 的顶点数 $|V(G)|$ 有时也称作 G 的**阶**,通常用 p 来表示;G 的边的数目 $|E(G)|$ 一般用 q 表示。为方便,我们通常用 uv 来表示边 $\{u,v\}$(其中 u,v 是 $V(G)$ 的元素)。如果 $e=uv\in E(G)$,则说 e **关联** u 和 v,称 u,v 分别是 e 的**端点**,并且称这两个顶点是**相邻的**。在这种情况下,我们亦称 v 是 u(或者 u 是 v)的一个**相邻者**。设 $u\in V(G)$,u 的**邻域**,记作 $N_G(u)$(在不致混淆的情况下记作 $N(u)$),它是 G 中全体相邻于顶点 u 的顶点构成的 $V(G)$ 的一个子集合,即

$$N(u)=\{v:uv\in E(G);u,v\in V(G)\} \tag{1.1}$$

与 G 的同一个顶点相关联的两条边称为**相邻边**或者简称为**邻边**。

采用**图**这一名称,是因为 G 可以用图形来表示,而这种图形表示方法有助于我们理解图的许多性质。图的每个顶点用平面上的一个点来表示,每条边用线来表示,此线连接着代表该边端点的点。注意,画线时要求每一根线自身不相交,也不通过这样的点:它所代表的顶点不是相应边的端点(显然,这样总是可以做到的)。我们把这种**图形**称为该图的一个**图解**。在本书中,图解与图是同义语。

在图的定义中,如果我们删去"边必须是不同的"的限制,则导致的结果称为**多重图**,如图 1.1(b)所示;连接同一对顶点的两条或者更多条边(但必须有限)被称为**多重边**。如果 M 是一个多重图,则它的**基础图**是用一条边来代替多重边集而顶点集不变的图。

如果我们再在多重图中删去"边必须连接不同顶点"的限制,即允许有**自环**的存在,则由此导出的结果称为**一般图**(或**伪图**),见图 1.1(c)。当集中注意于图,而不考虑多重图或一般图时,我们通常使用术语"**简单图**",以强调我们排斥自环和多重边。

下面的例子有助于对图、多重图以及一般图的深化理解。

例 1.1 设 $V=\{1,2,3,4\}$,$E=\{\{1,2\},\{1,3\},\{2,3\},\{3,4\}\}$,则 $G=(V,E)$ 是一个简单图。图 1.1(a)给出了图 G 的图解。

设 $E'=\{\{1,2\},\{1,3\},\{1,3\},\{2,3\},\{2,3\},\{2,3\},\{3,4\}\}$,则 $G'=(V,E')$ 是一个多重图。G' 的图解如图 1.1(b)所示。

设 $E''=\{\{1,2\},\{1,3\},\{1,3\},\{2,2\},\{2,2\},\{2,3\},\{2,3\},\{2,3\},\{3,4\},\{4,4\}\}$,则 $G''=(V,E'')$ 是一个伪图。G'' 的图解如图 1.1(c)所示。

图 1.1(a)所示的图 G 是图 1.1(b)所示多重图 G' 的基础图。

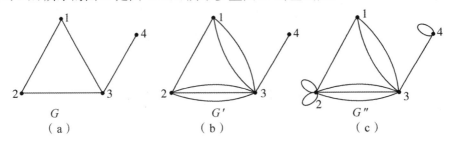

$$G \qquad\qquad G' \qquad\qquad G''$$
$$(a) \qquad\qquad (b) \qquad\qquad (c)$$

图 1.1 图、多重图和一般图(伪图)

将一个顶点从其余顶点中区分出来的图称作**根图**。我们把这个被区分出来的顶点叫做这个根图的**根点**,或简称为**根**。在图解中经常用一个小正方形标出根,如图 1.2(a)所示。一个阶为 p 的**标定图**是一个**图**,它的顶点已被分配数字 $1,2,\cdots,p$,并且没有两个顶点分配相同的数字[**注**:有时也用字母来标定,但要求"没有两个顶点分配相同的字母",如图 1.2(b)所示]。

在图(或简单图)的定义中,如果我们把"无序"二字改成"有序"二字,便得到所谓**有向图**的概念。更确切地讲,所谓**有向图** D 是一个有序对 $[V(D),A(D)]$,其中 $V(D)$ 是一个非空有限集,$V(D)$ 中的元素称为**顶点**,$A(D)$ 是由 $V(D)$ 中的元素组成的一些有序对构成,并且要求:①构成有序对的两个元素不同;②任何两个有序对不同。显然 $A(D)$ 是一个有限集。$A(D)$ 中的元素称为**弧**,见图 1.2(c)。

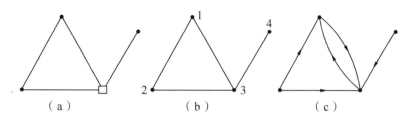

图 1.2　根图、标定图和有向图

在不致混淆的情况下,我们通常将弧 (u,v)(其中 u 和 v 是 D 的顶点)用 uv 表示。如果 $e=uv$ 是 D 的一条弧,则称 u 和 v 是**相邻的**且称 e 是**从 u 关联到 v**;我们也称顶点 u **控制**顶点 v。形如 uv 和 vu 的一对弧称为**对称弧**。

设 D 是一个有向图,它的**逆**仍是一个有向图,记作 D',D' 的顶点集为 $V(D')=V(D)$,弧集为 $A(D')=\{vu:uv\in A(D)\}$;有向图 D 的**基础图**是指用无向边来代替 D 中每一条弧而得到的图或多重图。

一个**完全对称图**是每两个顶点之间恰用一对对称弧相连接的有向图。**竞赛图**是一个有向图,它的每对顶点之间恰有一条弧连接。图 1.3 分别给出了一个 5 阶的完全对称图和一个 5 阶的竞赛图。竞赛图是一类具有实用价值的很重要的有向图,有兴趣的读者可参见文献[1]、[2]。

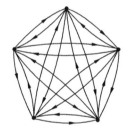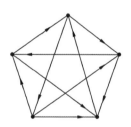

图 1.3　5 阶完全对称图和一个 5 阶竞赛图

1.2　图的同构

按照上节所述图的定义,我们已经知道,一个图的顶点与位置是无关的,图中两个顶点之间的连线与它的长度、曲直或者形状也是无关的,这要考虑的是两个顶点之间是否有线相连,这正是所谓两个顶点之间的拓扑性质。正因为如此,有些表面上似乎完全不同的图,其实却是相同的(如图 1.4 所示,一对表面上不同但实际上完全相同的图)。于是,我们称这两个图是**同构**的。下面,我们用数学语言对图的同构给出严格的定义。

设 G_1,G_2 是两个简单图,图 G_1 与 G_2 被称为是**同构**的,记作 $G_1\cong G_2$,如果存在一个从 $V(G_1)$ 到 $V(G_2)$ 之间保持相邻性的 $1-1$ 映射 σ。换言之,在 $V(G_1)$ 到 $V(G_2)$ 之间存在一个 $1-1$ 映射 σ,使得对于 $\forall u,v\in V(G_1)$,$uv\in E(G_1)$ 当且仅当 $\sigma(u)\sigma(v)\in E(G_2)$。

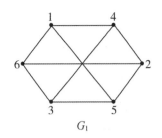
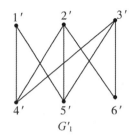

图 1.4　一对典型的同构图

我们把从 $V(G_1)$ 到 $V(G_2)$ 之间保持相邻性的这个 $1-1$ 映射 σ 叫做图 G_1 到图 G_2 之间的一个**同构映射**。

例如,对于图 1.4 所示的 G_1 与 G_1',$V(G_1)=\{1,2,3,4,5,6\}$,$V(G_1')=\{1',2',3',4',5',6'\}$,作映射

$$\sigma(i)=i' \quad (i=1,2,\cdots,6) \tag{1.2}$$

容易验证,σ 是从 G_1 到 G_1' 的一个同构映射。因此,G_1 与 G_1' 同构。

对于多重图、一般图、有向图,我们也不难给出两个图同构的定义。

判别两个图是否同构具有良好的实际应用背景。最直接的应用就是应用于系统工程中判别两个系统结构是否同构,这在系统建模中具有非常实用的价值。另一个直接的应用是在用计算机构造某种类型的图时,排除同构图。判别两个图是否同构是一个很困难的问题,至今仍不知道是否属于 P 问题,也未被证明属于 NP 完全问题。

关于图的同构的各种算法及其应用可在文献[3]中找到。作为本节的结束,下面给出一个很显然的事实。初学者不妨自行证一下。

命题 1.1　若 $G_1 \cong G_2$,则 $|V(G_1)|=|V(G_2)|$,$|E(G_1)|=|E(G_2)|$,但其逆不真。

1.3　图的度与度序列

所谓图 G 的一个**不变量**是指与图 G 有关的一个数或者一个数列(或向量),它对于任何一个与 G 同构的图有相同的值。图的顶点数 $|V(G)|$ 和边数 $|E(G)|$ 都是图 G 的不变量。所谓**不变量的完全集**是指可以完全决定一个图直到同构的一个不变量组。例如,顶点数 p 和边数 q 对于顶点数 $\leqslant 3$ 的所有图构成了一个不变量完全集。但对顶点数 $\geqslant 4$ 的情况则不然。例如 $p=4$,$q=3$ 时对应的图有如图 1.5 所示的 3 个,故 $\{4,3\}$ 不是它们的不变量完全集。

本节我们所讨论的图的度序列是刻画图的一个重要的不变量。因而得到许多学者的关注。关于这方面的研究可参见文献[4]。在这一节里,我们不可能就这方面的内容给予系统的研究,只就我们所关心的一些最基本的问题给予介绍。

图 1.5　不变量完全集的反例图

设 v 是图 G 的一个顶点,我们把关联顶点 v 的边的数目称为 v 的**度数**,简称为**度**,记作 $d_G(v)$。在不致混淆的情况下用 $d(v)$ 表示。即 $d(v)=|N(u)|$,图 G 的**最大度**和**最小度**是指图 G 中度数构成的集合中的最大值和最小值,分别用 $\Delta(G)$ 和 $\delta(G)$ 表示(或简单地用 Δ 或 δ 表示)。度数是 0 的顶点称为**孤立点**,度数是 1 的顶点称为**悬挂点**。

一个图 G 的度序列是 G 的顶点度数的集合,一般采用单调递减或单调递增次序,确切地说,设 $V(G)=\{v_1,v_2,\cdots,v_p\}$,$d_i=d(v_i)$,$i=1,2,\cdots,p$,如果

$$d_1\geqslant d_2\geqslant\cdots\geqslant d_p \tag{1.3}$$

则称 $(d_1,d_2,\cdots,d_p)$ 是图 G 的**度序列**,并记作 $\pi(G)$。有时为方便,采用满足

$$d_1\leqslant d_2\leqslant\cdots\leqslant d_p \tag{1.4}$$

的序列 $(d_1,d_2,\cdots,d_p)$(递增序列)作为图 G 的**度序列**。

如图 1.1(a)所给出的图 G 的度序列为 $\pi(G)=(1,2,2,4)$。图 1.1(b)所示图 G' 的度序列为 $\pi(G')=(1,3,4,6)$。

对于任一类型(简单,多重或者一般)的无向图 G,$V(G)=\{v_1,v_2,\cdots,v_p\}$,$p\geqslant 2$,并且它的度序列为 $\pi(G)=(d_1,d_2,\cdots,d_p)$。由于图 G 的每一条边对所有度序列之和 $\sum_{i=1}^{p}d_i$ 的贡献值恰好是 2,因此,我们有:

定理 1.2　设图 G 是一个一般图,$V(G)=\{v_1,v_2,\cdots,v_p\}$,$\pi(G)=(d_1,d_2,\cdots,d_p)$,$|E(G)|=q$,则 $\sum_{i=1}^{p}d_i$ 是偶数且

$$\sum_{i=1}^{p}d_i=2q \tag{1.5}$$

前面已经讲过,图的度序列是刻画图的一个重要的不变量。基于后面有关章节的需要,我们计划较系统地讨论这一不变量,为此,我们将按图的类型分别给予讨论。

1.3.1　简单图的度序列

对于简单图 G 而言,下列结论是基本的。

定理 1.3　设 G 为简单图,则:① $0\leqslant d_i\leqslant p-1$,$i=1,2,\cdots,p$;②在 $d_1,d_2,\cdots,d_p$ 中至少存在两个值相等。

关于①的证明由图的定义易知,关于②的证明由①易证,故略。

设 $\pi=(d_1,d_2,\cdots,d_p)$ 是一个非负整数的单调递减(或单调递增)序列,如果存在一个 p 阶简单图 G,满足 $\pi(G)=\pi$,则称 π 是**可图序列的**,或简称 π 是一个**图序列**,并称 G 是 π 的一个**实现**。

在图的度序列研究领域中,下列问题应属主要的研究问题:

第一,图序列的基本特征是什么?即一个非负单调递减整数的序列 $\pi=(d_1,d_2,\cdots,d_p)$ 是图序列的充要条件是什么?

第二,设 $\pi=(d_1,d_2,\cdots,d_p)$ 是一个图序列,试问 π 对应的实现有多少个?这个问题即所谓的计数问题。为方便,我们用 $G(\pi)$ 表示 π 的全体实现构成的集合。

第三,如何把图序列 $\pi=(d_1,d_2,\cdots,d_p)$ 对应的实现全部构造出来。或者把我们感兴趣的某些图构造出来。这个问题即所谓的构造问题。

上述第一个问题,已经得到了很好的解决;第二个问题虽然得到了解决,但还不够理想,有待于进一步研究;第三个问题至今尚未彻底解决,特别是用计算机构造时会出现同构现象。

首先讨论图序列的基本特征。

定理 1.4 设 $\pi=(d_1,d_2,\cdots,d_p)$ 是一个满足 $p-1\geqslant d_1\geqslant d_2\geqslant\cdots\geqslant d_p$ 且 $\sum_{i=1}^{p}d_i$ 为偶数的非负整数序列,则 π 是图序列的充要条件是

$$\pi_1=(d_2-1,d_3-1,\cdots,d_{d_1+1}-1,d_{d_1+2},\cdots,d_p)\tag{1.6}$$

也是图序列。

证明 先证充分性。若 π_1 是图序列,令 G_1 是它的一个实现。$V(G_1)=\{v_2,v_3,\cdots,v_p\}$ 且 $d_{G_1}(v_2)=d_2-1,d_{G_1}(v_3)=d_3-1,\cdots,d_{G_1}(v_{d_1+1})=d_{d_1+1}-1,d_{G_1}(v_{d_1+2})=d_{d_1+2},\cdots,d_{G_1}(v_p)=d_p$。于是在 G_1 上增加一个新的顶点,记作 v_1,并令 v_1 与 G_1 中的顶点 v_2, $v_3,\cdots,v_{d_1+1}$ 相连边,所得的图记作 G,显然 $\pi(G)=\pi$,故 π 是图序列。

再证必要性。设 $\pi=(d_1,d_2,\cdots,d_p)$ 是一个图序列。令 G 是它的一个实现,并令 $V(G)=\{v_1,v_2,\cdots,v_p\}$ 且 $d_i=d_G(v_i),i=1,2,\cdots,p,p-1\geqslant d_1\geqslant d_2\geqslant\cdots\geqslant d_p$。如果图 G 的顶点 v_1 与顶点 $v_2,v_3,\cdots,v_{d_1+1}$ 相邻,则 $G-v_1$ 的度序列恰好是 π_1,故 π_1 是图序列。

如果顶点 v_1 在 G 中不是与 $\{v_2,v_3,\cdots,v_{d_1+1}\}$ 中所有的顶点相邻。不失一般性,假设与 v_1 相邻的各个顶点的度数的和最大且假设 v_1 与 v_2 不相邻,但 v_1 与 $v_j\in\{v_{d_1+2},v_{d_1+3},\cdots,v_p\}$ 相邻,则有两种情况:

情况 1:$d_2=d_j$,则将 v_j 与 v_2 互换,可认为 v_1 与 v_2 相邻。

情况 2:$d_2>d_j$,则必存在某个顶点 v_k,使得 $v_kv_2\in E(G)$,但 $v_kv_j\notin E(G)$,如图 1.6 所示。现在,我们在图 G 中删去边 v_1v_j 和 v_2v_k,加上边 v_1v_2 和边 v_kv_j,所得的图仍记作 G。

在新的图 G 中 v_1 与 v_2 相邻,即与 v_1 相邻的顶点的度数之和比在原图中更大。重复上述步骤,显然经过有限步后,使得所得的图(仍记作 G)满足 v_1 与 $v_2,v_3,\cdots,v_{d_1+1}$ 均相邻。从而知 $G-v_1$ 的度序列是 π_1,故 π_1 是图序列。 □

图 1.6 证明定理 1.4 的示意图

上述定理证明过程实际上给出了构造一个图序列实现的有效算法。下面,我们通过实例说明这种构造性算法的方法和步骤。

例 1.2 非负整数序列 $\pi = (6,5,4,3,2,2,2)$ 是否为图序列？若是,给出一个实现。我们可以通过定理 1.4 方法,给出实现的构造性算法如下:

步骤 1:求 π_1 如下(如果 π_1 不是单调递减,则重新排序使之成为单调递减):$\pi_1 = (4,3,2,1,1,1)$,若 π 是图序列,这一步骤给出了顶点 v_1 与 v_2,v_3,v_4,v_5,v_6,v_7 分别相邻;

步骤 2:由 π_1 求 π_2:$\pi_2 = (2,1,0,0,1)$,由于 π_2 不是单调递减,重新排序并仍记作 $\pi_2 = (2,1,1,0,0)$,由此步骤知顶点 v_2 与 v_3,v_4,v_5 及 v_6 相邻。显见 π_2 是一个图序列,并且它的实现由图 1.7(a)给出。

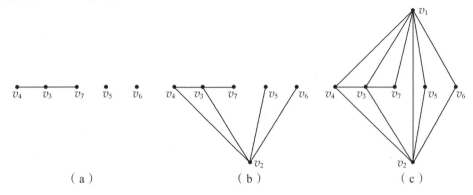

图 1.7 说明实现算法步骤的三个图

再由步骤 2 得图 1.7(b)所示的图,再由步骤 1 得图 1.7(c)所示的图,这个图就是我们按此算法所求的图。

唯一图序列是图的度序列理论研究中一个比较重要的概念,关于唯一图序列的研究始于 20 世纪 60 年代。Hakimi[6,7],Johnson[8]~[10] 和 Koren[11]~[13] 等人对此进行了研究。我们先通过下例引入唯一图序列的概念。

例 1.3 容易验证,非负整数序列 $\pi = (4,4,3,3,2)$ 是图序列,并且容易证实 π 的实现只有一个,就是如图 1.8 所示的图 G。我们把这样的图序列称为**唯一图序列**。即只有一个实现的图序列称为唯一图序列,关于这方面的详细讨论参见文献 [6]~[13]。

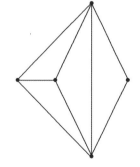

图 1.8 说明唯一图序列的图

不难证实,我们在例 1.2 中所给出的图序列 $\pi = (6,5,4,3,2,2,2)$ 也是一个唯一图序列。即在同构意义下只有一个实现。

下述定理 1.5 是这方面的一个重要结果。

定理 1.5[13] 一个满足 $d_2 = d_{p-1}$ 的图序列 $\pi = (d_1, d_2, \cdots, d_p)$ 是唯一图序列,当且仅当下列条件之一成立:

(1) $d_1 = d_p$, $d_p \in \{1, p-1, p-2\}$;

(2) $d_1 = d_p = 2$, $p = 5$;

(3) $d_1 > d_2 = d_p = 1$;

(4) $d_1 > d_2 = d_p = 2$, $d_1 \in \{p-1, p-2\}$;

(5) $p-2 = d_1 = d_{p-1} > d_p$;

(6)$p-3=d_1=d_{p-1}>d_p=1$;

(7)$p-1=d_1>d_2=d_p=3,p=6$;

(8)$p-1=d_1>d_2=d_p=p-2$。

这个定理的证明不太难,留给读者。关于这方面的详细论述与进展,有兴趣的读者可参阅文献[4]。然而,对于非唯一图序列,按照定理 1.4 给出的有效性算法,仅可以构造出一个实现图来。可否把一个给定的图序列的全部实现构造出来至今仍是一个尚待解决的问题(详见尚待解决的困难问题或猜想问题 2)。

下面我们给出刻画简单图序列基本特征的著名定理。这个定理是由 Erdös 和 Gallai 给出的[14]。

定理 1.6 设 $\pi=(d_1,d_2,\cdots d_p)$ 是一个非负整数序列,$\sum_{i=1}^{p}d_i$ 是偶数,且 $d_1\geq d_2\geq\cdots\geq d_p$,则 π 是图序列的充要条件是

$$\sum_{i=1}^{r}d_i\leq r(r-1)+\sum_{i=r+1}^{p}\min\{r,d_i\},1\leq r\leq p-1 \tag{1.7}$$

证明 先证必要性。设 π 是满足定理要求的一个图序列,并令 G 是它的一个实现且 $V(G)=\{v_1,v_2,\cdots,v_p\}$,$d_i=d(v_i)$,$i=1,2,\cdots,p$。考察 G 中 r 个最大度数之和 $\sum_{i=1}^{r}d_i$。我们可以把 $\sum_{i=1}^{r}d_i$ 看作两个部分。第一个部分是由 $v_1,v_2,\cdots,v_r$ 这 r 个顶点相互连接的边所给予,它们显然不会超过 $r(r-1)$;第二部分是由 $\{v_1,v_2,\cdots,v_r\}$ 与 $\{v_{r+1},v_{r+2},\cdots,v_p\}$ 之间的相连边构成。显然,$\{v_{r+1},v_{r+2},\cdots v_p\}$ 中每个顶点 v_i 对 $\sum_{i=1}^{r}d_i$ 的贡献值 $\leq\min(r,d_i)$。因此,第二部分对 $\sum_{i=1}^{r}d_i$ 的贡献值不会超过 $\sum_{i=r+1}^{p}\min\{r,d_i\}$,故(1.7)式成立,从而必要性获证。

再证充分性。我们对顶点数 p 应用归纳法来证明。当 $p=2$ 时,由定理条件知 $\pi=(d_1,d_2)$ 满足:d_1+d_2 是偶数且只有 $r=1,d_1\geq d_2,d_1\leq\min\{1,d_2\}$。则有两种情况:

情况 1:$d_2=0$。这时 $d_1\leq 0$,又 $d_1\geq d_2=0$,故 $d_1=0$,因此,$\pi=(d_1,d_2)=(0,0)$。它显然是一个图序列。

情况 2:$d_2=1$。由此可得 $d_1=1$,这时 $\pi=(d_1,d_2)=(1,1)$。2 阶完全图 K_2 显然是它的一个实现。

综合这两种情况知,当 $p=2$ 时结论成立。

假设对于顶点数为 $p(\geq 2)$ 时结论成立。我们考察 $p+1$ 的情况。

设 $\pi=(d_1,d_2,\cdots,d_{p+1})$ 是一个满足定理条件的非负整数序列。即 π 满足:$d_1\geq d_2\geq\cdots\geq d_{p+1}$,$\sum_{i=1}^{p+1}d_i$ 是偶数,且

$$\sum_{i=1}^{r}d_i\leq r(r-1)+\sum_{i=r+1}^{p+1}\min(r,d_i),\quad 1\leq r\leq p \tag{1.8}$$

令 m 和 n 分别是满足下列条件的最小的和最大的整数:

$$d_{m+1}=d_{m+2}=\cdots=d_{d_1+1}=\cdots=d_n \tag{1.9}$$

现在我们来构造一个具有 p 个项的新序列如下:

$$e_i = \begin{cases} d_{i+1} - 1 & 1 \leqslant i \leqslant m-1, \text{且}(n-(d_1-m)-1) \leqslant i \leqslant (n-1) \\ d_{i+1} & \text{否则} \end{cases} \tag{1.10}$$

易见，$\pi' = (e_1, e_2, \cdots, e_p)$ 是非负整数序列。我们现在来证明 π' 满足定理条件。即 π' 满足下列条件：

(1) $\sum_{i=1}^{p} e_i$ 是偶数；

(2) $p > e_1 \geqslant e_2 \geqslant \cdots \geqslant e_p$；

(3) π' 满足 (1.7) 式。

证明如下：

① 因为 $\sum_{i=1}^{p+1} d_i$ 是偶数，故

$$\sum_{i=1}^{p} e_i = \sum_{i=1}^{p+1} d_i - 2d_1$$

是偶数。

② 设 a, b 是两个整数且 $a < b$。a 与 b 之间的**整数闭区间**，是指包括 a 和 b 在内的所有介于 a 与 b 之间的整数构成的集合，记作 $[a, b]$。即

$$[a, b] = \{x; a \leqslant x \leqslant b, x \text{ 是整数}\}$$

现在，我们把 1 到 p 之间的整数区间分成 4 个较小的且不相交的整数闭区间：$[1, m-1]$，$[m, n-(d_1-m)-2]$，$[n-(d_1-m)-1, n-1]$，$[n, p]$。由 $\pi' = (e_1, e_2, \cdots, e_p)$ 知，π' 的下标在上述四个整数闭区间上均是单调递减的。即 $p > e_1 \geqslant \cdots \geqslant e_{m-1}, e_m \geqslant \cdots \geqslant e_{n-(d_1-m)-2}$，$e_{n-(d_1-m)-1} \geqslant \cdots \geqslant e_{n-1}, e_n \geqslant \cdots \geqslant e_p \geqslant 1$。

由于 $d_m > d_{m+1}$，所以 $d_m - 1 \geqslant d_{m+1}$，即 $e_{m-1} \geqslant e_m$；由于 $d_{n-(d_1-m)-1} \geqslant d_{n-(d_1-m)}$，更有 $d_{n-(d_1-m)-1} > d_{n-(d_1-m)} - 1$，即 $e_{n-(d_1-m)-2} \geqslant e_{n-(d_1-m)-1}$；由于 $d_n > d_{n+1}$，故有 $d_n - 1 \geqslant d_{n+1}$，即 $e_{n-1} \geqslant e_n$。于是我们得到 $p > e_1 \geqslant \cdots \geqslant e_{m-1}$。从而 (2) 获证。

③ 证明 $\pi' = (e_1, e_2, \cdots, e_p)$ 满足 (1.7) 式。

采用反证法。假设 π' 不满足 (1.7) 式。不失一般性，设 t 是不满足 (1.7) 式的最小整数。即有

$$\sum_{i=1}^{t} e_i > t(t-1) + \sum_{i=t+1}^{p} \min\{t, e_i\} \tag{1.11}$$

但有

$$\sum_{i=1}^{t-1} e_i \leqslant (t-1)(t-2) + \sum_{i=t}^{p} \min\{t-1, e_i\} \tag{1.12}$$

$$\sum_{i=1}^{t-2} e_i \leqslant (t-2)(t-3) + \sum_{i=t-1}^{p} \min\{t-2, e_i\} \tag{1.13}$$

$$\sum_{i=1}^{t+1} d_i \leqslant t(t+1) + \sum_{i=t+2}^{p+1} \min\{t+1, d_i\} \tag{1.14}$$

设 s 是满足 $i \leqslant t$ 且 $e_i = d_{i+1} - 1$ 的 i 的个数。则 (1.14) 式 ~ (1.11) 式得

$$d_1 + s < 2h + \sum_{i=t+1}^{p} (\min\{t+1, d_{i+1}\} - \min\{t, e_i\}) \tag{1.15}$$

由(1.11)式~(1.12)式得

$$e_t > 2(t-1) - \min\{t-1, e_t\} + \sum_{i=t+1}^{p} (\min\{h, t_i\} - \min\{h-1, e_i\}) \qquad (1.16)$$

由(1.11)式~(1.13)式得

$$e_{t-1} + e_t > 4t - 6 - \min\{t-2, e_{t-1}\} - \min\{t-2, e_t\} + \sum_{i=t+1}^{p} (\min\{t, e_i\} - \min\{t-2, e_i\})$$

$$(1.17)$$

注意 $e_t \geq h$，否则不等式(1.16)就给出一个矛盾。令 a, b, c 分别表示在 $i > t$ 时而 $e_i > t$，$e_i = t$ 和 $e_i < t$ 的 i 的个数。此外，令 a', b', c' 分别表示 i 中还满足 $e_i = d_{i+1} - 1$ 的个数。则

$$d_1 = s + a' + b' + c' \qquad (1.18)$$

于是，不等式(1.15)~(1.17)变成：

$$d_1 + s < 2t + a + b' + c' \qquad (1.19)$$

$$e_t \geq t + a + b \qquad (1.20)$$

$$e_{t-1} + e_t \geq 2t - 1 + \sum_{i=t+1}^{p} (\min\{t, e_i\} - \min\{t-2, e_i\}) \qquad (1.21)$$

现在分几种情形来讨论：

情形 1：$c' = 0$。因为 $d_1 \geq e_h$，我们由(1.20)式得

$$t + a + b \leq d_1 \qquad (1.22)$$

但结合(1.18)式与(1.19)式得

$$2d_1 < 2t + a + a' + 2b'$$

这是一个矛盾。

情形 2：$c' > 0$，且 $d_{t+1} > t$。就是说，当 $d_{i+1} > t$ 时，$d_{i+1} = e_i + 1$。（由定义，当 $d_{i+1} > d_{d_1+1}$ 时，$d_{i+1} = e_i + 1$。今由 $c' > 0$ 知 $e_{n-1} < t$，又 $e_{n-1} = d_n - 1$，故 $d_n \leq t$，即 $d_{d_1+1} \leq t$。于是，$d_{i+1} > t \geq d_{d_1+1}$。即得 $d_{i+1} = e_i + 1$。）所以由 $d_{t+1} > h$ 得 $s = h$ 和 $a = a'$。但不等式(1.19)和(1.18)式结合蕴含

$$d_1 + t < 2t + a' + b' + c' = d_1 + t$$

这是一个矛盾。

情形 3：$c' > 1$，且 $d_{h+1} = t$。在这种情形下，$e_t = t$。由式(1.20)得，$a = b = 0$；由(1.18)式，$d_1 = s + c'$。而且，因为 $e_t = d_{t+1}$，至少有 c' 个 i，$i > h$，使 $e_i = t - 1$。从而不等式(1.21)蕴含

$$e_{t-1} \geq t - 1 + c' > t$$

所以，$e_{t-1} = d_t - 1$。从而得 $s = t - 1$，由(1.18)式有

$$d_1 = t - 1 + c' \leq e_{t-1} < d_n$$

这是一个矛盾。

情形 4：$c' = 1$，且 $d_{t+1} = h$。此时仍有 $e_t = t$，$a = b = 0$ 和 $d_1 = s + c'$。因为 $s \leq t - 1$，就有 $d_1 = h$。但这蕴含 $s = 0$，所以 $d_1 = 1$，即所有的 $d_i = 1$。于是(1.7)式显然满足。这是一个矛盾。

因为 $e_t \geq h$ 和 $d_{t+1} \geq e_t$，所以，d_{t+1} 不能小于 t。于是所有可能情形都已经考虑，从而(3)获证。

由于 $\pi'=(e_1,e_2,\cdots,e_p)$ 满足(1.7)式,则由归纳假设,存在一个图 G',使得 $\pi(G')=\pi'$。令 $V(G')=\{v_1,v_2,\cdots,v_p\}$,且 $e_i=d_{G'}(v_i),i=1,2,\cdots,p$。现在我们在 G' 上再增加一个新的顶点 v 并令 v 分别与 $v_1,v_2,\cdots,v_{m-1}$ 和 $v_{n-(d_1-m)-1},v_{n-(d_1-m)},\cdots,v_{n-1}$ 相连边,所得的图记作 G,显见 $\pi(G)=\pi$,从而充分性获证。 □

定理1.4和定理1.6已经很成功地刻画了图序列的基本特征。这也就回答了本小节中图的度序列领域中第一个核心问题。关于这个领域中的第二个核心问题,即一个图序列 $\pi=(d_1,d_2,\cdots d_p)$ 的实现数目,即 $|G(\pi)|$ 这个问题属计数问题,已由文献[15、16]解决,文献[17、18]给出更实用的结果。关于 $G(\pi)$ 中所有图的全部构造问题,尚待解决。作为本小节的结束,我们引入几个和图的度序列有关的概念。

设 G 是一个 p 阶简单图,$\pi(G)=(d_1,d_2,\cdots,d_p)$ 是它的度序列,如果 $d_1=d_2=\cdots=d_p=k$,则称 G 是**正则图**。更确切地讲,G 是 **k 正则图**。当 $k=0$ 时,称 G 为 **p 阶零图**,通常记作 N_p。如图1.9(a)给出了 N_5;当 $k=p-1$ 时,G 称为 **p 阶完全图**,通常记作 K_p,如图1.9(b)给出了 K_5。对于完全图 K_p,它的每对顶点之间有且仅有一条边相连,因此,有

$$|E(K_p)|=\binom{p}{2}$$

即从 p 个元素中任取两个元素的组合数。当 $k=3$ 时,我们通常把3正则图称为 **3次图**。

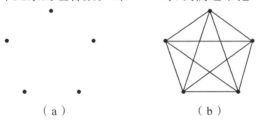

(a)   (b)

图1.9 零图与完全图

1.3.2 k 重图的度序列

一个多重图 G 称为 **k 重图**,如果图 G 中每对顶点之间最多有 k 条边相连。具有 p 个顶点的**完全 k 重图**,记作 K_p^k,它是每对顶点之间恰有 k 条边相连接的图。图1.10给出一个5阶3重图 G 和完全5阶3重图 K_5^3。很显然,若 G 是 k 重图,则 G 也是 $(k+1)$ 重图,$(k+2)$ 重图,$\cdots$。$k=2$ 时的2重图与有向图的研究有密切的关系,这对我们研究有向自补图具有良好的启发。事实上,我们正是利用这个思路,展开了对有向自补图的某些问题的研究,详见第8章。

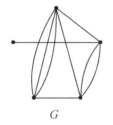
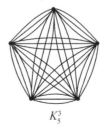

G K_5^3

图1.10 一个3重图和完全3重图

设 $\pi=(d_1,d_2,\cdots,d_p)$ 是一个非负整数序列,它满足:$\sum_{i=1}^{p}d_i$ 是偶数和 $d_1\geqslant d_2\geqslant\cdots\geqslant d_p$,如果存在一个 k 重图 G,使得 $\pi(G)=\pi$,则称 $\pi=(d_1,d_2,\cdots,d_p)$ 是**可 k 重图序列的**,并称 G 是它的一个**实现**。如果 π 是一个可 k 重图序列,我们用 $G^k(\pi)$ 表示它的全部实现构成的集合。

同研究简单图的度序列一样,关于 k 重图的度序列也应考虑如下三个主要问题:

第一,可 k 重图序列的存在条件是什么? 即它的基本特征是什么?

第二,计数问题,即若 π 是一个 k 重图序列,试问 $|G(\pi)|=$?

第三,构造问题,即如何把 $G^k(\pi)$ 中的 k 重图全部构造出来。

对于第二个问题,文献[18]中已经给予解决。关于第三个问题,Hulett 等人给出了边数最大时图的构造算法,详见文献[5]。关于第一个问题,我们得到了类似于简单图的结果,现叙述如下。

为了对可 k 重图序列的基本性质进行较入的研究,我们引入一种新的运算,称为**向量与正整数的减法运算**,并对其有关基本性质进行讨论。

设 $\pi=(d_1,d_2,\cdots,d_p)$ 是一个单调递减的非负整数序列,m 是 π 中的非零元素的个数,d^* 是一个正整数。π 与 d^* 的**减法运算**,记作 $\pi-d^*$(读作 π 减 d^*),其结果(或称为 π 与 d^* 的**差**),仍是一个 p 维(向量)非负整数序列。这一减法定义为:

(1)若 $d^*\leqslant m$,则对 π 中前 d^* 个元素各减 1,其余元素不变,然后对所得的序列按照单调递减次序进行重新排序,并且把按照这种方法所得的差称为 π 与 d^* 的**全差**,并且记作 π'。我们称这种情况为 π 与 d^* 是**1 次性可差的**;

(2)若 $d^*\geqslant m+1$,则对 π 中所有 m 个非零元素减去 1。当然,所得的新序列,仍然是一个非负的单调递减的整数序列,记为 π_1,并且把 π_1 称为 π 与 d^* 的**半差**。

设 π_1 中非零元素的个数为 m_1,且令 $d_1^*=d^*-m$。然后像求 π 与 d^* 之差一样,求 π_1 与 d_1^* 的差。如果所得的差是全差,即 π_1 与 d_1^* 是 1 次可差的,则称 π 与 d^* 是**2 次可差的**,并且把所得的结果记作 π'。如果所得的结果仍然是一个半差,则将其半差记作 π_2。同上一样,令 m_2 是 π_2 中非零元素的数目,$d_2^*=d_1^*-m_2$,继续求 π_2 与 d_2^* 的差。如果 π_2 与 d_2^* 是全差,并将所得的结果按单调递减次序重新排列,将其记作 π',并称 π' 是 π 与 d^* 之差。否则,按照上述方法继续进行下去。由于 d^* 是一个有限数,故必存在某个正整数 k,使得 π_k 与 d_k^* 的差是全差。把这个全差按照单调递减次序重新排序,所得结果仍记作 π',它称为 π 与 d^* 的差。并且我们称 π 与 d^* 是**k 次可差的**。

为了下面叙述方便,我们把 π_1 称为 π 与 d^* 的第一次差;π_2 称为 π 与 d^* 的第二次差;$\cdots,\pi_k$ 称为 π 与 d^* 的第 k 次差。不失一般性,可以假定 $\pi_i(i=1,2,\cdots,k)$ 均是单调递减序列(如果不是,重新排序)。

例 1.4 设 $\pi=(5,5,4,4,3,3,2,2,1,1)$,$d^*=5$,则显然 $m=10$,且 $d^*=5<10$。所以,π 与 d^* 是 1 次性可差的。其全差为 $\pi'=(4,4,3,3,3,2,2,2,1,1)$。

例 1.5 设 $\pi=(7,6,5,5,4,3,2,1,0)$,$d^*=32$,$m=8$。则按上述定义,依次可得

$$\pi_1=(6,5,4,4,3,2,1,0,0),\quad m_1=7,d_1^*=d^*-m=32-8=24$$

$$\pi_2=(5,4,3,3,2,1,0,0,0),\quad m_2=6,d_2^*=d_1^*-m_1=24-7=17$$
$$\pi_3=(4,3,2,2,1,0,0,0,0),\quad m_3=5,d_3^*=d_2^*-m_2=17-6=11$$
$$\pi_4=(3,2,1,1,0,0,0,0,0),\quad m_4=4,d_4^*=d_3^*-m_3=11-5=6$$
$$\pi_5=(2,1,0,0,0,0,0,0,0),\quad m_5=2,d_5^*=d_4^*-m_4=6-4=2$$
$$\pi_6=(1,0,0,0,0,0,0,0,0),\quad m_6=1,d_6^*=d_5^*-m_5=2-2=0$$

由此可得，$\pi-d^*=(7,6,5,5,4,3,2,1,0)-32=(1,0,0,0,0,0,0,0,0)$，且 π 与 32 是 6 次可差的。

下面，我们讨论序列与正整数相减运算的一些基本性质。设 $\pi=(d_1,d_2,\cdots,d_p)$，d^* 是一个正整数，则 $\pi-d^*$ 是一个 p 维向量。不失一般性，可令

$$
\begin{aligned}
\pi-d^* &=(d_1,d_2,\cdots,d_p)-d^*\\
&=(d_1-a_1,d_2-a_2,\cdots,d_p-a_p)\\
&=(d_1,d_2,\cdots,d_p)-(a_1,a_2,\cdots,a_p)\\
&=\pi'
\end{aligned}
$$

且设 $\pi_a=(a_1,a_2,\cdots,a_p)$，则 π 与 d^* 的差 π' 满足 $\pi'=\pi-\pi_a$，即，$\pi-d^*=\pi-\pi_a$。

显然，对于 $\pi_a=(a_1,a_2,\cdots,a_p)$，有

$$\sum_{i=1}^{p}a_i=d^* \tag{1.23}$$

命题 1.7 π 与 d^* 可以相减当且仅当

$$\sum_{i=1}^{p}a_i\geqslant d^* \tag{1.24}$$

证明 若(1.24)式不成立，即 $\sum_{i=1}^{p}a_i<d^*$。由 π 与 d^* 相减的定义知，必存在某个正整数 k，使得 $\pi_k=0=(0,0,\cdots,0)$，但 $d_k^*>0$。显然，$\pi_k=0$ 与 d_k^* 不能相减，因此，π 与 d^* 不能相减。这就证明了若 π 与 d^* 可以相减，则必有(1.24)式成立。

另一方面，如果(1.24)式成立，则由定义可知，经过有限步，假设为第 k 步后，必有 $\pi_k\neq 0$，但 $d_k^*=0$，故可相减。 □

对于一个非零的非负整数序列 $\pi=(d_1,d_2,\cdots,d_p)$，如果 $d_1=d_2=\cdots=d_p=c$（自然数），则称 π 是常数为 c 的**常量序列**。当然，c 不能为零，否则与非零性矛盾。不失一般性，我们可以假设

$$d^*=np+q \tag{1.25}$$

于是，由序列 $\pi=(d_1,d_2,\cdots,d_p)$ 与正整数 d^* 相减的定义，我们容易推出下面的结论。

命题 1.8 设 π 是一个常数为 $c(\geqslant 1)$ 的 p 维常量整数序列，d^* 是一个正整数。d^* 与 n 的关系由(1.25)式给出。令 $\pi_a=(a_1,a_2,\cdots,a_p)$，$\pi$ 与 d^* 是可差的，则 $\pi'=\pi-\pi_a$ 满足

$$a_1=a_2=\cdots=a_{p-q}=c-n,a_{p-q+1}=a_{p-q+2}=\cdots=a_n=c-n-1 \tag{1.26}$$

例 1.6 设 $\pi=(5,5,5,5,5)$，$d^*=23$，$p=6$。由于 $d^*=23=3\times 6+5=3p+5$。故有 $n=3,q=5$。于是由(1.26)式，有 $(a_1,a_2,\cdots,a_6)=(c-n,c-n-1,\cdots,c-n-1)=(2,1,1,1,1,1)$。

上面我们已经给出了一个非负整数序列 $\pi = (d_1, d_2, \cdots, d_p)$ 与一个正整数 d^* 的 k 次可差的概念。值得注意的是，我们随后将会看到，这个概念对于可 k 重图序列中有些问题的研究是很有用的。显然，若 π 与 d^* 是 k 次可差的，必不是 $k-1, k-2, \cdots, 2, 1$ 次可差的。

自然，我们要问，π 与 d^* k 次可差的基本特征是什么？为了解决这个问题，我们需要对 π 与 d^* 作进一步的分析。为方便计，我们引入序列结构的概念。对于一个非负整数序列 $\pi_a = (a_1, a_2, \cdots, a_p)$，其中，$a_1, a_2, \cdots, a_p$ 元素并非两两互不相同，自然可能有 $a_1 = a_2 = \cdots$，等等。我们把 $a_1, a_2, \cdots a_p$ 中不同的元素分别记作 $b_1, b_2, \cdots, b_l$，且令 $b_1 > b_2 > \cdots > b_l$。设 $a_1, a_2, \cdots, a_p$ 中含 b_i 的个数为 $t_i (i = 1, 2, \cdots, l)$，于是，我们称

$$(b_1^{t_1}, b_2^{t_2}, \cdots, b_l^{t_l}) \tag{1.27}$$

为 $\pi_a = (a_1, a_2, \cdots, a_p)$ 的**结构**。在这里，我们视一个序列与它的结构是等价的，故可记作 $\pi = (b_1^{t_1}, b_2^{t_2}, \cdots, b_l^{t_l})$。

定理 1.9 设 $\pi = (d_1, d_2, \cdots, d_p)$ 是一个非负整数序列。它的结构为 $(b_1^{t_1}, b_2^{t_2}, \cdots, b_l^{t_l})$，$d^*$ 是一个正整数，则 π 与 d^* 是 k 次可差的充要条件是

$$k = \sum_{i=1}^{l-1} t_i + \left[\frac{d^* - b_1 m - b_2(m - t_1) - \cdots - b_l(m - t_1 - t_2 - \cdots - t_{l-1})}{m - t_1 - t_2 - \cdots - t_{l-1}} \right] \tag{1.28}$$

其中 $[x]$ 表示 $\geqslant x$ 的最小整数。

注 设 $\pi = (d_1, d_2, \cdots, d_p)$，$\pi' = (d'_1, d'_2, \cdots, d'_p)$。$\pi \neq \pi'$，但可能有 $\pi - d^* = \pi' - d^*$。其中 d^* 是整数。例如，$\pi = (2, 1, 1, 0, 0)$，$\pi' = (1, 1, 1, 1, 0)$，$d^* = 1$，$\pi - d^* = \pi' - d^*$。

基于上述准备工作，我们现在给出可 k 重图序列的一个充要条件。

定理 1.10 设 $\pi = (d_1, d_2, \cdots, d_p)$ 是一个非负整数序列，$d_1 \geqslant d_2 \geqslant \cdots \geqslant d_p \geqslant 1$，令 $\pi^* = (d_2, d_3, \cdots, d_p)$，则 π 是可 k 重图序列的充要条件是 $\pi^* - d_1$ 是可 k 重图序列的。

证明 必要性。设 $\pi = (d_1, d_2, \cdots, d_p)$ 是一个可 k 重图序列。令 G 是它的一个实现。且令 $V(G) = \{v_1, v_2, \cdots, v_p\}$，$d_i = d_G(v_i)$，$i = 1, 2, \cdots, p$，$N(v)$ 表示顶点 v 的邻域。我们现在来证明 $\pi^* - d_1$ 是可 k 重图序列。为方便，令

$$\pi^* - d_1 = (d_2, d_3, \cdots, d_p) - (a_2, a_3, \cdots, a_p) \tag{1.29}$$

以下分两种情况讨论。

情况 1 $d_1 \leqslant p - 1$。

假设在图 G 中，顶点 v_1 与它相邻顶点的度数之和最大。如果 v_1 与 $v_2, v_2, \cdots, v_{d_1+1}$ 相邻，则显然 $\pi(G - v_1) = \pi^* - d_1$，从而结论获证。如果 v_1 在 G 中不全与 $\{v_2, v_3, \cdots, v_{d_1+1}\}$ 中的每一个顶点相邻。不妨设 v_1 不与 $v_i (2 \leqslant i \leqslant d_1 + 1)$ 相邻，则必定

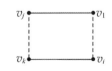

图 1.11 说明情况 1 的图示

存在 $v_j (j \neq i)$，$d_1 + 2 \leqslant j \leqslant p$，使得 $d_i > d_j$，且 $v_1 v_j \in E(G)$。由 $d_i > d_j$ 知，在 G 中存在 v_k，使得 $v_k v_i \in E(G)$，但 $v_k v_j \notin E(G)$。如图 1.11 所示。删去边 $v_1 v_j$ 和边 $v_k v_i$，然后再添加边 $v_1 v_i$ 和边 $v_k v_j$。这样便产生了另一个图 G'。在 G' 中，与 v_1 相邻的顶点的度数之和比在 G 中更大。重复这一过程，最终便可产生一个图，仍记作 G'，使得在 G' 中 v_1 满足与相邻顶点度数之和最大，再由前面的证明知结论成立。

情况 2 $d_1 \geqslant p$。

不失一般性，可令 $d_p \geqslant 1$，并令 $\pi_1 = (d_1 - p + 1, d_2 - 1, \cdots, d_p - 1)$，则对 π 的实现 G 而言，存在两种情况：

子情况 2.1 顶点 v_1 与顶点子集 $\{v_2, v_3, \cdots, v_p\}$ 中每一个顶相邻。

对于这种情况，在 G 中从顶点子集 $\{v_2, v_3, \cdots, v_p\}$ 中每一个顶点上删去一条与顶点 v_1 相邻的边。所得的图（记作 G_1）是一个 $(k-1)$ 重图。当然可视为一个 k 重图。它的度序列 $\pi(G_1) = \pi_1$。故对于子情况 2.1 结论成立。

子情况 2.2 顶点 v_1 不全与顶点 $v_2, v_3, \cdots, v_p$ 所有的顶点相邻。

对于这种情况，由 $d_1 \geqslant p$ 可推出在 $\{v_2, v_3, \cdots, v_p\}$ 中至少存在两个顶点，记作 v_k, v_l，它们分别与顶点 v_1 至少有两条边相连。设 $v_i \in \{v_2, v_3, \cdots, v_p\}$，$v_i \neq v_k, v_l$，并且 $v_1 v_i \notin E(G)$。

由于假设 $d_p \geqslant 1$，故 $d(v_i) \geqslant 1$。因此，$N(v_i)$ 非空。故可令 $v_j \in N(v_i)$，则有下列几种情况：

(1) $v_j \neq v_k$；$v_j \neq v_l$ 如图 1.12(a) 所示；

(2) $v_j = v_k$ 或者 $v_j = v_l$，如图 1.12(b) 所示。

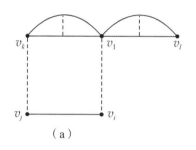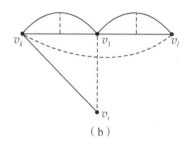

图 1.12 说明子情况 2.2 的两个图

现在通过图 G，我们可以导出一个新的图 G'。其方法如下：对于情况 (1)，如图 1.12(a) 所示。在 G 中用一条边连接顶点 v_1 与顶点 v_i，删去 v_i 与 v_j 之间的一条边；在 v_k 与 v_j 之间连接一条边，删去 v_1 与 v_k 之间的一条边；

对于情况 (2)，我们假定 v_j 就是 v_k，如图 1.12(b) 所示。在 G 中用一条边连接 v_1 与 v_i，删去 v_i 与 v_j 之间的一条边；在 v_k 与 v_l 之间连接一条边，删去 v_1 与 v_l 之间的一条边。

由上述过程，不论是情况 (1) 还是情况 (2) 均有 $\pi(G') = \pi(G)$。

重复上述步骤，经过有限步后所得之图仍记作 G'，使得在 G' 中顶点 v_1 与 $\{v_2, v_3, \cdots, v_p\}$ 中的所有顶点相邻，并且 G 与 G' 的度序列相等。于是由子情况 2.1 知，π_1 是一个 k 重图序列。因此，$\pi_1^* = (d_2 - 1, d_3 - 1, \cdots, d_p - 1)$ 是可 k 重图序列的，这是因为 $\pi(G' - v_1) = \pi_1^*$。

同理可证 π 与 d_1 的第 2 次差 π_2^*，第 3 次差 π_3^*，$\cdots$，第 $(k-1)$ 次差 π_{k-1}^* 是可 k 重图序列的。最后再用情况 1 中的方法证明 π 与 d_1 的第 k 次差 π_k^* 是可 k 重图的，即 $\pi^* - d_1$ 是可 k 重图序列的。

充分性：设 $\pi^* - d_1$ 是可 k 重图的。我们需要证明 $\pi = (d_1, d_2, \cdots, d_p)$（$d_1 \geqslant d_2 \geqslant \cdots \geqslant d_p$）是可 k 重图的。令

$$\pi^* - d_1 = (d_2, d_3, \cdots, d_p) - (a_2, a_3, \cdots, a_p) \tag{1.30}$$

设 G^* 是 $\pi^* - d_1$ 的一个实现,且以 $V(G^*) = \{v_2, v_3, \cdots, v_p\}$。其中 $dG^*(v_i) = d_i - a_i, i = 1, 2, 3, \cdots, p$。在 G^* 上增加一个新的顶点 v_1,并令 v_1 与 G^* 中的顶点 v_i 用 a_i 条相连 $(i = 2, 3, \cdots, p)$ 所得的图记作 G,由于 $a_i \leqslant k (i = 2, 3, \cdots, p)$,显然 G 是一个 k 重图。这就证明了 $\pi = (d_1, d_2, \cdots, d_p)$ 是可 k 重图序列的。至此,本定理获证。 □

下面,我们对于可 k 重图,再给出 Erdös-Gallai 型的充要条件而略去证明。

定理 1.11 设 $\pi = (d_1, d_2, \cdots, d_p)$ 是一个非负整数序列,$\sum_{i=1}^{p} d_i$ 是偶数,则 π 是可 k 重图序列的充要条件是,对于每个整数 $r, 1 \leqslant r \leqslant p-1$,有

$$\sum_{i=1}^{r} d_{p+1-i} \leqslant kr(r-1) + \sum_{i=r+1}^{p} \min\{kr, d_{p+1-i}\} \tag{1.31}$$

这里要求:$d_1 \leqslant d_2 \leqslant \cdots \leqslant d_p$。

1.3.3 可 k 重图序列实现的一种算法

定理 1.10 不仅仅给出了判别一个非负整数序列 $\pi = (d_1, d_2, \cdots, d_p)$ 是否为可 k 重图序列的一种方法,而且给出了可 k 重图序列实现的一种算法。下面,我们将给出算法步骤并通过实例给予说明。

可 k 重图序列的实现算法步骤

设 $\pi = (d_1, d_2, \cdots, d_p)$ 是一个单调递减的可 k 重图序列。$\pi^* = (d_2, \cdots, d_p)$。令 G 是 π 的一个按照下列步骤所获得的实现。$V(G) = \{v_1, v_2, \cdots, v_p\}$,并且 $d_i = d_G(v_i), i = 1, 2, \cdots, p$。

步骤 1 在一个平面上画出分别标定有 $v_1, v_2, \cdots, v_p$ 的 p 个顶点,并求

$$\pi^* - d_1 = (d_2, d_3, \cdots, d_p) - (a_1, a_2, \cdots, a_p) \tag{1.32}$$

令此序列为 π'_1;关于 $a_2, a_3, \cdots, a_p$ 的获得方法如前所述。

步骤 2 令顶点 v_1 分别与顶点 v_2 相连 a_2 条边,与顶点 v_3 相连 a_3 条边,$\cdots$,与顶点 v_p 相连 a_p 条边。所得之图记作 G_1。

步骤 3 按照单调递减次序对 π'_1 进行重新排序,所得的结果记为 π_1;在对此序列进行排序的同时,要对相应的顶点进行调整。不失一般性,我们认为 π'_1 与 π_1 是相等的。当然,π_1 是一个 $p-1$ 阶序列。它所对应的图 G_1 的顶点次序为 $v_2, v_3, \cdots, v_p$。

步骤 4 对于 $p-1$ 阶序列 π_1,类似于序列 π,引入 $p-2$ 阶序列 π_1^*,并求得新序列 π_2;假设

$$\pi_2 = (d'_3, d'_4, \cdots d'_p) - (a'_3, a'_4, \cdots, a'_p) \tag{1.33}$$

在图 G_1 上,令顶点 v_2 分别与顶点 v_3 相连 a'_3 条边,与顶点 v_4 相连 a'_4 条边,$\cdots$,与顶点 v_p 相连 a'_p 条边。所得图记作 G_2。

重复上述步骤,经过有限步后,我们便可构造出可 k 重图序列 $\pi = (d_1, d_2, \cdots, d_p)$ 所对应的实现图 G。

为了说明上述步骤,现举例如下。

例 1.7 设 $\pi=(10,6,6,5,5,4,3,2,1)$,易知 π 是一个可 2 重图序列。$d_1=10,\pi^*=(6,6,5,5,4,3,2,1)$,

$$\begin{aligned}\pi^*-d_1&=(6,6,5,5,4,3,2,1)-10\\&=(6,6,5,5,4,3,2,1)-(2,2,1,1,1,1,1,1)\\&=(4,4,4,4,3,2,1,0)\end{aligned}$$

故有,$a_2=a_3=2,a_4=a_5=a_6=a_7=a_8=a_9=1$。由此所构造的图如图 1.13 所示。

重复上述方法,最终得到的 $\pi=(10,6,6,5,5,4,3,2,1)$ 所对应的 2 重图如图 1.14 所示。

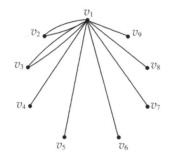

图 1.13 说明构造第 1 步的图示

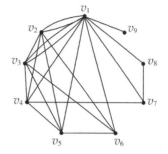

图 1.14 π 的一个实现

1.4 子图及其运算

一个图 G 的**子图** H 是一个满足 $V(H)\subseteq V(G)$,$E(H)\subseteq E(G)$ 的图。如果 $V(H)=V(G)$,则称 H 为 G 的一个**生成子图**。设 $V'\subseteq V(G)$,则**由 V' 导出的子图**,记作 $G[V']$,是 G 的一个子图,其顶点集 $V(G[V'])=V'$,边集 $E(G[V'])=\{uv;u,v\in V',uv\in E(G)\}$。所谓图 G 的**(顶点)导出子图**是指 $V(G)$ 的某一个子集 V' 导出的子图。类似地,对有向图和多重图可以定义导出子图。与导出子图类似亦可定义**边导出子图**:设 E' 是图 G 的一个非空边子集,以 E' 为边集,以 E' 中边的端点的全体为顶点集所构造的图 G 的子图称为由 **E' 导出的 G 的子图**,记作 $G[E']$。简称为**边导出子图**。

导出子图 $G[V-V']$ 简记为 $G-V'(V'\subseteq V)$,它是从 G 中删去 V' 中的顶点及与这些顶点相关联的全部边所得到的子图。特别地,当 $V'=\{v\}$ 时,则把 $G-\{v\}$ 简记为 $G-v$,称为 G 的**删点子图**。类似地,若 $e\in E(G)$,则从 G 中删去边 e 而得到的图,记作 $G-e$,称为**删边子图**。更一般地,若 $E'=\{e_1,e_2,\cdots,e_k\}\subseteq V(G)$,则 $G-E'$ 表示从 G 中删去 $e_1,e_2,\cdots,e_k$ 而得到的子图。图 1.15 中说明了这些概念。

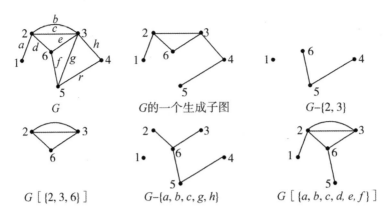

图 1.15 各种子图概念的说明

设 G_1 和 G_2 是图 G 的两个子图,关于 G_1 与 G_2 的几种运算定义如下:

(1)**并运算**,记作 $G_1 \bigcup G_2$,它是由 G_1 和 G_2 中的所有边组成的边导出子图 $G[E(G_1) \bigcup E(G_2)]$。如果 G_1 与 G_2 无公共边,则称 $G_1 \bigcup G_2$ 为 G_1 和 G_2 的**直和**,即 G_1 与 G_2 的边不重合。以后凡是提到的直和运算时,参加运算的诸子图之间没有公共边。

(2)**交运算**,记作 $G_1 \bigcap G_2$,它是由 G_1 与 G_2 的公共边构成的边导出子图 $G[E(G_1) \bigcap E(G_2)]$。

(3)**差运算**,记作 $G_1 - G_2$,它是从 G_1 中去掉 G_2 的边所得到的子图,称 G_1 减 G_2。

(4)**环和运算**,记作 $G_1 \oplus G_2$,它是由 G_1 与 G_2 的并减 G_1 与 G_2 的交所得到的图,即

$$G_1 \oplus G_2 = \{(G_1 \bigcup G_2) - (G_1 \bigcap G_2)\} = (G_1 - G_2) \bigcup (G_2 - G_1) \tag{1.34}$$

图 1.16 给出了上述几种运算的说明。

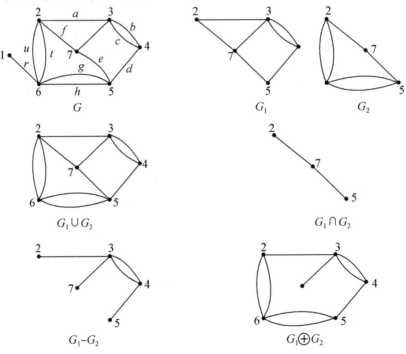

图 1.16 并、交、差与环和运算说明图

下面,我们再介绍图的几个重要运算,这些运算在今后有关章节会经常用到。

设 $V' \subseteq V(G)$。所谓在**图 G 中收缩 V'**,是指把图 G 中的顶点子集 V' 视为一个(新的)顶点,记作 v',G 中与 V' 的顶点相关联的边变为与 v' 相关联的边,我们把这样得到的新图称为图 G **关于 V' 的收缩图**,记作 $G \cdot V'$。特别地,当 $V' = \{u, v\}$ 且 $e = uv \in E(G)$ 时,我们称图 $G \cdot V'$ 为在图 G 中**收缩边 e**,并且记作 $G \cdot e$。图 1.17 给出了一个图 G 和关于一个顶点子集 $V' = \{1, 2, 3\}$ 及边 $e = 23$ 的收缩图 $G \cdot V'$ 及 $G \cdot e$。

设 G_1 与 G_2 是两个一般图,G_1 与 G_2 的**联图**,记作 $G_1 + G_2$,其顶点集为 $V(G_1 + G_2) = V(G_1) \bigcup V(G_2)$,边集 $E(G_1 + G_2) = E(G_1) \bigcup E(G_2) \bigcup \{u_1 u_2 ; u_1 \in V(G_1), u_2 \in V(G_2)\}$。图 1.18 给出了两个图 G_1 与 G_2 以及它们的**联图** $G_1 + G_2$。

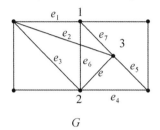 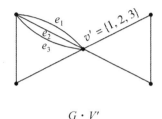 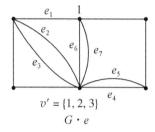

图 1.17　说明收缩运算的图

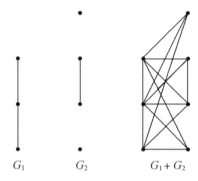

图 1.18　两个图与它的联图

关于图的积的运算有几种类型,它的顶点都是以 G_1 与 G_2 的顶点集 $V(G_1)$ 与 $V(G_2)$ 的笛卡尔积构成,但叫法不一。本节里只介绍与本书关系比较密切的运算。

设 G_1 与 G_2 是两个简单图。G_1 与 G_2 的**笛卡尔积**(或简称为**积**),记作 $G_1 \times G_2$,其顶点集为 $V(G_1) \times V(G_2)$;并且对于顶点集中的任意两个顶点 $u = (u_1, u_2)$ 和 $v = (v_1, v_2)$,当且仅当下列条件之一发生时 u 与 v 在 $G_1 \times G_2$ 中相邻:

(ⅰ)$u_1 = v_1$ 且 u_2 与 v_2 在 G_2 中相邻;

(ⅱ)$u_2 = v_2$ 且 u_1 与 v_1 在 G_1 中相邻。

图 1.19 对这种运算给了说明。

两个图 G_1 与 G_2 的**强积**(Strong Product),记作 $G_1 * G_2$,其顶点集为 $V(G_1) \times V(G_2)$,并且对其中任意两个顶点 $u = (u_1, u_2)$ 和 $v = (v_1, v_2)$,当且仅当下列三种情况之一发生时有边相连:

（ⅰ）$u_1 = v_1$ 且 $u_2 v_2 \in E(G_2)$；

（ⅱ）$u_2 = v_2$ 且 $u_1 v_1 \in E(G_1)$；

（ⅲ）$u_1 v_1 \in E(G_1)$ 且 $u_2 v_2 \in E(G_2)$。

图的强积运算在图的 Shannon 容量研究中是必不可少的[19],[20]。图 1.19 说明了图的强积运算。

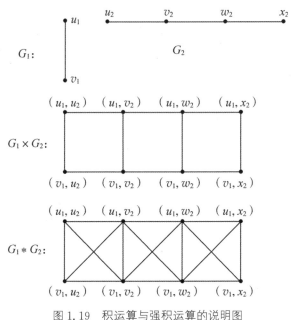

图 1.19　积运算与强积运算的说明图

两个图 G_1、G_2，G_1 关于 G_2 的**合成**，记作 $G_1[G_2]$，其顶点集为 $V(G_1) \times V(G_2)$，并且对其中任意两个顶点 $u = (u_1, u_2)$ 和 $v = (v_1, v_2)$，当且仅当下列条件之一成立时 u 与 v 相邻：

（ⅰ）$u_1 v_1 \in E(G_1)$；

（ⅱ）$u_1 = v_1$ 且 $u_2 v_2 \in E(G_2)$。

对于图 1.19 所示的两个图 G_1 和 G_2，两种合成 $G_1[G_2]$ 和 $G_2[G_1]$ 见图 1.20。

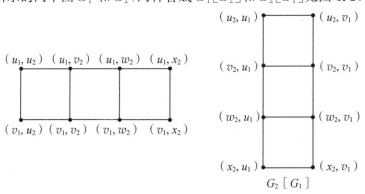

图 1.20　图的合成运算

关于图的各种运算及其基本性质的详细研究与讨论见文献[21]的第 2 章。上述图二元运算的小结见表 1.1。

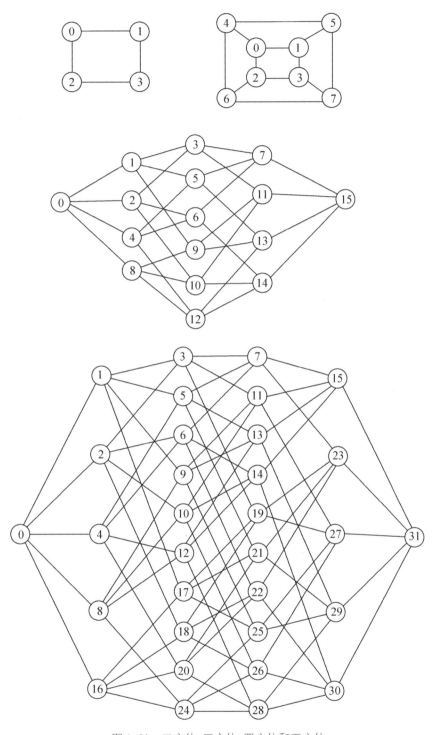

图 1.21　二方体、三方体、四方体和五方体

表 1.1　图的二元运算

		顶点数目	边的数目
并	$G_1 \cup G_2$	$p_1 + p_2$	$q_1 + q_2$
交	$G_1 \cap G_2$		
差	$G_1 - G_2$	p_1	
环和	$G_1 \oplus G_2$		
联	$G_1 + G_2$	$p_1 + p_2$	$q_1 + q_2 + p_1 p_2$
积	$G_1 \times G_2$	$p_1 p_2$	$p_1 q_2 + p_2 q_1$
强积	$G_1 * G_2$	$p_1 p_2$	
合成	$G_1[G_2]$	$p_1 p_2$	

作为本节的结束,我们通过图的联运算与积运算来定义两种重的图类:完全 n 部图和 n 维超立方体。

完全 n 部图,记作 $K_{p_1,p_2,\cdots,p_n}$,定义为

$$K_{p_1,p_2,\cdots,p_n} = N_{p_1} + N_{p_2} + \cdots + N_{p_n} \tag{1.35}$$

显然,它有 $\sum\limits_{i=1}^{n} p_i$ 个顶点,$\sum\limits_{1 \leqslant i < j \leqslant n} p_i p_j$ 条边。特别,当 $n = 2$ 时的完全 2 部图通常称为**完全偶图**。

n 维超立方体,简称为 **n 方体**,记作 Q_n,它被递推地定义为 $Q_1 = K_2$,$Q_n = K_2 \times Q_{n-1}$。于是 Q_n 有 2^n 个顶点,且每个顶点可用一个长度为 n 的 0—1 序列 $a_1 a_2 \cdots a_n$ 来标定。设 $X = a_1 a_2 \cdots a_n$,$Y = b_1 b_2 \cdots b_n$,我们把 X 与 Y 对应分量不同的数目称为 X 与 Y 的 Hamming 距离,并且记作 $d_H(X,Y)$。若 X 与 Y 是 Q_n 的两个不同的顶点,则 X 与 Y 相邻当且仅当

$$d_H(X,Y) = 1 \tag{1.36}$$

如图 1.21 给出了二方体、三方体、四方体和五方体。

n 维超立方体是一类非常重要的图类,它不但是计算机科学不可缺少的研究工具,而且对智能科学诸如神经网络、遗传算法等方面具有许多有趣而漂亮的应用。我们将超立方体应用于神经网络与遗传算法的研究,解决了许多重要的问题。有兴趣的读者可参见文献 [22]～[29] 等。

1.5　路、圈、图的连通性,补图与自补图

图 G 中一个有限非空的顶点和边的交替序列 $w = v_0 e_1 v_1 e_2 v_2 \cdots e_k v_k$,如果对于每一个 i,$1 \leqslant i \leqslant k$,$e_i$ 的端点是 v_{i-1} 和 v_i,则称 w 是 G 中从 v_0 到 v_k 的一条**途径**,或者称为一条 $v_0 - v_k$ 途径,分别称顶点 v_0 和 v_k 为 w 的起点和终点,而称 $v_1, v_2, \cdots, v_{k-1}$ 为它的内点,k

为 w 的长度。若 $v_0 = v_k$，则称 w 是闭的。

在简单图中，途径 $v_0 e_1 v_1 \cdots v_{k-1} e_k v_k$ 由它的顶点序列 $v_0 v_1 \cdots v_k$ 所确定。所以简单图的途径可简单地由其顶点序列来表示。若途径 w 的边 $e_1, e_2, \cdots, e_k$ 互不相同，则称 w 为**迹**；又若途径 w 的顶点 $v_0, v_1, \cdots, v_k$ 互不相同，则称 w 为**路**；若一条**闭迹**的内部顶点互不相同，则称之为**圈**。如图 1.22 给出了一个图的一条途径，一条迹，闭迹，路和圈。通常用 P_p 表示 p 个顶点的路，它的长度为 $p-1$；用 C_p 表示长度为 p 的圈。

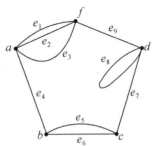

途径：$a e_1 f e_2 a e_3 f e_9 d e_8 d e_7 c e_7 d$

迹：$a e_1 f e_2 a e_3 f e_9 d e_7 c$

路：$a e_1 f e_9 d e_7 c e_5 b$

闭迹：$a e_1 f e_2 a e_4 b e_5 c e_7 d e_9 f e_3 a$

圈：$a e_1 f e_9 d e_7 c e_6 b e_4 a$

图 1.22　说明途径，迹，路，圈的图

图 G 的两个顶点 u 和 v 称为**连通的**，如果在 G 中存在一条 $u-v$ 路。图 G 称为**连通的**，如果对于任意 $u, v \in V(G)$，u 与 v 在 G 中连通。设图 G 的顶点 u 与 v 是连通的，则我们称 G 中最短的 $u-v$ 路的长为 u 与 v 的**距离**，记作 $d_G(u, v)$。在不致混淆的情况下，记为 $d(u, v)$。显然，不同顶点之间的连通关系是一个等价关系，按照等价关系，可以把 $V(G)$ 中的顶点分类，当且仅当两个顶点连通时，它们才处于同一类。设 $V(G)$ 所分成的类是 $V_1, V_2, \cdots, V_\omega$，则 G 的子图 $G[V_1], G[V_2], \cdots, G[V_\omega]$ 称为 G 的**连通分支**。G 的连通分支数目，记作 $\omega(G)$。若 G 连通，则 $\omega(G) = 1$；若 $\omega(G) > 1$，则 G 不连通。

设 G 是一个简单图，G 的**补图**，记作 $\overline{G}$。$\overline{G}$ 的顶点集为 $V(\overline{G}) = V(G)$，且 $E(\overline{G}) = \{uv; u, v \in V(\overline{G})$ 且 $uv \notin E(G)\}$。如图 1.23 给出了一个图 G 和它的补图 $\overline{G}$。容易看到，一个 p 阶简单图 G 与它的补图 $\overline{G}$ 之并图是一个 p 阶完全图 K_p，即 $G \cup \overline{G} = K_p$。因此有

$$|E(G)| + |E(\overline{G})| = \binom{p}{2} = \frac{1}{2} p(p-1) \tag{1.37}$$

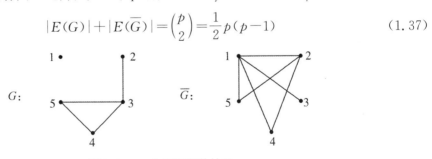

图 1.23　一个图和它的补图

研究一个图 G 与它的补图之间的相互关系是非常有意义的一个课题。因为这种方法在网络分析、系统分析中特别有用。一个网络的结构越复杂，则它的**补网络**的结构越简单。我们可通过研究分析它的补网络，再来分析原网络的特性。另外，补图在系统建模时很有用。正因为如此，关于 $G, \overline{G}$ 对相互关系的研究颇受图论学者的关注。一般而言，一个图 G 与它

的补图 $\overline{G}$ 并不一定同构,如果 G 与它的补图 $\overline{G}$ 同构,则称 G 为**自补图**。自补图是本书的主题,我们将从第 2 章起,逐步展开对各种不同类型自补图及其基本性质、基本特征及其应用等的讨论。

定理 1.12 设 G 是一个简单图,

(i)若 G 不连通,则 $\overline{G}$ 连通;

(ii)若 G 是一个非平凡的(即 $G \neq K_1$)自补图,则 G 连通。

这个定理的证明比较容易,留给读者。 ▢

设 G 是一个连通图。$S \subset V(G)$,如果 $\omega(G-S) > 1$,则称 S 是图 G 的一个**点割集**(亦称**顶点割、点断集**等)。若 $|S| = k$,则称 S 是 G 的一个 **k 点割集**(通常简称为 **k 点割**)。特别,当 $S = \{u\}$ 时,u 称为 G 的一个**割点**。我们用 $C(G)$ 表示连通图 G 的全体割集构成的集合。

图的最基本的属性应该是图的连通性。正因为如此,关于图的连通性方面的研究已经取得了非常丰富的内容。图的连通性问题不仅仅是图论学科中最基本的问题,而且具有良好的应用前景。图的连通性对于诸如可靠通信网络、计算机安全网络等的应用是众所周知的。我们最近几年将图的连通性引入生物神经网络与人工神经网络的研究上,特别用于探索人脑神经系统的拓扑结构,以及人工神经网络计算机的结构设计,取得了满意的结果。有兴趣的读者,可阅读文献[30]。

刻画图的连通性目前主要采用 2 个参数,一个是点连通度,另一个是边连通度。十分明显的是,这两个参数在刻画图的连通性上存在着严重的不足。基于此,我们在最近几年里研究了图的另外一个参数——图的核度,并对它进行了比较系统的研究,见文献[31]~[37]。我们以为,图的坚韧度也是刻画图的连通性的一个良好的参变量,见文献[38]~[39]。并且,图的连通度是刻画图的局部性的不变量,而核度与坚韧度是刻画图的整体连通性的不变量。下面,我们仅就一些最基本的概念与结果给予介绍。

一个图 G 的连通度,记作 $\kappa(G)$,定义为

$$\kappa(G) = \begin{cases} \min\{|V'|; V' \in C(G)\} & \text{当 } G \neq K_p \\ p-1 & \text{当 } G = K_p \\ 0 & G = K_1, \text{或者 } G \text{ 不连通} \end{cases}$$

其中 $C(G)$ 表示连通图 G 的全体点割集构成的集合。

对于非负整数 k,如果 $\kappa(G) \geq k$,则称图 G 是 k (点)连通的。显然,若 G 是 k 连通的,则 G 必是 $(k-1)$ 连通的,因此所有非平凡的连通图都是 1 连通的。

类似地,若 G 是连通图,$E' \subseteq E(G)$,如果 $G-E'$ 不连通,则称 E' 是 G 的一个**边割**(**边截集**)。如果一个边割的真子集不再是边割则称为**割集**,若 $|E'| = k$,则称 E' 为 k **边割**。当 $E' = \{e\}$ 时,e 称为 G 的**桥**(或者**割边**)。一个图 G 的边连通度,记作 $\lambda(G)$,定义为

$$\lambda(G) = \begin{cases} \min\{|E'|; E' \text{ 为 } G \text{ 的边割}\} & G \neq K_1, G \text{ 连通} \\ 0 & \text{当 } G = K_1 \text{ 或 } G \text{ 不连通} \end{cases}$$

同样地,如果 $\lambda(G) \geq k$,则 G 称为 k **边连通的**。所有非平凡的连通图都是 1 边连通的。

下面的定理刻画了 $\kappa(G)$,$\lambda(G)$ 和 $\delta(G)$ 之间的关系。

定理 1.13 对于任何一个图 G,均有

$$\kappa(G) \leqslant \lambda(G) \leqslant \delta(G)$$

定理 1.14 设 G 是具有 p 个顶点 q 条边的图,则

(1)当 $\delta(G) \geqslant \left[\dfrac{p}{2}\right]$ 时,$\lambda(G) = \delta(G)$;

(2)当 $\kappa(G) \leqslant \left[\dfrac{2q}{p}\right]$ 时,$\lambda(G) \leqslant \left[\dfrac{2q}{p}\right]$。 □

没有割点的非平凡连通图称为**不可分图**,一个图的极大不可分子图称为**块**。若 G 是不可分的,G 本身常常就称为一个块。显然,至少有三个顶点的块是 2 连通的。

定理 1.15(Whitney,1932) 设 G 是 $p \geqslant 3$ 阶图,则 G 是 2 连通图的充要条件是 G 的任意两个顶点至少由两条内部不相交的路所联结。 □

下面所述的 Menger 定理是图的连通性方面的核心定理之一,它是描述图的连通度与连通图中不同点的不相交路的数目之间关系的定理。有关连通性方面的许多定理都由它推导出来。

设 u 和 v 是连通图 G 的两个不同的顶点,我们用 S 表示 G 的一个顶点子集或者一个边子集,如果 u 和 v 不在 $G-S$ 的分支上,则称 S 分离 u 和 v。

定理 1.16 在一个图 G 中,分离两个不相邻顶点的顶点的最小数目等于联结这两个顶点的不相交的路的最大数目。 □

由此定理出发,给出了一个图是 n 连通图的判别准则。

定理 1.17 一个图是 n 连通的,当且仅当每对顶点由 n 条点不相交的路所联结。

关于这两个定理的证明见文献[40]。

图 1.24 显示了连通性不同的三个图 G_1、G_2 和 G_3。

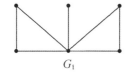 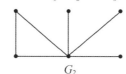 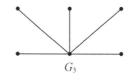

图 1.24 连通性不同的三个图

很明显,G_1 的连通性比 G_2 好;G_2 的连通性比 G_3 好。但在连通度的意义下,它们是相同的,这是因为

$$\kappa(G_1) = \kappa(G_2) = \kappa(G_3) = \lambda(G_1) = \lambda(G_2) = \lambda(G_3)$$

这个例子清楚地反映了用连通度刻画图的连通性的不足。这也是我们引入核度来研究图的连通性的原因之一。

设 G 是一个非平凡的连通图,则称

$$h(G) = \max\{\omega(G-S) - |S|; S \in C(G)\} \tag{1.38}$$

为图 G 的**核度**,若 S^* 满足

$$h(G) = \omega(G-S^*) - |S^*| \tag{1.39}$$

则称 S^* 是图 G 的一个**核**。

欧阳克智教授等人称**核度**为图的**相对断裂度**[41],Jung 称为**图的离散数**(scatting number)[42]。我们称为核度是基于它在系统科学上有重要用途,并且由系统科学直接引入之故,详见文献[31]。

显然,对于如图 1.24 所示的三个图 G_1,G_2,G_3,有 $h(G_1)=2$,$h(G_2)=3$,$h(G_3)=4$。故在核度意义下,G_1 的连通性较 G_2 好,G_2 的连通性较 G_3 好。

很容易算出

$$h(K_p)=-(p-2) \qquad (p \geq 3) \tag{1.40}$$

$$h(K_{1,p-1})=(p-2) \qquad (p \geq 3) \tag{1.41}$$

$$h(C_p)=0 \qquad (p \geq 4) \tag{1.42}$$

并且对于任一 p 阶连通图 G 有[41]:

$(1)-(p-2) \leq h(G) \leq p-2$ \hfill (1.43)

$(2)h(G) \neq -(p-3)$ \hfill (1.44)

$(3)h(G) \geq 2-\kappa(G) \geq 2-\delta(G)$ \hfill (1.45)

设 G 是一个非完全的 p 阶连通图,G 的**坚韧度**(toughness),记作 $\tau(G)$,定义为

$$\tau(G)=\min\left\{\frac{|S|}{\omega(G-S)};S \in C(G)\right\} \tag{1.46}$$

若一个图 G 的坚韧度 $\tau(G) \geq t$,则 G 称为 t 坚韧图。

图的坚韧度的概念是 Chvatal 于 1973 年提出来的[43]。Chvatal 提出这个概念的目的是用来研究图的 Hamilton 性。目前关于这个参数在 Hamilton 性方面的研究仍有不少的工作。有兴趣的读者可阅读文献[44]。我们在第 5 章中会用到此概念。

我们认为,图的坚韧度也是刻画图的连通性的参数,**在坚韧度的意义下,$\tau(G)$ 越大,G 的连通性越好,$\tau(G)$ 越小,G 的连通性越差。**例如,对于图 1.24 所示的图 G_1,G_2 与 G_3,有 $\tau(G_1)=\dfrac{1}{3}>\tau(G_2)=\dfrac{1}{4}>\tau(G_3)=\dfrac{1}{5}$。

注 $h(G)$ 与 $\tau(G)$ 在刻画图的连通性有异同。

作为本节的结束,我们引入连通图类中最简单,但非常重要的图类——树。

连通且无圈的图称为**树**(Tree)。通常用 T 表示。树可以从许多不同的角度给予刻画,有关树的详细研究与讨论见文献[21]、[40]。

定理 1.18 设 T 是具有 p 个顶点,q 条边的图,则下列说法等价:

(1)T 是一棵树;

(2)T 的任意两个顶点之间有且仅有一条路;

(3)T 连通且 $q=p-1$;

(4)T 无圈且 $q=p-1$;

(5)T 无圈,若 u,v 是它的任意两个不相邻的顶点,则 $T+uv$ 有且仅有一个圈;

(6)G 连通,但删去任一条边后不连通。 □

仅有一个顶点的树称为**平凡树**。

连通分支都是树的图称为**森林**。

定理 1.18 比较全面地刻画了树的基本特征,读者自己可给出本定理及下述推论 1.19 的证明。

推论 1.19 任何非平凡的树至少有两个悬挂顶点。 □

1.6 匹配、独立集、覆盖与 Ramsey 数

顶点和边是构成图的基本要素,探讨边与边、顶点与顶点以及顶点与边之间的关系有助于了解图的结构。图的匹配(又称边无关集)、(点)独立集、覆盖和团等概念刻画了上述关系,并且这些概念在系统科学计算机科学以及工程技术等许多方面具有很好的应用"市场"。

给定图 G,$M \subseteq E(G)$,如果 M 中的任意两条边在 G 中都没有公共端点,则称 M 是 G 的一个**匹配**(又称**对集**,或者**边无关集**)。显然,一般说来,G 的匹配不是唯一的(如图 1.25(a) 和(b))。设 M 是 G 的一个匹配,$v \in V(G)$,如果 v 的关联边都不属于 M,则称 v 是(关于 M 的)**非饱和点**,否则,称 v 是(关于 M 的)**饱和点**。

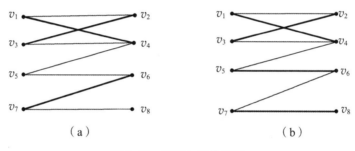

图 1.25 匹配与完美匹配

G 的边数最多的匹配称为**最大匹配**,最大匹配所含的边数称为 G 的**边独立数**,记作 $\alpha'(G)$。显然,$\alpha'(G) \leqslant \dfrac{1}{2}p$,$(p = |V(G)|)$。如果 G 中不含关于匹配 M 的非饱和点,则称 M 是 G 的**一个完美匹配**(如图 1.25(b))。显然,完美匹配必是最大匹配,但反之不真。

若图 G 的顶点集 $V(G)$ 存在一种划分:$V(G) = V_1 \cup V_2 \cup \cdots \cup V_k$,$V_i \cap V_j = \varnothing (i \neq j)$,这种划分满足 V_i 非空且 V_i 中任意两个顶点在 G 中均不相邻,则称 G 是 k **部图**,记作 $G(V_1, V_2, \cdots, V_k)$。当 $k = 2$ 时,G 又称为**偶图**。

定理 1.20(Hall,1935) 设 G 是具有划分为 (X, Y) 的偶图,则 G 包含饱和 X 的每个顶点的匹配的充要条件是对于 X 的任一子集 S,有 $|S| \leqslant |N_G(S)|$。其中 $N_G(S) = \bigcup\limits_{v \in S} N_G(v)$。 □

设 $S \subseteq V(G)$,若 S 中任意两个顶点在 G 中均不相邻,则称 S 为 G 的一个**独立集**。S 称为 G 的一个最大独立集,如果 G 不存在满足 $|S'| > |S|$ 的独立集 S'。

设 $K \subseteq V(G)$,如果 G 的每条边都至少有一个端点在 K 中,则称 K 是 G 的一个**覆盖**,如

果 G 没有覆盖 K' 使得 $|K'| < |K|$,则称 K 是 G 的一个**最小覆盖**。图 1.26 给出的两个覆盖都是独立集的补集,不难证明这是普遍的规律。

定理 1.21 设 $S \subseteq V(G)$,则 S 是 G 的独立集的充要条件是 $V - S$ 是 G 的覆盖。

证明 由定义,S 是 G 的独立集当且仅当 G 中每条边的两端不同时属于 S,即当且仅当 G 中每条边至少有一个端点属于 $V - S$,因而 $V - S$ 是 G 的覆盖。

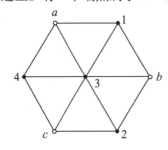 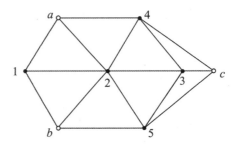

图 1.26 覆盖与独立集

类似地,可定义图 G 的**边覆盖**,并且很容易证明,G 有边覆盖的充分条件是 G 无孤立点(即度数为零的顶点)。

图 G 的最大独立集的顶点数称为 G 的**独立数**,记作 $\alpha(G)$;图 G 的**最小覆盖数**,记作 $\beta(G)$,表示最小覆盖的顶点数;G 的最小边覆盖的边数,记作 $\beta'(G)$,称为图 G 的**边覆盖数**。

$\alpha(G)$,$\alpha'(G)$,$\beta(G)$ 和 $\beta'(G)$ 这四个参数是能够很好刻画图的不变量,它们之间的相互关系见下面的定理。

定理 1.22 设 G 是一个偶图,则它的最大匹配的数目等于最小覆盖的数目,即 $\alpha'(G) = \beta(G)$。 ☐

定理 1.23 (1)若 G 是 p 阶图,则
$$\alpha(G) + \beta(G) = p$$
(2)当 $\delta(G) > 0$ 时,则
$$\alpha'(G) + \beta'(G) = p$$ ☐

在组合数学中,有一个著名的抽屉原理:如果把 $n+1$ 个物体放到 n 个抽屉中去,则至少有一个抽屉放 2 个或者更多的物体;如果把 m 个物体放到 n 个抽屉中去($m > n \geqslant 1$),则必有一个抽屉中物体的个数至少有 $\left[\dfrac{m-1}{n}\right] + 1$ 个。其中 $\left[\dfrac{m-1}{n}\right]$ 表示不超过 $\dfrac{m-1}{n}$ 的最大整数。

著名的 Ramsey 定理可以认为是抽屉原则的推广。

设图 G 是一个简单图,$S \subseteq V(G)$。若 $G[S]$ 是完全图,则说 S 是 G 的一个**团**。显然,S 是图 G 的团当且仅当 S 是 $\overline{G}$ 的独立集。因此,独立集和团是互补的两个概念。

1930 年,Ramsey 首先证明了下述结论:

给定任意两个正整数 k,l,总存在一个最小的正整数 $r(k,l)$,使得任意一个有 $r(k,l)$ 个顶点的图,或者包含有 k 个顶点的团包含有 l 个顶点的独立集。我们把这个最小正整数 $r(k,l)$ 称为关于 (k,l) 的 Ramsey 数。显然,
$$r(1,l) = r(k,1) = 1$$

关于 Ramsey 数,有以下结果,这些结果是由 Erdös 和 Szekerss[45] 以及 Greenwood 和 Gleason[45] 提出来的:

(1) $r(k,l)=r(l,k)$;

(2) $r(k,2)=k$;

(3) $r(k,l)\leqslant r(k,l-1)+r(k-1,l)$,并且当 $r(k,l-1)$ 和 $r(k-1,l)$ 都是偶数时,不等式严格成立;

(4) $r(k,l)\leqslant\binom{k+l-2}{k-1}$;

(5) 当 $k\geqslant 2$ 时,$r(k,k)\geqslant 2^{k/2}$;

(6) 若 $m=\min\{k,l\}$,则 $r(k,l)\geqslant 2^{m/2}$。

一般而言,确定 Ramsey 数是一个非常困难且尚未解决的问题[45,46],但通过构造适当的图可以得到其下界。一个图 G 称为 (k,l)Ramsey 图,如果 G 是 $r(k,l)-1$ 阶的既不包含 k 个顶点的图,也不包含 l 个顶点的独立集的图。业已发现,$r(3,3)$Ramsey 图和 $r(4,4)$Ramsey 图均是**强正则自补图**,而 $r(5,5),r(6,6),\cdots$,均是尚未确定的数,试问:$r(k,k)$Ramsey 图是强正则自补图吗? 关于这方面的详细讨论见 6.6 节讨论。

1.7 图的三种矩阵

通常研究图的矩阵有两种:一种是所谓的关联矩阵,另一种是所谓的相邻矩阵。Seidel[47] 在研究自补图时,发现另外一种由他本人定义的所谓 S 相邻矩阵,在自补图的研究中有许多优于通常所言的相邻矩阵。本节将分别介绍这三种矩阵。

一个图 G 是由它的顶点与边的关联关系唯一确定的。如果 G 是 p 阶具有 q 条边的图,那么这样的关系可以用 $p\times q$ 矩阵来表示,设 $V(G)=\{v_1,v_2,\cdots,v_p\}$,$E(G)=\{e_1,e_2,\cdots,e_q\}$,把 $p\times q$ 矩阵 $\boldsymbol{M}(G)=(m_{ij})_{pq}$ 称为图 G 的关联矩阵,其中 m_{ij} 是 v_i 和 e_j 相关联的次数 (0,1 或 2)。

例 1.9 图 1.27 中给出了图 G 及其关联矩阵。

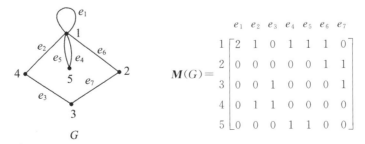

图 1.27 一个图 G 及它的关联矩阵

显然,若图 G 是无环图,则 $M(G)$ 一定是一个 $0-1$ 矩阵。

一个图 G 也可以由它的每两顶点间的相邻关系唯一确定。若 G 是具有 q 条边的 p 阶图,这种相邻关系可由一个矩阵来确定:

$p \times p$ 阶方阵 $A(G) = (a_{ij})$ 称为 G 的邻接矩阵(或者相邻矩阵),其中 a_{ij} 表示连接 v_i 与 v_j 的边的数目。

如例 1.9 中图 G 的相邻矩阵 $A(G)$ 为

$$A(G) = \begin{array}{c@{}c} & \begin{array}{ccccc} 1 & 2 & 3 & 4 & 5 \end{array} \\ \begin{array}{c} 1 \\ 2 \\ 3 \\ 4 \\ 5 \end{array} & \left[\begin{array}{ccccc} 1 & 1 & 0 & 1 & 2 \\ 1 & 0 & 1 & 0 & 0 \\ 0 & 1 & 0 & 1 & 0 \\ 1 & 0 & 1 & 0 & 0 \\ 2 & 0 & 0 & 0 & 0 \end{array} \right] \end{array}$$

相邻矩阵 $A(G)$ 显然具有下列特点:

(1)对称矩阵,当且仅当 G 无环时,$A(G)$ 的对角线元素均为 0;

(2)$A(G)$ 是对角线元素为零的对称的 $0-1$ 矩阵,当且仅当 G 是简单图。

自然,我们会想到,若给定一个对角线元素均为 0 的对称的 $0-1$ 矩阵 A,就可以唯一地构造出一个简单图 G,它以 A 为邻接矩阵。因此,所有简单图的集合与所有对角线元素均为 0 的对称的 $0-1$ 矩阵的集合建立一一对应,从而图的许多性质可以利用矩阵分析这个代数工具进行探讨。下面的两个结果就是一个例证。

定理 1.25 设 $A(G)$ 表示图 G 的邻接矩阵,则 $A^l(G)$ 的 (i,j) 元素 $A_{ij}^{(l)}$ 等于图中长为 l 的 v_i-v_j 途径的数目。

对 l 施行数学归纳法可证明此定理,详见文献[21]、[48]。 □

推论 1.26 若 $A(G) = (a_{ij})_{p \times p}$ 是简单图 G 的邻接矩阵,则

(1) $a_{ii}^{(2)} = \sum\limits_{j=1}^{p} a_{ij} a_{ji} = d(v_i)$;

(2)$a_{ii}^{(3)}$ 是 G 中以 v_i 为一个顶点的三角形数目的两倍。 □

下述定理刻画了正则图中邻接矩阵与关联矩阵之间的关系。

定理 1.27[21],[48] 设 $M(G)$ 和 $A(G)$ 分别表示图 G 的关联矩阵和邻接矩阵,如果 G 是度数为 k 的正则图,则

$$M(G)M^{\mathrm{T}}(G) = A(G) + kI_p$$ □

其中,$M^{\mathrm{T}}(G)$ 是 $M(G)$ 的转置矩阵(以下均用 $M^{\mathrm{T}}(G)$ 表示 $M(G)$ 的转置矩阵),I_p 是 p 阶单位矩阵。

在计算机里存储一个图时,邻接矩阵、关联矩阵的作用十分重要。此外,应用图的代数表示及邻接矩阵、关联矩阵等工具来研究图的性质已取得了一些显著的成果,在此基础上逐步形成了图论的一个重要分支——代数图论(见文献[48])。

设 G 是一个简单图且 $V(G) = \{1, 2, \cdots, p\}$,图 G 的 S **相邻矩阵**定义为 $S(G) = (S_{ij})_{p \times p}$,

其中，
$$S_{ij}=\begin{cases}0 & \text{如果 } i=j \\ 1 & \text{如果 } i \text{ 不与 } j \text{ 相邻} \\ -1 & \text{如果 } i \text{ 与 } j \text{ 相邻}\end{cases}$$

例如，对图 1.23 中所示的图 G 有

$$S(G)=\begin{array}{c} \\ \begin{array}{ccccc}1 & 2 & 3 & 4 & 5\end{array} \\ \begin{array}{c}1 \\ 2 \\ 3 \\ 4 \\ 5\end{array}\begin{bmatrix}0 & 1 & 1 & 1 & 1 \\ 1 & 0 & -1 & 1 & 1 \\ 1 & -1 & 0 & -1 & -1 \\ 1 & 1 & -1 & 0 & -1 \\ 1 & 1 & -1 & -1 & 0\end{bmatrix}\end{array}$$

容易看出，$S(G)$ 也是一个对称的，对角线元素为零的矩阵。由定义容易推出相邻矩阵 $A(G)$ 和 S 相邻矩阵 $S(G)$ 之间的相互关系：

$$S(G)=J-I-2A(G) \tag{1.47}$$

其中 J 表示每个元素为 1 的 p 阶方阵。进而，容易证明

$$S(\overline{G})=-S(G) \tag{1.48}$$

(1.48)式表明了在研究图与其补图的有关问题时，$S(G)$ 优于 $A(G)$ 的原因所在。

有关自补图中这三种矩阵的性质与特征，我们将在第 2 章中给予进一步讨论。

1.8 群与图的自同构群

1.8.1 置换群的基本概念与基本运算

群是当代数学中一个非常重要的概念，已被广泛地应用到许多科学领域。群是研究图对称性的不可缺少的工具。本节中，我们首先给出群的基本概念，然后给出置换群的一些基本运算。这些运算不仅与图的运算密切相关，而且图的计数方面将起到不可缺少的作用。

群由一个非空集合 A 和一个二元运算构成。为了方便，我们在本书中对这个二元运算用连写 A 中的二个元素 α_1 和 α_2 为 $\alpha_1\alpha_2$ 来记，它满足下列四个公理：

公理 1（封闭性） 对于 A 中的任意两个元素 α_1,α_2，均有

$$\alpha_1\alpha_2 \in A$$

公理 2（结合性） 对于 A 中的任意三个元素 $\alpha_1,\alpha_2,\alpha_3$，均有

$$\alpha_1(\alpha_2\alpha_3)=(\alpha_1\alpha_2)\alpha_3$$

公理 3（单位元素） 在 A 中存在这样一个元素 e，使得对于 A 中所有元素 α，均有

$$e\alpha=\alpha e=\alpha$$

公理 4（逆元素） 对于 A 中的每一个元素 α，在 A 中必存在另一个元素，记作 α^{-1}，使得

$$\alpha\alpha^{-1}=\alpha^{-1}\alpha=e$$

如果群还满足：

公理 5（交换律）　对于 A 中任意两个元素 α_1, α_2，都有

$$\alpha_1 \alpha_2 = \alpha_2 \alpha_1$$

则 A 称为**交换群**或**阿贝尔群**。

我们把从一个有限集合 $X = \{1, 2, \cdots, p\}$ 到它自身的一一映射称为 X 的一个**置换**。容易验证，映射在通常的**复合运算**下构成了 X 上的置换的一个二元运算。我们把 X 上的全体一一映射构成的集合记作 S_p。S_p 中的元素在复合运算下成为我们通常所言的 **p 次对称群**。设 $A \subseteq S_p$。若 A 中的元素在复合运算下是封闭的，则公理 2、3 和 4 自然满足，故 A 就是一个**置换群**。若一个置换群 A 作用在对象集 X 上，则 $|A|$ 称为这个群的**阶**；$|X|$ 称为这个群的**度**。

设 A 和 B 分别是作用在对象集为 X 和 Y 的两个置换群。A 和 B 被称为是同构的，记作 $A \cong B$，如果在 A 与 B 之间存在一个一一映射 $\sigma: A \leftrightarrow B$，使得对于 A 中的任意两个元素 α_1, α_2，有

$$\sigma(\alpha_1 \alpha_2) = \sigma(\alpha_1) \sigma(\alpha_2)$$

下面，我们将给出置换群的四种二元运算，它们是置换群的**和运算**、**积运算**、**合成运算**以及**幂运算**。

设 A 是一个作用在对象集为 $X = \{x_1, x_2, \cdots, x_{m_1}\}$ 的 n_1 阶置换群；B 是一个作用在对象集为 $Y = \{y_1, y_2, \cdots, y_{m_2}\}$ 的 n_2 阶置换群。例如，设 $C_3^* = \{(1)(2)(3), (123), (132)\}$ 是一个作用在 $X = \{1, 2, 3\}$ 上的一个 3 阶循环群。令 $S_2 = \{(a)(b), (ab)\}$ 是一个作用在 $Y = \{a, b\}$ 上的 2 次对称群，我们用这两个置换群来说明下面所给出的四种运算。

A 与 B 的**和**，是一个置换群，记作 $A + B$，它作用在不相交的并 $X \cup Y$ 上；$A + B$ 的元素由 A 中的置换 α 和 B 中的置换 β 所形成的所有的**有序对**（记作 $\alpha + \beta$）构成。对于 $X \cup Y$ 中的任何一个元素 z，在 $\alpha + \beta$ 的作用下所得的结果为

$$(\alpha + \beta)(z) = \begin{cases} \alpha(z), & \text{当 } z \in X \\ \beta(z), & \text{当 } z \in Y \end{cases} \tag{1.49}$$

由两个置换群的和运算，容易看出，$A + B$ 是一个阶为 $n_1 n_2$，度为 $m_1 + m_2$，作用在 $X \cup Y$ 上的置换群。所以，$C_3^* + S_2$ 共有 6 个置换，它们是

$$C_3^* + S_2 = \{(1)(2)(3) + (a)(b), (123) + (a)(b), (132) + (a)(b),$$
$$(1)(2)(3) + (ab), (123) + (ab), (132) + (ab)\}$$
$$X \cup Y = \{1, 2, 3, a, b\}$$

A 与 B 的**积**，是一个作用在对象集为 $X \times Y$ 的置换群，记作 $A \times B$。$A \times B$ 中的置换是由 A 中的置换 α 和 B 中的置换 β 所构成的有序对，并记作 $\alpha \times \beta$。$X \times Y$ 中的每个元素 (x, y) 在 $\alpha \times \beta$ 的作用下所得的像为

$$(\alpha \times \beta)(x, y) = (\alpha x, \beta y) \tag{1.50}$$

容易看出，$A \times B$ 是一个阶为 $n_1 n_2$，度为 $m_1 m_2$ 的作用在 $X \times Y$ 上的置换群。于是，$C_3^* \times S_2$ 共有 6 个置换，它们的度也是 6。

$$C_3^* \times S_2 = \{(1)(2)(3) \times (a)(b), (123) \times (a)(b), (132) \times (a)(b),$$
$$(1)(2)(3) \times (ab), (123) \times (ab), (132) \times (ab)\}$$
$$X \cup Y = \{(1,a),(1,b),(2,a),(2,b),(3,a),(3,b)\}$$

A 对 B（A around B）的**合成**，也是作用在对象集为 $X \times Y$ 上的置换群，记作 $A[B]$。对于 A 中的置换 α 和 B 中的 m_1 个（可以相同的）置换序列 $(\beta_1, \beta_2, \cdots, \beta_{m_1})$，在 $A[B]$ 中有唯一的一个置换，记作 $(\alpha; \beta_1, \beta_2, \cdots, \beta_{m_1})$，使得对于 $X \times Y$ 中的 (x_i, y_j)，有

$$(\alpha; \beta_1, \beta_2, \cdots, \beta_{m_1})(x_i, y_j) = (\alpha x_i, \beta_i y_j) \tag{1.51}$$

由此可见，$A[B]$ 是一个度为 $m_1 m_2$，阶为 $n_1 n_2^{m_1}$ 的作用在 $X \times Y$ 上的置换群，例如，$C_3^*[S_2]$ 的度是 6，阶却是 $n_1 n_2^{m_1} = 3 \times 2^3 = 24$。对于 $C_3^*[S_2]$ 中的置换

$$((123); (a)(6), (ab), (a5))$$

对 $X \times Y$ 中的元素 $(1,a)$ 作用的结果为

$$((123); (a)(b), (ab), (ab), (1,a)) = ((123)1, (a)(b)a) = (2,a)。$$

注意，$S_2[C_3^*]$ 的阶是 18，故 $S_2[C_3^*]$ 不与 $C_3^*[S_2]$ 同构。

幂群是作用在 Y^X 上的一种置换群，记作 B^A，其中 Y^X 表示所有由 X 到 Y 内的映射构成的集合。我们总是假定幂群所作用的不止一个映射。对于 A 中的每个置换 α 和 B 中的每个置换 β，在 B^A 中有唯一的置换，记作 (α, β)，使得对于 $\forall f \in Y^X$ 和 $\forall x \in X$，有

$$((\alpha, \beta)f)(x) = \beta f(ax) \tag{1.52}$$

幂群 $S_2^{C_3^*}$ 的阶为 6、度为 8。表 1.2 小结了群的上述四种运算。

定理 1.28 $A+B$，$A \times B$ 和 B^A 这三个群是同构的。

证明 易证 $A+B \cong A \times B$，为了证明 $A+B \cong B^A$，我们定义映射 $f: B^A \to A+B$ 为 $f((\alpha, \beta)) = \alpha^{-1} + \beta$，并可验证 f 是一个同构映射。

表 1.2 置换群的运算

		和	积	合成	幂
群	A, B	$A+B$	$A \times B$	$A[B]$	B^A
对象	X, Y	$X \cup Y$	$X \times Y$	$X \times Y$	Y^X
阶	n_1, n_2	$n_1 n_2$	$n_1 n_2$	$n_1 n_2^{m_1}$	$n_1 n_2$
度	m_1, m_2	$m_1 + m_2$	$m_1 m_2$	$m_1 m_2$	$m_2^{m_1}$

1.8.2 图的自同构群

设 G 是一个图，由 G 到其自身的一个同构映射 σ 叫做 G 的一个**自同构**。换言之，图 G 的自同构 σ 是 $V(G)$ 上的一个置换，且满足：对于 $\forall u, v \in V(G)$，$uv \in E(G)$ 当且仅当 $\lambda(uv) \in E(G)$。容易验证，在映射的合成下，G 的所有自同构形成一个群，称为 G 的**自同构群**，记作 $\Gamma(G)$。因此，我们把 $\Gamma(G)$ 可以看成是保持 G 的相邻性的作用在 $V(G)$ 上的一个置换群。当然，$\Gamma(G)$ 是衡量 G 的对称性的最有力的

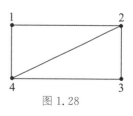

图 1.28

"工具"。容易看出,如图 1.28 所示的图 G 的自同构群为

$$\Gamma(G) = \{(1)(2)(3)(4), (1)(3)(24), (13)(24)\}$$

一个图 G 称为**非对称的**,如果 $\Gamma(G)$ 是单位元素群,Erdös 和 Renyi 使用概率方法证明了:对于较大的自然数 p,几乎所有的 p 阶可标定的图是非对称的,此结果的一个证明概要可在文献[49]中找到,文献[50]对非标定图证明了同样的结果。

对于一个非对称的图 G,它的任何一个顶点都可辨别 G 的其余顶点,同非对称图相反的另一个极端图是所谓的**顶点可传图**(或称顶点可迁图,或称顶点对称图等)。一个图 G 称为**顶点可传的**,如果对于 $\forall u, v \in V(G)$,在 $\Gamma(G)$ 中至少存在一个 σ,使得 $\sigma(u) = v$。通常,我们称这样的 u、v 是**相似的**,并记作 $u \sim v$。容易证明,"$\sim$"是一种等价关系,我们按"$\sim$"把 $V(G)$ 分成等价类,并把这样的等价类称为 G 的**轨**。有关轨的较为深入的讨论见 4.1 节。

设 $e_1 = u_1 v_1$ 和 $e_2 = u_2 v_2$ 是 G 的两条边,e_1 与 e_2 称为**相似的**,如果 $\exists f \in \Gamma(G)$,使得 $f(e_1) = e_2$。若 G 的任一对边都是相似的,则称图 G 是**边对称的**;若图 G 既是顶点对称的,又是边对称的,则称 G 是一个**对称图**。

一个点对称的图 G 不一定是边对称的,如图 1.29(a)所示的图 G,它是点对称的,但不是边对称的。一个边对称的图 G 不一定是点对称的,如图 1.29(b)所示的图 $K_{1,2}$ 就是这样的图。

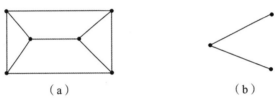

（a） （b）

图 1.29　一个点对称图和一个边对称图

下述定理 1.29 是由 Elayne 和 Dauber 获得的,这个定理刻画了边对称图与点对称图之间的相互关系。

定理 1.29　每一个没有孤立顶点的边对称图,或者是点对称的,或者是二部图。　□

关于这个定理的详细证明见文献[51]。关于顶点可传图的较详细的讨论将在 4.3 节中给出。

确定一个图的自同构群是一项非常困难的工作,也是一种有趣和有意义的工作。Kagno曾确定了顶点数 $\leqslant 6$ 的所有图的自同构群[52]。计算自同构群的困难在于没有较快的算法。我们不打算在此多加讨论,有兴趣的读者可参见文献[51]~[53]。作为本节的结束,我们给出这个领域内一个比较经典的工作,这个结果是由 Frucht 获得的。

定理 1.30　对于任意有限群 Γ,总能构造一个图 G,使得

$$\Gamma(G) \cong \Gamma$$

注 1　定理 1.29 证明中给出的图 G 的顶点数目 p 是很大的。

注 2　许多人曾构造其他类型的图 G,使 G 满足一些附加条件后,$\Gamma(G) \cong \Gamma$。例如:

(1)对于任何有限群 Γ,存在无限多立方体 G,使得 $\Gamma(G) \cong \Gamma$(见文献[53]);

(2)已知有限群 Γ，正整数 n,x,c，且 $3\leqslant n\leqslant 5,2\leqslant x\leqslant n,1\leqslant c\leqslant n$。存在无穷多 n 正则图 G，其色数 $X(G)=x,\kappa(G)=c$ 且 $\Gamma(G)\cong\Gamma$（见文献[54]～[55]）。

1.9 尚待解决的困难问题

问题 1 一个图序列是唯一图序列的充要条件是什么？

问题 2 设 $\pi=(d_1,d_2,\cdots,d_p)$ 是一个图序列，业已知道 π 所对应的图的数目见文献[15]～[18]。试给出一种构造性的算法，把 π 对应的全部不同构的图构造出来。

问题 3 在求一个给定的连通图 G 的生成树的算法中，已经有一种所谓的**缩边递推算法**，可否给出一种所谓的**缩边递推算法**？特别是，可否给出 $m\times n$ 阶矩阵图的生成树的递推算法（如图 1.30 所示）。

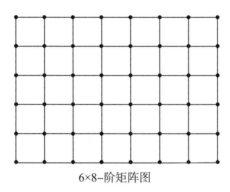

6×8-阶矩阵图

图 1.30 缩边递推算法

问题 4 刻画树的矩阵特征，即一个对称且对角线元素为零的 0－1 矩阵是某棵树的相邻矩阵的充要条件是什么？若此问题可得到解决，这个问题对算法中的过早收敛等问题的研究起关键性的作用。特别是应用于神经网络的过早收敛问题，有兴趣的读者可阅读文献[55]。

问题 5 图 G 的一个生成子图称为图 G 的一个**因子**。对于 p 阶完全图 K_p，若它可以分解为边不相交的 t 个生成子图 $G_1,G_2,\cdots,G_t(t\geqslant2)$ 之并，即

$$K_p=\bigcup_{i=1}^{t}G_i$$

并且这 t 个生成子图两两同构，则称每个 $G_i(1\leqslant i\leqslant t)$ 为 K_p 的一个 t 同构因子。我们把 K_p 的全体 t 同构因子构成的集合记为 K_p/t。试问：$|K_p/t|=$？即 K_p 中的 t 同构因子有多少？当 $t=2$ 时，这个问题已经由 Read 在 1963 年解决[56]，但当 $t\geqslant3$ 时是一个很困难的 NP 完全问题。

习　题

1. 试分别给出两个多重图,两个一般图,两个有向图和两个赋权图同构的定义。

2. 试证:一个图是二部图当且仅当它无奇圈。

3. 试证:一个图 G 是二部图当且仅当对 G 的每个子图 H,均有 $\alpha(H) \geqslant \frac{1}{2}|V(H)|$。

4. 试证:一个图是二部图,当且仅当每个适合 $\delta(H) > 0$ 的子图 H 均有 $\alpha(H) = \beta'(H)$。

5. 画出 $\overline{K_p}$ 与 $\overline{K_{m,n}}$。

6. 若 G 连通,则 $\overline{G}$ 不连通,对吗? 若 G 不连通,则 $\overline{G}$ 连通,对吗?

7. ①证明每个图 G 都包含两个度相同的顶点;

   ②试构造出只有一对顶点的度数相同的全部图。

8. 试构造出有且只有 k 个度数相同的顶点的所有具有 p 个顶点 q 条边的图,这里当然要求 $1 \leqslant k \leqslant \left[\dbinom{p}{2}\right]$。

9. 上题的一个应用问题:由两个或更多个人组成的人群中,总有两人在该人群内恰好有相同的朋友数。

10. 证明:

    ①序列 $(7,6,5,4,3,2)$ 和 $(6,6,5,4,3,3,1)$ 不是某个图的度序列;

    ②试问:下列序列是不是某图的度序列?

    $$(1,2,3,\cdots,i-1,i,i,i+1,\cdots,k-1,k,k+1,\cdots,2k)$$
    $$(1,2,3,\cdots,i-1,i,i,i+1,\cdots,k,\cdots,2k+1)$$
    $$(1,2,\cdots,k,k+1,\cdots,i-1,i,i,i+1,\cdots,2k)$$
    $$(1,2,\cdots,k,\cdots,i-1,i,i,i+1,\cdots,2k+1)$$

11. 找出恰有 k 个度 $(k \geqslant 3)$ 相等的所有图。

12. 证明 $|E(K_{m,n})| = m \cdot n$。

13. 若 G 是简单的二部图,则 $|E(G)| \leqslant |V(G)|/4$。

14. 具有 n 个顶点的完全 m 部图,若它的每个部分或是 $[n/m]$ 个顶点,或是 $[n/m]+1$ 个顶点,记为 $T_{m,n}$,证明:

    ①$|E(T_{m,n})| = \dbinom{n-k}{2} + (m-1)\dbinom{k+1}{2}$,这里 $k = [n/m]$;

    ②若 G 是具有 n 个顶点的完全 m 部图,则 $|E(G)| \leqslant |E(T_{m,n})|$,并且仅当 $G \cong T_{m,n}$ 时,等式成立。

15. 举出若干个图的同构算法在图的构造方面的应用。

16. 对于一般多重图或者伪图,我们有:若 $G \cong H$,则 $|V(G)| = |V(H)|$,且 $|E(G)| =$

$|E(H)|$,但其逆不真！例如图示的两个图 G 和 H 满足上述条件,但它们不同构,试证明之。

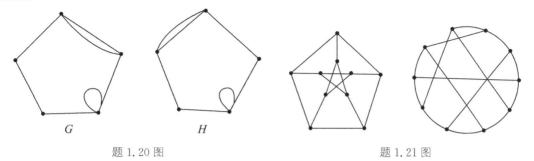

题1.20图　　　　　　题1.21图

17. 证明图中二图是同构的,它就是著名的 Peterson 图。

18. 设 G 是偶图,证明 G 的顶点适当地排列后,可使 G 的邻接矩阵有如下形式:

$$\begin{bmatrix} 0 & A_{12} \\ A_{21} & 0 \end{bmatrix}$$

其中 $A'_{12}=A_{21}$。

19. 证明:若 G 是简单图且 A 的特征值各不相同,则 G 的自同构群是 Abel 群(交换群)。

20. 设 G 为一般图,证明:

① $\sum_{v \in V} d(v) = 2|E(G)|$;

②在任何图 G 中,奇点个数是偶数。

21. 对于简单图 G,证明: $\delta \leqslant \dfrac{2|E(G)|}{|V(G)|} \leqslant \Delta$。

22. 证明:若 k 正则偶图($k>0$)具有二分类 (X,Y),则 $|X|=|Y|$。

23. 图 G 的边图是以 $E(G)$ 为顶点的图,其中两个顶点相邻当且仅当它们在 G 中是相邻的边。证明:

①若 G 是简单图,则 G 的边图有 $|E(G)|$ 个顶点和 $\sum_{v \in V(G)} \dbinom{d_G(v)}{2}$ 条边。

② K_5 的边图同构于 Petersen 图的补图。

24. 设 $S=\{x_1,x_2,\cdots,x_n\}$ 是平面上的一个点集,其中任意两点之间的距离至少是1,证明:最多有 $3n$ 对点的距离恰好是1。

25. 证明:若在图 G 中存在 (u,v) 途径,则在 G 中亦存在着 (u,v) 路。

26. 证明: G 中长为 k 的 (v_i,v_j) 途径数目就是 $A^k(G)$ 中的第 (i,j) 元素。

27. 证明:若 G 是简单图,且 $\delta \geqslant k$,则 G 有长为 k 的路。

28. ①证明:若 G 是简单图且 $|E(G)|>\dbinom{p-1}{2}$,则 G 连通;

②对于 $p>1$,构造一个边数 $q=\dbinom{p-1}{2}$ 的不连通简单图。

29. ①证明:若 G 是简单图,并且 $\delta>\left[\dfrac{p}{2}\right]-1$,则 G 连通;

②p 为偶数时,构造一个 $\left(\left\lceil\dfrac{p}{2}\right\rceil-1\right)$ 正则的不连通简单图。

30. 证明:若 G 是 3 正则图,则

$$\lambda(G)=\kappa(G)$$

31. ①证明:若 $e\in E(G)$,则 $\omega(G)\leqslant\omega(G-e)\leqslant\omega(G)+1$;

②设 $v\in V$,证明:在上面的不等式中,一般不能用 $G-v$ 代替 $G-e$。

32. 证明:若 G 连通且 G 的每个顶点的度均为偶数,则对于任何 $v\in V$,$\omega(G-v)\leqslant$ $\dfrac{1}{2}d(v)$。

33. 证明:在连通图中,任意两条最长路必有公共顶点。

34. 对于 $u,v,w\in V(G)$,证明:

$$d(u,v)+d(v,w)\geqslant d(u,w)$$

35. G 的直径是指 G 的两点之间的最大距离。证明:若 G 的直径大于 3,则 $\overline{G}$ 的直径小于 3。

36. 证明:若 G 是直径等于 2 的简单图,且 $\Delta(G)=p-2$。则 $q\geqslant 2p-4$。

37. 证明:若 G 是非完全的连通简单图,则在 G 中存在三个顶点 u,v,w,使得 $uv,vw\in E(G)$,而 $uw\notin E(G)$。

38. 证明:若 $\delta\geqslant 2$,则 G 含有圈。

39. 证明:若边 e 在 G 的某一闭迹中,则 e 在 G 的某圈中。

40. 证明:若 G 是简单图且 $\delta\geqslant 2$,则 G 含有长度至少是 $\delta+1$ 的圈。

41. 图 G 的围长是指 G 中最短圈的长度。若 G 没有圈,则 G 的围长定义为 ∞。证明:

①围长为 4 的 k 正则图至少有 $2k$ 个顶点;在同构意义下,存在唯一的具有 $2k$ 个顶点的这样的图。

②围长为 5 的 k 正则图至少有 k^2+1 个顶点。

42. 证明:围长为 5,直径为 2 的 k 正则图恰好有 k^2+1 个顶点,当 $k=2,3$ 时,找出这种图来。(**注**:Hoffman 和 Singleton 在 1960 年已经证明了这种图仅当 $k=2,3,7$ 时成立,可能还有 57。)

43. 证明:

①若 $q\geqslant p$,则 G 含有圈;

②若 $q\geqslant p+4$,则 G 含有两个边不重的圈。

参 考 文 献

[1] BEINEKF L W, WILSON R J. Selected Topics in Graph Theory. 7. Tournaments, London, New York:Academic Press, 169-204.

[2] BEINEKE L W, BAGGA K S. On superstrong tournaments and their scores. Ann. New York Acad. Sci., 1989,555:30-89.

[3] 许进. 图的同构算法及其应用. 西安电子科技大学电子工程研究所. 1999.

［4］李炯生.图的度序列研究进展.数学进展,1996,3:1-10.

［5］HULETT H, WILL G T, WOEGINGER J G. Multigraph realizations of degree sequences: Maximization is easy, minimization is hard. Operations Research Letters, 2008, 36(5): 594-596.

［6］HAKIMI S L. On realizability of a set of integers and the degrees of the vertices of a linear graph. I, SIAM J. Appl. Math. , 1962,10:496-506.

［7］HAKIMI S L. On realizability of a set of integers and the degrees of the vertices of a linear graph. II, SIAM J. Appl. Math. , 1963,11:135-147.

［8］JOHNSON R H. The diamrter and radius of simple graphs. J. Combinatorial Theory, Ser. B, 1974,17:188-198.

［9］JOHNSON R H. Simple separable graphs. Pacific J. Math. 1975,56:143-158.

［10］JOHNSON R H. Simple directed trees. Discete Math. 1976,14:257-264.

［11］KOREN M. Extreme degree sequence of simple graphs. J. Combinatorial Theorey, Ser. B, 1973,15:213-224.

［12］KOREN M. Pairs of sequences with a unique realization by bipartite graphs. J. Combinatorial Theorey, Ser. B, 1976,21:224-234.

［13］KOREN M. Pairs of sequences with a unique realization by bipartite graphs. J. Combinatorial Theorey, Ser. B, 1976,21:235-244.

［14］ERDÖS P, GALLAI T. Graphs with given degrees of vertices(Hungarian). Math. Lapok, 1960,11:264-274.

［15］HARARY F, PALMER E M. Enumeration of locally restricted digraphs. Canad. J. Math. 1966,18:853-860.

［16］PARTHASATHY K R. Enumeration of ordinary gaphs with given partition, Canad. J. Math. , 1968, 20:40-47.

［17］HANLON P. Enumeration of graphs by degree sequence. J. Graph Theory, 1979,3:295-299.

［18］READ R C, ROBINSON R W. Enumeration of labelled multigraphs by degree parities. Discrete Mathematics, 1982,42:99-105.

［19］SHANNON C E. The zero-error capacity of a noisy channel. IRE Trans. Information Theory, 1956,3:8-19.

［20］LOVÁSZ L. On the Shannon capacity of a graph. IEEE Trans. on Information Theory, 1979,25(1):1-7.

［21］许进.现代图论.研究生自编教材,西安电子科技大学电子工程研究所,1999.

［22］许进,保铮.Boole 函数的线性可分性(Ⅰ):n-维超立方体的基本理论.电子科学学刊,1996, 18(增刊):6-13.

［23］许进,保铮.Boole 函数的线性可分性(Ⅱ):n-维超立方体的基本理论.电子科学学刊,1996, 18(增刊):14-20.

［24］许进,保铮.反对称离散 Hopfield 网络的稳定性.电子学报,1999,27(1):93-97.

［25］XU JIN,QU RUIBIN. The spectra of hypergraphs.工程数学学报,1999,4.

[26] XU J（许进），BAO Z（保铮）. Linearly separable Boolean functions-Part Ⅰ：two sufficient and necessary conditions. (submit to IEEE Trans. on Neural Networks).

[27] XU J（许进），BAO Z（保铮）. Linearly separable Boolean functions-Part Ⅱ：Enumeration. (submit to IEEE Trans. on Neurel Networks).

[28] XU J（许进），BAO Z（保铮）. Linearly separable Boolean functions-Part Ⅲ：Construction. (submit to IEEE Trans. on Neural Networks).

[29] 张军英. 二进前向网络的分类超平面理论. 博士学位论文,西安电子科技大学,1998.

[30] 许进. 最小核度神经网络（Ⅰ）：神经网络理论与应用：94′最新进展. 武汉：华中理工大学出版社,1994.

[31] 许进. 系统的核与核度理论及其应用. 西安：西安电子科技大学出版社,1994.

[32] 许进,席酉民,汪应洛. 系统的核与核度理论（Ⅰ）. 系统科学与数学,1993,13(2)：102-110.

[33] 许进,席酉民,汪应洛. 系统的核与核度理论（Ⅱ）. 系统工程学报,1994,9(1)：1-11.

[34] 许进,席酉民,汪应洛. 系统的核与核度理论（Ⅴ）. 系统工程学报,1993,8(2)：33-39.

[35] 许进,席酉民,汪应洛. 系统的核与核度理论（Ⅵ）. 西安交通大学学报,1994,3：69-74.

[36] 许进. 系统的核与核度理论（Ⅶ）. 系统工程学报,1998,12(3)：243-246,257.

[37] 许进. 一种研究系统科学的新方法：系统的核与核度法. 系统工程与电子技术,1994,6：1-11.

[38] 许进. 论图的坚韧度（Ⅰ）. 电子学报,1996(10)：5.

[39] 许进. 论图的坚韧度（Ⅱ）. 电子科学学刊,1996(10)：28-33.

[40] HARARY F. Graph Theory, Addison-Wesley, Reading, Mass. ,1969.

[41] 欧阳克智,欧阳克毅,于文池. 图的相对断裂度. 兰州大学学报,1994,3：43-48.

[42] JUNG K L. On a class of posets and the corresponding comparability graphs. J. Combin. Theory B, 1978,24：125-133.

[43] CHVATAL V. Tough graphs and hamiltonian circuits. Discrete Mathematics, 1973, 5：215-228.

[44] HENDRY G R T. Scattering number and extremal non-hamiltonian graphs. Discrete Mathematices,1988,71：165-175.

[45] GRAHAM R L, ROTHSCHILD B L, SPENCER J H. Ramsey Theory. New York：A wiley-Interscience Publication,1990.

[46] XU J，WONG C K. Self-complementary graphs and Rasey Numbers, Part Ⅰ：The decomposition and construction of self-complementary graphs. Discrete Mathematics，1999,5.

[47] SEIDEL J J. A survey of two-graphs Proc. Int. Coll. Teorie Combinatorie, Roma 1973，Tomo I, Accad. Naz. Lincei,1976,481-511.

[48] BIGGS N. Algebraic Graph Theory. Cambridge University Press，London，1993.

[49] HARRAY F. Graphical Enumeration. New York：Academic Press,1973.

[50] WRIGHT E M. Graphs on unlabelled nodes with a given number of edges, Acta-Math. 1971,126：1-9.

[51] YAP H P. Some Topics in Graph Theory. Cambridge University Press, Cambridge, London,1986.

[52] CAMERON P J. Automorphism groups of graphs. Selected Topics in Graph Theory 2(ed. Beineke L W, Wilson R J). 1983,89-127.

[53] FRUCHT R. Graphs of degree 3 with given abstract group. Canad. J. Math. , 1949, 1: 365-378.

[54] IZBICKI H. Graphen 3,4, und 5 Grades mit vorgegebenen abstrakten Automorphismengruppen,Farbenzhlen und Zusamenhängen. Montsh. Math. 1957,61:42-50.

[55] IZBICKI H. Unenlivhe Graphen beliebigen Grades mit vorgegebenen Eigenschaften. Montsh. Math. 1959,63:298-301.

[56] READ R C. On the number of self-complementary graphs and digraphs. J. London Math. Soc. ,1963,38:99-104.

第2章 自补图的基本理论

有了第一章的准备工作，从本章起，我们将逐步对各种类型的自补图，如无向自补图、正则与强正则自补图、有向自补图、多重自补图、偶自补图等展开讨论。在这一章里，集中研究无向自补图的基本理论，主要研究自补图置换的基本特征与性质；自补图的度序列的充要条件以及构造方法；自补图中三角形数目的上界、下界；自补图的直径；自补图的自同构群的基本性质与结构特征；自补图的矩阵理论等。本章内容构成了无向自补图的基础，它们为研究其他类型自补图奠定了基础。考虑到篇幅以及自补图中有些性质的重要性，我们并没有将自补图的全部性质放在本章，计数、路与圈以及构造等问题放在其他章里专门讨论。同第 1 章一样，我们在本章末列出了几个尚未解决的难题。

2.1 引 子

同研究其他图类一样，自补图研究围绕着下面几个问题进行：

第一，存在性问题。即具有 p 个顶点的图类当中是否有自补图存在？

第二，计数问题。即若存在具有 p 个顶点的自补图，那么，一共有多少个？

第三，基本性质与基本特征。即需要探索自补图具有哪些充分必要条件，它们的结构特征特点是什么等问题。

第四，构造问题。即如何把具有 p 个顶点的全部自补图，或者我们感兴趣的某些自补图构造出来。

下面，我们将主要围绕着上述 4 个问题逐步展开讨论。在展开讨论之前，我们先给出自补图的一个最基本的必要条件和几个简单的自补图以作为本节的结束。

设图 G 是一个 p 阶自补图。则显然有 $|E(G)|=|E(\overline{G})|$，又由 $G\bigcup\overline{G}=K_p$，$E(G)\bigcap E(\overline{G})=\varnothing$，可得到

$$|E(G)|=\frac{1}{2}\binom{p}{2}=\frac{1}{4}p(p-1) \tag{2.1}$$

注意到 $|E(G)|$ 必为整数，因此有

定理 2.1 设图 G 是一个 p 阶自补图，则有

$$p\equiv 0,1(\bmod 4) \tag{2.2}\ \square$$

K_1 是一个平凡自补图。由定理 2.1 知,非平凡自补图具有的最小阶数是 $p=4$,其次是 5,并且容易知道 4 阶自补图只有一个,即长度为 3 的路 P_4;5 阶自补图共有两个,如图 2.1 所示。当顶点数 $p=6$ 或 7 时,不存在自补图;但当 $p=8$ 时,我们不可能轻而易举地把 8 个顶点的所有自补图全部构造出来。自然,对于顶点数 $p\geqslant9$ 的自补图类的构造、计数等问题的研究就更难了。为了对这些问题进行深入细致的研究,从下节开始,我们将逐步从各个不同的角度展开对自补图的讨论。

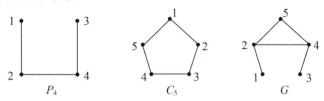

图 2.1 非平凡的最小自补图

2.2 自补置换

对自补图中许多问题的研究,最终可归结为对其自补置换的研究。"对自补图,特别是正则或者强正则自补图[1]的自补置换进行深入的研究,可能产生一系列惊人的结果。"在这一节里,我们仅讨论自补置换的一些最基本的性质,关于正则与强正则自补图的情况将在第 6 章中进行较为深入的讨论。其他类型自补图的自补置换,则在有关章节里逐步讨论。

2.2.1 定义

设 G 是一个自补图,σ 是从 G 到它的补 $\overline{G}$ 之间的一个同构映射,则 σ 称为图 G 的一个**自补置换**,国外一般称为**补置换**(complementary permutation),如图 2.1 所示。容易计算,图 2.1 中的自补图 C_5 共有 10 个自补置换。它们是 (1234)(5),(1432)(5);(1253)(4),(1352)(4);(2453)(1),(2354)(1);(1425)(3),(1524)(3);(1543)(2),(1345)(2);图 2.1 右边的自补图 G 共有两个自补置换。它们是 (1234)(5) 和 (1432)(5);图 2.1 左边的自补图 P_4 恰有两个自补置换:(1234) 和 (1432)。由此我们可以得到如下结论:

(1)若 G 是一个非平凡的自补图,则 G 至少有 2 个自补置换。

(2)不同构的自补图可能有相同的自补置换。如图 2.1 所示的两个不同构的自补图却有相同的自补置换 (1234)(5)。

我们将用 $\Theta(G)$ 表示一个自补图 G 的全体自补置换构成的集合。

2.2.2 基本性质

设 G 是一个自补图,$\sigma\in\Theta(G)$。则对于 $\forall u,v\in V(G)$,有

$$uv\in E(G)\Longleftrightarrow\sigma(uv)=\sigma(u)\sigma(v)\in E(\overline{G})$$

$$\Leftrightarrow \sigma(uv) \notin E(G)$$
$$\Leftrightarrow \sigma^2(uv) \in E(G)$$
$$\Leftrightarrow \sigma^3(uv) \notin E(G)$$
$$\Leftrightarrow \cdots$$
$$\Leftrightarrow \sigma^{2t-1}(u)\sigma^{2t-1}(v) \notin E(G)$$
$$\Leftrightarrow \sigma^{2t}(u)\sigma^{2t}(v) \in E(G)$$

由此可得：

引理 2.2 设 G 是一个 p 阶自补图，$\sigma \in \Theta(G)$，则有

(1)$\sigma^{2t-1} \in \Theta(G)$，$t=1,2,\cdots$

(2)$\sigma^{2t} \in \Gamma(G)$，$t=1,2,\cdots$

定理 2.3 设 $V(G)$ 是图 G 的顶点集，σ 是 $V(G)$ 上的一个置换。如果对于 $\forall u,v \in V(G)$，$uv \in E(G)$ 当且仅当 $\sigma(uv) \notin E(G)$，则 G 是一个自补图。

证明 σ 是一个一到一映射，且 σ 把 G 映射成 $\overline{G}$ 并保持相邻性。这是因为对 $\forall u,v \in V(G)$，$uv \in E(G) \Leftrightarrow \sigma(uv) \notin E(G) \Leftrightarrow \sigma(uv) \in E(\overline{G})$。故 G 与 $\overline{G}$ 同构，G 是自补图且 $\sigma \in \Theta(G)$。

由自补置换的定义，对于自补图的每一个自补置换 σ，我们总可以把它看作若干个不相交的**轮换** $\sigma_1,\sigma_2,\cdots,\sigma_n$ 的积，即

$$\sigma = \sigma_1\sigma_2\cdots\sigma_n \tag{2.3}$$

若 $\sigma_i = (v_{i_1}v_{i_2}\cdots v_{i_m})$，则把由 $\{v_{i_1},v_{i_2},\cdots,v_{i_m}\}$ 在 G 中的导出子图用 $G[\sigma_i]$ 表示，并且我们用 $u \in \sigma_i$ 表示 $u \in \{v_{i_1},v_{i_2},\cdots,v_{i_m}\}$，用 $|\sigma_i|$ 表示 σ_i 中元素个数。

定理 2.4 设 G 是一个自补图，$\sigma \in \Theta(G)$，且 σ 可分解成 n 个轮换之积，则对于每个 σ_i，$G[\sigma_i]$ 是一个自补图。

证明 对于 $\forall u \in \sigma_i$，$\sigma_i(u) \in \{v_{i_1},v_{i_2},\cdots,v_{i_m}\}$，即 σ_i 是 $\{v_{i_1},v_{i_2},\cdots,v_{i_m}\}$ 上的一个映射，且是 $1-1$ 的。

另一方面，对于 $\forall u,v \in \{v_{i_1},v_{i_2},\cdots,v_{i_m}\}$，$uv \in E(G[\sigma_i]) \Leftrightarrow uv \in E(G) \Leftrightarrow \sigma(u)\sigma(v) \notin E(G) \Leftrightarrow \sigma_i(u)\sigma_i(v) \notin E(G) \Leftrightarrow \sigma_i(u)\sigma_i(v) \notin E(G[\sigma_i])$。再由定理 2.3 知 $G[\sigma_i]$ 是一个自补图。

下面给出的两个结果是 Ringel 和 Sachs 在 20 世纪 60 年代初研究自补图时分别独立地所获得的两个基本结果，见文献[2]、[3]。

定理 2.5 设 G 是一个自补图，$\sigma \in \Theta(G)$，则 σ 至多有一个长度为 1 的轮换，并且 σ 的其他轮换的长度可被 4 整除。

证明 假设 σ 有两个长度为 1 的轮换：$\sigma_1 = (u)$ 和 $\sigma_2 = (v)$，则 $uv \in E(G) \Leftrightarrow \sigma(uv) \in E(\overline{G})$。而 $\sigma(uv) = \sigma_1(u)\sigma_2(v) = uv$，矛盾！这便证明了 σ 至多有一个长度为 1 的轮换。

设 $\sigma = \sigma_1\sigma_2\cdots\sigma_n$。下面证明：若 $|\sigma_i| \neq 1$，则 $|\sigma_i|$ 可被 4 整除。基于定理 2.4，我们仅需考虑 $n=1$ 的情况。不失一般，可令 G 是一个非平凡的自补图且 $\sigma = (v_1,v_2,\cdots,v_p)$，则由 (2.1)式知 $p \equiv 0,1 \pmod 4$。若 $p = 4t+1(t \geqslant 1)$，则由引理 2.2 知 $\sigma^{4t+1} \in \Theta(G)$。若 v_i,v_j

$\in \sigma$，且 $v_i v_j \in E(G)$，则 $\sigma(v_i v_j) \in E(\overline{G})$。进而可知 $\sigma^{4t+1}(v_i v_j) = v_i v_j \in E(\overline{G})$，矛盾！从而证明了 $p \equiv 0 \pmod 4$。本定理获证。 $\square$

设 G 是一个自补图，$\sigma \in \Theta(G)$。若 σ 中存在长度为 1 的轮换 $\sigma_1 = (u)$，则称 u 是 σ 的一个**不动点**。显然，对于一个给定的自补置换，若它有不动点，则这个不动点是唯一的。然而，对于同一个自补图 G 的两个不同的自补置换，若它们均有不动点，则这两个不动点有可能是相同的。这个事实可由 2.2.1 小节中关于 C_5 的讨论得到证实。

由定理 2.4 及定理 2.5 的证明过程，我们很容易知道，若 G 是一个 $4t$ 阶的自补图，则对于 $\forall \sigma \in \Theta(G)$，$\sigma$ 不含不动点。若 G 是一个 $4t+1$ 阶的自补图，σ 必含一个且只有一个不动点。故我们有定理 2.6。

定理 2.6 设 G 是一个自补图，$\sigma \in \Theta(G)$，则 σ 有不动点的充要条件是 $|V(G)| \equiv 1 \pmod 4$。

2.2.3　6 个公开问题

1979 年，Kotzig 在纪念著名图论专家 Tutte 诞辰 60 周年时，在自补图中提出了 6 个公开问题[1]。这 6 个公开问题不但是对自补置换研究的一个总结，也是在进一步研究自补图的方向问题上提出了他本人的一些看法。在这一小节里，我们将介绍这 6 个公开问题并简述它们的研究进展。

如果一个图 G 的每个顶点的度数都相等，则该图是正则的。自然，所谓 k **正则图**，是指每个顶点的度数均为 k 的图。一个 k 正则图称为参数为 (p, k, λ, μ) **强正则图**，如果它的顶点数为 p，且每对相邻(不相邻)的顶点恰有 $\lambda(\mu)$ 个公共相邻的顶点。

问题 1 对每一个正则自补图 G，是否至少存在一个自补置换 $\sigma \in \Theta(G)$，除长度为 1 外，σ 的每一个轮换的长度恰好为 4？

问题 2 表征 $V(G)$ 的子集 $F(G)$ 的特征。其中 $F(G) = \{v; \exists \sigma \in \Theta(G)$，满足 $\sigma(v) = v\}$。这里，G 是一个正则自补图。

问题 3 设 G 是一个正则自补图 G，表征 $E(G)$ 的子集 $N(G)$ 的特征。其中，$N(G)$ 是由满足下列条件的边 uv 组成：至少存在一个 $\sigma \in \Theta(G)$，使得 $\sigma(u) = v$。

问题 4 下列结论是否为真：一个正则自补图是强正则的充要条件是 $F(G) = V(G)$，$N(G) = E(G)$。

问题 5 下列结论是否为真：对每一个满足 $4n+1 = x^2 + y^2$（这里 x, y 是整数）的自然数 n，存在着 $4n+1$ 阶的强正则自补图。至少存在两个非同构的强正则自补图的阶数是什么？

设 R_n 表示 $4n+1$ 阶的所有正则自补图的集合，对于 $G \in R_n$，用 $\mu(G)$ 表示 G 的边互不相交的 Hamilton 圈的最大数目，并且在自然数集合中定义函数 μ 如下：

$$\mu(n) = \min\{\mu(G); \quad G \in R_n\} \tag{2.4}$$

则显然 $\mu(n) \leqslant n$。Jackson[4] 已经证明了 $\mu(n) \geqslant \left\lceil \dfrac{n}{3} \right\rceil$。对于每一个自然数 n，满足 $\mu(G) = n$ 的图 $G \in R_n$ 的构造也已经知道。而且容易证明 $\mu(1) = 1, \mu(2) = 2$，下一个值 $\mu(3)$ 是不知道的，且连 $G \in R_n, \mu(G) < n$ 的一个例子也不知道。

问题 6 对于 $p>2$，求 $\mu(n)$ 的值。

关于问题 1 已经给出否定的答案。见 2.2.4 小节。但关于这个问题的更深入的研究至今尚未见到。

问题 2、3 及 4 由 Rao[5] 在 1985 年解决。其详细讨论见第 6 章。

问题 5 仅获部分结果，关于这个问题的详细讨论见第 6 章。

问题 6 至今毫无进展！

2.2.4 自补置换的轮换的长度

由定理 2.5 知，若自补图 G 的每一个自补置换 σ 的轮换的长度不是 1，则必是 4 的倍数，并且由于对 $\forall \sigma \in \Phi(G)$，必存在一个逆置换 $\sigma^{-1} \in \Phi(G)$，使得 $\sigma\sigma^{-1}$ 是 $\Gamma(G)$ 单位置换。故对于每一个非平凡的自补图 G，$|\Theta(G)| \geqslant 2$。于是，对于自补图的轮换长度的讨论显得十分重要。自然，我们希望对于一个给定的自补图 G，能够找到一个有规律性结构的自补置换 σ。两种极端的情况是：

(1) σ 的每个轮换的长度均为 4（除长度为 1 的轮换外）；

(2) 除长度为 1 的轮换外，σ 只有一个轮换。如图 2.2 所示的 8 阶自补图 G。很容易证实 $\sigma_1 = (12345678)$ 和 $\sigma_2 = (1234)$ (5678) 均属于 $\Theta(G)$。

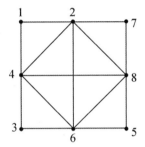

图 2.2　一个 8 阶自补图

对于顶点数 $p \leqslant 9$ 的所有图而言，Kotzig 所提出的问题 1（见 2.2.3 小节）是成立的，即对每个正则自补图 G，至少存在一个 $\sigma \in \Theta(G)$，除长度为 1 外，σ 的每一个轮换的长度恰好是 4。遗憾的是，当一个图 G 的顶点数 $p \geqslant 13$ 时，这个猜测便夭折了。我们可以通过下面的反例给予说明。容易证明：

引理 2.7　设 G 是一个自补图，$\sigma \in \Theta(G)$，$\gamma \in \Gamma(G)$，则 $\sigma\gamma \in \Theta(G)$。

例 2.1　如图 2.3 所示的自补图 G 与它的补图 $\bar{G}$，

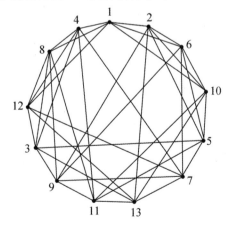

图 2.3　否定问题 1 的一个反例图

容易证实 $\sigma \in \Theta(G)$，其中

$$\sigma = (1)(2,3,4,5)(6,7,8,9,10,11,12,13)$$

并且 G 的自同构群为

$$
\begin{aligned}
\Gamma(G) = \{ &(1)(2)(3)(4)(5)(6)(7)(8)(9)(10)(11)(12)(13), \\
&(1)(2)(3)(4)(5)(6,10)(8,12)(7,11)(9,13)(5), \\
&(1)(2,4)(3,5)(6,12,10,8)(7,13,11,9), \\
&(1)(2,4)(3,5)(6,8,10,12)(7,9,11,13)\}
\end{aligned}
$$

假设 G 有一个自补置换 σ^*，它有一个长度为 1 的轮换和 3 个长度为 4 的轮换构成，则必定存在一个 $\gamma \in \Gamma(G)$，使得 $\sigma^* = \sigma\gamma$。但是

$$
\begin{aligned}
\sigma\Gamma(G) = \{ &(1)(2,3,4,5)(6,7,8,9,10,11,12,13), \\
&(1)(2,3,4,5)(6,11,8,13,10,7,12,9), \\
&(1)(2,5,4,3)(6,13,12,11,10,9,8,7), \\
&(1)(2,5,4,3)(6,9,12,7,10,13,8,11)\}
\end{aligned}
$$

这就证明了在 $\Theta(G)$ 中不存在 1 个长度为 1 的轮换和 3 个长度为 4 的轮换之积构成的自补置换，从而给出了上小节 2.2.3 中的问题 1 的否定答案。

如果 Kotzig 关于问题 1 的结论成立的话，自然，对于正则自补图的研究将会带来极大的方便。诸如它们的基本性质、构造等问题的研究都是比较容易的。然而，对于 Kotzig 问题 1 的否定情况，给我们深入研究自补图增加了难度。如何去研究正则自补图呢？哪些正则自补图满足 Kotzig 问题 1 的肯定答案？哪些正则自补图不满足问题 1？这些都是尚待解决的问题。

2.3 可自补度序列

设 $\pi = (d_1, d_2, \cdots, d_p)$ 是一个非负整数序列，$d_1 \geqslant d_2 \geqslant \cdots \geqslant d_p$ 或者 $d_1 \leqslant d_2 \leqslant \cdots \leqslant d_p$，如果存在一个 p 阶自补图 G，满足 $\pi(G) = \pi$，则称 π 是一个**可自补度序列**，并称 G 是它的一个**实现**。

1976 年，Clapham 和 Kleitman 首先对可自补度序列进行了研究，获得了在两种不同的条件下一个非负整数序列是可自补度序列的充要条件[6],[7]。我们进一步简化了他们的证明，并且获得了一些较深入的结果[8]~[11]。本节将介绍这方面的工作。

2.3.1 图序列是可自补度序列的条件

设 $\pi = (d_1, d_2, \cdots, d_p)$ 是一个非负整数序列，且满足：① $d_1 \geqslant d_2 \geqslant \cdots \geqslant d_p$（或者 $d_1 \leqslant d_2 \leqslant \cdots \leqslant d_p$）；② $\sum\limits_{i=1}^{p} d_i$ 是偶数。如果存在一个（简单）图 G，使得 $\pi(G) = \pi$，则称 π 是一个**图序列**，并称 G 是 π 的一个**实现**。设 G 是一个 p 阶图，$v, v' \in V(G)$，如果 $d(v) + d(v') =$

$p-1$，则称顶点 v 与 v' 是一对**相配顶点**或称是**相配的**。设 V_1, V_1' 是 $V(G)$ 的两个子集，如果对于 $\forall u \in V_1, \forall u' \in V_1'$，均有 u 与 u' 是相配的，则称 V_1 与 V_1' 是 G 的一对**相配顶点子集**，简称为**相配子集**。设 $\pi = (d_1, d_2, \cdots, d_p)$ 是一个图序列，如果 $d_i + d_{p-i+1} = p-1 (i=1, 2, \cdots, [p/2])$，且 $d_{2j} = d_{2j-1} (j=1, 2, \cdots, [p/4])$，$p \equiv 0, 1 \pmod 4$，则 π 被称为是**相配的**。

引理 2.8[12] 设 $\pi = (d_1, d_2, \cdots, d_p)$ 是一个单调递减的图序列，则存在这样一个实现 $G, V(G) = \{v_1, v_2, \cdots, v_p\}$，且 $d_i = d_G(v_i) (1 \leqslant i \leqslant p)$，使得对于任一指定的顶点 v_k，它与 G 的 d_k 个度数最大的顶点相邻（如果 $k > d_k$，即与 $v_1, v_2, \cdots, v_p$ 相邻）。

定理 2.9[6] 一个单调递减的图度序列 $\pi = (d_1, d_2, \cdots, d_p)$ 是可自补度序列的充要条件是 π 是相配的，即 $p = 4n$ 时满足：

(1) $d_i + d_{4n+1-i} = 4n-1, \quad i=1, 2, \cdots, 2n$；

(2) $d_{2j} = d_{2j-1}, \quad j=1, 2, \cdots, n$；

$p = 4n+1$ 时满足：

(1) $d_i + d_{4n+2-i} = 4n, \quad i=1, 2, \cdots, 2n+1$；

(2) $d_{2j} = d_{2j-1}, \quad j=1, 2, \cdots, n$。

证明 必要性。当 $p = 4n$ 时，设存在自补图 $G, V(G) = \{v_1, v_2, \cdots, v_{4n}\}$，且满足 $\pi(G) = \pi$，$d_i = d_G(v_i) (i=1, 2, \cdots, 4n)$。由于

$$d_G(v_i) + d_{\overline{G}}(v_i) = 4n-1 \tag{2.5}$$

故有 $\pi(\overline{G}) = (4n-1-d_{4n}, 4n-1-d_{4n-1}, \cdots, 4n-1-d_1)$。

由于 $\pi(G) = \pi(\overline{G})$，我们有

$$d_i + d_{4n+1-i} = 4n-1, \quad i=1, 2, \cdots, 2n$$

另一方面，设 $\sigma \in \Phi(G), v \in V(G)$。由 (2.5) 式，我们有

$$\begin{aligned}
d_G(v) &= d_{\overline{G}}(\sigma(v)) \\
&= 4n-1-d_G(\sigma(v)) \\
&= 4n-1-d_{\overline{G}}(\sigma^2(v)) \\
&= 4n-1-(4n-1-d_G(\sigma^2(v))) \\
&= d_G(\sigma^2(v))
\end{aligned}$$

由于 σ 的每个轮换的长度是 4 的倍数（定理 2.5），故知 $v \neq \sigma^2(v)$，因而有

$$d_{2j} = d_{2j-1}, \quad j=1, 2, \cdots, n$$

当 $p = 4n+1$ 时，注意到任一 $\sigma \in \Theta(G)$，均有不动点 v_{2n+1}，从而有 $d_{2n+1} = d_{2n}$。其余证明与 $4n$ 类似，故略。必要性获证。

充分性。设 $\pi = (d_1, d_2, \cdots, d_p)$ 是一个相配的图序列，即它是满足下列条件的单调递减序列：

(1) $d_i + d_{p+1-i} = p-1, 1 \leqslant i \leqslant [p/2]$；

(2) $d_{2j} = d_{2j-1}, j=1, 2, \cdots, [p/4]$。

我们现在证明，存在一个 p 阶自补图 G，满足 $\pi(G) = \pi$。

基于引理 2.8，首先注意到 $(d_1, d_2, \cdots, d_p)$ 是一个图序列，因此，存在一个满足下列条件

的图 G：

(1) $V(G)=\{v_1,v_2,\cdots,v_p\}$，且 $d_i=d_G(v_i),i=1,2,\cdots,p$；

(2) v_1 与顶点 $v_2,\cdots,v_{d_1}$ 和任一指定的顶点 v_j 相邻。

这是因为，由引理 2.8，对于 π，存在一个实现 G，使得对于 G 中任一指定的顶点 v_k，v_k 与 d_k 个最大度数的顶点相邻。我们首先确保 v_j 按此方法连接。故 v_j 自然与 v_p 相邻。现在，删去 v_j 以及与它相关联的边，使所得的度序列可以由这样一个图来实现：它的顶点 v_1 与 d_1-1 个度数最大的顶点相连接。当初始度数相同的顶点按照递增次序排列时，上述删除可能改变了某些顶点的相关度数，但我们只需要调整序列中的位置，使得删除后的序列保持一种新的递增次序。

给定一个满足上述条件的图序列 $\pi=(d_1,d_2,\cdots,d_p)$。我们现在来描述怎样构造一个自补图 $G:V(G)=\{v_1,v_2,\cdots,v_p\}$。其中 $d_i=d(v_i),i=1,2,\cdots,p$，且 $\pi(G)=\pi$。我们现在来描述在顶点 v_1,v_2,v_{p-1} 和 v_p 之间存在什么样的边？以及这 4 个顶点与 G 的其余顶点之间存在什么样的边？我们进一步证明，删除这 4 个顶点以及与它们相关联的边后，所留下来的顶点的度序列也是图的、单调递增的且满足相配性。于是，由归纳递推，这种构造给出了一个满足要求的 p 阶自补图。

首先对 v_1,v_2,v_{p-1} 和 v_p 给出一个初始的连接集合，并且我们习惯在连接之后给出剩余顶点的需要进一步构造的度数。

写出顶点 $v_1,v_2,\cdots,v_p$ 以及与它们相对应的所要求的度数 $d_1,d_2,\cdots,d_p$ 的表：

$$\begin{Bmatrix} v_1,v_2,\cdots,v_p \\ d_1,d_2,\cdots,d_p \end{Bmatrix}$$

步骤 1 在这个表里连接 v_1 与 $v_2,v_3,\cdots,v_{d_1}$ 和 v_{p-1}，然后通过删去 v_1 来构造一张新的顶点与对应的度数表。把与 v_1 相连的每一个顶点的度数减去 1，转入步骤 5，再转入步骤 2。

步骤 2 在所得的表中，连接 v_p 与最前面的 d_p 个顶点，然后删去 v_p，并且对刚与 v_1 相连的每一个顶点的度数减去 1，转入步骤 5，再转入步骤 3。

步骤 3 v_2 已经与 v_p 和 v_1 相连。如果必要的话，重新安排这个表的前一半，使其满足：若在第 k 个位置上的顶点是 v_θ，则在第 $p-k$ 位置上的顶点是 $v_{p+1-\theta}$（除了在原来度数为 $(p+1\pm1)/2$ 的顶点外，这种重新安排是没有必要的）。在所得表中，连接 v_2 与最前面的 d_2-2 个顶点（但不含 v_2 自身）。删去 v_2，并减去与 v_2 相连的顶点的度数，转入步骤 5，然后再转入步骤 4。

步骤 4 在所得表中连接 v_{p-1} 与最前面适当数目的顶点，然后删去 v_{p-1} 并减去与 v_{p-1} 相连的顶点的度数。

步骤 5 如果刚被连接的顶点在连接之前与部分而不是全部度数为 d 的顶点相连，在连接之前颠倒整个具有度数为 d 的顶点序列的次序。例外的是 v_1,v_2,v_{p-1} 和 v_p 不但不包括在重新安排之列，而且保留它们在表中的位置。

关于这 5 个步骤理论根据的详细论证见文献[6]，此处省略。 □

2.3.2　非负整数序列是可自补度序列的条件

本小节的结果属于 Clapham,是在 Clapham[7] 工作的基础上改进的。我们一方面改进了 Clapham 的结果,另一方面简化了证明。

定理 2.10　设 $\pi=(d_1,d_2,\cdots,d_p)$,$p\equiv 0,1(\bmod 4)$ 是一个非负递增的整数序列并且满足

$$d_i+d_{p+1-i}=p-1,\qquad i=1,2,\cdots,2n,d_{2n+1}=2n;\qquad(2.6)$$

$$d_{2j}=d_{2j-1}\operatorname{def}\tilde{d}_j,\qquad j=1,2,\cdots,n\qquad(2.7)$$

则 π 是可自补度序列的充要条件是 $\tilde{\pi}=(\tilde{d}_1,\tilde{d}_2,\cdots,\tilde{d}_n)$ 满足不等式:

$$\sum_{i=1}^{r}\tilde{d}_i\geqslant r^2,\qquad r=1,2,\cdots,n\qquad(2.8)$$

这里,我们假设 $p=4n$,或者 $p=4n+1$,并把 $\tilde{\pi}$ 称为 π 的导出序列。

证明　我们仅讨论 $p=4n$ 的情况,至于 $p=4n+1$ 的情况同理可证。

首先注意两个事实:

事实 1　设 $\pi=(d_1,d_2,\cdots,d_p)$ 是一个非负整数序列,$\sum_{i=1}^{p}d_i$ 是偶数,并且满足 $d_1\leqslant d_2\leqslant\cdots\leqslant d_p$,则 π 是图序列的充要条件是

$$\sum_{i=1}^{r}d_{p+1-i}\leqslant r(r-1)+\sum_{i=r+1}^{p}\min\{r,d_{p+1-i}\}\qquad(2.9)$$

关于这个事实的证明在一般图论书中均可找到,如文献[13]的定理 6.2。

事实 2　设 $\pi=(d_1,d_2,\cdots,d_p)$ 是一个满足下列条件的非负整数序列,

$$d_1\leqslant d_2\leqslant\cdots\leqslant d_p,\qquad p\equiv 0,1(\bmod 4)$$
$$d_i+d_{p+1-i}=p-1,\qquad i=1,2,\cdots,[p/2]\qquad(2.10)$$

则 π 是图序列的充要条件是

$$\sum_{i=1}^{r}d_{p+1-i}\leqslant r(r-1)+\sum_{i=r+1}^{p}\min\{r,d_{p+1-i}\}$$
$$r=1,2,\cdots,[p/2]$$

这里,$[x]$ 表示小于或者等于实数 x 的最大整数。只要结合事实 1 与事实 2 中第二个条件,事实 2 便可获证。

下面,证明定理 2.10。

由事实 1 和事实 2 知,π 是可自补度序列的充要条件是

$$\sum_{i=1}^{r}d_{4n+1-i}\leqslant r(r-1)+\sum_{i=r+1}^{4n}\min\{r,d_{4n+1-i}\}$$

即

$$\sum_{i=1}^{r}d_{4n+1-i}\leqslant r(r-1)+\sum_{i=1}^{4n-r}\min\{r,d_i\},\qquad 1\leqslant r\leqslant 2n\qquad(2.11)$$

又由 $1\leqslant d_1\leqslant d_2\leqslant\cdots\leqslant d_{4n}$ 及(2.10)式易得

$$d_{4n}, d_{4n-1}, \cdots, d_{2n+1} \geqslant 2n \geqslant r \tag{2.12}$$

现设 h 为使

$$d_h < r, \text{但} \, d_{h+1} \geqslant r \tag{2.13}$$

成立的最大正整数,于是有

$$d_{4n}, \cdots, d_{2n+1}, \cdots, d_{h+1} \geqslant r \tag{2.14}$$

$$d_h, d_{h-1}, \cdots, d_1 < r \tag{2.15}$$

由此可得

$$\sum_{i=1}^{r} d_{4n+1-i} \leqslant r(r-1) + (2n-r)r + (2n-h)r + \sum_{i=1}^{h} d_i$$

$$= r(4n-1-h) + \sum_{i=1}^{h} d_i$$

即

$$\sum_{i=1}^{r} d_{4n+1-i} \leqslant r(4n-1-h) + \sum_{i=1}^{h} d_i$$

化简后得

$$\sum_{i=1}^{h} d_i + \sum_{j=1}^{r} d_j \geqslant rh, 1 \leqslant r, h \leqslant 2n \tag{2.16}$$

以下证明(2.16)式与下面的(2.17)式是等价的。

$$\sum_{i=1}^{h} d_i \geqslant \frac{1}{2} r^2, 1 \leqslant r \leqslant 2n \tag{2.17}$$

第一步,由(2.17)式来推证(2.16)式:

$$\sum_{i=1}^{h} d_i + \sum_{j=1}^{r} d_j \geqslant \frac{1}{2} r^2 + \frac{1}{2} h^2 \geqslant rh$$

第二步,由(2.16)式来证明(2.17)式:

(1)若 $h \geqslant r$,则由(2.15)式及(2.16)式有

$$\sum_{i=1}^{r} d_i + \sum_{j=1}^{r} d_j \geqslant rh - \sum_{i=r+1}^{h} d_i \geqslant -(h-r)r = r^2$$

即

$$\sum_{i=1}^{r} d_i \geqslant \frac{1}{2} r^2$$

(2)若 $h \leqslant r$,则由(2.14)式及(2.16)式有

$$\sum_{i=1}^{h} d_i + \sum_{i=h+1}^{r} d_i + \sum_{j=1}^{r} d_j \geqslant rh + \sum_{i=h+1}^{r} d_i$$

即

$$2 \sum_{i=1}^{r} d_i \geqslant rh + (r-h)r = r^2$$

所以有

$$\sum_{i=1}^{r} d_i \geqslant \frac{1}{2} r^2, (1 \leqslant r \leqslant 2n)$$

综合(1)和(2),第二步获证。从而(2.16)式与(2.17)式等价。 □

推论 2.11 若 G 是一个 $4n$ 阶的自补图,$\pi=(d_1,d_2,\cdots,d_{4n})$ 是它的度序列,则

$$1\leqslant d_i\leqslant 2n-1, \qquad 1\leqslant i\leqslant 2n \tag{2.18}$$

$$2n\leqslant d_j\leqslant 4n-2, \qquad 2n+1\leqslant j\leqslant 4n \tag{2.19}$$

若 G 是一个 $4n+1$ 阶的自补图,$\pi=(d_1,d_2,\cdots,d_{4n+1})$ 是它的度序列。则

$$1\leqslant d_i\leqslant 2n, \qquad 1\leqslant i\leqslant 2n \tag{2.20}$$

$$d_{2n+1}=2n$$

$$2n\leqslant d_j\leqslant 4n-1, \qquad 2n+2\leqslant j\leqslant 4n+1$$

证明 仅对 $p=4n$ 的情况给予证明,$p=4n+1$ 的情况同理可证。

由自补图的连通性可知,$d_1\geqslant 1,d_{4n}\leqslant 4n-2$。由于 $1\leqslant d_1\leqslant d_2\cdots\leqslant d_{2n}$,故只要证明 $d_{2n}\leqslant 2n-1$。假设 $d_{2n}\geqslant 2n$,则由 $d_{2n}+d_{2n+1}=4n-1$ 及 $d_{2n+1}\geqslant d_{2n}$ 得

$$2d_{2n}\leqslant d_{2n}+d_{2n+1}=4n-1$$

这与 $2d_{2n}\geqslant 4n$ 矛盾。从而有 $1\leqslant d_i\leqslant 2n-1$。 □

类似的方法可以证明(2.19)式。

推论 2.12 若 $\pi=(d_1,d_2,\cdots,d_p)$ 是可自补序列,则

(1)π 中至多有两个 1 度顶点,即至多有 $d_1=d_2=1$,而 $d_3\geqslant 3$;

(2) $\displaystyle\sum_{i=1}^{2n}d_i\geqslant 2n^2,p=4n$ 或 $4n+1$。 □

2.4 自补图中的三角形

弄清自补图中的三角形的个数显然是一件很有意义的工作,这对深入研究自补图的结构与性质是很有帮助的。在这一节里,我们将给出一般情况下,具有 p 个顶点的自补图可能包含的三角形的上界,并对任一正则自补图所含三角形的个数给出了确切值。为方便,我们用 $N(G,\triangle)$ 表示图中三角形的数目。关于自补图中较长圈的研究见第 5 章。

2.4.1 自补图中三角形数目的上界

本小节的结果是 Clapham[14] 在 1973 年获得的。为了完成本小节主要结果的证明,我们首先介绍 Goodman 的工作[15]。

引理 2.13 (Goodman,1959)对 p 阶完全图 K_p 进行任一 2 边着色,令 l 条边着红色,p_j 表示恰有 j 条红色边关联的顶点数,则 K_p 中单色三角形的数目等于

$$\frac{1}{6}p(p-1)(p-2)-(p-2)l+\sum_{j=2}^{l}\frac{1}{2}j(j-1)p_j$$

□

由此引理,容易证明以下定理。

定理 2.14 （Goodman）在 p 阶完全图 K_p 的任一 2 边着色中，单色三角形的数目至少是

$$\frac{1}{3}k(k-1)(k-2)，若 \ p=2k$$

$$\frac{1}{3}k(k-1)(4k+1)，若 \ p=4k+1$$

$$\frac{1}{3}k(k-1)(4k-1)，若 \ p=4k+3 \qquad\qquad\qquad □$$

并且这些结果是**最好可能的**。

下面，我们将应用引理 2.13 及定理 2.14 来证明下述定理。

定理 2.15（Clapham，1973） p 阶自补图中三角形的数目至少是

$$\frac{1}{48}p(p-2)(p-4)，若 \ p\equiv 0(\bmod 4) \qquad\qquad (2.23)$$

$$\frac{1}{48}p(p-1)(p-5)，若 \ p\equiv 1(\bmod 4) \qquad\qquad (2.24)$$

并且这些值是最好可能的。

证明 设 G 是一个 p 阶自补图。给 G 的边着红色而对它的补图 $\overline{G}$ 的边着绿色，则我们得到了 K_p 的一个 2 边着色，并且红色三角形的数目等于绿色三角形的数目。其中每一个三角形都是 G 中的单色三角形。因此，G 中三角形的数目至少是 Goodman 定理 2.14 中给出数目的一半，即当 $p\equiv 0(\bmod 4)$ 时，由定理 2.14 中的第一个值有

$$\frac{1}{2}\cdot\frac{1}{3}\cdot\frac{p}{2}\left(\frac{p}{2}-1\right)\left(\frac{p}{2}-2\right)=\frac{1}{48}p(p-2)(p-4)$$

当 $p\equiv 1(\bmod 4)$ 时，由定理 2.14 中第二个值有

$$\frac{1}{2}\cdot\frac{2}{3}\cdot\frac{(p-1)}{4}\left(\frac{p-1}{4}-1\right)\left(4\frac{(p-1)}{4}+1\right)=\frac{1}{48}p(p-1)(p-5)$$

由此，我们得到了定理中的界。接下来要证明：对于每一个 $p\equiv 0,1(\bmod 4)$，存在一个具有这个最小数目的三角形的自补图。

我们先构造一个 $4n$ 阶的自补图 G_1 如下：

令顶点 $v_1,v_2,\cdots,v_{4n}$ 是被安置在一个圆周上的点，按逆时针顺序标定。让每个下标为奇数的顶点与其他顶点依次（按逆时针方向）相连，且相连的边也按逆时针方向依次着色为红，红，绿，……，红，红，绿，绿。依类似的方法，让每个下标为偶数的顶点与其他顶点相连边，但边的颜色与奇数情况的恰恰相反。容易证实，两种情况下的边着色是一致的，并且映射 $\sigma:v_i\to v_{i+1}$（其中下标取模 $4n$）颠倒了所有的颜色。因此，有 $4n$ 个顶点以及它们所关联的红色边一起构成自补图 G_1。下标为奇数的顶点的度数均为 $2n$，为偶数的度数均为 $2n-1$。我们称一半度数为 $2n$，另一半度数为 $2n-1$ 的 $4n$ 阶自补图为**拟正则自补图**。关于这种拟正则自补图的构造见图 2.4 说明。

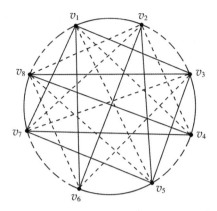
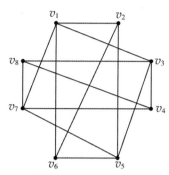

(a)K_8 的一种边着色:实线表示红色,虚线表示蓝色;(b)(a)中实线边构成的拟正则自补图

图 2.4　一种构造拟正则自补图的方法

我们亦可构造具有 $4n+1$ 个顶点的自补图 G_2 如下:对于 G_1,增加一个新的顶点 v_{4n+1},并且让 v_{4n+1} 与 G 的下标为偶数的顶点相连。容易证实,G_2 是正则自补图。

为了求出 G_1 和 G_2 中的三角形数目,我们现在利用 Goodman 引理(引理 2.13)。再次设想图 G_1 着红色边而它的补图着绿色边。故红色边数为 $l=\dfrac{1}{4} \cdot 4n \cdot (4n-1)=n(4n-1)$。$p_{2n-1}=p_{2n}=2n$;当 $j\neq 2n-1,2n$ 时,$p_j=0$。故由引理 2.13 知 K_{4n} 中单色三角形的数目是

$$\frac{1}{6} \cdot 4n(4n-1)(4n-2)-(4n-2)n(4n-1)$$

$$+\frac{1}{2}(2n-1)(2n-2) \cdot 2n+\frac{1}{2} \cdot 2n(2n-1) \cdot 2n$$

$$=\frac{2}{3}n(2n-1)(2n-2)$$

因此,G_1 中三角形的数目刚好是此数的一半。现将 $p=4n$ 代入,变成:

$$\frac{1}{3} \cdot \frac{p}{4}\Big(2\times\frac{p}{4}-1\Big)\Big(2\times\frac{p}{4}-2\Big)=\frac{1}{48}p(p-2)(p-4)$$

同样对图 G_2 应用引理 2.13,有

$$l=\frac{1}{4} \cdot 4n \cdot (4n+1)=n(4n-1),\quad p_{2n}=4n+1$$

当 $j\neq 2n$ 时,$p_j=0$。故单色三角形的数目是

$$\frac{1}{6} \cdot (4n+1) \cdot 4n \cdot (4n-1)-(4n-1) \cdot \frac{1}{4} \cdot 4n(4n+1)$$

$$+\frac{1}{2} \cdot 2n(2n-1)(4n+1)=\frac{2}{3}n(n-1)(4n+1)$$

因此,G_2 中三角形的数目刚好是此数的一半。现将 $p=4n+1$ 代入,得到

$$\frac{1}{48}p(p-1)(p-5)$$

事实上,我们已经证明了,如果 G 是一个 $4n+1$ 阶的正则自补图或者是一个 $4n$ 阶的拟正则自补图,则它们中所含三角形的最小数目被获得,并且这样的正则和拟正则自补图总是存在的。

定理 2.16 若 G 是一个 p 阶正则自补图,则

$$N(G,\Delta)=\frac{1}{48}p(p-1)(p-5)$$

若 G 是 $p=4n$ 阶的拟正则自补图,则

$$N(G,\Delta)=\frac{1}{48}p(p-2)(p-4)$$

2.4.2 基于度序列的自补图中三角形数目的界[16]

设 G 是一个 p 阶自补图,$\pi(G)=(d_1,d_2,\cdots,d_p)$。我们用红色对 G 的边进行着色,用绿色对 G 的补图 $\bar{G}$ 的边进行着色,这样便得到了 K_p 的一种 2 边着色。自然,着红色的边数为 $l=\frac{1}{4}p(p-1)$。令每个 $p_j=1$,则由引理 2.12,K_p 中单色三角形的数目为

$$\frac{1}{6}p(p-1)(p-2)-(p-2)\cdot\frac{1}{4}p(p-1)+\sum_{i=1}^{p}\frac{1}{2}d_i(d_i-1)$$

$$=\frac{1}{2}\sum_{i=1}^{p}d_i(d_i-1)-\frac{1}{12}p(p-1)(p-2)$$

$$=\frac{1}{2}\sum_{i=1}^{p}d_i^2-\frac{1}{2}\sum_{i=1}^{p}d_i-\frac{1}{12}p(p-1)(p-2)$$

$$=\frac{1}{2}\sum_{i=1}^{p}d_i^2-\frac{1}{4}p(p-1)-\frac{1}{12}p(p-1)(p-2)$$

$$=\frac{1}{2}\sum_{i=1}^{p}d_i^2-\frac{1}{12}p(p^2-1)$$

依据 G 中三角形的数目至少是此数之半,我们有定理 2.17。

定理 2.17 设 G 是一个 p 阶自补图且 $\pi(G)=(d_1,d_2,\cdots,d_p)$,则 G 中三角形的数目为

$$N(G,\Delta)\geqslant\frac{1}{4}\sum_{i=1}^{p}d_i^2-\frac{1}{24}p(p^2-1) \tag{2.25}$$

我们容易知道,只有当 G 是正则或者拟正则时此式可达到最小值。

2.4.3 自补图中三角形数目的下界

在 2.4.1 小节中,我们介绍了 Clapham 的工作。Clapham 应用 Goodman 的工作,获得了具有 p 个顶点的自补图可能具有三角形数目的最小值。在这一小节里,我们将给出具有 p 个顶点的自补图可能具有三角形数目的最大值,即下界问题。

定理 2.18[16] p 阶自补图中三角形的数目至多是

$$\frac{1}{48}p(p-4)(2p-1),若 p\equiv 0(\mathrm{mod}\ 4)$$

$$\frac{1}{48}(p-1)(2p^2-7p-3),\quad 若\ p\equiv 1(\bmod\ 4)$$

并且这些值是**最好可能的**。

证明 设 $\pi=(d_1,d_2,\cdots,d_p)$ 是一可自补度序列,则 π 必须满足(2.6)、(2.7)和(2.8)三式。欲使 p 个顶点的自补图 G 中所含三角形的数目最多,即要求(2.25)式右端的最大值。由于 p 是固定的,故求(2.25)式的最大值问题转化成下列整数规划问题:

$$\max\sum_{i=1}^{p}d_i^2$$

$$\text{s. t.}\begin{cases} d_i+d_{p+1-i}=p-1, & i=1,2,\cdots,2n;\\ d_{2j}=d_{2j-1}=\tilde{d}_j, & j=1,2,\cdots,n;\\ \sum_{i=1}^{r}\tilde{d}_i\geqslant r^2, & r=1,2,\cdots,n;\\ d_i\ 是正整数, & i=1,2,\cdots,n;\\ d_1\leqslant d_2\leqslant\cdots\leqslant d_p。 \end{cases} \tag{2.26}$$

这里,$p=4n$ 或者 $p=4n+1$。以下,我们仅考虑 $p=4n$ 的情况,至于 $p=4n+1$ 的情况同理可证。

为了方便,我们先将上述规划问题简化成下列等价形式:

$$\max\sum_{i=1}^{n}(\tilde{d}_i^2+(p-1-\tilde{d}_i)^2) \tag{2.27}$$

$$\text{s. t.}\begin{cases} \sum_{i=1}^{r}\tilde{d}_i\geqslant r^2,r=1,2,\cdots,n\\ \tilde{d}_1\leqslant\tilde{d}_2\leqslant\cdots\leqslant\tilde{d}_n\\ \tilde{d}_i\ 是正整数 \end{cases} \tag{2.28}$$

首先注意下列三个事实:

事实 1 若 a,b 是 $\tilde{\pi}=(\tilde{d}_1,\tilde{d}_2,\cdots,\tilde{d}_n)$ 中的元素,则当 $a<b$ 时,有
$$a^2+(p-1-a)^2>b^2+(p-1-b)^2 \tag{2.29}$$
这是因为 $a+b\leqslant 4n-2$(由(2.18)式)。从而由
$$p-1-a-b=4n-1-(a+b)\geqslant 4n-1-(4n-2)=1>0\ 及\ b-a>0$$
有
$$a^2+(p-1-a)^2-b^2-(p-1-b)^2$$
$$=2(a+b)(a-b)+2(p-1)(b-a)$$
$$=2(b-a)(p-1-a-b)>0$$

事实 2 若 $\tilde{\pi}$ 是(2.27)式的最优解,则
$$\tilde{d}_1+\tilde{d}_2+\cdots+\tilde{d}_n=n^2 \tag{2.30}$$
这个事实容易被证实,故略。

事实 3 若 $\tilde{\pi}$ 是(2.27)式的最优解,则 $\tilde{d}_1,\tilde{d}_2,\cdots,\tilde{d}_n$ 两两互不相等。

分两种情况讨论：

情况 1 若 $\tilde{d}_1 = \tilde{d}_2 = \cdots = \tilde{d}_t (2 \leqslant t \leqslant n)$，则当 $t = n$ 时显然不是最优解。故令

$$t < n, \text{且} \tilde{d}_{t+1} > \tilde{d}_t$$

由(2.28)式知

$$\sum_{i=1}^{t} \tilde{d}_i = t^2$$

否则，易知 $\tilde{\pi}$ 不是(2.27)式的最优解。从而知

$$\tilde{d}_1 = \tilde{d}_2 = \cdots = \tilde{d}_t = t \text{ 且 } \tilde{d}_{t+1} \geqslant 2t+1 (\text{否则与}(2.27)\text{式矛盾！})$$

现用 $\tilde{\pi}_0 = (1, 3, \cdots, 2t-1)$ 来代替 $\tilde{\pi}$ 的前 t 个分量，它们对(2.27)式的贡献总值为

$$\begin{aligned}
\Delta &= 1^2 + 3^2 + \cdots + (2t-1)^2 + (4n-2)^2 + (4n-4)^2 + \cdots + (4n-2t)^2 \\
&= 1^2 + 3^2 + \cdots + (2t-1)^2 + 4\{(2n-1)^2 + (2n-2)^2 + \cdots + (2n-t)^2\}
\end{aligned}$$

由恒等式

$$1^2 + 3^2 + \cdots + (2n-1)^2 = \frac{1}{3}n(4n^2-1) \tag{2.31}$$

$$1^2 + 2^2 + \cdots + n^2 = \frac{1}{6}n(n+1)(2n+1) \tag{2.32}$$

得

$$\begin{aligned}
\Delta &= \frac{1}{3}t(4t^2-1) + 4\left\{4n^2t - 4n\sum_{i=1}^{t} i + \sum_{i=1}^{t} i^2\right\} \\
&= \frac{1}{3}t(4t^2-1) + 4\left\{4n^2t - 2nt(t+1) + \frac{1}{6}t(t+1)(2t+1)\right\}
\end{aligned}$$

而 $\tilde{d}_1 = \tilde{d}_2 = \cdots = \tilde{d}_t$，对(2.27)式贡献的总值为

$$\begin{aligned}
\Delta' &= t \cdot t^2 + t \cdot (p-1-t)^2 = t^3 + t(4n-1-t)^2 \\
&= t^3 + t(16n^2 + t^2 + 1 - 8n - 8nt + 2t) \\
&= t^3 + 16n^2t + t^3 + 2t^2 - 8nt^2 - 8nt + t \\
&= 2t^3 + 2t^2 - 8nt^2 + 16n^2t - 8nt + t
\end{aligned}$$

所以

$$\Delta - \Delta' = \frac{2}{3}t(t^2-1) > 0$$

这就证明了若 $\tilde{\pi}$ 中有最前面的 $t(2 \leqslant t \leqslant n)$ 分量值相等，则 $\tilde{\pi}$ 不是最优解。

情况 2 $\tilde{d}_1 \leqslant \tilde{d}_2 \leqslant \cdots \leqslant \tilde{d}_t, \tilde{d}_{t+1} = \tilde{d}_{t+2} = \cdots = \tilde{d}_{t+m}$
$$1 \leqslant t < n-1, 2 \leqslant t+m \leqslant n, m \geqslant 2$$

由 $\tilde{\pi} = (\tilde{d}_1, \tilde{d}_2, \cdots, \tilde{d}_p)$ 是(2.27)式的最优解，故易知

$$\sum_{i=1}^{t} \tilde{d}_i = t^2, \text{且}$$

$$\sum_{i=1}^{t+m} \tilde{d}_i = (t+m)^2$$

从而得到

$$\sum_{j=1}^{m}\tilde{d}_{t+j}=(t+m)^2-t^2=m(2t+m)$$

于是,我们获得

$$\tilde{d}_{t+1}=\tilde{d}_{t+2}=\cdots=\tilde{d}_{t+m}=2t+m$$

若 $t+m<n$,则 $\tilde{d}_{t+m+1}>2(t+m)-1$(由(2.28)式)。

我们现在用 $(2t+1,2t+3,\cdots,2t+2m-1)$ 来代替 $(\tilde{d}_{t+1},\tilde{d}_{t+2},\cdots,\tilde{d}_{t+m})$,并且应用情况 1 中的方法可求得

$$\sum_{j=1}^{m}\tilde{d}_{t+j}^{2}+\sum_{j=1}^{m}(p-1-\tilde{d}_{t+j})^2<\sum_{i=1}^{m}(2t+2i-1)^2+\sum_{i=1}^{m}(p-2t-2i)^2$$

综合情况 1 与 2,事实 3 获证。

实际上,通过事实 3,我们已经给出了(2.27)式的最优解为

$$\tilde{\pi}^*=(1,3,5,\cdots,2n-1) \tag{2.33}$$

$\tilde{\pi}^*$ 满足任意两个数值不相等及(2.28)式,并且满足事实 3 及(2.28)式的解只有 $\tilde{\pi}^*$ 一个,故(2.27)式的最优解是 $\tilde{\pi}^*$。

将 $\tilde{\pi}^*$ 代入(2.25)式得

$$\frac{1}{4}\sum_{i=1}^{p}d_i^2-\frac{p}{24}(p^2-1)$$

$$=\frac{1}{4}\left(2\sum_{i=1}^{n}((2i-1)^2+(4n-2i)^2)\right)-\frac{p}{24}(p^2-1)$$

$$=\frac{1}{2}\sum_{i=1}^{n}(2i-1)^2+2\sum_{i=1}^{n}(2n-i)^2-\frac{p}{24}(p^2-1)$$

$$=\frac{1}{2}\sum_{i=1}^{n}(2i-1)^2+2\left(\sum_{i=1}^{2n-1}i^2-\sum_{i=1}^{i-1}i^2\right)-\frac{p}{24}(p^2-1)$$

将(2.31)及(2.32)两式代入上式得

$$上式=\frac{1}{2}\left(\frac{1}{3}n(4n^2-1)+\frac{1}{24}(2n(2n-1)(4n-1)-(n-1)n(2n-1))\right)-\frac{p}{24}(p^2-1)$$

$$=\frac{1}{6}n(2n-1)(16n-1)-\frac{p}{24}(p^2-1)$$

将 $n=\frac{1}{4}p$ 代入上式得到本定理的第一个结果。

下面,我们来构造一个 $4n$ 阶的自补图 G,它满足:

$$\pi(G)=\pi^*=(1,1,3,3,\cdots,2n-1,2n-1,2n,2n,\cdots,4n-2,4n-2)$$

令 $V(G)=\{v_1,v_2,\cdots,v_{4n}\}$ 为要构造的顶点集且 $(d(v_1),d(v_2),\cdots,d(v_{4n}))=\pi^*$,其构造步骤如下(这里以 $p=4n=12$ 为例):

第一步 连接 v_i 与 v_{4n-i+1},$i=1,2,\cdots,2n$。(对于 $p=12$ 如图 2.5 所示)。

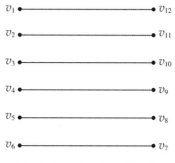

图 2.5 说明构造第一步的图示

第二步 令 v_{2i-1}、v_{2i} 均与 $v_{4n-2i+3}$，$v_{4n-2i+4}$，$\cdots$，v_{4n} 相连边，其中，$2 \leqslant i \leqslant n$。如图 2.6 所示。

第三步 令顶点集 $\{v_{2n+1}, v_{2n+2}, \cdots, v_{4n}\}$ 中每对顶点相连边（如图 2.7 所示）。

容易证明，经过上述三步后所得的图 G 是一个自补图，它的度序列为

$$\pi(G) = (1, 1, 3, 3, \cdots, 2n-1, 2n-1, 2n, 2n, \cdots, 4n-2, 4n-2)$$

且 G 的一个自补置换为

$$\sigma^* = (v_1 v_{4n-1} v_2 v_{4n})(v_3 v_{4n-3} v_4 v_{4n-2}) \cdots (v_{2n-1} v_{2n+1} v_{2n} v_{2n+2})$$

从而本定理获证。 □

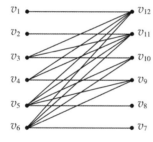

图 2.6 说明构造第二步的图示

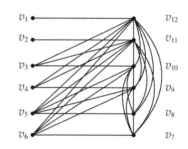

图 2.7 说明构造第三步的图示

2.5 自补图的直径

设 u、v 是图 G 的两个顶点。若 u 与 v 之间有路，则把从 u 到 v 之间的最短路的长度称为 u 与 v 的**距离**，并且记作 $d_G(u, v)$ 或者简记为 $d(u, v)$。若 u 与 v 之间无路，则定义 u 与 v 之间的距离为 ∞。

图 G 的**直径**，记作 $\mathrm{diam}(G)$，定义为

$$\mathrm{diam}(G) = \max\{d(u, v); u, v \in V(G)\}$$

本节主要给出了自补图直径的取值范围，以及特殊条件下的自补图直径之值。

引理 2.19（Sachs，1962，Ringel，1963） 假设图 G 和它的补 $\bar{G}$ 都是连通的，则当

diam(G)≥3 时,diam($\overline{G}$)≤3;当 diam(G)≥4 时,diam($\overline{G}$)=2。

这个证明比较容易,参见文献[2]、[3]。 □

由引理 2.19,若 G 是自补图,则 diam(G)≤3。而若 diam(G)=1,则 G 是完全图。故我们有下列结果:

定理 2.20(Sachs,1962,Ringel,1963) 若 G 是自补图,则

$$2≤\text{diam}(G)≤3 \tag{2.34}$$

□

自然,刻画直径分别为 2 和 3 的自补图的基本特征是一件很有意义的工作。目前已有的结果是定理 2.21。

定理 2.21 若 G 是一个正则自补图,则

$$\text{diam}(G)=2$$

这个定理的证明留给读者。 □

什么样的自补图 G 的直径是 2,什么样的自补图 G 的直径是 3,这仍是一个尚待解决的问题。 □

2.6 自补图的同构群

我们在 1.8 节里给出了图的自同构群的概念,并且指出求一个图的自同构群是一个非常困难的问题。目前关于图的自同构群方面已经取得了很丰富的成果[17]。在图与群的研究中,一个较为熟知的结果是,几乎所有的图的自同构群都是**单位元群**(即只有单位元的群)[17]。然而,对于自补图而言,情况恰恰相反,除了只有一个顶点的平凡自补图外,其余所有非平凡的自补图的自同构群均为非单位元群。换言之,每一个非平凡的自补图都不是非对称图。

本节主要讨论自补图的自同构群与自补置换的关系,自同构群的基本性质等。

2.6.1 自同构群与自补置换

自补图的自同构群与自补置换之间存在着一种非常紧密的联系。

定理 2.21[18] 若 G 是一个非平凡的自补图,则有

$$|\Gamma(G)|=|\Theta(G)| \tag{2.35}$$

证明 取定 $\sigma_0\in\Theta(G)$,可以证明,对于任意 $\gamma\in\Gamma(G)$,在 $\Theta(G)$ 中可唯一地找到有关元素 $\sigma=\sigma_0\gamma$ 与它对应;反过来,对于任意 $\sigma\in\Theta(G)$,在 $\Gamma(G)$ 中可唯一地找到一个元素 $\gamma=\sigma_0^{-1}\sigma$ 与它对应,从而(2.35)式成立。 □

显然,这个定理不但刻画了自补图的自同构群与 $\Theta(G)$ 之间的关系,而且给出了求一个给定自补图的自同构群阶数,以及自补置换集合的方法。

例 2.4 图 2.8 所示的 8 阶图 G 是一个自补图。容易算出,它的自同构群为

$$\Gamma(G)=\{(1)(2)(3)(4)(5)(6)(7)(8),(1)(2)(3)(4)(5\ 6)(7\ 8),$$
$$(1\ 2)(3\ 4)(5\ 6)(7\ 8),(1\ 2)(3\ 4)(5)(6)(7)(8)\}$$

它的自补置换集为

$$\Theta(G)=\{(1\ 3\ 2\ 4)(5\ 7\ 6\ 8),(1\ 3\ 2\ 4)(5\ 8\ 6\ 7),$$
$$(1\ 4\ 2\ 3)(5\ 7\ 6\ 8),(1\ 4\ 2\ 3)(5\ 8\ 6\ 7)\}$$

于是有 $|\Gamma(G)|=|\Theta(G)|=4$。并且容易验证对应关系 $\sigma=\sigma_0\gamma$ 或 $\gamma=\sigma_0^{-1}\gamma$ 成立。如在 $\Theta(G)$ 中取

$$\sigma_0=(1\ 3\ 2\ 4)(5\ 7\ 6\ 8)$$

则

$$\sigma_0^{-1}=(1\ 4\ 2\ 3)(5\ 8\ 6\ 7)$$

且 $\sigma_0^{-1}\in\Theta(G)$。容易验证

$$\sigma_0^{-1}\Theta(G)=\Gamma(G)$$

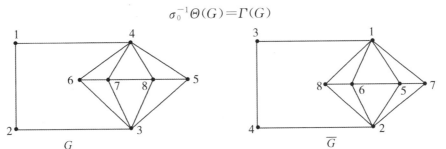

图 2.8　一个 8 阶自补图 G 与它的补 $\overline{G}$

由上述定理 2.21 及定理 2.5,显然有下列推论。

推论 2.22 若 G 是一非平凡的自补图,则 $\Gamma(G)$ 是非单位元群,或者说,G 不是非对称图。

为了叙述下述定理 2.24,我们先引入群论中的有关基本概念。这些概念在一般的抽象代数或群论的书中都可以找到,如王萼芳所编《有限群论基础》[19] 等。

设 H 是群 Γ 的一个子群,a 是 Γ 中的一个元素。用 a 右乘 H 中的一切元素所得的集合记为 Ha,

$$Ha=\{xa;x\in H\}$$

则称 Ha 为 H 在 Γ 中的一个**右陪集**。类似地,可以定义 H 在 Γ 中的**左陪集** aH,

$$aH=\{ax;x\in H\}$$

显然下列结论成立:

(1) Ha(或 aH)中的元素个数与 H 相等;

(2) H 本身也是 H 的一个右陪集:$H=He$(或 eH);$Ha(aH)=H$ 当且仅当 $a\in H$;

(3) a 在陪集 Ha(或 aH)中;

(4) 对于 $Ha(aH)$ 中的任一元素 b,均 $Ha=Hb$(或者 $aH=bH$);

(5) $Ha=Hb$ 当且仅当 $ab^{-1}\in H$;$aH=bH$ 当且仅当 $ba^{-1}\in H$;

(6) 任意两个右陪集 Ha 与 Hb,要么相等,要么不相交;左陪集也有同样的结果。基于

(6),可将有限集 Γ 对于子集分解成一些互不相交的右陪集的并：

$$\Gamma=Ha_1\bigcup Ha_2\bigcup\cdots\bigcup Ha_r,Ha_i\bigcap Ha_j=\varnothing,i,j=1,2,\cdots,r;i\neq j$$

这个式子称为 Γ 对 H 的**(右)陪集分解式**。其中,r 是右陪集的个数,称为 H 在 Γ 中的**指数**,记作 $|\Gamma:H|$；$a_1,a_2,\cdots,a_r$ 称为 H 在 Γ 中的一个**右陪集代表系**。

完全类似地可给出左陪集的有关定义。

定理 2.23（Lagrange 定理）　有限集 Γ 的阶数等于子群 H 的阶及 H 在 G 中的指数的乘积,即

$$|\Gamma|=|H|\cdot|\Gamma:H|$$ □

设 H 是 Γ 的一个子集。如果 Γ 对 H 的右陪集分解与左陪集分解一致,则称 H 是 Γ 的一个**正规子群**。

设 $\Gamma^*(G)=\Gamma(G)\bigcup\Theta(G)$,容易验证,$\Gamma^*(G)$ 在合成运算下成群,并且进一步有定理 2.24。

定理 2.24[17]　设 G 是一个平凡的自补图,则 $\Gamma(G)$ 是 $\Gamma^*(G)$ 是一个指数为 2 的正规子群。

这个定理易被证明,故略。 □

例 2.5　对于例 2.4 中所示的图 G（见图 2.8）,我们已知 $\Gamma(G)$ 和 $\Theta(G)$。设 $a=(12)(34)(56)(78)$,$b=(1324)(5768)$,因 $a\in\Gamma(G)$,故 $\Gamma(G)\cdot a=a\cdot\Gamma(G)=\Gamma(G)$。又易证实,$b\cdot\Gamma(G)=\Gamma(G)\cdot b=\Theta(G)$。所以 $\Gamma(G)$ 是 $\Gamma^*(G)$ 的一个指数为 2 的正规子群。

2.6.2　自补图的自同构群的基本性质

设 F_i 是作用在 V_i 上的置换群,$i=1,2,V_1\bigcap V_2=\varnothing$。通过 F_1,F_2,我们来导出一种新的置换群,记作 $F_1\circ F_2$,其元素为 $f_1\circ f_2,f_1\in F_1,f_2\in F_2$。若 $u\in V_i$,则 $f_1\circ f_2(u)=f_i(u)$。下述定理 2.25～2.29 由文献[20]给出。

定理 2.25　设 G_1 是一个 $4n$ 阶的自补图,G_2 是一 m 阶自补图,则 $\Gamma(G_1)\circ\Gamma(G_2)$ 是某个 $4n+m$ 阶自补图的自同构群。

证明　设 $D=\{u\in V(G_1);d_{G_1}(u)\leqslant 2n-1\}$,$\overline{D}=\{u\in V(G_1);d_{G_1}(u)\geqslant 2n\}$。则由推论 2.11 知 $|D|=|\overline{D}|=2n$。令 $V(G)=V(G_1)\bigcup V(G_2)$,$E(G)=E(G_1)\bigcup E(G_2)\bigcup E_{12}$,其中

$$E_{12}=\{uv;u\in\overline{D},v\in V(G_2)\}$$

易证 G 是一个自补图。设 $f\in\Gamma(G)$,则 $f=f_1\circ f_2,f_i\in\Gamma(G_i),i=1,2$。反之,若 $f_i\in\Gamma(G_i),i=1,2$,则 $f_1\circ f_2\in\Gamma(G)$。故

$$\Gamma(G)=\Gamma(G_1)\circ\Gamma(G_2)$$ □

例 2.6　设 $G_1=P_4$（如图 2.9(a)示）,G_2 是一个 5 阶自补图,如图 2.9(b)所示。

$$\Gamma(G_1)=\{(1)(2)(3)(4),(12)(34)\}$$
$$\Gamma(G_2)=\{(v_1)(v_2)(v_3)(v_4)(v_5),(v_1)(v_2v_3)(v_4v_5)\}$$

于是,由 $\Gamma(G_1)\circ\Gamma(G_2)$ 的定义知

$$\Gamma(G_1)\circ\Gamma(G_2)=\{(1)(2)(3)(4)(v_1)(v_2)(v_3)(v_4)(v_5),(1)(2)(3)(4)(v_1)(v_2v_3)(v_4v_5),$$
$$(12)(34)(v_1)(v_2)(v_3)(v_4)(v_5),(12)(34)(v_1)(v_2v_3)(v_4v_5)\}$$

按照定理 2.25 的证明过程所构造的自补图 G 如图 2.9(c)所示。并且很容易验证

$$\Gamma(G)=\Gamma(G_1)\circ\Gamma(G_2)$$

定理 2.25 的证明过程,实际上也给出了构造自补图的一种方法。

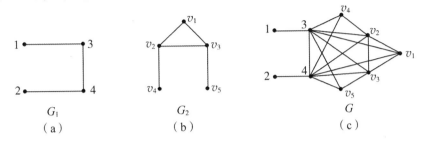

图 2.9　说明定理 2.25 的三个自补图

推论 2.26　设 G 是一个 $4n+m$ 阶的自补图,令

$$D=\{u\in V(G);d(u)\leqslant 2n-1\}$$
$$\overline{D}=\{u\in V(G);d(u)\geqslant 2n+m\}$$

令 $D^*=V(G)-(D\cup\overline{D})$。如果 $u\in D$,则 u 在 $G[D\cup\overline{D}]$ 中的度数与在 G 中的度数相等,则 $\Gamma(G)=\Gamma(G[D\cup\overline{D}])\circ\Gamma(G[D^*])$。若 D_n 表示 G 中度数为 n 的顶点子集,$\overline{D}$ 是 G 中度数为 $3n+m-1$ 的顶点子集,$|D_n|=2n$,则 $\Gamma(G)=\Gamma(G[D\cup\overline{D}])\circ\Gamma(G[D^*])$。

例如在图 2.9 所示的图 G 中,G_1 是由 G 中度数为 1 和度数为 7 的顶点子集导出的子集,G_2 是 G 中其余顶点的导出子图,它们的自同构群在例 2.6 中分别给出。

设 F',F 是两个群,我们用 $F'\leqslant F$ 表示 F' 是 F 的一个子群。

设 G 表示一个非平凡的 $4n$ 阶自补图。令 V_i 表示 G 中度数为 d_i 的全体顶点构成的一个顶点子集,并设 G 的度序列中,不同的度序列共有 t 个,它们分别是 $d_1,d_2,\cdots,d_t(d_1<d_2<\cdots<d_t)$。当然,$t$ 必须是偶数,且它们**相配**出现,即,对于每个 $d_i(1\leqslant i\leqslant t)$,必存在 $d'_i\in\{d_1,d_2,\cdots,d_t\}$,使得 $d_i+d'_i=4n-1$。令 V'_i 表示 G 中度数为 d'_i 的全体顶点构成的 G 的顶点子集,则 V_i 与 V'_i 是相配顶点子集。令 $D_i=V_i\cup V'_i(i=1,2,\cdots,t/2)$,则容易证明 $G[D_i]$ 是一个自补图。若 $f\in\Gamma(G)$,显然 $f(D_i)=D_i$,故

$$\Gamma(G)\leqslant\Gamma(G[D_1])\circ\Gamma(G[D_2])\circ\cdots\circ\Gamma(G[D_{t/2}])$$

若 $G[D_1]$ 不是拟正则的,则我们重复上述步骤,总可以使它分解成拟正则图:$G_{11},G_{12},\cdots,G_{1m}$,使得

$$\Gamma(G[D_1])\leqslant\Gamma(G_{11})\circ\Gamma(G_{12})\circ\cdots\circ\Gamma(G_{1m})$$

当 G 是 $(4n+1)$ 阶自补图时,类似的方法可以证明 G 可以分解成上述子图的形式,但有且只有一个正则图,其余皆为拟正则图,于是,我们有定理 2.27。

定理 2.27　设 G 是一个 p 阶非平凡的自补图,则存在 G 的自补子图 $G_1,G_2,\cdots,G_n(n\geqslant 1)$,使得

$$\Gamma(G) \leqslant \Gamma(G_1) \circ \Gamma(G_2) \circ \cdots \circ \Gamma(G_n)$$

而在这些自补子图中,至多有一个是正则的,其余均为拟正则的。

证明 仅证 $p=4n$ 的情况,类似地可以证明 $p=4n+1$ 的情况。值得注意的是,当 $p=4n+1$ 时,在诸 G_i 中恰有一个奇数阶的正则自补图。

设 $V(G)=D_1 \bigcup D_2 \bigcup \cdots D_t$,$D_i$ 是度数为 d_i 与度数为 $4n-1-d_i$ 的全体顶点构成的顶点子集,即 $D_i=V_i \bigcup V'_i$,$i=1,2,\cdots,t$。

我们由前面已经知道 $G[D_i]=G_i$ 是自补图,$i=1,2,\cdots,t$。如果 $f \in \Gamma(G)$,则

$$f(D_i)=D_i, f=f_1 f_2 \cdots f_i, f_i \in \Gamma(G_i)$$

故有

$$\Gamma(G) \leqslant \Gamma(G_1) \circ \Gamma(G_2) \circ \cdots \circ \Gamma(G_t)$$

若 $G_1,G_2,\cdots,G_t$ 均为拟正则自补图,则获得证明。否则,若 G_i 不是拟正则的,重复上述过程,使得

$$\Gamma(G_i) \leqslant \Gamma(G_{i1}) \circ \Gamma(G_{i2}) \circ \cdots \circ \Gamma(G_{is})$$

这样经过有限步后结论获证。 □

基于定理 2.27,我们看到,计算自补图的自同构群可以通过计算它的拟正则或者正则自补子图的自同构群来实现。下面讨论正则和拟正则自补图的自同构群计算问题。

设 G 是一个 $4n$ 阶的自补图,若 $\exists \sigma \in \Theta(G)$,$\sigma$ 是只有一个长度为 $4n$ 的轮换,则 G 称为一个**轮换自补图**。现令 $V_1=\{1,3,\cdots,4n-1\}$,$V_2=\{2,4,\cdots,4n\}$,$\sigma_1=(1,3,\cdots,4n-1)$,$\sigma_2=(2,4,\cdots,4n)$,$G_i=G[V_i]$,$i=1,2$。易检验:$\sigma^2=\sigma_1 \sigma_2$,故 V_1 中的顶点度数均相等,进而可知,G 是拟正则的,于是我们有定理 2.28。

定理 2.28 $4n$ 阶轮换自补图是拟正则自补图,并且 $|\Gamma(G)| \geqslant 2n$。很容易验证,若 G 是一个拟正则自补图,G 不一定是轮换自补图。

设 $D_1=\{2,4n\}$,$D_2=\{4,4n-2\}$,$\cdots$,$D_n=\{2n,2n+2\}$,令

$$A=\{a_2,a_2,\cdots,a_n; a_i \in D_i\}$$

则称 A 是 $D_1,D_2,\cdots,D_n$ 的一个**代表集**。令 $\overline{A}=V_2-A$,$A+k=\{a+k; a \in A\}$,则显然有下列结论:

(1)若 $A \subseteq V_2$,则 A 是代表集的充要条件是

$$A=\{a_2,a_2,\cdots,a_n; a_i \in V_2, a_i+a_j \neq 2\}$$

(2)A 是代表集当且仅当 $\overline{A}$ 是代表集。 □

定理 2.29 (1)设 G 是一个 $4n$ 阶的轮换自补图,则 $\sigma=(1,2,\cdots,4n) \in \Theta(G)$ 当且仅当 G 具有下列性质:

(i)存在一个代表集 A,使得 $1+2k$ 邻接的偶数顶点集是 $A+2k$。

(ii)$E(G_i)$ 含有一条长为 $2i(1 \leqslant i \leqslant n)$ 的边当且仅当 $E(G_1)$ 含有所有长为 $2i$ 的边,当且仅当 $E(G_2)$ 不含长为 $2i$ 的边。

(2)$4n$ 阶轮换自补图共有 2^{2n} 个,互不同构的有 $0 \leqslant 2^{2n-2}$ 个。 □

容易给出顶点数 $\leqslant 9$ 的所有自补图的同构群与自补置换,有兴趣的读者可参阅文献

[20]。自补图的自同构的结构特征,以及一个置换群是某自补图的自同构群的充要条件等问题尚待解决。

2.6.3 自同构群的最大规模

Łuczak[27]找到了 n 个顶点上的自补图的最大自同构群。记 $s(G)$ 为图 G 的自同构群的规模。

定理 2.30[27]　设

$$s_n = \begin{cases} 1 & \text{若 } n=1, \\ 10 & \text{若 } n=5, \\ 72 & \text{若 } n=9, \\ 2(k!)^4 & \text{若} \begin{cases} n=4k & \text{且 } k \geqslant 1, \\ \text{或} \\ n=4k+1 & \text{且 } k \geqslant 3. \end{cases} \end{cases}$$

则对于个 n 顶点上的所有自补图 G_n 有 $s(G_n) \leqslant s_n$。

此外,对于 $n=1,4,5$ 和 9,在 n 个顶点上只存在一个极值图 H_n(在同构意义下),使得 $s(H_n)=s_n$;当 $n=4k,k \geqslant 2$ 时,取得自同构群最大规模的图是两个非同构的自补图;而对于 $n=4k+1,k \geqslant 3$ 时,存在 4 个大小为 s_n 的非同构自补图。

2.7　自补图的谱

1.7 节中,引入了图的两种相邻矩阵,一种是通常所言的相邻矩阵,另一种是 Seidel 为研究互补图方便而引入的 S 相邻矩阵。(1.47)式给出了这两种矩阵之间的关系,(1.48)式指出了 S 相邻矩阵对研究互补图的优点。

在这一节里,我们将主要讨论自补图关于上述两种相邻矩阵的特征根与特征多项式,即所谓的**谱问题**。

2.7.1　图的谱

设 G 是一个简单图,$A(G)$(或者简记为 A)是它的相邻矩阵。把图 G 的相邻矩阵 A 的特征多项式 $|\lambda I - A|$ 称为图 G 的**特征多项式**,并记作 $P(G;\lambda)$;矩阵 A 的特征值(即就是满足 $|\lambda I - A|=0$ 的 λ 值)称为图 G 的**特征值**;由矩阵 A 的全体特征值构成的集合称为 A 的**谱**。把一个图 G 的相邻矩阵 $A(G)$ 的谱称为图 G 的**谱**并用 $S_p(G)$ 来表示。如果 $\lambda_1, \lambda_2, \cdots, \lambda_p$ 是 p 阶图 G 的 p 个特征值,则我们用 $S_p(G)=(\lambda_1, \lambda_2, \cdots, \lambda_p)$ 来表示 G 的谱。

一般地,若图 G 的不同的特征值是 $\lambda_1, \lambda_2, \cdots, \lambda_t$,且所对应的重数分别为 $m_1, m_2, \cdots, m_t$,则图 G 的谱记作

$$S_p(G) = \begin{pmatrix} \lambda_1, \lambda_2, \cdots, \lambda_t \\ m_1, m_2, \cdots, m_t \end{pmatrix} \tag{2.36}$$

类似地,我们可以给出图 G 的 S 相邻矩阵 $S(G)$ 的谱的有关概念。我们把 $S(G)$ 的特征多项式、特征根以及它的谱,分别称为 G 的 **S 特征多项式**、**S 特征根**及 **S 谱**。

例 2.7 对于图 1.21 中所示的三方体 Q_3(为方便,重画如图 2.10 所示),它的相邻矩阵和 S 相邻矩阵分别为

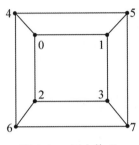

图 2.10 三方体 Q_3

$$A(Q_3) = \begin{bmatrix}
0 & 1 & 1 & 0 & 1 & 0 & 0 & 0 \\
1 & 0 & 0 & 1 & 0 & 1 & 0 & 0 \\
1 & 0 & 0 & 1 & 0 & 0 & 1 & 0 \\
0 & 1 & 1 & 0 & 0 & 0 & 0 & 1 \\
1 & 0 & 0 & 0 & 0 & 1 & 1 & 0 \\
0 & 1 & 0 & 0 & 1 & 0 & 0 & 1 \\
0 & 0 & 1 & 0 & 1 & 0 & 0 & 1 \\
0 & 0 & 0 & 1 & 0 & 1 & 1 & 0
\end{bmatrix}$$

$$S(Q_3) = \begin{bmatrix}
0 & -1 & -1 & 1 & -1 & 1 & 1 & 1 \\
-1 & 0 & 1 & -1 & 1 & -1 & 1 & 1 \\
-1 & 1 & 0 & -1 & 1 & 1 & -1 & 1 \\
1 & -1 & -1 & 0 & 1 & 1 & 1 & -1 \\
-1 & 1 & 1 & -1 & 0 & -1 & -1 & 1 \\
1 & -1 & 1 & 1 & -1 & 0 & 1 & -1 \\
1 & 1 & -1 & 1 & -1 & 1 & 0 & -1 \\
1 & 1 & 1 & -1 & 1 & -1 & -1 & 0
\end{bmatrix}$$

容易计算

$$|\lambda I - A(Q_3)| = (\lambda + 3)(\lambda + 1)^3 (\lambda - 1)^3 (\lambda - 3)$$

故 Q_3 的谱为

$$S_p(Q_3) = \begin{pmatrix} -3 & -1 & 1 & 3 \\ 1 & 3 & 3 & 1 \end{pmatrix}$$

进一步,一般情况下的超立方体 Q_n 有 $n+1$ 个不同的特征根,它们是 $-n+2t, t=0,1,\cdots,n$,

并且特征根为 $-n+2t$ 的重数是 $\binom{n}{t}$，$t=0,1,\cdots,n$。这是一个有趣的结果,读者可参阅文献 [21]。

容易推出下面的定理。

定理 2.31 若 $\lambda_1,\lambda_2,\cdots,\lambda_p$ 是 p 阶图 G 的特征根,则

(1) 每个 λ_i 是实数,$1\leqslant i\leqslant p$；

(2) $\sum\limits_{i=1}^{p}\lambda_i=0$；

(3) $|E(G)|=\dfrac{1}{2}\sum\limits_{i=1}^{p}\lambda_i^2$；

(4) 若 $\lambda_1=\max\{|\lambda_i|;1\leqslant i\leqslant p\}$,则 G 是正则图当且仅当 $\lambda_1=\dfrac{1}{p}\sum\limits_{i=1}^{p}\lambda_i^2$。在这种情况下,我们称 G 为 λ_1 正则的。 □

我们在这里不打算对图的谱作进一步的讨论,有兴趣的读者可阅读文献 [22]。

2.7.2 自补图的谱

从论文发表的时间来讲,第一篇关于自补图的学术论文应属 Sachs(1962,[3]),就在这篇文章中,Sachs 首先就对自补图的谱进行了研究。他确定了正则自补图的特征多项式的基本特征。这个结果可由一个正则图 G 与它的补图 $\overline{G}$ 的特征多项式之间的关系获得。

定理 2.32[3] 若 G 是一个 p 阶正则自补图,则
$$P(\overline{G},\lambda)=(-1)^p(\lambda+r+1)^{-1}(\lambda-p+r+1)P(G,-\lambda-1)$$
这个定理不难获证,留给读者。 □

设 G 是一个 p 阶正则自补图,则 $p=4n+1$,且正则度数是 $2n$。设 $\lambda_1,\lambda_2,\cdots,\lambda_p$ 表示图 G 的特征根,且 $\lambda_1=\max\{\lambda_i;1\leqslant i\leqslant p\}$。由定理 2.31(4)知,当 G 是正则自补图且 $p=4n+1$ 时,$\lambda_1=2n$。

定理 2.33[3] 设 $\lambda_1=2n,\lambda_2,\cdots,\lambda_{4n+1}$ 表示阶数为 $4n+1$ 的正规自补图 G 的特征根,则
$$\lambda_{i+1}+\lambda_{4n+2-i}=-1,i=1,2,\cdots,2n \tag{2.37}$$
$$P(G,\lambda)=(\lambda-2n)\prod_{i=2}^{2n+1}(\lambda-\lambda_i)(\lambda+\lambda_i+1) \tag{2.38}$$
应用数学归纳法及定理 2.31,本定理易证。 □

定理 2.33 刻画了正则自补图的特征根的特征。Cvetkovic 于 1970 年讨论了非正则的情况,他获得了下述结果。

定理 2.34[23] 设 G 是一个自补图,则对于 G 的每一个重数为 $m>1$ 的特征根 λ_i,存在对应的另一个重数为 l 的特征根 λ_j,使得
$$m-1\leqslant l\leqslant m+1,\text{且 }\lambda_i+\lambda_j=-1 \tag{2.39}$$
借助于定理 2.32,本定理不难获证。 □

至此,关于自补图的谱问题的讨论基本结束。现在,我们讨论自补图的 S 特征根,S 特

征多项式与 S 谱。容易推得下述定理。

定理 2.35 若 G 是一个 p 阶图,且 $s_1, s_2, \cdots, s_p$ 是 $S(G)$ 的特征根,则

(1) s_i 是实的;

(2) $\displaystyle\sum_{i=1}^{p} s_i^2 = p(p-1)$。

证明 (1)是显然的。对于(2),注意到 $S^2(G)$ 中对角线上每个元素都是 $p-1$,因而 $S^2(G)$ 的迹是 $p(p-1)$。于是,若 $s_1, s_2, \cdots, s_p$ 是 $S(G)$ 的特征根,则有 $\displaystyle\sum_{i=1}^{p} s_i^2 = p(p-1)$。

□

注意到,基于(1.48)式,如果 G 是一个自补图,则一定存在一个置换矩阵 P,使得

$$P^T S(G) P = P^{-1} S(G) P = -S(G) \tag{2.40}$$

由此,我们获得,如果 p 是奇数,则 $S(G)$ 有且只有一个特征根为零;若 s 是 $S(G)$ 的一个特征根,则 $-s$ 亦是 $S(G)$ 的一个特征根,于是,若 $p = 4n$,我们可列出 $S(G)$ 的特征根为

$$\pm s_1, \pm s_2, \cdots, \pm s_{2n}$$

如果 $p = 4n+1$,则容易证明,$S(G)$ 的特征根至少含有 $2n$ 个,于是,$S(G)$ 的特征根可以列为

$$\pm s_1, \pm s_2, \cdots, \pm s_{2n}, 0$$

设 G 是一个 p 阶自补图,G 的 $4n (n = [p/4])$ 个非零的 S 特征根分别为

$$\pm s_1, \pm s_2, \cdots, \pm s_{2n}$$

则有

$$\sum_{i=1}^{2n} s_i^2 = \binom{n}{2}$$

于是,我们有定理 2.36。

定理 2.36[24] 设 G 是一个 p 阶自补图 $n = [p/4]$。

(1) G 具有 $4n$ 个非零 S 特征根,并且以相反数成对出现。若令这 $4n$ 个 S 特征根为

$$\pm s_1, \pm s_2, \cdots, \pm s_{2n}$$

则有

$$\sum_{i=1}^{2n} s_i^2 = \binom{n}{2} \tag{2.41}$$

(2) 若 $p = 4n+1$,则 $S(G)$ 是一个秩为 $4n$ 的矩阵。

□

作为本节的结束,我们给出具有相等长度轮换的自补置换的自补图的 S 相邻矩阵与 S 特征根的性质。

定理 2.37[24] 设 G 是一个 $4n$ 阶的自补图,具有相等长度的轮换构成的自补置换,则

(1) $S(G)$ 相似于一个对称的 $2n \times 2n$ 的矩阵 A_1,它的元素是矩阵

$$S = \begin{bmatrix} 0 & 1 \\ 1 & 0 \end{bmatrix} \tag{2.42}$$

的多项式。其中对角元素是 s 或者 $-s$,且所有其他元素是 $\pm e \pm s$,其中 e 是 2×2 阶单位矩阵。

（2）如果我们在 A_1 中，取 $e=s=1$，得到 $2n\times 2n$ 矩阵 B_1，取 $e=-s=1$，得 B_2，则 $S(G)$ 的特征根恰好是 B_1 的特征根与 B_2 特征根之并。

关于这个定理的证明参见文献[24]。　　　　　　　　　　　　　　　　　　　□

例 2.8　如图 2.2 所示的图 G，很容易验证 $\sigma=(12345678)\in\Theta(G)$。如果我们按 1，5，2，6，3，7，4，8 次序标定 $S(G)$ 的行和列如下：

$$S(G)=\begin{bmatrix} 0 & 1 & -1 & 1 & 1 & 1 & -1 & 1 \\ 1 & 0 & 1 & -1 & 1 & 1 & 1 & -1 \\ -1 & 1 & 0 & -1 & 1 & -1 & -1 & -1 \\ 1 & -1 & -1 & 0 & -1 & 1 & 1 & -1 \\ 1 & 1 & 1 & -1 & 0 & 1 & -1 & 1 \\ 1 & 1 & -1 & 1 & 1 & 0 & 1 & -1 \\ -1 & 1 & -1 & 1 & -1 & 1 & 0 & -1 \\ 1 & -1 & -1 & -1 & 1 & -1 & -1 & 0 \end{bmatrix}$$

基于（2.42）式，由 $S(G)$ 导出的 A_1 为

$$A_1=\begin{bmatrix} s & -e+s & e+s & -e+s \\ -e+s & -s & e-s & -e-s \\ e+s & e-s & s & -e+s \\ -e+s & -e+s & -e+s & -s \end{bmatrix}$$

用 1 代替 A_1 中的 s 和 e，我们得到

$$B_1=\begin{bmatrix} 1 & 0 & 2 & 0 \\ 0 & -1 & 0 & -2 \\ 2 & 0 & 1 & 0 \\ 0 & -2 & 1 & -1 \end{bmatrix}$$

用 1 代替 A_1 中的 e，用 -1 代替 A_1 中的 s，我们有

$$B_2=\begin{bmatrix} -1 & -2 & 0 & -2 \\ -2 & 1 & 1 & 0 \\ 0 & 2 & -1 & -2 \\ -2 & 0 & -2 & 1 \end{bmatrix}$$

容易计算，B_1 的特征根是 $\pm 1,\pm 3$，B_2 的特征根是 $\pm 3,\pm 3$。另一方面，我们直接计算 $S(G)$ 的特征根，得它的特征根为 $\pm 1,\pm 3,\pm 3,\pm 3$。

2.7.3　自补图的主特征根

本小节讨论自补图的主特征及相关的研究结果。记 j 为全 1 的列向量，即 $j=\{1\,1\,1\cdots 1\}^T$。记 $J=jj^T$，即 J 是全 1 矩阵。如果一个特征向量 x 不与 j 正交，则称它为**主特征向量**；如果它与 j 正交，则称它为**非主特征向量**。如果一个特征根 λ 至少对应一个主特征向量，则称它为**主特征根**，否则称它为**非主特征根**。

因此，一个图 G 的不同特征根可以被划分为两个互不相交的子集：主特征根集合和非主

特征根集合,其中图 G 的主特征根集合也称为 G 的谱的**主要部分**。

我们将图 G 的主特征根的个数记为 p。由于任意图的邻接矩阵 A 都是非负的,根据非负矩阵的 Perron-Frobenius 定理(例如,参见文献[28]的附录 A 中的定理 A.1),A 的最大特征根有一个对应的特征向量,其元素都是非负的,因此这个特征向量总是主特征向量。所以,对于任何图都有 $p \geqslant 1$。

注意,对重数 $q \geqslant 2$ 的特征根 λ 为主特征根的唯一要求是,它应该有一个对应的主特征向量。然而,总是可以选择与重复的主特征根相对应的特征向量,使它们是标准正交的,并且其中只有一个是主特征向量。下面的引理证明了这个断言。

引理 2.38[29] 设图 G 的谱中含有一个重数为 q 的主特征根 λ,则含有 q 个与 λ 对应的线性无关特征向量的 λ-特征基可以被转化为一个标准正交的 λ-特征基,使其中一个是主特征根,其余 $(q-1)$ 个是非主特征根。

Harary 和 Schwenk 在[30]中证明,如果图 G 的一个特征根 λ 对应非主特征向量,那么特征根 $-1-\lambda$ 将出现在 $\bar{G}$ 的谱中,且对应的非主特征向量与 G 中 λ 对应的非主特征向量相同。这个结果可以应用于自补图,得到如下结论。

引理 2.39[30] 如果 λ 是自补图 G 的一个特征根,且对应非主特征向量,则 $-1-\lambda$ 也是 G 的特征根。

证明:设 $\boldsymbol{x}$ 是 G 的特征根 λ 对应的一个非主特征向量,设 G 和 $\bar{G}$ 的邻接矩阵分别为 A 和 $\bar{A}$,则有 $\bar{A}=J-I-A$。由于 $\boldsymbol{x}$ 是非主特征向量,则有 $\boldsymbol{Jx}=0$。另外,$\boldsymbol{Ax}=\lambda\boldsymbol{x}$,因此有 $\bar{A}\boldsymbol{x}=(\boldsymbol{J}-\boldsymbol{I}-\boldsymbol{A})\boldsymbol{x}=\boldsymbol{Jx}-\boldsymbol{Ix}-\boldsymbol{Ax}=0-\boldsymbol{x}-\lambda\boldsymbol{x}=(-1-\lambda)\boldsymbol{x}$。 □

在自补图 G 中,特征根 $-1-\lambda$ 对应的特征向量与特征根 λ 对的特征向量是不相同,否则的特征向量集合就不是线性无关的。

下面的定理告诉我们,与特征值 $-1-\lambda$ 对应的特征向量依赖于 G 的结构,并且与 λ 的结构线性无关。

定理 2.40[29] 设 λ 是自补图 G 的特征根,且具有 $q>0$ 个正交的非主特征向量,则 $-1-\lambda$ 是 G 的特征根,且具有 q 个正交的非主特征向量。

定理 2.41[29] 设 G 是一个自补图,G 的谱中包含特征根 λ 和 $-1-\lambda$。那么下列陈述中恰有一条是正确的:

(a) λ 和 $-1-\lambda$ 具有相同的重数。

(b) λ 的重数比 $-1-\lambda$ 的重数大 1。

(c) λ 的重数比 $-1-\lambda$ 的重数小 1。

并且,

(a) 成立当且仅当 λ 和 $-1-\lambda$ 都是非主特征值;

(b) 成立当且仅当 λ 为主特征值但 $-1-\lambda$ 为非主特征值;

(c) 成立当且仅当 λ 为非主特征值但 $-1-\lambda$ 为主特征值。

利用上述结论,可以得到以下定理。

定理 2.42[29] 任意自补图的主要特征根可以由其谱单独确定。

定理 2.43[29] 如果 G 是 n 个顶点的自补图,$n=4k$ 或 $n=4k+1$,那么 G 至少包含 $2k$

个线性无关的非主特征向量。

推论 2.44　设 G 是 n 个顶点的自补图，p 是 G 的谱中主特征根的个数，则 $p \leqslant \left\lceil \dfrac{n}{2} \right\rceil$。

推论 2.45　设 G 是阶数大于等于 4 的自补图，则 G 的谱中至少包含一对形如 $(\lambda, -1-\lambda)$ 的非主特征根。

2.8　自补图的色性

图的着色问题一直是图论学科的研究领域。关于自补图的顶点着色问题在 1979 年由 Chao Z Y(赵忠云)和 Jr. Whitehead 等进行了研究。我们在本节里仅仅叙述其结果而略去证明，有兴趣的读者可参阅文献[25]。为了给出这些结果，我们现给出图着色中的有关概念，并给出一些基本的结果。

2.8.1　自补图的点着色

图 G 的一种**着色**是指对 G 的每一个顶点指定一种颜色，使得相邻的顶点着不同的颜色。图 G 称为 k **可着色的**，是指可把 $V(G)$ 剖分(或划分)成 k 个非空子集 $V_1, V_2, \cdots, V_k$，即 $V(G) = \bigcup_{i=1}^{k} V_i, V_i \bigcap V_j = \varnothing$(空集)$(i \neq j)$，$V_i$ 在 G 中是独立集$(i=1,2,\cdots,k)$。有时我们称顶点集 $V(G)$ 的这种剖分为 G 的一种**色剖分**(或**色划分**)，并称 V_i 为这种色划分的一个**色组**。我们把使得图 G 为 k 可着色的最小的整数 k 称为图 G 的**色数**，记作 $\chi(G)$。一个图 G 称为 k **色图**，如果这个图的色数 $\chi(G) = k$。一般我们用 $\{1,2,\cdots,k\}$ 来表示 k 色图 G 的**颜色集**。自然图 G 的一种 k 着色，就是从 $V(G)$ 到 $\{1,2,\cdots,k\}$ 中的一种映射，记作 f。这种映射必须满足：对于 $\forall u,v \in V(G)$，若 u 与 v 相邻，则 $f(u) = f(v)$。关于图的色数 $\chi(G)$，有下列几个基本的结果。

定理 2.46(Brooks,1941[26])　设 G 是一个非完全的连通图且它的最大度 $\Delta(G) \geqslant 3$，则 G 是 Δ 可着色的。

基于此定理，我们可以推出，若 G 是 k 可着色的，则 k 的取值范围满足：

$$\chi(G) \leqslant k \leqslant \Delta(G) \tag{2.43}$$

现在，我们来叙述本节的主要结果。

定理 2.47　(1)若 G 是一个自补图，其色数为 $\chi(G) = k$，则 $|V(G)| \leqslant k^2$；

(2)如果存在一个自补图 G 满足 $\chi(G) = k$ 且 $|V(G)| = k^2$，则 G 包含具有 k 个顶点的 k 个完全子图；

(3)对每个 $k \geqslant 2$，存在一个自补图 G，其色数 $\chi(G) = k$ 且 $|V(G)| = k^2$。

本定理的证明可参见文献[25]。

2.8.2　自补图的边着色

图 G 的一个**边着色**是指对 G 的每一条边分配一种颜色，使得相邻的边着不同的颜色。

图 G 称为 **k 边可着色的**,是指可把 $E(G)$ 划分成 k 个非空子集 $E_1,E_2,\cdots,E_k$,即 $E(G)=\bigcup_{i=1}^{k}E_i,E_i\bigcap E_j=\varnothing$(空集)$(i\neq j),E_i$ 是 G 的边独立集$(i=1,2,\cdots,k)$。我们把使得图 G 为 k 边可着色的最小的整数 k 称为图 G 的边色数,记作 $\chi'(G)$。根据 Vizing 定理[32]可知,对任意图 G,有 $\Delta(G)\leqslant\chi'(G)\leqslant\Delta(G)+1$,其中,$\Delta(G)$ 是 G 的最大度。如果 $\chi'(G)=\Delta(G)$,那么 G 图被称为 **1 类的**,如果 $\chi'(G)=\Delta(G)+1$,那么图 G 被称为 **2 类的**。判断一个图是 1 类还是 2 类的问题是 NP-完全问题[33]。

设 G 是一个顶点数为 n 的图,若 $|E(G)|>\lfloor n/2\rfloor\Delta(G)$,则称 G 为**溢出的**。Wojda 和 Zwonek[31]得到了下面的结果。

定理 2.48 一个自补图 G 是溢出的当且仅当它是正则图。

推论 2.49 每个正则自补图 G 是 2 类的。

定理 2.50 如果 G 是一个循环自补图,则 G 是 1 类的。

此外,Wojda 和 Zwonek[31]提出了如下猜想。

猜想 1 一个自补图 G 是 2 类的当且仅当 G 是正则的。

Wojda[34]给出了任意自补图 G 不包含真溢出子图的结构特征。

引理 2.51 设 $G=(V,E)$ 是阶数 $n\geqslant4$ 的图,且 $e(G)\leqslant n(n-1)/4$ 和 $\delta(G)\geqslant n-\Delta(G)-1$,那么 G 不包含任何溢出子图 H,使得 $\Delta(H)=\Delta(G)$ 和 $|V(H)|<n$。

通过引理 2.51 可得到下述定理 2.52:

定理 2.52 一个自补图 G 不包含任何溢出子图 H,使得 $\Delta(H)=\Delta(G)$ 且 $|V(H)|<|V(G)|$。

猜想 2 设 G 是 n 阶图,且最大度 $\Delta(H)>n/3$,则 G 是 2 类的当且仅当 G 包含一个溢出子图 H,满足最大度 $\Delta(H)=\Delta(G)$。

2.9 尚待解决的困难问题

问题 1 表征自补图的自同构群的特征(参见定理 2.24 及文献[17])。

问题 2 分别表征直径为 2 和 3 的自补图的特征。

问题 3 设 G 是一个自补图,若在 $\Theta(G)$ 中存在除长度为 1 外其余每个轮换均为长度为 4 的轮换,则 G 称为 **4 轮换自补图**。试表征 4 轮换自补图的特征。

问题 4 设 G 是一个 $4n+1$ 阶的自补图。若在 $\Theta(G)$ 中存在长度为 $4n+1$ 的轮换,则 G 称为**大轮换自补图**。试表征大轮换自补图的特征。

问题 5 $\mu(n)$ 的定义见(2.4)式。当 $p\geqslant3$ 时,求 $\mu(n)$ 的值。

习　题

1. 设 G 是一个非平凡的自补图,则 G 至少有 2 个自补置换。

2. 证明或否定:设 G_1,G_2 均是两个 p 阶自补图,则至少存在一个自补置换 σ,$\sigma \in \Theta(G_1)$,且 $\sigma \in \Theta(G_2)$。

3. 找出图 2.2 所示的 8 阶自补图 G 的全部自补置换。

4. 证明:对于每个阶数 $p \leqslant 9$ 的自补图 G,在 $\Theta(G)$ 中存在一个自补置换 σ,除长为 1 外,σ 的每个轮换的长度恰好是 4。

（提示:可参见第 3 章中 3.3.3 和 3.4.3 小节。）

5. 对于图 2.3 所示的图 G,$\sigma = (1)(2,3,4,5)(6,7,8,9,10,11,12,13)$ 是它的一个自补置换,试构造出 σ 所对应的全部自补图。

6. 证明定理 2.31,即若 G 是一个 p 阶的正则自补图,则
$$P(\overline{G},\lambda) = (-1)^p(\lambda+r+1)^{-1}(\lambda-p+r+1)P(G,-\lambda-1)$$

参 考 文 献

[1] KOTZIG A. Selected open problems In graph theory. in Bondy J A，Murty U S R. Garph Theory and Related Topics. New York：Academic Press，1979，358-367.

[2] RINGE G. selbstkomplementäre graphen. Arch. Math. ，1963,4：354-358.

[3] SACHS H. Über selbstkomplementare graphen. Publ. Math. Debrecen，1962,9：279-288.

[4] JACKCON W. Edge-disjoinnt hamiltonian cycles in regular graphs of large degree. J. London Math. Soc. ，1980.

[5] RAO S B. On regular and strongly-regular self-complamantary graphs，Discrete Mathematics，1985,54：73-82.

[6] CLAPHAM C R J，KLEITMAN D J. The degree sequence of self-complementary graphs. J. Comb. Theory，1976,20(B)：67-74.

[7] CLAPHAM C R J. Potentially self-complementary sequence. J. Comb. Theory. 1976,20(B)：75-79.

[8] XU J(许进)，WONG C K. Self-complementary graphs and Ramsey numbers，Part Ⅰ：the decomposition and construction of self-complementary graphs. Discrete Mathematics，2000,223：309-326.

[9] XU J，LIU Z. The chromatic polynomials between a graph and its complementabout Akiyama and hararys'open problem. Graphs and Combinatorics，1995,11：337-345.

[10] 许进,王自果. 论自补图的构造(Ⅰ),西北工业大学学报,1989(1)：120-128.

[11] 许进,王自果. 论自补图的构造. 工程数学学报,1988,181-186.

[12] WANG D L，KLEITMAN D J. On the existence of n-connected graphs with prescribed degrees($n \geqslant 2$). Networks，1973，3：225-240.

[13] HARARY F. Graph Theory. Addison-wesly，Reading，Mass. ，1969.

[14] CLAPHAM C R J. Triangles in self-complementary graphs. J. Comb. Theory(B)，1973，15：74-76.

[15] GOODMAN A W. On sets of acquaintances and strangers at any party. Amer. Math. Monthly，1959，66：778-783.

[16] 许进. 自补图中的三角形. 数学物理学报，1996(增刊)，16：38-41.

[17] CAMERON P J. Automorphism groups of graphs. Selected Topics in Graph Theory 2(ed. Beineke L W，Wilson R J). 1983，89-127.

[18] 许进，高安民. 关于自补置换的若干结果. 陕西师范大学学报，1989，17(4)：76-77.

[19] 王萼芳. 有限群论基础. 北京：北京大学出版社，1986.

[20] 周尚超. 自补图的自同构群. 华东交通大学学报，1996，2：17-27.

[21] XU J，QU R B. The spectra of hypercubes. 工程数学学报，1999，4.

[22] CVETKOVIC D M，SACHS H. Spectra of Graphs. The Macmillan Press，1995.

[23] CVETKOVIC D M. The generating function for variations with restrictions and paths of the graph and self-complementary graphs. University Beograd Publ. Elecktrtehn Fak. ，Ser. Math. Fiz，1970，320-328：27-34.

[24] GIBBS R A. Self-complementary graphs. J. Comb. Theory(B)，1974，16：106-123.

[25] CHAO C Y，WHITEHEAD E G. Chromaticity of self-complementary graphs. Archiv deR，Mathematik，1979，32：295-304.

[26] BROOKS R L. On colouring the nodes of a network. Proc. Combridge Philos. SOc. 1941，37：194-197.

[27] ŁUCZAK T. On the maximum automorphism group of self-complementary graphs. Mathematica Slovaca，2000，50(1)：17-24.

[28] CVETKOVI'C D，ROWLINSON P，SIMI'C S. Eigenspaces of graphs. Vol. 66，Encyclopedia of mathematics and its applications. Cambridge：Cambridge University Press，1997.

[29] FARRUGIA A，SCIRIHA I. The main eigenvalues and number of walks in self-complementary graphs[J]. Linear and Multilinear Algebra，2014，62(10)：1346-1360.

[30] HARARY F，SCHWENK AJ. The spectral approach to determining the number of walks in a graph. Pacic J. Math. 1979，80：443-449.

[31] WOJDA A P，ZWONEK M. Coloring edges of self-complementary graphs. Discrete applied mathematics，1997，79(1-3)：279-284.

[32] V. G. Vizing, On an estimate of the chromatic class of a p-graph (in Russian), Diskret. Anal. 3 (1964)：25-30.

[33] I. Holyer, The My-completeness of edge-coloring, SIAM . I. Comput. 10 (1981)：718-720.

[34] WOJDA A P. A note on the colour class of a self-complementary graph. Discrete Mathematics，2000，213(1-3)：333-336.

第3章 自补图的分解与构造

在这一章里,我们首先给出 $4n$ 阶自补图的分解理论,即若 G 是一个 $4n$ 阶的自补图,则 G 可分解成三个子图 H、H' 及 H^* 之和:$G=H+H'+H^*$。然后通过刻画 $4n$ 和 $(4n+1)$ 阶之间的相互关系,给出了自补图的完全构造的方法和步骤。作为特例,我们构造出了 8 个顶点的所有 10 个自补图和 9 个顶点的所有 36 个自补图。

3.1 引 言

图的构造理论可以说是整个图的核心内容之一。如果我们能够把感兴趣的或者是需要的图都一一构造出来,则可以说,我们对于图论的研究已经很透彻。正是由于这个缘故,自补图的构造问题伴随着自补图的产生,一直吸引着世界上许多优秀图论专家。Sachs 和 Ringel 在研究自补图的构造时分别给出了构造自补图的一种方法[1]、[2]。他们的方法在自补置换的讨论中已经间接地给予介绍。Clapham 和 Kleitman 在研究可自补度序列基本特征时给出了自补图的又一种构造方法[3],这种方法在第 2 章 2.3 节已经介绍。这种方法的缺点是一个可自补度序列仅给出一个实现。虽然 Read 早在 1963 年就解决了自补图的计数问题[4],但如何把 $p\equiv0,1\pmod 4$ 个顶点的全部自补图构造出来,是近几年来的工作[5]~[8]。这一章里主要介绍作者在这方面的工作。关于构造工作及相应结果的应用,我们在以后的章节里会逐步展开。

3.2 自补图的分解

自补图的分解是对 $p\equiv0\pmod 4$ 个顶点的自补图而言的。我们在研究自补图时,发现自补图可按照下列方法进行分解:先将自补图 G 的顶点按其度数的大小,从小到大进行排列 $v_1,v_2,\cdots,v_{2n},\cdots,v_{4n}$,然后令 $H=G[v_1,v_2,\cdots,v_{2n}]$(即 G 的度数较小的前 $2n$ 个顶点的导出子图);$H'=G[v_{2n+1},v_{2n+2},\cdots,v_{4n}]$(即 G 的度数较大的后 $2n$ 个顶点的导出子图);再令 $H^*=G-E(H)-E(H')$,于是有

$$G = H + H' + H^* \tag{3.1}$$

随后我们将会看到,自补图的这种分解方法不但在自补图的构造中有良好的应用,而且对深入进行自补图研究具有很大的益处。下面我们将会看到,对于自补图 G 的许多性质的研究,可以转化成对 H^* 的研究,而 H^* 是所谓的偶自补图(见第7章)。这也就是说,对自补图某些问题的研究可以转化成对偶自补图的研究。而对于偶自补图的研究显然要比相应的自补图的研究简单和容易得多。

定理 3.1 设 G 是一个 $4n$ 阶的自补图。H,H' 如上定义,$\overline{H}$ 表示 H 的补图,则有

$$\overline{H} \cong H' \tag{3.2}$$

证明 由 H 及 H' 的定义有

$$H = G[v_1, v_2, \cdots, v_{2n}]$$
$$H' = G[v_{2n+1}, v_{2n+2}, \cdots, v_{4n}]$$

由定理 2.8 与推论 2.10 易知

$$H \cong \overline{G}[v_{2n+1}, v_{2n+2}, \cdots, v_{4n}]$$
$$H' \cong \overline{G}[v_1, v_2, \cdots, v_{2n}]$$

又因为 $\overline{H} = \overline{G}[v_1, v_2, \cdots, v_{2n}]$,故有 $\overline{H} \cong H'$。 □

这个定理刻画了 H 与 H' 这两个子图之间的相互关系。有了这个基本关系,我们在构造自补图时就很方便。在下一节里,这种方便性将会得到充分应用。

定理 3.2 设 G 是一个 $4n$ 阶的自补图,H,H' 及 H^* 如上定义,则有

$$|E(H)| + |E(H')| = \binom{2n}{2} \tag{3.3}$$

$$|E(H^*)| = 2n^2 \tag{3.4}$$

证明 由 H,H' 及 H^* 的定义知,这三个子图的边集两两互不相交,又注意到 G 是一个自补图,故有

$$|E(G)| = |E(H)| + |E(H')| + |E(H^*)| \tag{3.5}$$

$$|E(G)| = \frac{1}{2}\binom{4n}{2} \tag{3.6}$$

由定理 3.1 知 $\overline{H} \cong H'$,显然有(3.3)式成立。将(3.3)式及(3.6)式代入(3.5)式得到(3.4)式。 □

定理 3.3 设 G 是一个 $4n$ 阶的自补图,H,H' 的定义同上。令 $h_i = d_H(v_i)$,$i = 1, 2, \cdots, 2n$;$h'_j = d_{H'}(v_j)$,$j = 2n+1, 2n+2, \cdots, 4n$,并且,

$$h_1 \leqslant h_2 \leqslant \cdots \leqslant h_{2n}, \quad h'_{2n+1} \leqslant h'_{2n+2} \leqslant \cdots \leqslant h'_{4n} \tag{3.7}$$

则有

$$h_{2i-1} = h_{2i}, \quad i = 1, 2, \cdots, n \tag{3.8}$$

$$h'_{2j-1} = h'_{2j}, \quad j = n+1, n+2, \cdots, 2n \tag{3.9}$$

证明 基于定理 3.1,只需要证明(3.8)式就可以了。设 σ 是图 G 的一个自补置换,则由定理 3.1 知 σ 是从 $\overline{H}$ 到 H' 的同构映射。今设 $v_{i1} \in V(H)$,则必存在 $v_{j1} \in V(H')$,使得

$$\sigma(v_{i1}) = v_{j1}, \quad 2n+1 \leqslant j_1 \leqslant 4n \tag{3.10}$$

但 $\sigma(v_{j1}) \neq v_{i1}$，否则，在 σ 中存在长度为 2 的圈 (v_{i1}, v_{j1})，这显然与上章定理 2.5 矛盾！故必在 $V(H)$ 中存在一个异于 v_{i1} 的顶点 v_{i2}，使得

$$\sigma(v_{j1}) = v_{i2}, \quad 1 \leqslant i_2 \leqslant 2n, i_2 \neq i_1 \tag{3.11}$$

再由 σ 是 $\overline{H}$ 到 H' 的同构映射，有

$$h_{i1} + h_{j1} = h_{j1} + h_{j2} = 2n-1 \tag{3.12}$$

由此可得 $h_{i1} = h_{i2}$。这表明在 $\{h_1, h_2, \cdots, h_{2n}\}$ 中，每一个数必有另一个数与它相等。因此有

$$h_1 = h_2, h_3 = h_4, \cdots, h_{2n-1} = h_{2n} \tag{3.13}$$

上述三个定理主要刻画了 $4n$ 阶自补图 G 的三个子图 H 及 H' 和 H^*（见(3.1)式）中的 H 与 H' 的基本性质以及它们之间的相互关系。下面，我们来讨论(3.1)式中的子图 H^* 的基本特性。为此，先引入偶补图与偶自补图的概念。

偶图的概念在第 1 章已经介绍，为方便，重述如下：

偶图（即 2 部图）是指这个图 G 的顶点集 V 可以分为两个子集 X 和 Y，$V = X \cup Y$，$X \cap Y = \varnothing$（空集），使得 X 和 Y 均是 G 的独立集，一般地记作 $G = (X, Y)$。设 $G = (X, Y)$ 是一个偶图，G 的**偶补图**，记作 G^c，其顶点集为 $V(G^c) = V(G)$，边集为

$$E(G^c) = \{xy; \quad x \in X, \quad y \in Y \quad 且 \quad xy \notin E(G)\} \tag{3.14}$$

由偶补图的定义显然可知，G^c 仍然是一个偶图。如果一个偶图 G 与它的偶补图 G^c 同构 $(G \cong G^c)$，则称 G 为**偶自补图**。图 3.1(a)和(b)给出了一个偶图和它的偶补图；图 3.1(c)给出了一个偶自补图。

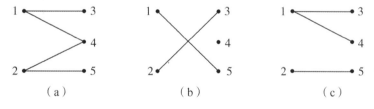

（a）　　　　　　　（b）　　　　　　　（c）

图 3.1　一对偶互补图与一个偶自补图

由 H^* 的定义容易看出，H^* 是一个 $4n$ 阶的自补图 G 的一个生成子图。定理 3.1 关于 H 与 H' 的刻画，使得我们从侧面对 H^* 有了更进一步的了解：H^* 应该是 G 的最核心、最主要的子图；进而我们发现定理 3.4。

定理 3.4　若图 G 是一个 $4n$ 阶的自补图，则由(3.1)式所定义的 G 的生成子图 H^* 是一个偶自补图，即

$$(H^*)^c \cong H^* \tag{3.15}$$

证明　设 G 是一个 $4n$ 阶的自补图，H，H' 和 H^* 的定义同(3.1)式。由 $H^* = G - E(H) - E(H')$，知 $V(H)$ 和 $V(H')$ 在 H^* 中都是独立集，因此，H^* 是偶图，并且顶点划分为 $(V(H), V(H'))$。又由定理 3.1，$\overline{H} = H'$ 及 G 自身是自补图，由此易推

$$(H^*)^c \cong H^*$$

推论 3.5 设 G 是一个 $4n$ 阶的自补图，$h_i^* = d_{H^*}(v_i)(i=1,2,\cdots,4n)$，则有

$$h_{2i-1}^* = h_{2i}^*, \quad i=1,2,\cdots,2n \tag{3.16}$$

基于定理 3.3 及定理 3.4，这个结果易被证明。 □

设 H 是一个 $2p$ 个顶点的连通图，Nair[12] 讨论了顶点数为 $4p$，包含一对边不相交的子图 H_1 和 H_2，且满足 $H \cong H_1$ 和 $\overline{H} \cong H_2$ 的自补图存在性的充分必要条件，并给出了一种生成所有这类自补图的算法。

设 H 是一个 $2p$ 个顶点的连通图，若存在顶点数为 $4p$ 的自补图 G，使得 G 包含边两个边不相交的子图 H_1 和 H_2，满足 $H \cong H_1$ 和 $\overline{H} \cong H_2$，则称 G 为 H 的**自补生成图**。图 H 的所有自补生成图构成的集合记为 $SC(H)$。

引理 3.6 设 G 是 $4p$ 阶的自补图。因此，G 具有两个顶点不相交的阶为 $2p$ 的子图 G_{odd} 和 G_{even}，且至少有一个自同构 φ，使得

(1) $G_{odd} \cong \overline{G}_{odd}$。

(2) G_{even} 具有两个顶点互不相交的子图，如 G_2,G_4，使得 φ 在 G_{even} 上的限制是 G_{even} 的一个自同构，它将 G_2 映射到 G_4 上，反之亦然。

(3) G_{odd} 有两个顶点不相交的子图，如 G_1,G_3，使得 φ 在 G_{odd} 上的限制是 G_{odd} 的一个自同构，将 G_1 映射到 G_3，反之亦然。

定理 3.7 给定一个 $2p$ 个顶点连通图 H，则 $SC(H) \neq \varnothing$ 当且仅当 H 有两个顶点不相交的子图 H_1,H_3 和一个自同构 φ，使得 $\varphi(H_1)=H_3,\varphi(H_3)=H_1$。

3.3 $4n$ 阶自补图的构造

曾有不少的学者从事过自补图的构造方面的研究工作，但均是在局部条件下给出部分的、特殊性质的构造。本节主要介绍作者在这一方面的研究工作，即如何把 $4n$ 个顶点的全部自补图构造出来，其他学者的工作，我们将在本书的适当地方给予介绍。

3.3.1 可自补图序列的构造

在 2.3 节里，我们较详细地讨论了可自补图序列在两种不同条件下的基本特征。下面，我们将在这些结果的基础上进一步讨论可自补图序列的完全构造问题，即如何把具有 $p=0,1(\bmod 4)$ 维的全部可自补度序列都构造出来。为此，我们先给出序列大小的概念。

设 $\pi_1 = (d_1,d_2,\cdots,d_p)$ 和 $\pi' = (d'_1,d'_2,\cdots,d'_p)$ 是两个非负整数序列，如果存在某一个最小的正整数 i，使得 $d_1=d'_1,d_2=d'_2,\cdots,d_{i-1}=d'_{i-1},d_i<d'_i$，则称 π_1 小于 π_2，记作 $\pi_1 < \pi_2$。下面，我们给出构造的步骤。

第一步 当 $p=4n$ 或 $4n+1$ 时，由定理 2.9 和定理 2.10，确定 $\tilde{d}_1,\tilde{d}_2,\cdots,\tilde{d}_n(\tilde{d}_j = d_{2j}=d_{2j-1},j=1,2,\cdots,n)$ 的取值范围：当 $p=4n$ 时，$1 \leqslant \tilde{d}_i \leqslant 2n-1(1 \leqslant i \leqslant n)$；当 $p=4n+1$

时,$1 \leqslant \tilde{d}_i \leqslant 2n (1 \leqslant i \leqslant n)$。

第二步 应用定理 2.9,把 $\tilde{\pi} = (\tilde{d}_1, \tilde{d}_2, \cdots, \tilde{d}_n)$ 全部计算出来。这是容易做到的,在此不再论述,可通过下面的例子得到说明。

第三步 由定理 2.8,求出每个 $\tilde{\pi}$ 对应的可自补度序列 π。

例 3.1 求出 12 维的全部可自补度序列。

第一步,$12 = 4 \times 3, n = 3, 2n - 1 = 5$。设 $\tilde{\pi} = (\tilde{d}_1, \tilde{d}_2, \tilde{d}_3)$,则有 $1 \leqslant \tilde{d}_1, \tilde{d}_2, \tilde{d}_3 \leqslant 5$。

第二步,由定理 2.9,把 $\tilde{\pi}$ 随 $\tilde{d}_i$ 的取值不同从小到大排列如下:

$$(1,3,5),(1,4,4),(1,4,5),(1,5,5),(2,2,5)$$
$$(2,3,4),(2,3,5),(2,4,4),(2,4,5),(2,5,5)$$
$$(3,3,3),(3,3,4),(3,3,5),(3,4,4),(3,4,5)$$
$$(3,5,5),(4,4,4),(4,4,5),(4,5,5),(5,5,5)$$

第三步,求出相应 $\tilde{\pi}$ 的 π,并从小到大进行排列如下:

$$\pi_1 = (1,1,3,3,5,5,6,6,8,8,10,10)$$
$$\pi_2 = (1,1,4,4,4,4,7,7,7,7,10,10)$$
$$\pi_3 = (1,1,4,4,5,5,6,6,7,7,10,10)$$
$$\pi_4 = (1,1,5,5,5,5,6,6,6,6,10,10)$$
$$\pi_5 = (2,2,2,2,5,5,6,6,9,9,9,9)$$
$$\pi_6 = (2,2,3,3,4,4,7,7,8,8,9,9)$$
$$\pi_7 = (2,2,3,3,5,5,6,6,8,8,9,9)$$
$$\pi_8 = (2,2,4,4,4,4,7,7,7,7,9,9)$$
$$\pi_9 = (2,2,4,4,5,5,6,6,7,7,9,9)$$
$$\pi_{10} = (2,2,5,5,5,5,6,6,6,6,9,9)$$
$$\pi_{11} = (3,3,3,3,3,3,8,8,8,8,8,8)$$
$$\pi_{12} = (3,3,3,3,4,4,7,7,8,8,8,8)$$
$$\pi_{13} = (3,3,3,3,5,5,6,6,8,8,8,8)$$
$$\pi_{14} = (3,3,4,4,4,4,7,7,7,7,8,8)$$
$$\pi_{15} = (3,3,4,4,5,5,6,6,7,7,8,8)$$
$$\pi_{16} = (3,3,5,5,5,5,6,6,6,6,8,8)$$
$$\pi_{17} = (4,4,4,4,4,4,7,7,7,7,7,7)$$
$$\pi_{18} = (4,4,4,4,5,5,6,6,7,7,7,7)$$
$$\pi_{19} = (4,4,5,5,5,5,6,6,6,6,7,7)$$
$$\pi_{20} = (5,5,5,5,5,5,6,6,6,6,6,6)$$

3.3.2　4n 阶自补图的构造

4n 阶的全部自补图构造的基本思想框图如图 3.2 所示。其具体步骤为：

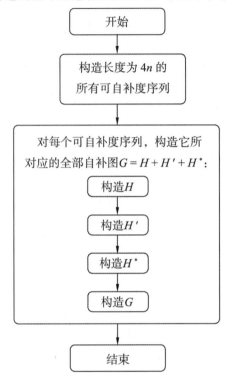

图 3.2　4n 阶自补图完全构造步骤图示

第一步　构造 4n 阶的全部可自补度序列；

第二步　对每个可自补度序列,构造出与它对应的全部自补图。对于这一步,我们可按下列两步来完成：

步骤 1　对每个可自补度序列,构造出与它所对应的全部 H 与 H'；

步骤 2　构造 H* 图(在 H,H'基础上进行)。

关于第一步,我们在 3.3.1 小节里已作详细介绍。对于第二步中的步骤 1,我们的构造过程如下所述。

由定理 3.2 及 H,H',H* 子图的定义易获得,若 $(d_1,d_2,\cdots,d_{2n},d_{2n+1},\cdots,d_{4n})$ 是需要构造的自补图的度序列,则 $m = \dfrac{1}{2}\sum_{i=1}^{2n}h_i = \dfrac{1}{2}\big(\sum_{i=1}^{2n}d_i - 2n^2\big)$ 就是图 H 的边数,再由定理 3.3,我们给出 H 的构造步骤如下(至于 H'图的构造由定理 3.1 易知,故在此省略)。

子步骤 1.1　算出需要构造的 H 图的边数：

$$m = \frac{1}{2}\Big(\sum_{i=1}^{2n}d_i - 2n^2\Big) \tag{3.17}$$

子步骤 1.2　找出所有互不同构,边数为 m 并且满足定理 3.2 的图 H。

我们通过下列例子加以说明。

例 3.2 试构造出可自补度序列为 $\pi=(5,5,5,5,5,5,6,6,6,6,6,6)$ 所对应的全部 H 图。

解 $m=\dfrac{1}{2}(5\times5-2\times3^2)=6$,故知 $|V(H)|=6$,$|E(H)|=6$,并且它的度序列 $(h_1,h_2,\cdots,h_6)$ 满足 $h_1=h_2,h_3=h_4,h_5=h_6$,在这些条件下,我们共构造出 7 个 H 图,如图 3.3 所示。

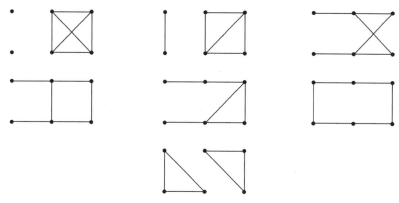

图 3.3 π 所对应的全部 H 图

对于第二步的步骤 2(指构造全部自补图的步骤 2),需要构造 H^*。注意,下面我们给出构造 H^* 的过程是在已构造出的 H 和 H' 的基础上进行的。事实上,当 H^* 构造完毕之时,也就是构造自补图 G 的结束之刻。

基于定理 3.1、定理 3.4 及推论 3.5,下面我们给出构造 H^* 图的步骤。

第 1 步 把 $V(H)$ 及 $V(H')$ 按照图 3.4 所示形式排列成两列,$V(H)$ 在左,$V(H')$ 在右,$v_i(d_i)$ 中的 d_i 表示需要构造的自补图 G 的顶点 v_i 度数,并且我们规定自补置换为 σ,σ 满足

$$\sigma(v_i)=v_{4n+1-i}, \quad i=1,\cdots,2n \tag{3.18}$$

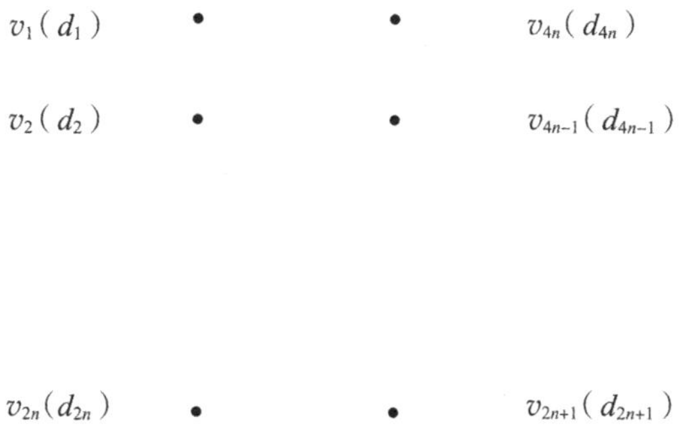

$v_1(d_1)$ •　　　• $v_{4n}(d_{4n})$

$v_2(d_2)$ •　　　• $v_{4n-1}(d_{4n-1})$

$v_{2n}(d_{2n})$ •　　　• $v_{2n+1}(d_{2n+1})$

图 3.4 顶点布局

第 2 步 把已经构造好的 H 与 H' 嵌入在图 3.4 中(或者将其度数在顶点上示意出来),并且在 v_i 的小括号内标出还需要再构造的度数:

$$d_i-h_i(1\leqslant i\leqslant 2n), \quad d_j-h_j(2n+1\leqslant j\leqslant 4n)$$

注意,将 H 与 H' 画在图 3.5 上时一定要满足定理 3.1 及定理 3.3。我们在图 3.5 中用图 3.2 中第一个图 H 给予说明。

第 3 步 构造 H^* 图。

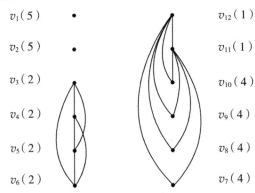

图 3.5 H 与 H' 的嵌入

情况 1 如果 $h_1^*=h_2^*\neq h_3^*=h_4^*\neq\cdots\neq h_{2n-1}^*=h_{2n}^*$,则由定理 2.5 及定理 3.4 知,$G$ 的自补图置换 σ 的所有轮换长度都恰好是 4;再由(3.18)式知,这些轮换分别是 $(v_1 v_{4n} v_2 v_{4n-1})$,$(v_3 v_{4n-2} v_4 v_{4n-3})$,$\cdots$,$(v_{2n-1} v_{2n+2} v_{2n} v_{2n+1})$。对于这种情况,其构造步骤如下:

子情况 1.1 轮换内部的构造:

连接 v_{2i-1} 与 $v_{4n-2i+1}$,$i=1,2,\cdots,n$;v_{2i} 与 $v_{4n+2-2i}$,$i=1,2,\cdots,n$。这个事实实质上暗示了:

$$\sigma(v_j)=\begin{cases}v_{4n+2-j}, & \text{当 } j \text{ 为偶数}\\ v_{4n-j}, & \text{当 } j \text{ 为奇数}\end{cases} \tag{3.19}$$

其中 $2n+1\leqslant j\leqslant 4n$,结合(3.18)式与(3.19)式,$\sigma$ 便唯一确定。

子情况 1.2 σ 中的轮换与轮换之间的构造:

不妨设 $(\zeta_1\eta_1\zeta_2\eta_2)$ 和 $(\zeta_3\eta_3\zeta_4\eta_4)$ 是需要构造的两个圈。这里 $\zeta_i\in V(H)$,$\eta_i\in V(H')$,$i=1,2,3,4$。若 ζ_1 与 η_3 相连,则 $\sigma(\zeta_1)$ 与 $\sigma(\eta_3)$ 不相连,从而知 $\sigma^2(\zeta_1)=\zeta_2$ 必与 $\sigma^2(\eta_3)=\eta_4$ 相连,但若 ζ_1 本身经过子情况 1.1 步骤后已经达到要求,则当然不予考虑。如果 ζ_1 与 η_3 相连后还未满足要求,则可进一步考虑 ζ_1 与 η_4 相连的问题。这时可能有:

(1)η_4 还未达到构造的要求,这时可以连接 ζ_1、η_1 与 η_4,不连 $\sigma(\zeta_1)$ 与 $\sigma(\eta_4)=\zeta_3$,连接 $\sigma^2(\zeta_1)=\zeta_2$ 与 $\sigma^2(\eta_4)=\eta_3$;

(2)η_4 已达到要构造的要求,则考虑 ζ_1 与其他圈的连接问题,方法同上。

情况 2 一般情况,即 $h_1^*=h_2^*=\cdots=h_m^*\neq h_{m+1}^*=\cdots=h_e^*\neq\cdots\neq h_i^*=\cdots=h_{2n}^*$ 中两个相邻不等号间等号的个数大于或者等于 1。

为了方便,我们把相邻两个不等号间的等号与数统称为一个**节**。显然,第一,一个节中等号的个数是大于或者等于 1 的奇数;第二,情况 2 中任意两个节中的数对应的顶点必不在 σ 的同一圈中。故对情况 2,我们在此仅给出一个节中的数对应的顶点 v_i 间的各种情况的构造问题。至于两节之间的构造问题,只不过是自补置换中轮换与轮换之间形成的构造问题。而轮换与轮换之间的构造问题只需要考虑:若 v_i 与 v_j 相邻,则有 $\sigma^{2t}(v_i)$ 必与 $\sigma^{2t}(v_j)$ 相邻;$\sigma^{2t-1}(v_i)$ 与 $\sigma^{2t-1}(v_j)$ 必不相邻的原则即可(这里 t 是自然数)。

不失一般性,我们讨论

$$h_1^* = h_2^* = \cdots = h_m^* > 1$$

的情况。显然 m 必为偶数。对于这种情况,我们在构造时只需要按照 m 的大小来构造出自补置换 σ 的各种长度为 4 的倍数的组合情况。在此给出例 3.3,至于其他情况,完全可按例 3.3 的方法去做。

例 3.3 已知 $|V(H^*)| = 12$,并且 $h_1^* = h_2^* = \cdots = h_6^* = 6$,则必有:

(1)σ 有 3 个长度为 4 的轮换;

(2)σ 有一个长度为 4 和一个长度为 8 的轮换;

(3)σ 只有一个长度为 12 的轮换。

对于(1),它的构造与例 3.2 中的情况 1 完全一样,故在此省略;对于(3),由于它的构造与(2)中长为 8 的轮换的构造一样,在此亦略。对于(2),长为 4 的轮换的构造可由 $\{v_1, v_2, v_{11}, v_{12}\}$,$\{v_3, v_4, v_9, v_{10}\}$ 和 $\{v_5, v_6, v_7, v_8\}$ 三组顶点集中任选一组。在此,我们选用第一组,它的构造情况与例 3.2 中的情况 1 一样,其轮换为 $(v_1 v_{12} v_2 v_{11})$,即要求 $\sigma(v_1) = v_{12} = v_2, \sigma(v_2) = v_{11}, \sigma(v_{11}) = v_1$(如图 3.6(a)所示)。

其次,给出长为 8 的轮换的构造,步骤是:

第一步 确定出 σ 中长为 8 的各种轮换。为了方便,用 i 代替 v_i,于是由(3.18)式,我们有

$$\sigma(i) = 13 - i, \quad 3 \leqslant i \leqslant 6 \tag{3.20}$$

由第 2 章定理 2.5 知 $\sigma(j) \neq 13 - j, 7 \leqslant j \leqslant 10$;故易知 σ 中长为 8 的轮换有且仅有如下 $3! = 6$ 个:

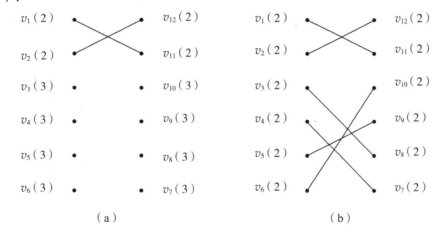

| (a) | (b) |

图 3.6 H^* 的构造步骤说明

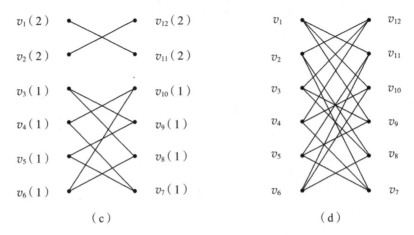

图 3.6 H^* 的构造步骤说明(续)

$\sigma_1 = (3,10,4,9,5,8,6,7)$, $\sigma_2 = (3,10,4,9,6,7,5,8)$

$\sigma_3 = (3,10,5,8,4,9,6,7)$, $\sigma_4 = (3,10,5,8,6,7,4,9)$

$\sigma_5 = (3,10,6,7,4,9,5,8)$, $\sigma_6 = (3,10,6,7,5,8,4,9)$

第二步 完成 $\sigma_i (i=1,2,\cdots,6)$ 轮换内的构造,这里仅以 σ_5 为例说明。

步骤 1 由 $\sigma_5 = (3,10,6,7,4,9,5,8)$ 知:连接 10 与 6,7 与 4,9 与 5,8 与 3,得到图 3.6(b) 所示的情形。

步骤 2 由步骤 1 中的不连性知,连接 3 与 9,不连 $\sigma(3)$ 与 $\sigma(9)$,连接 $\sigma^2(3)$ 与 $\sigma^2(9)$ 等等,类推得到图 3.6(c) 所示的图。最后,完成轮换与轮换之间的构造:

$(1,12,2,11),(3,10,6,7,4,9,5,8)$

任意选定 1 与 j 相连 $(j=7,8,9,10)$。这里仅以 1 与 10 为例,则按照 $\sigma^{2t-1}(1)$ 与 $\sigma^{2t-1}(10)$ 不连,$\sigma^{2t}(1)$ 与 $\sigma^{2t}(10)$ 相连的原则得图 3.6(d) 所示的图。

注意,构造 H^* 时,要在 H,H' 图已构造好的基础上进行。通过上述构造我们可以看到,下列几个条件中对于同一个可自补度序列,都可能产生不同的自补图。

(1)不同的 H 图必产生不同的自补图。

(2)在同一个 H 图中,由于位置的安排不同(但必须满足推论 3.5),也可能产生不同的自补图。

(3)在 H^* 图中,对 σ 的某些长度大于或者等于 8 的轮换,由于此轮换的内部构造不同,可能导致不同的自补图产生。

(4)同一自补置换 σ 中,轮换与轮换之间由于连接的方式不同,可能导致不同的自补图产生。

3.3.3 8顶点的所有10个自补图

作为本节的结束,我们在本小节里应用 3.3.2 节中的方法来构造 8 个顶点的全部 10 个自补图[11]。

第一步 构造所有的可自补度序列。由于 $8 = 4 \times 2, n = 2$,有

$$1 \leqslant \tilde{d}_1 \leqslant \tilde{d}_2 \leqslant 3$$

又根据定理 2.9 及定理 2.10,易得

$$\tilde{\pi}_1 = (1,3), \quad \tilde{\pi}_2 = (2,2), \quad \tilde{\pi}_3 = (2,3), \quad \tilde{\pi}_4 = (3,3)$$

从而知 8 维可自补度序列共有 4 个:

$$\pi_1 = (1,1,3,3,4,4,6,6), \quad \pi_2 = (2,2,2,2,5,5,5,5)$$
$$\pi_3 = (2,2,3,3,4,4,5,5), \quad \pi_4 = (3,3,3,3,4,4,4,4)$$

第二步 对每一个可自补度序列,构造出相应的全部自补图。这里仅给出 π_4 的具体构造过程,π_1,π_2,π_3 对应所有自补图的构造过程略去。

步骤 1 画出 $V(H)$,$V(H')$(如图 3.7 所示)。$v_i(d_i)$ 中的 d_i 表示要构造自补图的顶点度数。

$$v_1(3) \bullet \qquad \bullet\, v_8(4)$$
$$v_2(3) \bullet \qquad \bullet\, v_7(4)$$
$$v_3(3) \bullet \qquad \bullet\, v_6(4)$$
$$v_4(3) \bullet \qquad \bullet\, v_5(4)$$

图 3.7 顶点布局

步骤 2 构造 H,H'。$m = \dfrac{1}{2}(\sum\limits_{i=1}^{4} d_i - 2 \times 2^2) = 2$,故 H 是一个含有 2 条边的 4 阶图。再由定理 3.3 知 H 只能是图 $K_2 \cup K_2$。因此,在图 3.7 中构造 H、H' 的方式明显地有如图 3.8 所示的两种形式,这里 $v_i(2)$ 中的 2 表示还需要构造的顶点度数。

步骤 3 构造 H^* 图。显然在图 3.8 中 (a) 与 (b) 需构造的 H^* 是一样的,考虑要构造的 σ 圈的长度,我们有:

(1)σ 是两个长为 4 的轮换之积,即

$$\sigma_1 = (v_1 v_8 v_2 v_7)(v_3 v_6 v_4 v_5)$$

注意到:若 v_i 与 v_j 相邻,则 $\sigma^{2t}(v_i)$ 与 $\sigma^{2t}(v_j)$ 相邻,$\sigma^{2t-1}(v_i)$ 与 $\sigma^{2t-1}(v_j)$ 不相邻(这里 t 是自然数),容易得到图 3.9 所示的前两个图。

(2)σ 只有长度为 8 的轮换,不妨设为

$$\sigma_2 = (v_1 v_8 v_4 v_5 v_2 v_7 v_3 v_6)$$

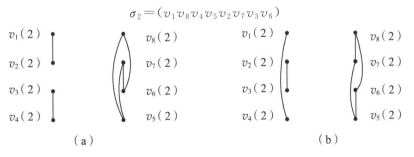

图 3.8 H 与 H' 图安排的两种形式

按照 σ_2，易构造出图 3.9 所示的后两个图。所以，π_4 对应的自补图共有 4 个，它们就是图 3.9 所示的这 4 个图。

图 3.9 π_4 对应的全部自补图

按照上述方法，我们构造出 π_1 只有唯一的一个自补图与它对应，π_2 有 2 个自补图与它对应，π_3 有 3 个自补图与它对应。见表 3.1。

表 3.1 8 个顶点所有 10 个自补图

度序列	对应的自补图	数目
(11334466)	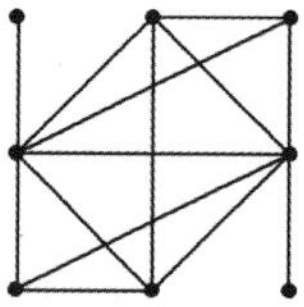	1
(22225555)	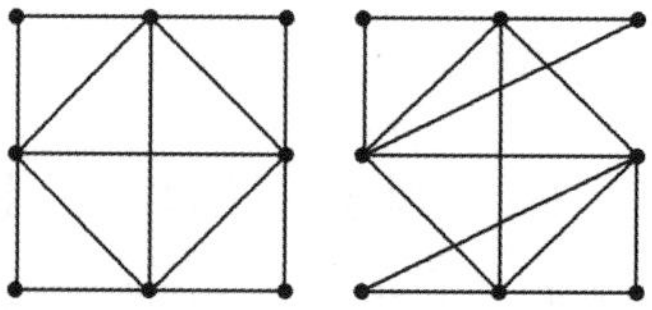	2
(22334455)	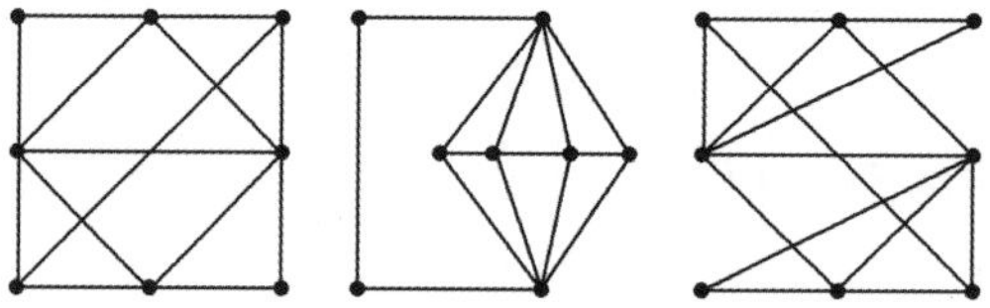	3
(33334444)	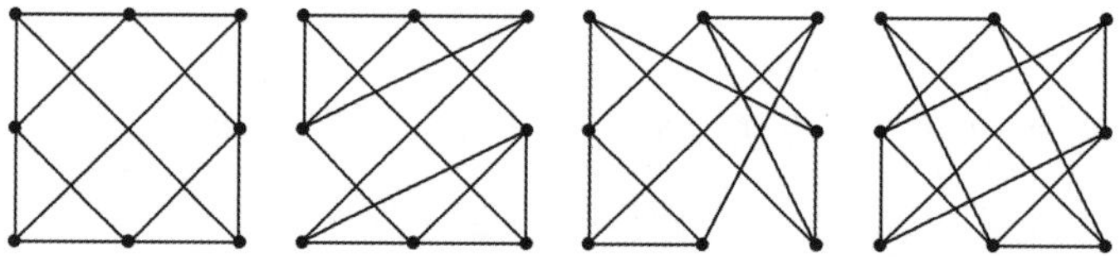	4

3.4 $(4n+1)$ 阶自补图的构造

本节主要通过对 $4n$ 阶和 $(4n+1)$ 阶自补图之间关系的研究，以及对 $(4n+1)$ 阶自补图本身特性的描述，给出了构造 $(4n+1)$ 阶自补图的理论、方法及步骤。

3.4.1 构造的基本理论

定理 3.8 设 G 是一个 $(4n+1)$ 阶的自补图，σ 是 G 的一个自补置换，$v \in V(G)$ 且为 σ 的不动点（即 $\sigma(v)=v$），则 $G-v$ 是一个 $4n$ 阶的自补图。

证明 我们首先注意下列事实：若 G_1、G_2 是两个同构的图，σ 是 G_1 到 G_2 的一个同构映射，则对任意的一个顶点 $v_1 \in V(G_1)$，我们有

$$G_1-v_1 \cong G_2-\sigma(v_1) \tag{3.21}$$

令 $G^*=G-v$，则 $\overline{G^*}=\overline{G}-v$。由 σ 是 G 到 $\overline{G}$ 的同构映射，再由 (3.21) 式，我们有

$$G^*=G-v \cong \overline{G}-\sigma(v)=\overline{G}-v=\overline{G^*}$$

此即

$$G^* \cong \overline{G^*} \qquad\qquad \square$$

这个定理实质上给我们指出这样一个事实：欲构造一个 $(4n+1)$ 阶的自补图 G，可在 $4n$ 阶的某自补图 G^* 上增加一个顶点 v，并使得 v 与 G^* 中适当的 $2n$ 个顶点相连边来构造 $(4n+1)$ 阶的自补图 G。

由 2.3 节知道，若 $\pi=(d_1,d_2,\cdots,d_{2n},d_{2n+1},\cdots,d_{4n+1})$ 是一个 $(4n+1)$ 阶的可自补度序列，则 $d_{2n+1}=2n$。现在，我们在 π 中去掉中间的项 d_{2n+1}，其余项的位置保持不变，得到一个 $4n$ 维的序列，记作 $\pi_{2n}=(d_1,d_2,\cdots,d_{2n},d_{2n+2},\cdots,d_{4n+1})$。令 $\pi^*=(d_1^*,d_2^*,\cdots,d_{4n}^*)$ 是一个 $4n$ 维的可自补度序列，如果给 π^* 中某 $2n$ 个元素的每一个元素上加 1 后得到新的序列与 π_{2n} 相等，则称 π^* 可构造出 π，于是，我们有下列重要结果。

定理 3.9 设 π^* 与 π 如上所述，则 π^* 可构造出 π 的充要条件是

$$\pi_{2n}-\pi^*=(c_1,c_2,\cdots,c_{4n}) \tag{3.22}$$

其中 $c_i=0$ 或者 1，并且 $\sum_{i=1}^{4n} c_i=2n$。

证明 先证必要性。由于 π 及 π^* 都是可自补度序列，故由定理 2.10 有

$$\sum_{i=1}^{4n+1} d_i=\binom{4n+1}{2}=2n(4n+1) \tag{3.23}$$

$$\sum_{i=1}^{4n} d_i^*=\binom{4n}{2}=2n(4n-1) \tag{3.24}$$

再由 π_{2n} 的定义知 π_{2n} 中各项元素之和等于

$$2n(4n+1)-2n=8n^2 \tag{3.25}$$

故由 (3.24) 及 (3.25) 两式，我们有

$$\sum_{i=1}^{4n} c_i=8n^2-2n(4n-1)=2n$$

又因 π^* 可构造出 π，故 $c_i=0$ 或者 1，$i=1,2,\cdots,4n$。必要性获证。

再证充分性。设对每个 $i=1,2,\cdots,4n$，都有 $c_i=0$ 或 1，且 $\sum_{i=1}^{2n} c_i=2n$，于是由

$$\pi_{2n}=\pi^*+(c_1,c_2,\cdots,c_{4n})$$

知$(c_1,c_2,\cdots,c_{4n})$中有 $2n$ 个元素为 0,$2n$ 个元素为 1,再由定义知 π^* 可构造出 π。 □

定理 3.10 设 π^* 是一个 $4n$ 维的可自补度序列,π 是一个 $4n+1$ 维的可自补度序列,并且 π^* 可构造出 π,则 π^* 对应每个 $4n$ 阶的自补图 G^*。通过增加一个度数为 $2n$ 的顶点 v 与 G^* 中的适当的 $2n$ 个顶点相连边,至少要产生一个 $(4n+1)$ 阶的、度序列为 π 的自补图 G。

(1)如果 π^* 构造 π 只有一种方案(例如,$\pi^*=(3,3,3,3,4,4,4,4)$,$\pi=(4,4,4,4,4,4,4,4)$,π^* 可构造出 π,但只有一种方案,就是给 π^* 的前 4 个元素各加 1,再增加一个元素为 4 的中间项),则 π^* 对应的每一个自补图能且只能产生一个 $(4n+1)$ 阶的,度序列为 π 的自补图。其构造方法是,让 G^* 增加的度数为 $2n$ 的顶点 v 与 π^* 中元素增加 1 的对应顶点(共 $2n$ 个)相连边即可。

(2)如果 π^* 构造 π 的方案不止一种,但有 $\sum\limits_{i=1}^{2n}d_i^*=2n^2$,则 π^* 对应的每个自补图也只能产生一个 $(4n+1)$ 阶的,度序列为 π 的自补图。这里,$\pi^*=(d_1^*,d_2^*,\cdots,d_{4n}^*)$。

(3)如果 π^* 构造 π 的方案不止一种,并且有 $\sum\limits_{i=1}^{2n}d_i^*>2n^2$,则 π^* 对应的每一个自补图,至少可产生一个 $(4n+1)$ 阶的、度序列为 π 的自补图。

这个定理的证明比较简单,故略。 □

3.4.2 $(4n+1)$ 阶自补图的构造方法

在 3.4.1 小节的基础上,应用定理 3.8、定理 3.9 及定理 3.10,我们将给出构造所有 $(4n+1)$ 阶的自补图的方法和步骤。

首先,从小到大求出 $(4n+1)$ 维全部可自补度序列,其方法见 3.3.1 小节。其次,写出全部 $4n$ 阶可自补度序列(从小到大进行排列):

$$\left.\begin{aligned}\pi_1^*&=(1,1,3,3,\cdots,4n-2,4n-2)\\ &\cdots\\ \pi_1^*&=(2n-1,2n-1,\cdots,2n,2n)\end{aligned}\right\} \tag{3.26}$$

并且构造出相应的自补图。

最后,对于每一个 $(4n+1)$ 阶的可自补度序列 π,构造出它对应的全部自补图,其步骤是:

步骤 1 在(3.26)式中,找出全部可构造出 π 的可自补度序列:

$$\pi_{i1}^*,\pi_{i2}^*,\cdots,\pi_{im}^* \tag{3.27}$$

步骤 2 讨论 π 与(3.27)式中每一个 $\pi_{ij}^*(1\leqslant j\leqslant m)$ 的关系,则可能有下列情况:

(1)π_{ij}^* 构造 π 的方案是唯一的,则构造方法可按定理 3.10 的情况(1)进行。

(2)若 π_{ij}^* 构造 π 的方案不是唯一的,设 σ^* 是 π_{ij}^* 对应的一个自补图 G^* 的一个自补置换,v 是新增加的、需要构造的图的不动点,我们用 $\sigma=\sigma^*\sigma_0$(这里 $\sigma_0=(v)$ 表示 σ 中长度为 1 的轮换)表示为需构造的、度序列为 π 的 $(4n+1)$ 阶自补图 G 的一个自补置换,用 σ 来确定 v 与 G^* 中需要相连边的顶点并且相连边即可。

3.4.3 9 个顶点的所有 36 个自补图

Read 在 1963 年算出 9 个顶点共计 36 个自补图。作为本节方法的应用,我们构造出了 9 个顶点的全部 36 个自补图[5]。

第一步 构造所有 9 维可自补度序列。

由于 $9=4\times2+1$,故 $n=2,2n=4$。根据 3.3.1 小节,设 $\tilde{\pi}=(\tilde{d}_1,\tilde{d}_2)$,则 $1\leqslant\tilde{d}_1,\tilde{d}_2\leqslant 2n=4$,且有如下 8 个 $(\tilde{d}_1,\tilde{d}_2)$:

$$(1,3),(1,4),(2,2),(2,3),(2,4),(3,3),(3,4),(4,4)$$

其相应的度序列如下:

$$(1,1,3,3,4,5,5,7,7),\quad(1,1,4,4,4,4,4,7,7)$$
$$(2,2,2,2,4,6,6,6,6),\quad(2,2,3,3,4,5,5,6,6)$$
$$(2,2,4,4,4,4,4,6,6),\quad(3,3,3,3,4,5,5,5,5)$$
$$(3,3,4,4,4,4,4,5,5),\quad(4,4,4,4,4,4,4,4,4)$$

第二步 写出 8 个顶点的可自补度序列,并画出全部自补图(见表 3.1)。为方便计,我们在此把 8 阶可自补度序列写出:

$$\pi_1^*=(1,1,3,3,4,4,6,6),\quad\pi_2^*=(2,2,2,2,5,5,5,5)$$
$$\pi_3^*=(2,2,3,3,4,4,5,5),\quad\pi_4^*=(3,3,3,3,4,4,4,4)$$

第三步 利用第二步的结果,对于每一个 9 阶可自补度序列,构造出它所对应的全部自补图。

这里,我们仅给出可自补度序列为 $\pi=(3,3,4,4,4,4,4,5,5)$ 所对应的全部自补图的构造,其余类似,故在此省略。

步骤 1 找出可构造 $\pi=(3,3,4,4,4,4,4,5,5)$ 的 8 阶可自补度序列如下:

$$\pi_3^*=(2,2,3,3,4,4,5,5),\quad\pi_4^*=(3,3,3,3,4,4,4,4)$$

步骤 2 显然 π_3^* 构造 π 的方案是唯一的。又由表 3.1 知,π_3^* 对应的自补图共有 3 个,由定理 3.10 知,由 π_3^* 可构造出度序列为 π 的 9 阶自补图共有 3 个,它们是表 3.2 中度序列为 $\pi=(3,3,4,4,4,4,4,5,5)$ 栏中第一行的第二个,第二行的第一个和第三个。π_4^* 构造 π 的方案不是唯一的,并且由于

$$\sum_{i=1}^{4}d_i=3+3+4+4=14=2\times2^2+6>2\times2^2$$

因此,这种情况属于定理 3.10 中的情况(3)。于是,应用本节构造方法得到表 3.1 中 π_4^* 对应的第一个自补图构造出的度序列为 π 的自补图有两个,它们是表 3.2 中度序列为 π 栏中第三行的第一个图和第一行的第一个图;表 3.1 中 π_4^* 对应的第三个自补图构造出的度序列为 π 的自补图共有两个,它们是续表 3.2 中第二行的第二个和第三行的第一个图;表 3.1 中 π_4^* 对应的第二个和第四个自补图各构造出一个度序列为 π 的自补图,它们是表 3.2 中 π 栏第二行的第三个图和第三行的第三个图。

表 3.2　9 个顶点的所有 36 个自补图

度序列	对应自补图	数目
(113345577)		1
(114444477)		1
(222246666)		2
(223345566)		6
(224444466)		4

续表

度序列	对应自补图	数目
(333345555)		9
(334444455)		9
(444444444)		4

Wang 和 Liu[13]构造了几类特殊 p-群的自补 *Cayley* 图族,其中 p 是素数,且模 4 同余于 1。

定理 3.11 设 G 是阶为 p^{2k+1} 的特殊 p-群,$p\equiv1\pmod 4$ 是素数,且 k 是一个正整数,则存在 G 的自补 Cayley 图。

Li 等人[14]给出了仿射情形(affine case)下 Cayley 图的一般构造,并构造了几类新的自补 Cayley 图。

定理 3.12 每个具有 $p\equiv1\pmod 4$ 的亚循环 p-群都有自补 Cayley 图。

3.5 自补图是弦图的充要条件

Sridharan 和 Balaji[15]证明了 p 个顶点的自补图 G 是弦图当且仅当 G 的团数是$(p+1)/2$ 的整数部分。

设 G 是一个图。图 G 中最大完全子图的顶点数称为 G 的团数,记为 $\omega(G)$。若图 G 不包含长度为 $n(n\geq4)$ 的导出圈,这称 G 为**弦图**。若 G 的顶点集可以划分为 V' 和 S,使得 V' 导出的子图 $G[V']$ 是完全子图,且 S 是独立集,则称 G 为**分裂图**。

定理 3.13 设 G 是一个自补图,则 G 是一个分裂图当且仅当它是一个弦图。

引理 3.14 设 G 一个度序列为 $d_1\geq d_2\geq\cdots\geq d_p$ 的自补图。设 $m=\max\{i:d_i\geq i-1,1\leq i\leq p\}$。则 $m=\lfloor(p+1)/2\rfloor$。

定理 3.15 设 G 是一个自补图。则 G 是弦图当且仅当$\omega(G)=\lfloor(p+1)/2\rfloor$。

上述结论的证明过程见文献[15]。

3.6 分离自补图

Kawarabayashi 等人[16]刻画了可分离自补图的结构特征,并给出了部分阶数的分离自补图的数目。如图 G 包含割点,则称 G 为**可分离的**。

定理 3.16 设 G 是具有割点的 v 可分离图,G 的补图 $\overline{G}$ 是可分离的当且仅当(a)或(b)成立:

(a)$\deg_G(v)\geq|V(G)|-2$。

(b)G 有一个度为 1 的顶点 u,使得 $G-u$ 有一个生成完全二部子图。

定理 3.17 设 G 是一个至少有 4 个顶点的可分离自补图,则 G 可以由图 H 通过添加长为 4 的路得到,其中 H 要么是空的,要么是平凡的,要么是自补的。

推论 3.18 具有 $n-8$ 个顶点的自补图的数量与具有 $n-4$ 个顶点的可分离自补图的

数量相同。

表 3.3　分离自补图的计数

顶点数	4	5	8	9	12	13	16	17
自补图数目	1	2	10	36	720	5 600	703 760	11 220 000
分离自补图数目	1	1	1	2	10	36	720	5 600
非分离自补图数目	0	1	9	34	710	5 564	703 040	11 214 400

3.7　最小度为 2 的自补图

Ando 和 Nakamoto[17]研究了最小度恰好为 2 的自补图,并讨论了这类自补图的构造过程。

定理 3.19　设 G 是最小度恰好为 2 的自补图,则 G 具有 Ⅰ 型、Ⅱ 型(a)、Ⅱ 型(b)、Ⅲ 型和Ⅳ:(见图 3.10)

Ⅰ　G 由 H 得到,$P_4 = v_1 v_2 v_3 v_4$ 通过将 v_1 和 v_4 分别与 H 的所有顶点进行连接,其中图 H 要么是平凡的,要么是自补的。

Ⅱ(a)　G 恰好有 2 个度为 2 的顶点,且 G 从 H 和 $P_4 = v_1 v_2 v_3 v_4$ 通过分别连接 v_1 和 v_4 到 x_1, y_1,连接 v_2 到 H 除了 x'_1 的所有顶点,连接 v_3 到 H 除了 y'_1 的所有顶点,H 是一个自补图,且 x_1, y_1, x'_1, y'_1 是 4 个不同顶点的 H 的诱导 P_4,如 $\Psi_H(x_1) = x'_1$,$\Psi_H(y_1) = y'_1$,$\Psi_H(x'_1) = y_1$ 和 $\Psi_H(y'_1) = x_1$ 的同构 $\Psi_H : H \to \overline{H}$。

Ⅱ(b)　G 由 H 和 $P_4 = v_1 v_2 v_3 v_4$ 得到,通过将 v_1 和 v_4 中的每一个连接到 v,并将 v_2 和 v_3 中的每一个连接到 H 的除 v 之外的所有顶点,其中 H 是自补图,v 是 H 的一个顶点,使得 $\Psi_H(v) = v$ 通过某种同态 $\Psi_H : H \to \overline{H}$。

Ⅲ　G 由 H 得到:将 K_4 与 $V(K_4) = \{v_1, v_2, v_3, v_4\}$ 连接,添加四个新顶点 x_1, x_2, x_3 和 x_4 并将 x_i 分别与 v_i 和 $v_i + 1$ 连接(下标对 4 取模),其中图 H 要么是空的,要么是平凡的,要么是自补的。

Ⅳ　G 由 H 得到,通过将 K_4 与 $V(K_4) = \{v_1, v_2, v_3, v_4\}$ 连接,增加 4 个新顶点 x_1, x_2, x_3 和 x_4,将 x_1 和 x_2 分别与 v_1 和 v_2 连接,将 x_3 和 x_4 分别与 v_3 和 v_4 连接,其中图 H 要么是空的,要么是平凡的,要么是自补的。

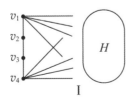
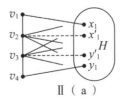

图 3.10　G 的结构图

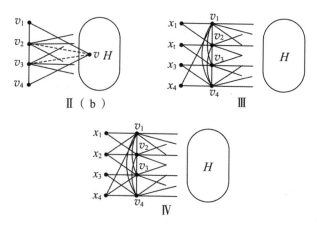

图 3.10 G 的结构图(续)

在本节中,我们将列举 Ⅰ、Ⅲ、Ⅳ 类中最小度为 2 的自补图,并构造所有具有 8 个和 9 个顶点的 Ⅱ(a)、Ⅱ(b)类自补图。设 $N(k,n)$ 表示最小度恰好为 k 的自补图的个数。

命题 2 $N(1,4)=N(1,5)=1$,对所有 $n \geqslant 8$, $N(1,n)=N(n-4)$。

命题 3 $N_{\mathrm{I}}(2,4)=N_{\mathrm{I}}(2,5)=1$,对所有 $n \geqslant 8$, $N_{\mathrm{I}}(2,n)=N(n-4)$。

命题 4 对所有正整数 n, $N_{\mathrm{III}}(2,n)=N_{\mathrm{IV}}(2,n)$。而且 $N_{\mathrm{III}}(2,8)=0$ $N_{\mathrm{III}}(2,9)=1$。对所有 $n \geqslant 12$, $N_{\mathrm{III}}(2,n)=N(2,n-8)$。

表 3.4 不同类型自补图的数目

n	4	5	8	9	12	13	16	17
$N(n)$	1	2	10	36	720	5 600	703 760	11 220 000
$N(1, n)$	1	1	1	2	10	36	720	5 600
$N_{\mathrm{I}}(2,n)$	1	1	1	2	10	36	720	5 600
$N_{\mathrm{III}}(2,n)$	0	0	1	1	1	2	10	36
$N_{\mathrm{IV}}(2,n)$	0	0	1	1	1	2	10	36

命题 5 只存在恰好 2 个具有 8 个顶点的 Ⅱ(a)型自补图(见图 3.11),存在 8 个顶点的 Ⅱ(b)型自补图。

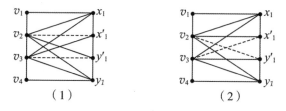

图 3.11 8 个顶点类型 Ⅱ 的自补图

命题 6 恰好存在 6 个具有 9 个顶点的 Ⅱ(a)型自补图。恰好存在 2 个具有 9 个顶点的 Ⅱ(b)型自补图,参见图 3.12。

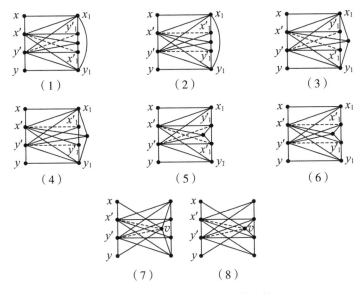

图 3.12　类型 Ⅱ(a) 和 Ⅱ(b) 的自补图

3.8　尚待解决的问题

问题 1　若用 $D_p(\pi)$ 来表示全体 p 维可自补度序列构成的集合。业已知道，$|D_4(\pi)|=1$，$|D_5(\pi)|=2$，$|D_8(\pi)|=4$，$|D_9(\pi)|=8$，$|D_{12}(\pi)|=20$，试问，当 $p\geqslant13$ 时，$D_p(\pi)=?$

问题 2　本章给出的自补图的构造方法虽然是一种完全的构造方法，但目前还没有将此方法结合计算机展开研究。实际上，目前还没有以计算机为工具来展开对自补图构造的研究。如何用计算机来构造出 p 个顶点的所有自补图呢？

注　我们以为，以计算机为工具来构造我们所需要的自补图是自补图今后进一步研究中的一个主要课题。这个问题的研究当然离不开自补图的矩阵理论。但是，自补图的矩阵理论却恰恰是自补图研究中的一个薄弱环节，于是，我们提出下面的问题：

问题 3　表征自补图的矩阵特征。即，一个对称的、对角线元素为零的 p 阶 0—1 方阵是某个 p 阶自补图的相邻矩阵的充要条件是什么？有关自补图的矩阵理论的详细讨论见 2.7 节。

注　关于自补图的构造问题的研究肯定离不开图的同构算法。有关图的同构算法问题的研究方法以及研究进展概况参见文献[10]、[11]。

习 题

1. 13 维的可自补度序列有多少个? 求出 13 维的所有可自补度序列。

2. 设 $\pi=(d_1,d_2,\cdots,d_p)(p\geqslant4)$ 是一个可自补度序列,我们用 $G(\pi)$ 来表示 π 所对应的全体自补图构成的集合,即

$$G(\pi)=\{G;G \text{ 是一个 } p \text{ 阶自补图}, \pi(G)=\pi\}$$

(1)证明,当 π_1 表示 p 维可自补度序列中的最小者时,$|G(\pi_1)|=1$;

(2)对于一般的情况 p 维可自补度序列 π,$|G(\pi)|=?$ 是一个尚待解决的问题,但是,对于度序列 $\pi=(6,6,6,6,6,6,6,6,6,6,6,6,6)$,通过本章的知识,我们可以构造出它所对应的所有的自补图来,试问,$|G(\pi)|=?$

3. 试构造出可自补度序列 $(3,3,4,4,4,4,7,7,7,7,8,8)$ 的所有可能的 H 子图。

4. 试构造出 12 个顶点的所有 720 个自补图。(提示:可参考例 3.1,在此例的基础上应用本章的方法构造出所有的 720 个自补图。)

参 考 文 献

[1] SACHS H., Über selbstkomplementare graphen., Publ. Math. Debrecen, 1962, 9:279-288.

[2] RINGEL G. selbstkomplementare graphen. Arch. Math., 1963, 14.

[3] CLAPHAM C R J, KLEITMAN D J. The Degree Sequence of Self-complementary Graphs J. Comb. Theory, 1976, 20(B):67-74.

[4] READ R C. On the Number of Self-complementary Graphs and Digraphs. J. London Math. Soc., 1963, 38:99-104.

[5] 许进,王自果. 九个顶点的所有 36 个自补图. 西北工业大学学报, 1988, 2:181-186.

[6] 许进,王自果. 论自补图的构造(Ⅰ). 西北工业大学学报, 1989(2):120-128.

[7] 许进,王自果. 论自补图的构造(Ⅱ). 陕西师范大学学报, 1992(4):11-13.

[8] XU J(许进), WONG C K. Self-complementary Graphs and Rasey Numbers, Part I: The decomposition and construction of self-complementary graphs. Discrete Mathematics, 1999, 5.

[9] 许进,张军英,保铮. 基于 Hopfield 神经网络的图的同构算法. 电子科学学刊, 1996, 增刊.

[10] 许进,霍红卫,保铮. 图的同构的一种遗传混合算法及其应用.

[11] 许进. 8 个顶点的所有 10 个自补图. 宁夏大学学报, 1990, 1: 5-10.

[12] NAIR P S. Construction of self-complementary graphs. Discrete Mathematics, 1997, 175 (1-3): 283-287.

[13] WANG L, LIU Y. Self-complementary Cayley Graphs of Extraspecial p-groups. Acta Mathematica Sinica, 2019, 35(12).

[14] LI C H, RAO G, SONG S J. New constructions of self-complementary graphs. Journal of

the Australian Mathematical Society，2021，111(3)：372-385.

[15]SRIDHARAN M R，BALAJI K. Characterisation of self-complementary chordal graphs. Discrete mathematics，1998，188(1-3)：279-283.

[16] KAWARABAYASHI K，NAKAMOTO A，ODA Y，et al. On separable self-complementary graphs. Discrete mathematics，2002，257(1)：165-168.

[17] ANDO K，NAKAMOTO A. Self-complementary Graphs with Minimum Degree Two. ARS COMBINATORIA-WATERLOO THEN WINNIPEG -，2002，65：65-74.

第4章 自补图的计数理论

众所周知,图的计数问题一直是图论以及组合数学中的一个主要研究方向。图的计数像一个"侦察兵",虽然我们无法构造出具有某种性质的图类的全部,甚至我们连一个都无法构造出来,但我们通过"巧妙"而"神奇"的计数方法,不但知道它们的存在,而且知道它们的确切数目!

图的计数问题分为两类,一类是所谓的标定计数,另一类则是所谓的非标定计数。一般而言,标定计数问题容易解决,而非标定计数问题却显得非常困难。然而,对于自补图,情况却恰恰相反! 虽然非标定自补图的计数问题早在1963年就被 Read[1] 通过幂群计数定理予以巧妙地解决,但标定自补图的计数问题作为标定组合计数问题中的一个难题,至今尚未解决[2]!

本章主要围绕着自补图计数问题中的三种类型,即标定自补图的计数、非标定自补图的计数以及具有某些特性的自补图的计数展开讨论。我们将在第2节中介绍 Read 的工作;对于具有某种特性的自补图的计数问题的讨论安排在第 3 节,主要介绍顶点可传的自补图、有向自补图的计数。其他特殊类型的图类的计数问题,在以后的有关章节中讨论。标定自补图的计数安排在本章第 4 节中讨论,这方面的研究目前进展很小,也没有实质性的突破。为了使本章自成体系,便于阅读,在第 1 节里比较详细地介绍了计数理论的两个主要工具——Polya 计数定理与 De Bruijn 幂群计数定理。

4.1 计数的基本理论

设 $X = \{1, 2, \cdots, p\}$ 是一个有限集合并令 A 为 X 的一个置换集,如果 A 在乘法运算下成群,则称 A 是一个对象集为 X 的**置换群**。A 的**阶**表示 A 中置换的个数,记作 $|A|$。A 的**度**是对象集 X 中元素的个数 p。

4.1.1 置换群的轮换指标

设 A 是一个对象集为 $X = \{1, 2, \cdots, p\}$ 的置换群。A 中的每个置换 α 都能独立地写成不相交**轮换**(cycle,有些学者称为圈)的乘积。于是,对于从 1 到 p 的任何一个给定的整数 k,令 $j_k(\alpha)$ 表示 A 中的置换 α 分解为不相交轮换中长度为 k 的数目,则 A 的**轮换指标**(cycle index,有些学者称为**圈指标**),记作 $Z(A)$(其中 Z 取自 Pòlya[3] 中使用的字 Zyklenzeiger)。$Z(A)$ 是一个变量为 $s_1, s_2, \cdots, s_p$ 的多项式,定义为

$$Z(A) = \frac{1}{|A|} \sum_{\alpha \in A} \prod_{i=1}^{p} s_k^{j_k(\alpha)} \tag{4.1}$$

其中 $|A|$ 表示 A 的阶数。当需要标出变量时,用符号 $Z(A; s_1, s_2, \cdots, s_p)$ 来代替 $Z(A)$。Redfield[4] 称这个多项式为**群的简化函数**。Pòlya[3] 独立发现这个概念并命名为**轮换指标**。

例 4.1 对于 p 次对称群 S_p,当 $p = 3$ 时为

$$S_3 = \{(1)(2)(3), (1)(23), (2)(13), (3)(12), (123), (132)\}$$

单位置换 $(1)(2)(3)$ 有 3 个长度为 1 的轮换,从而得到项 s_1^3;由三个置换 $(1)(23)$,$(2)(13)$ 以及 $(3)(12)$ 中的每个有一个长度为 1 的轮换和 1 个长度为 2 的轮换,得到项 $3s_1 s_2$;最后由两个长度为 3 的轮换构成的置换 (123) 和 (132) 得到项 $2s_3$,因此,我们有

$$Z(S_3) = \frac{1}{3!}(s_1^3 + 3s_1 s_2 + 2s_3) \tag{4.2}$$

由于对称群 S_p 的轮换指标在计数方面占有非常重要的位置,所以,Redfield[4] 和 Pòlya[3] 各自独立地对 $Z(S_p)$ 进行了较为深入的研究,给出了一般的计算公式。

设 S_p 是作用在对象集为 $X = \{1, 2, \cdots, p\}$ 的 p 次对称群,$\alpha \in S_p$,α 中长度为 k 的轮换的数目 $j_k(\alpha)$ 简记为 j_k,则显然有

$$1 \cdot j_1 + 2 \cdot j_2 + \cdots + p \cdot j_p = p \tag{4.3}$$

由此构成 p 的一个划分 $\vec{j} = (j_1, j_2, \cdots, j_p)$。例如,$\alpha = (12)(3)(4)$ 时,$\vec{j} = (2, 1, 0, 0)$。

如果我们用 $h_{\vec{j}}$ 表示把 p 划分为 $\vec{j}$ 的 S_p 中置换的数目,则容易推出

$$h_{\vec{j}} = \frac{p!}{\prod_{k=1}^{p} k^{j_k} j_k!} \tag{4.4}$$

因此,轮换指标 $Z(S_p)$ 可以表示成下述形式的定理:

定理 4.1 p 对称群 S_p 的轮换指标由下式给出:

$$Z(S_p) = \frac{1}{p!} \sum_{\vec{j}} h_{\vec{j}} \prod_{k=1}^{p} s_k^{j_k} \tag{4.5}$$

□

由 p 次对称群 S_p 中的所有偶置换按照置换的乘法运算亦成群,称为 p **次交代群**,通常记作 A_p。我们应用定理 4.1 容易推出推论 4.2。

推论 4.2 p 次交代群 A_p 的轮换指标由下式给出:

$$Z(A_p) = Z(S_p) + Z(S_p; s_1, -s_2, s_3, -s_4, \cdots,) \tag{4.6}$$

为了说明此推论,由 (4.2) 式可得

$$Z(S_3; s_1, -s_2, s_3) = \frac{1}{3!}(s_1^3 - 3s_1 s_2 + 2s_3) \tag{4.7}$$

(4.2)+(4.7) 式得

$$Z(A_3) = \frac{1}{3}(s_1^3 + 2s_3) \tag{4.8}$$

又由 $A_3 = \{(1)(2)(3), (123), (132)\}$ 亦可直接求得(4.8)式。

设 $Z(S_0) = 1$，则对于 S_p 的轮换指标，我们可以通过下述定理给出递推公式。

定理 4.3 对称群 S_p 的轮换指标满足下列递推公式：

$$Z(S_p) = \frac{1}{p} \sum_{k=1}^{p} s_k Z(S_{p-k}) \tag{4.9}$$

关于轮换指标计算方面较详细的讨论参见文献[5]、[6]。作为本小节的结束，我们将给出置换群中的两种运算以及它们的轮换指标。这些概念与结果在今后的某些章节中用到。

关于两个置换群的和的概念我们在第 1 章 1.8 节已经给予介绍，现重述如下：

设 A 和 B 分别为不相交的对象集 X 和 Y 的置换群。A 与 B 的**和**是一个对象集为 $X \cup Y$ 的置换群，记作 $A+B$。$A+B$ 中的每一个置换记作 $\alpha+\beta, \alpha \in A, \beta \in B$，其定义为：

对于 $\forall z \in X \cup Y$

$$(\alpha+\beta)(z) = \begin{cases} \alpha z, & z \in X \\ \beta z, & z \in Y \end{cases} \tag{4.10}$$

因此，$A+B$ 的度(即 $A+B$ 的对象集中元素的数目)为 $|X|+|Y|$，阶数为 $|A||B|$。Pòlya 在文献[3]中给出了下面的重要结果：

定理 4.4 设 A 和 B 分别为不相交的对象集 X 和 Y 的置换群，则

$$Z(A+B) = Z(A)Z(B) \tag{4.11}$$

$\square$

4.1.2 Burnside 引理

设 A 是一个对象集为 $X = \{1, 2, \cdots, p\}$ 置换群，X 中的两个元素 x 与 y 称为 A **等价或相似的**，如果在 A 中存在一个置换 α，使得 $\alpha x = y$。很容易证明，这是一种等价关系，并称等价类为 A 的**轨迹**(简称为轨)或称为**传递系**。对于 $X = \{1, 2, \cdots, p\}$ 中的每个元素 x，令

$$A(x) = \{\alpha \in A; \alpha x = x\} \tag{4.12}$$

则称 $A(x)$ 为 x 的**稳定核**。

定理 4.5 设 A 是一个对象集为 X 的置换群，则对于 A 中的一个轨 Y 中任一元素 y，有

$$|A| = |A(y)||Y| \tag{4.13}$$

此定理比较容易证明，留给读者。

$\square$

基于定理 4.5，我们现在来证明 Burnside 第一引理，这个引理揭示了 A 中的不动点 (fixed points)的平均数是 A 的轨的数目，并且我们记作 $N(A)$。我们有

定理 4.6(Burnside 引理) 置换群 A 的轨数 $N(A)$ 由下式给出：

$$N(A) = \frac{1}{|A|} \sum_{a \in A} j_1(\alpha) \tag{4.14}$$

证明 设 $X_1, X_2, \cdots, X_m$ 是 A 的轨，对于每个 $i(1 \leq i \leq m)$，令 $x_i \in X_i$。由(4.13)式有

$$|A| = |A(x_i)||X_i| \tag{4.15}$$

故有

$$N(A) \mid A \mid = \sum_{i=1}^{m} \mid A(x_i) \mid \mid X_i \mid \tag{4.16}$$

我们已经看到,如果 x 和 x_i 在同一轨上,则有 $\mid A(x) \mid = \mid A(x_i) \mid$,故有

$$N(A) \mid A \mid = \sum_{x \in X} \mid A(x) \mid = \sum_{x \in X} \sum_{\alpha \in A(x)} 1 \tag{4.17}$$

注意到 $\sum_{x=\alpha x} 1$ 正好是 $j_1(\alpha)$,因而,上式两端同除以 $\mid A \mid$,得到(4.14)式。 □

设 Y 是 $X = \{1, 2, \cdots, p\}$ 的一个子集,A 是作用在 X 上的一个置换群,Y 是 A 的某些轨之并,我们用 $A \mid Y$ 表示作用在 Y 上的 A 的置换的集合。对于每个 $\alpha \in A$,由 α 固定在 Y 上的元素数用 $j_1(\alpha \mid Y)$ 表示,则有定理 4.7。

定理 4.7(Burnside 引理的限制形)

$$N(A \mid Y) = \frac{1}{\mid A \mid} \sum_{\alpha \in A} j_1(\alpha \mid Y) \tag{4.18}$$

□

下面给出 Burnside 引理的权的形式。令 R 表示包含 A 等价的交换环,再令 w 是一个函数,称为**权函数**,它是从 A 的对象集 X 到这个环 R 的一个映射。自然,这个权函数在 A 的轨上是一个常数。因此,在这种情况下,我们可以定义轨 $X_i (i = 1, 2, \cdots, m)$ 的权是这个轨上的任一元素的权。我们用 $w(X_i)$ 表示轨 X_i 的权。由此定义,对于 $\forall x \in X_i$,有 $w(X_i) = w(x) (i = 1, 2, \cdots, m)$。

定理 4.8(Burnside 引理的权的形式) A 的轨的权之和由下式给出:

$$\sum_{i=1}^{m} w(X_i) = \frac{1}{\mid A \mid} \sum_{\alpha \in A} \sum_{x=\alpha x} w(x) \tag{4.19}$$

为了对 Burnside 引理的几种形式给予说明,我们特举下例说明。

例 4.2 考察图 4.1 中所给的图 G,容易算出 G 的自同构群:

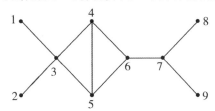

图 4.1 具有三个不动点的图

$$\Gamma(G) = \{\alpha_1 = (1)(2)(3)(4)(5)(6)(7)(8)(9), \quad \alpha_2 = (12)(3)(4)(5)(6)(7)(8)(9),$$
$$\alpha_3 = (1)(2)(3)(45)(6)(7)(8)(9), \quad \alpha_4 = (1)(2)(3)(4)(5)(6)(7)(89),$$
$$\alpha_5 = (12)(3)(45)(6)(7)(8)(9), \quad \alpha_6 = (12)(3)(4)(5)(6)(7)(89),$$
$$\alpha_7 = (1)(2)(3)(45)(6)(7)(89), \quad \alpha_8 = (12)(3)(45)(6)(7)(89)\}$$

注意到 $j_1(\alpha_1) = 9, j_1(\alpha_2) = j_1(\alpha_3) = j_1(\alpha_4) = 7, j_1(\alpha_5) = j_1(\alpha_6) = j_1(\alpha_7) = 5, j_1(\alpha_8) = 3$,于是,由定理 4.6 有

$$N(\Gamma(G)) = \frac{1}{8}(9 + 3 \times 7 + 3 \times 5 + 3) = 6$$

事实上,由图 4.1 中的图 G,我们可以清楚地看到这 6 个轨是 $\{1,2\},\{3\},\{4,5\},\{6\},\{7\}$, $\{8,9\}$。

在 $V(G)=\{1,2,\cdots,9\}$ 中,若取 $Y=\{1,2,\cdots,7\}$,则 $j_1(\alpha_1|Y)=7,j(\alpha_2|Y)=j(\alpha_3|Y)=5,j(\alpha_4|Y)=7,j(\alpha_5|Y)=3,j(\alpha_6|Y)=j(\alpha_7|Y)=5,j(\alpha_8|Y)=3$,故有

$$N(A|Y)=\frac{1}{8}(7+2\times5+7+3+2\times5+3)=5$$

显然这 5 个轨是 $\{1,2\},\{3\},\{4,5\},\{6\},\{7\}$。

对于 G 中的每个顶点 k,我们定义权 $w(k)$ 是 $\Gamma(G)$ 中 k 的稳定核的轮换指标。在例 4.2 中,由于

$$A(1)=A(2)=\{\alpha_1,\alpha_3,\alpha_4,\alpha_7\}$$
$$A(3)=A(6)=A(7)=\Gamma(G)$$
$$A(4)=A(5)=\{\alpha_1,\alpha_2,\alpha_4,\alpha_6\}$$
$$A(8)=A(9)=\{\alpha_1,\alpha_2,\alpha_3,\alpha_5\}$$

因此有

$$\left.\begin{array}{c} w(1)=w(2)=w(4)=w(5)=w(8)=w(9)=\dfrac{1}{4}(s_1^9+2s_1^7s_2+s_1^5s_2^2) \\[3mm] w(3)=w(6)=w(7)=\dfrac{1}{8}(s_1^9+3s_1^7s_2+3s_1^5s_2^2+s_1^3s_2^3) \end{array}\right\} \tag{4.20}$$

因此,A 上的轨权 w 是常数,我们现在来通过已获得 A 的轨的权之和:

$$w(1)+w(3)+w(4)+w(6)+w(7)+w(8)=3(w(1)+w(3))$$

来验证 (4.19) 式。(4.19) 式右端的和是

$$\frac{1}{8}\sum_{i=1}^{8}\sum_{x=a_ix}w(x)=\frac{1}{8}\left\{\sum_{x=a_1x}w(x)+\cdots+\sum_{x=a_8x}w(x)\right\}$$

$$=\frac{1}{8}\left\{\left(\sum_{k=1}^{9}w(k)\right)+\left(\sum_{k=3}^{9}w(k)\right)+\left(\sum_{k=1}^{3}w(k)+\sum_{k=6}^{9}w(k)\right)\right.$$

$$+\left(\sum_{k=6}^{7}w(k)\right)+\left(w(3)+\sum_{k=6}^{9}w(k)\right)+\left(\sum_{k=3}^{7}w(k)\right)$$

$$\left.+\left(\sum_{k=1}^{3}w(k)+w(6)+w(7)\right)+(w(3)+w(6)+w(7))\right\}$$

再由 (4.20) 式得

$$\frac{1}{8}\sum_{i=1}^{8}\sum_{x=a_ix}w(k)=\frac{1}{8}\{(6w(1)+3w(3))+3(4w(1)+3w(3))+3(2w(1)+3w(3))+3w(3)\}$$

$$=\frac{1}{8}\{24w(1)+24w(3)\}$$

$$=3(w(1)+w(3))$$

从而验证了 (4.19) 式的正确性。

4.1.3 Pòlya 计数定理

由于 Pòlya 计数定理的应用大多数是一元变量的情形,且因为此定理在一元变量的情

况下容易理解,所以,我们在本小节内仅考虑一元变量的情形。关于多元变量的情形,有兴趣的读者可参阅文献[5]、[6]。

设 A 是作用在 $X=\{1,2,\cdots,p\}$ 上的置换群,B 是一个有限置换群,其对象集是至少含有 2 个元素的可数集,则由 B^A 表示的**幂群**是从 X 到 Y 的映射集,记作

$$Y^X=\{f;f:X\to Y\} \tag{4.21}$$

作为它的对象集,B^A 的置换由所有有序对 (α,β) 构成,其中 $\alpha\in A$,$\beta\in B$。在 (α,β) 的作用下,Y^X 中的任一函数 f 的映像由下式给出:

$$((\alpha,\beta)f)(x)=\beta f(\alpha x) \tag{4.22}$$

此式对 X 中的每一个元素 x 均成立。

幂群的概念是由 Harary 和 Palmer[5] 引入的,我们今后会经常用到这个概念。

为了推导出经典的 Pòlya 计数公式,我们取 $B=E$,E 是 Y 上的单位元群。现在我们来考虑作用在 Y^X 上的幂群 E^A。令

$$w:Y\to\{0,1,2,\cdots\}$$

是一个函数,其值域为非负整数集合,并且对于所有的 k,有 $|w^{-1}(k)|<\infty$。特别,对于每个 $k=1,2,\cdots$,令

$$c_k=|w^{-1}(k)| \tag{4.23}$$

是一个权函数为 k 的"图形"数。在 Y 中,使得 $w(y)=k$ 的元素 y 称为**有权** k,而 w 称为一个**权函数**。进而,变量为 x 的级数

$$c(x)=\sum_{k=0}^{\infty}c_kx^k \tag{4.24}$$

通过权计数了 Y 中的元素,称为**图形计数级数**。

在 Y^X 中的函数 f 的权定义为

$$w(f)=\sum_{x\in X}w(f(x)) \tag{4.25}$$

容易证实,在幂群 E^A 同一轨上的函数有相同的权。因此,E^A 的一个轨 F 上的权 $w(F)$ 是 F 中任意 f 的权。由于对每一个 $k=0,1,2,\cdots$,有 $|w_{-1}(k)|<\infty$,且每一个权的轨数只有一个有限数,即每个只有有限多个等价类。所以,令 C_k 为权 k 的等价类数,于是,我们把

$$C(x)=\sum_{k=0}^{\infty}C_kx^k \tag{4.26}$$

叫做**函数计数级数**。

基于上述的准备工作,我们现在来叙述 Pòlya 计数定理(PET)。

定理 4.9(PET) 函数计数级数 $C(x)$ 以图形计数级数 $c(x^k)$ 代替 $Z(A)$ 中的 s_k 而确定。即

$$C(x)=Z(A;c(x),c(x^2),\cdots,c(x^k),\cdots) \tag{4.27}$$

由 PET,我们立即可以得到下述推论。

推论 4.10(Pòlya) 设 $|X|=p$,$|Y|=q$,A 是作用在 X 上的置换群。A 可以以下列方

式自然地作用在映射集合 Y^X 上：

$$gf = f \cdot g^{-1}, \quad g \in A, f \in Y^X \tag{4.28}$$

则映射按照(4.27)式的轨数为

$$N(A) = Z(A; q, q, \cdots, q) \tag{4.29}$$

4.1.4 幂群计数定理

设 A 是一个作用在对象集为 $X = \{1, 2, \cdots, p\}$ 上的一个置换群；B 是一个有限的置换群，其对象集为 $Y = \{y_1, y_2, \cdots, y_q\}$，$q \geqslant 2$，则由 B^A 表示的幂群以 X 到 Y 的映射集合 Y^X 作为它的对象集。B^A 的置换由所有有序对 (α, β) 构成，$\alpha \in A, \beta \in B$，其作用关系式由(4.22)式给出。事实上，由轮换指标的定义易得

$$Z(B^A) = \frac{1}{|A||B|} \sum_{\gamma \in B^A} \prod_{k=1}^{p^q} s_k^{j_k(r)} \tag{4.30}$$

基于上述准备，我们现在给出定理4.11。

定理 4.11(De Bruijn 幂群计数定理) 由幂群 B^A 确定的映射的轨的数目是

$$N(B^A) = \frac{1}{|B|} \sum_{\beta \in B} Z(A; c_1(\beta), c_2(\beta), \cdots, c_m(\beta)) \tag{4.31}$$

其中

$$c_k(\beta) = \sum_{s|k} s j_s(\beta) \tag{4.32}$$

这里，记号 $\sum\limits_{s|k}$ 表示对所有可能整除 k 的 s 求和。

举例说明幂群计数定理。

例 4.3 设 $A = \{(1)(2)(3), (123), (132)\}, B = \{(1)(2), (12)\}$，求 $N(B^A) = ?$

很容易算出：

$$Z(A) = \frac{1}{3}(s_1^3 + 2s_3) \tag{4.33}$$

设 $\beta_1 = (1)(2), \beta_2 = (12)$，则 $c_1(\beta_1) = \sum\limits_{s|1} s j_s(\beta_1) = j_1(\beta_1) = 2$，且当 $k \geqslant 2$ 时，亦有 $c_k(\beta_1) = 2$；$c_1(\beta_2) = 0, c_2(\beta_2) = 2$，并且易得，当 k 为奇数时，$c_k(\beta_2) = 0$；当 k 为偶数时，$c_k(\beta_2) = 2$。于是由(4.31)式有

$$N(B^A) = \frac{1}{2}\{Z(A; c_1(\beta_1), c_2(\beta_2), \cdots) + Z(A; c_1(\beta_2), c_2(\beta_4), \cdots)\}$$

$$= \frac{1}{2}\{Z(A; 2, 2, \cdots) + Z(A; 0, 2, 0, 2, \cdots)\}$$

$$= \frac{1}{2}\left\{\frac{1}{3}(2^3 + 2 \times 2)\right\} = 2$$

即 B^A 的轨数是2。

4.2　p 阶自补图与 p 阶有向自补图的数目

1963 年,Read 通过构造一种幂群,巧妙地采用幂群计数定理解决了自补图与有向自补图的计数问题。在这一节里,我们将主要介绍 Read 的工作。关于这方面较为深入的研究将在第 6 章、第 7 章中出现。

4.2.1　对群及其他的轮换指标

为了解决自补图与有向自补图的计数问题,我们在这一小节里引入一种由某个置换群 A 导出的新的置换群,称为**对群**,并获得了 p 次对称群 S_p 的对群的轮换指标。

设 $X=\{1,2,\cdots,p\}$ 是一个有限集,X 的 2 元子集记作

$$X^{(2)}=\{\{x_1,x_2\};x_1,x_2\in X\} \tag{4.33}$$

对于 $\forall\alpha\in A$,我们定义一个由 α 导出的新的置换 α' 如下:

对于 $\forall\{x_1,x_2\}\in X^{(2)}$,定义

$$\alpha'\{x_1,x_2\}=\{\alpha(x_1),\alpha(x_2)\} \tag{4.34}$$

把所有这些 α' 的全体构成的集合记为 $S_p^{(2)}$,并把这样的置换称为 2 **置换**。

现在对 2 置换以及 $S_p^{(2)}$ 稍作分析。

(1)由定义,对于 S_p 中的任一置换 α,在 $S_p^{(2)}$ 中有唯一的一个 2 置换 α' 与它对应,并且 S_p 中任意两个不同的置换 α_1 与 α_2,在 $S_p^{(2)}$ 中所对应的 α_1' 与 α_2' 是不同的。反过来,由 (4.34)式我们容易得到:若 $S_p^{(2)}$ 中任意两个置换 α_1' 与 α_2' 不同,则它们对应于 S_p 中的两个原像 α_1 与 α_2 也是不同的,于是有

$$|S_p|=|S_p^{(2)}| \tag{4.35}$$

(2)S_p 的对象集是 $X=\{x_1,x_2,\cdots,x_p\}$,共有 p 个元素;但 $S_p^{(2)}$ 的对象集是 $X^{(2)}$,它的元素个数却是 $\binom{p}{2}$ 个。为了对 2 置换作较为详细说明,现举例如下:

例 4.4　设 $X=\{1,2,3,4,5\}$,S_5 是作用在 X 上的对称群,$X^{(2)}=\{y_1=12,y_2=13,y_3=14,y_4=15,y_5=23,y_6=24,y_7=25,y_8=34,y_9=35,y_{10}=45\}$,其中 $X^{(2)}$ 中的元素被简写,如用 $y_1=12$ 代替了 $y_1=\{1,2\}$ 等。

对于 S_5 中的置换 $\alpha=(1)(23)(45)$,根据(4.34)式,求它所对应的 $S_5^{(2)}$ 中的 2 置换 α' 如下:

$$\alpha'(y_1)=\alpha'\{1,2\}=\{\alpha(1),\alpha(2)\}=\{1,3\}=y_2$$
$$\alpha'(y_2)=\alpha'\{1,3\}=\{\alpha(1),\alpha(3)\}=\{1,2\}=y_1$$
$$\alpha'(y_3)=\alpha'\{1,4\}=\{\alpha(1),\alpha(4)\}=\{1,5\}=y_4$$
$$\alpha'(y_4)=\alpha'\{1,5\}=\{\alpha(1),\alpha(5)\}=\{1,4\}=y_3$$
$$\alpha'(y_5)=\alpha'\{2,3\}=\{\alpha(2),\alpha(3)\}=\{2,3\}=y_5$$

$$\alpha'(y_6)=\alpha'\{2,4\}=\{\alpha(2),\alpha(4)\}=\{3,5\}=y_9$$

$$\alpha'(y_7)=\alpha'\{2,5\}=\{\alpha(2),\alpha(5)\}=\{3,4\}=y_8$$

$$\alpha'(y_8)=\alpha'\{3,4\}=\{\alpha(3),\alpha(4)\}=\{2,5\}=y_7$$

$$\alpha'(y_9)=\alpha'\{3,5\}=\{\alpha(3),\alpha(5)\}=\{2,4\}=y_6$$

$$\alpha'(y_{10})=\alpha'\{4,5\}=\{\alpha(4),\alpha(5)\}=\{5,4\}=y_{10}$$

故有

$$\alpha'=\begin{pmatrix} y_1 & y_2 & y_3 & y_4 & y_5 & y_6 & y_7 & y_8 & y_9 & y_{10} \\ y_2 & y_1 & y_4 & y_3 & y_5 & y_9 & y_8 & y_7 & y_6 & y_{10} \end{pmatrix}$$

$$=(y_1 y_2)(y_3 y_4)(y_5)(y_6 y_9)(y_7 y_8)(y_{10})$$

定理 4.12 由 S_p 中的置换 α 按照(4.34)式导出的 2 置换 α' 的全体构成的置换集 $S_p^{(2)}$ 按照置换的合成运算成为一个 $|S_p|=|S_p^{(2)}|=p!$ 阶的置换群,其对象集 $X^{(2)}$。

证明 (1)封闭性成立。对于 $\forall \alpha' \in S_p^{(2)}$ 和 $\forall X_i=\{x_{i1},x_{i2}\} \in X^{(2)}$,由(4.34)式,因 $\alpha \in S_p$ 在 X 上的封闭性,故 $\alpha(x_{i_1}),\alpha(x_{i_2}) \in X$。又因 $x_{i1} \neq x_{i2}$,故 $\{\alpha(x_2),\cdots,\alpha(x_{i_r})\}\alpha(x_{i1}) \neq \alpha(x_{i2})$,否则与 α 是置换矛盾! 因此,$\{\alpha(x_{i1}),\alpha(x_{i2})\} \in X^{(2)}$,即 α' 在 $X^{(2)}$ 上的封闭性成立。

(2)结合律成立。$\forall \alpha',\beta',\gamma' \in S_p^{(2)}$,它们依次由 S_p 中的三个置换 α,β,γ 导出。因 α,β 与 γ 在 S_p 中满足结合律,于是由(4.34)式知 α',β' 和 γ' 在 $S_p^{(2)}$ 中满足结合律。

(3)设 $\alpha_0 \in S_p$ 是 S_p 中的单位元,则由(4.34)式导出的 α'_0 是 $S_p^{(2)}$ 中的单位元。

(4)对 $S_p^{(2)}$ 中的每一个元素 α',令它是由 S_p 中的元素 α 导出,α 在 S_p 中的逆元记为 α^{-1}。由 α^{-1} 按(4.34)式导出的 r 置换为 $(\alpha^{-1})'$。由(4.34)式容易检验 $(\alpha^{-1})'$ 是 α' 的逆元。

基于上述四点,本定理获证。 □

有时我们把 $S_p^{(2)}$ 叫做 X 的**线群**。线群是研究简单无向图计数问题的"精髓",有兴趣的读者可参阅文献[5]、[6]。线群的推广称为超线群,记作 $S_p^{(r)}(r \geq 2)$。超线群在超图有关计数方面有用[6]。

下面,我们将给出求 $S_p^{(2)}$ 的轮换指标的计算公式。

定理 4.13 p 次对称群 S_p 的对群 $S_p^{(2)}$ 的轮换指标由下式给出:

$$Z(S_p^{(2)})=\frac{1}{p!}\sum_j \frac{p!}{\prod k^{j_k} j_k!} \prod_k s_{2k+1}^{s j_{2k+1}} \prod_k (s_k s_{2k}^{k-1})^{j_{2k}} s_k^{k\binom{j_k}{2}} \prod_{r<t} s_{[r,t]}^{(r,t)j_r j_t} \tag{4.36}$$

其中 (r,t) 和 $[r,t]$ 分别表示 r 与 t 的最大公约数和最小公倍数。

证明 设 S_p 表示 p 次对称群,$\alpha \in S_p$,且它对 $Z(S_p)$ 的贡献为 $s_1^{j_1} s_2^{j_2} \cdots s_p^{j_p}$,则由 α 按(4.34)式导出的 $\alpha' \in S_p^{(2)}$ 对 $Z(S_p^{(2)})$ 的贡献可分为两部分。第一部分是 $X=\{1,2,\cdots,p\}$ 中的每对元素均在 α 的某一个公共轮换之中;第二部分是 $X=\{1,2,\cdots,p\}$ 中的每对元素在 α 的两个不同的轮换之中。

我们现在来确定第一部分。不失一般性,令 $Z_k=(1,2,\cdots,k)$ 是 α 中一个长度为 k 的轮换。如图 4.2 给出了由 $Z_k(k=2,\cdots,8)$ 导出的对群的置换。观察到如果 k 是奇数,则 Z_k 导出了同样长度的 $(k-1)/2$ 个轮换

$$s_k \longrightarrow s_k^{(k-1)/2}$$

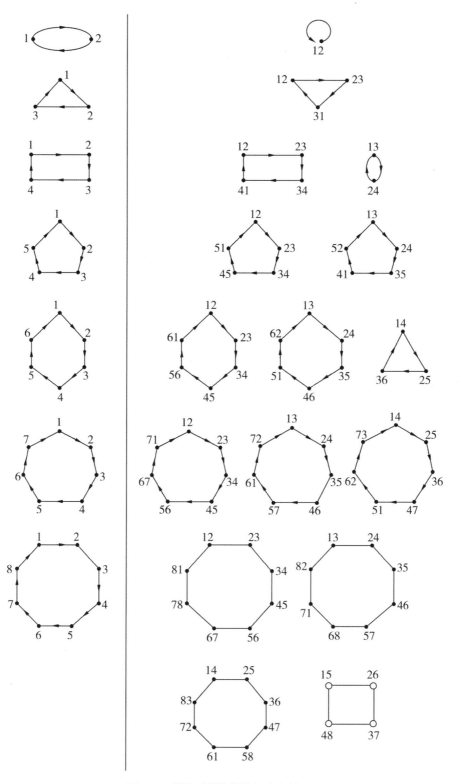

图 4.2 说明对群轮换指标产生的图示

另一方面,当 k 是偶数时,容易推出

$$s_k \longrightarrow s_{k/2} s_k^{(k-2)/2}$$

因此,如果在 α 中有 j_k 个长度为 k 的轮换,则当 k 为奇数时,这 j_k 个长度为 k 的轮换导出了同样长度的 $j_k(k-1)/2$ 个轮换,即

$$s_k^{j_k} \longrightarrow s_k^{j_k(k-1)/2} \tag{4.37}$$

而当 k 为偶数时为

$$s_k^{j_k} \longrightarrow (s_{k/2} s_k^{j_k(k-2)/2})^{j_k} \tag{4.38}$$

为了计算第二部分,考虑 α 中的两个轮换 Z_r, Z_t。令 $[r,t]$ 和 (r,t) 分别表示 r 与 t 的最小公倍数与最大公约数,则由 Z_r 和 Z_t 导出的元素一个在 Z_r 中,另一个在 Z_t 中,且长度为 $[r,t]$ 的轮换恰好有 (r,t) 个。特别,当 $r=t=k$ 时,它们恰好产生了长度为 k 的 k 个轮换。因此,当 $r \neq t$ 时,我们有

$$s_r^{j_r} s_t^{j_t} \longrightarrow s_{[r,t]}^{(r,t)j_r j_t} \tag{4.39}$$

当 $r=t=k$ 时,有

$$s_k^{j_k} \longrightarrow s_k^{k(j/k)} \tag{4.40}$$

现在,对 (4.37)~(4.40) 四式右端所有可适应的情况相乘即得 (4.36) 式。　□

定理 4.14 具有 p 个顶点的全体简单图 G 的数目记作 g_p。g_p 由下式给出:

$$g_p = Z(S_p^{(2)}; 2, 2, \cdots) \tag{4.41}$$

其中 $Z(S_p^{(2)})$ 由 (4.36) 式给出。　□

4.2.2　自补图的数目

定理 4.15[1]　具有 p 个顶点的自补图的数目是

$$Z(S_p^{(2)}; \quad 0, 2, 0, 2, \cdots) \tag{4.42}$$

证明　设 $V = \{v_1, v_2, \cdots, v_p\}, E = \{0, 1\}$,令 $S_p^{(2)}$ 作用在 $V^{(2)}$ 上;$B = \{(0)(1), (01)\}$ 作用在 E 上。显然,B 是一个作用在 E 上的置换群。考察函数

$$f: V^{(2)} \longrightarrow E \tag{4.43}$$

我们可以认为,每个 f 代表一个简单图,记作 $f(G)$。$f(G)$ 的顶点集是 V,且对 V 中的每一对顶点 v_i, v_j, v_i 与 v_j 在 $f(G)$ 中相邻当且仅当 $f(v_i v_j) = 1$。

考虑幂群 $B^{S_p^{(2)}}$。由于它作用在 $E^{V^{(2)}}$ 上,自然对于 $\forall f_1, f_2 \in E^{V^{(2)}}$,$f_1$ 与 f_2 等价的充要条件是 f_1 与 f_2 在 $B^{S_p^{(2)}}$ 的同一轨上。由定义知,幂群 $B^{S_p^{(2)}}$ 中置换共分为两类;第一类是 $(\alpha, (0)(1))(\alpha \in S_p^{(2)})$,若它把 f_1 变成 f_2,容易证实,$f_1(G)$ 与 $f_2(G)$ 是一对相互同构的图,即 $f_1(G) \cong f_2(G)$。第二类是 $(\alpha, (01))$,若它把 f_1 变成 f_2,容易证实,$f_1(G)$ 与 $f_2(G)$ 互补,即 $f_1(G) = \overline{f_2(G)}$。因此,$f_1$ 与 f_2 等价当且仅当 $f_1(G)$ 与 $f_2(G)$ 同构,或者 $f_1(G)$ 与 $f_2(G)$ 互补。所以,我们得到,具有 p 个顶点的**互补图对** $\{G, \overline{G}\}$ 的对数,等于幂群 $B^{S_p^{(2)}}$ 的轨数,记作 b_p。故我们可以应用 De Bruijn 的幂群计数定理 (定理 4.12)。

考虑 B 中的两个置换 $(0)(1)$ 和 (01)。为方便,令 $\beta_0 = (0)(1), \beta_1 = (01)$,显然,$j_1(\beta_0) = $

2。但当 $k \geqslant 2$ 时,$j_k(\beta_0)=0$;$j_2(\beta_1)=1$;当 $k \neq 2$ 时,$j_k(\beta_1)=0$,从而有

(1)$c_k(\beta_0)=\sum_{s \mid k} s j_s(\beta_0)=2$ 对所有的 k 成立;

(2)当 k 为偶数时,$c_k(\beta_1)=2$;当 k 为奇数时 $c_k(\beta_1)=0$。

因此,由(4.31)式有

$$
\begin{aligned}
b_p = N(B^{S_p^{(2)}}) &= \frac{1}{2}\{Z(S_p^{(2)};c_1(\beta_0),c_2(\beta_0),\cdots) \\
&\quad + Z(S_p^{(2)};c_1(\beta_1),c_2(\beta_1),\cdots)\} \\
&= \frac{1}{2}\{Z(S_p^{(2)};2,2,\cdots)+Z(S_p^{(2)};0,2,0,2,\cdots)\}
\end{aligned} \tag{4.44}
$$

注意到,$2b_p$ 把每个 p 阶自补图恰好计数 2 次,但把每个非自补图恰好计数一次。令 g_p 表示全体 p 自补图的数目,$\overline{g_p}$ 表示全体 p 阶图的数目,于是有

$$
\overline{g_p}=2b_p-g_p \tag{4.45}
$$

将(4.41)式和(4.44)式代入(4.45)式,本定理获证。 □

Read[1] 给出了顶点数 $\leqslant 17$ 的自补图的数目(见表 4.1)。

表 4.1 自补图的数目(顶点数 $p \leqslant 17$)

p	4	5	8	9	12	13	16	17
g_p	1	2	10	36	720	5 600	703 760	11 220 000

对于(4.42)式,根据顶点数 $p=4n$ 或 $4n+1$ 这两种类型,有两个专用公式如下:

$$
g_{4n}=\frac{1}{n!}\sum_{\vec{j}}\frac{n!}{\prod k^{j_k}j_k!}2^{c(j)} \tag{4.46}
$$

$$
g_{4n+1}=\frac{1}{n!}\sum_{\vec{j}}\frac{n!}{\prod k^{j_k}j_k!}2^{c(j)+\sum j_k} \tag{4.47}
$$

其中求和是对所有 n 的划分 $\vec{j}$ 而言,并且

$$
c(j)=2\sum_{k=1}^{n}j_k(kj_k-1)+4\sum_{1 \leqslant r<t \leqslant n}(r-t)j_r j_t \tag{4.48}
$$

4.2.3 有向自补图的数目

设 D 是一个有向图,D 的**补图**(记作 $\overline{D}$)是一个满足下列条件的有向图:$V(\overline{D})=V(D)$,并且对 D 中任一对顶点 u 与 v,$uv \in A(\overline{D})$ 当且仅当 $vu \in A(D)$。D 称为**有向自补图**,如果 $\overline{D} \cong D$。我们用 $\overline{d_p}$ 表示顶点数为 p 的全体有向自补图构成的数目。Read 采用同样的方法找到了 $\overline{d_p}$ 的数目。为了给出 $\overline{d_p}$,先引入几个必要的概念与结果。

设 $X=\{1,2,\cdots,P\}$。令 $X^{[2]}$ 表示所有不同元素构成的**有序对集**,再令 $Y=\{0,1\}$,则从 $X^{[2]}$ 到 Y 的函数代表了 p 阶标定有向图构成的集合。每个函数 f 对应的有向图记作 $D(f)$,其顶点集为 X,并且对 $D(f)$ 中的任一对顶点 i 与 j,存在从 i 到 j 的弧当且仅当 $f(i,j)=1$。因此,两个函数 f 与 g 代表同一个有向图。如果存在 X 的一个置换 α 使得在

$D(f)$中从i到j存在弧当且仅当在$D(g)$中从$\alpha(i)$到$\alpha(j)$存在弧。所以$D(f)$和$D(g)$是同构的,当且仅当对于$ij \in X^{[2]}$有

$$f(i,j) = g(\alpha(i),\alpha(j)) \tag{4.49}$$

类似于对群的引入,我们现在来引入有序对群的概念。

设A是一个对象集为X的置换群,A的**有序对群**(记作$A^{[2]}$)的对象集是$X^{[2]}$,并且由A导出,即,对于A中每个置换α,在$A^{[2]}$中存在一个置换α',使得对$X^{[2]}$中的每对(i,j),在α'下的像为

$$\alpha'(i,j) = (\alpha(i),\alpha(j)) \tag{4.50}$$

由S_p导出的有序对群$S_p^{[2]}$的轮换指标是由Harary[5]给出的。

定理4.16 有序对群$S_p^{[2]}$的轮换指标由下式给出

$$Z(S_p^{[2]}) = \frac{1}{p!}\sum_{\vec{j}} \frac{p!}{\prod k^{j_k} j_k!} \prod_{k=1}^{p} S_k^{(k-1)j_k + 2k\binom{j_k}{2}} \prod_{r<t} S_{[r,t]}^{2(r,t)j_r j_t} \tag{4.51}$$

类似于定理4.13,可完成本结果的证明,具体证明留给读者。☐

有了上述准备工作,我们现在给出$\overline{d}_p$的计算公式。

定理4.17 具有p个顶点的所有有向自补图的数目$\overline{d}_p$为

$$\overline{d}_p = Z(S_p^{[2]}; 0,2,0,2,\cdots) \tag{4.52}$$

这个定理的证明类似于定理4.15给出,故略。☐

对于顶点数$p = 2n$(偶数)情况,业已发现下列有趣的结果(见文献[5]第140页):

$$\overline{d}_{2n} = \overline{g}_{4n} \tag{4.53}$$

即具有$2n$个顶点的有向自补图的数目等于$4n$个顶点的无向自补图的数目。然而,到目前为止,还没有人找出这些自补图与有向自补图之间的一种自然的1—1对应关系。

基于(4.52)式,$\overline{d}_4$,$\overline{d}_6$和$\overline{d}_8$可以在表4.1 $p = 8,12$和16的栏中相应找到,见表4.2。

表4.2 $p \leqslant 8$的有向自补图的数目

p	2	3	4	5	6	7	8
$\overline{d}_p$	1	4	10	136	720	44 224	703 760

对于公式(4.52),当p为奇数时有一种简化的计数公式

$$\overline{d}_{2n+1} = \frac{1}{n!}\sum_{\vec{j}} \frac{n!}{\prod k^{j_k} j_k!} 2^{c(j)+2\sum j_k} \tag{4.54}$$

其中$c(j)$由(4.48)式给出,$\vec{j}$取自n的所有划分。

4.3 素数阶顶点可传有向、无向自补图的计数

具有素数阶的顶点可传图首先由Turner[8]进行了研究,他刻画了此类图的特征,并应用

该结果与 Pòlya 计数定理计数了具有素数阶的所有不同构的顶点可传图类。在文献[9]中，Chao 和 Wells 把这一结果推广到有向图的情况。本节首先介绍 Turner 以及 Chao 与 Wells 的工作，进而表征素数阶顶点可传有向自补图的特征，然后在此基础上对下述图类的计数问题进行研究：①具有素数个顶点的强顶点可传有向自补图；②具有素数个顶点的顶点可传有向自补图；③具有素数个顶点的顶点可传自补图。最后，证明了具有素数阶的每个顶点可传有向自补图要么是一个竞赛图，要么是一个无向图。

本节的主要内容来自 Chia 和 Lim 两人的工作(见文献[7])。

4.3.1 素数阶顶点可传有向与无向图

顶点可传图、边可传图以及对称图的概念在 1.8 节中已经引入。对于有向图的情况，我们可自然地引入顶点可传有向图、边可传有向图以及对称有向图等概念。

一个有向图 D 称为顶点可传的，如果 D 的自同构群 $\Gamma(D)$ 可传地(transitively)作用在 $V(D)$ 上。

令 Z_p 表示模为 p 的整数集，$Z^* = Z_p - \{0\}$，则 Z_p 在加法"+"的运算下是一个阶数为 p 的群，并且这个群的每一个自同构由形式为下列的映射给出：$x \to ax, a \in Z_p^*$。进而，Z_p 是一个阶为 $p-1$ 的循环群。

设 Γ 是一个群，$S \subseteq \Gamma$ 且满足：①S 中无单位元；②$S^{-1} = \{x^{-1}; x \in S\} = S$。一个 (**Cayley 图** G(记作 $G = G(\Gamma, S)$)其顶点集为 $V(G) = \Gamma$，边集为 $E(G) = \{\{g, h\}; g^{-1}h \in S\}$ 的简单图。设 $H \subseteq Z_p^*$，则具有符号为 S 为循环有向图定义为 $V(D) = Z_p$ 且 $E(D) = \{(j, j+h); j \in Z_p, h \in S\}$。我们也称 D 是关于 S 的 Z_p 的 Cayley 有向图，并记作 $D(Z_p, S)$。如果对任意 $a \in S, p-a \notin S$，则 D 称为一个**循环竞赛图**。为今后方便，通常用 VT 图表示顶点可传图。Cayley 图 $G(Z_p, S)$ 通常称为**循环图**。本节主要任务是：

(1)证明每一素数 p 阶 VT 图是循环图 $G(Z_p, S)$；

(2)寻找循环图 $G(Z_p, S)$ 的自同构群；

(3)计算循环图 $G(Z_p, S)$ 的个数。

定理 4.18(Turner)[8] 若 G 是一素数 p 阶的 VT 图，则 G 为循环图。

证明 设 $V(G) = \{u_0, \cdots, u_{p-1}\}$，$\Gamma = \Gamma(G)$ 及 H 是 u_0 的稳定核。令 $\varphi_i \in \Gamma$，使 $\varphi_i(u_0) = u_i$，由

$$|\Gamma| = |H||Orb(u_0)| = p|H|$$

知 p 整除 $|\Gamma|$。根据 Syolw 定理，Γ 含有一个 p 阶子群

$$K = \{1, \pi, \cdots, \pi^{p-1}\}$$

记 $\{u_0, \cdots, u_{p-1}\}$ 为 $\{v_0, v_1, \cdots, v_{p-1}\}$，使得 $\pi(v_i) = v_{i+1}, 0 \leqslant i \leqslant p-2$，且 $\pi(v_{p-1}) = v_0$。当 $\{v_0, v_i\} \in E(G)$，则有 $\{v_i, v_{2i}\} = \pi^i(v_0, v_i)$(由定义，$\pi^i\{v_0, v_i\} = \{\pi^i(v_0), \pi^i(v_i)\}$)，且

$$\{v_{2i}, v_{3i}\} = \pi^i\{v_i, v_{2i}\}, \cdots, \{v_{(p-1)i}, v_0\} = \pi^i\{v_{(p-2)i}, v_{(p-1)i}\} \in E(G)$$

从而，$v_0 v_i v_{2i} \cdots v_{(p-1)i} v_0$ 形成 G 的一个圈。再记 v_i 为 i，得 $S = \{i \mid \{v_0, v_i\} \in E(G)\}$，则 G 是循环图 $G(Z_p, S)$。 □

将 Burnside 定理应用于素数度的传递置换群上,以确定素数阶 VT 图的自同构群。

设 p 是奇素数,Z_p 是模 p 的正整数域,Z_p^* 是 Z_p 的非零元的乘群。因 Z_p^* 是 $p-1$ 阶循环群,故对 $p-1$ 的每一因子 n,Z_p^* 有唯一 n 阶子群。下面定理的证明可在 Passman[10;P53] 中见到。

定理 4.19(Burnside) 若 Γ 是在集 B 上素数度 p 的传递置换群,则 Γ 是双传递的,或 B 能按如下方式等同于域 Z_p

$$\Gamma \subseteq \{T_{a,b} \mid a \in Z_p, b \in Z_p\} = T$$

其中,$T_{a,b}$ 是 Z_p 映射 x 到 $ax+b$ 的置换。(注意:在运算 $T_{a,b} \cdot T_{c,d} = T_{ac,b-ad}$ 下,T 形成一个群。)

Sabidussi[11] 的工作中已隐含下面的定理,这里的证明是由 Alspach[12] 给出的。

定理 4.20 设 $G = G(Z_p, S)$ 是素数 p 阶的 VT 图,若 $S = \varnothing$,或 $S = Z_p^*$,则 $\Gamma(G) = S_p$ 是 p 度对称群,否则

$$\Gamma(G) = \{T_{a,b} \mid a \in H, b \in Z_p\}$$

其中 $H = H(S)$ 是 Z_p 的最大偶阶子群,且使得 S 是 H 的陪集的并。

证明 设 $\Gamma(G)$ 是在 $V(G)$ 上双传递的。不难证得 $S = \varnothing$,或 $S = Z_p^*$。当 $S = \varnothing$,或 $S = Z_p^*$,显然有 $\Gamma(G) = S_p$。

假设 $\Gamma(G)$ 在 $V(G)$ 上不是双传递的,则由 Burnside 定理

$$\Gamma(G) \subseteq \{T_{a,b} \mid a \in Z_p^*, b \in Z_p\} = T$$

即 $J = \{a \mid T_{a,0} \in \Gamma(G)_0\}$ 是 Z_p^* 的偶数阶子群(注意:对 $T_{a,0} \in \Gamma(G)_0$,有 $T_{a,0} \in \Gamma(G)_0$),其中 $\Gamma(G)_0$ 是 O 的稳定核。且

$$JS = \{js \mid j \in J, s \in S\} = S$$

因而,$\Gamma(G)_0 \subseteq \{T_{a,0} \mid a \in H\}$。事实上,由每一个 $T_{a,0}(a \in H)$ 把相邻顶点映射到相邻顶点,有 $\Gamma(G)_0 = \{T_{a,0} \mid a \in H\}$。

最后,由 G 是顶点可传图,得

$$\Gamma(G) = \Gamma(G)_0 \bigcup T_{1,1}\Gamma(G)_0 \bigcup \cdots \bigcup T_{1,p-1}\Gamma(G)_0$$
$$= \{T_{a,b} \mid a \in H, b \in Z_p\}$$
□

推论 4.21 若 $G = G(Z_p, S)$,$(p-1, |S|) = 2$,则 $\Gamma(G) = D_p$ 是 p 度的二面体群。

证明 因为 H 是 Z_p^* 的子群,S 是 H 的陪集之并,故 $|H|$ 必整除 $(p-1, |S|)$,V 即 $p-1$ 和 $|S|$ 的最大公因子。从而,当 $(p-1, |S|) = 2$,有 $|H| = 2$,且 $|\Gamma(G)| = 2p$。故 $\Gamma(G) = D_p$。
□

若 G 同时是顶点传递和边传递的,则称图 G 为**对称的**。下面的结论曾由 Turner[8] 所猜测,由 Chao[9] 证得。下面的证明选自 Berggren[13]。

定理 4.22 设 p 是奇素数,具有 p 个顶点且每一顶点度 $n \geqslant 2$ 的图 G 是对称的充要条件为 $G = G(Z_p, H)$,其中 H 是 Z_p^* 的唯一 n 阶子群。

证明 设 $G = G(Z_p, H)$,H 是 Z_p^* 的唯一偶数 n 阶(由 G 为 p 阶 n 正则图,知 n 为偶数)的子群,则对任意 $\{x, y\}, \{u, v\} \in E(G)$,存在 $h \in H$,使 $(y-x)h = v-u$。取 $b \in Z_p$,使

$yh+b=v$。那么，$T_{h,b}$ 是 G 的一个自同构,使得 $T_{h,b}\{x,y\}=\{u,v\}$。

反之,设 G 是对称的,则对某 $S\subseteq Z_p$,有 $G=G(Z_p,S)$。根据定理 4.20 的证明,$S=Hs_1\bigcup\cdots\bigcup Hs_r$,这里 H 是 Z_p 的最大偶数阶子群且使 S 是 H 的陪集的并。

当 $r\geqslant2$,则有 $T_{h,b}\in\Gamma(G),h\in H,T_{h,b}$ 映射边 $\{o,s_1\}$ 到边 $\{o,s_2\}$。当 $T_{h,b}(0)=0$,有 $T_{h,b}(s_1)=0$ 和 $hs_1=s_2$。由此得,$Hs_1=Hs_2$,矛盾。当 $T_{h,b}(0)=s_2$,且 $T_{h,b}(s_1)=0$,有 $(-h)s_1=s_2$,因而,仍有 $Hs_1=Hs_2$。从而对某 $s_1\in S,S=Hs_1$。

最后可证:$\pi:x\to xs_1$ 是从 $G(Z_p,S)$ 到 $G(Z_p,H)$ 的一个同构映射。 □

设 $G=G(Z_p,S)$ 是一循环图,则称 S 为 G 的符号。若存在一个正整数 $q\leqslant(p-1)/2$,使得 $S'=qS=\{qs\,|\,s\in S\}$,则称两个符号 S 和 S' 是**等价的**。因 $i\in S$,有 $p-i\in S$,仅需写出 S 的元素 $i,i\leqslant(p-1)/2$。

定理 4.23(Turner)[8]　设 p 是素数,两个循环图同构的充要条件是它们各自对应的符号等价。

证明　设 $\pi:G'\to G$ 是同构映射,则 $\Gamma(G')=\pi^{-1}\Gamma(G)\pi$。根据定理 4.20 和 Sylow 定理,$\Gamma(G')$ 和 $\Gamma(G)$ 皆有一个唯一 p 阶子群 K。因而,$K=\pi^{-1}K\pi$ 现给 π 乘上 K 的一个元素(若必要),可假定 π 固定顶点 O,即 π 把 S 映射到 S'。总之,由定理 4.20,G 的任意固定顶点 O 的自同构,有 $z\to qz,q\in Z_p^*$。从 $qS=(p-q)S$,可进一步挑选 q,使 $1\leqslant q\leqslant(p-1)/2$ 和 $qS=S'$。 □

定理 4.23 表明:为了计算素数 p 阶的非同构 VT 图的数目,只需计算非等价符号的个数即可。

循环群 C_p 的圈指标定义如下:

$$Z(C_p;x_1,x_2,\cdots,x_m)=\frac{1}{m}\sum_{d|m}\varphi(d)x_d^{m/d}$$

其中 $m=(p-1)/2,\varphi(d)$ 的为**欧拉 φ 函数**。Pólya 计数定理表明,素数 p 阶循环图计数多项式为

$$Z(C_p;1+x^p,\cdots,1+x^{mp})$$

其中 x^i 的系数是边数 i 的非同构拷贝的数目。

表 4.3 中给出了阶数 $\leqslant19$ 的计数多项式及非同构 VT 图的数目。

表 4.3　素数 p 阶的非同构 VT 图数目表

素数	计数多项式	图数目
3	$1+x^3$	2
5	$1+x^5+x^{10}$	3
7	$1+x^7+x^{14}+x^{21}$	4
11	$1+x^{11}+2x^{22}+2x^{33}+x^{44}+x^{55}$	8
13	$1+x^{13}+3x^{26}+4x^{39}+3x^{52}+x^{65}+x^{78}$	14
17	$1+x^{17}+4x^{34}+7x^{51}+10x^{68}+7x^{85}+4x^{102}+x^{119}+x^{136}$	36
19	$1+x^{19}+4x^{38}+10x^{57}+14x^{76}+14x^{95}+10x^{114}+4x^{133}+x^{152}+x^{171}$	60

Sun 和 Xu[15]研究了自补 Cayley 图,得到了 n 阶无向自补循环图的计数公式,其中 n 是非平方数。

定理 4.24 假设 $n = p_1 p_2 \cdots p_l$, $p_1, \cdots, p_l$ 是不同的奇素数, $\Phi(n)$ 表示 n 阶自补循环图的个数,则

$$\Phi(n) = \sum_{(H, H_\tau) \in E(Zn)} \left(\frac{|H|}{|Aut(Z_n)|} \sum_{H \leqslant H'} \mu(H, H') |\theta(Z_n, H', H'\tau)| \right)$$

4.3.2 顶点可传有向自补图的特征

在这一小节里,我们表征了具有奇数素数个顶点的顶点可传有向自补图的特征。

设 $D = \text{Cay}(Z_p, H)$,则由定理 4.23,我们看到 D 是自补的当且仅当存在 $q \in H^* = Z_p^* - H$,使得 $H^* = qH$。

设 a 是偶数阶 2α 的 Z_p^* 的一个元素,则 a 幂形成阶为 2α 的 Z_p^* 的一个子群 A。由于 A 是循环的,它有阶为 α 的子群 A_1。令 $A_2 = A - A_1$,则 $\alpha A_1 = A_2$ 且 $\alpha A_2 = A_1$。注意到在 Z_p^* 中 A 的每个陪集 xA 按照类似的方法可被分解为 xA_1、xA_2,且 $axA_1 = xA_2$, $axA_2 = xA_1$。

设 H 是满足下列性质(S)的 Z_p^* 的一个子集:

性质(S) 对每个陪集 xA,要么 $H \bigcap xA = xA_1$,要么 $H \bigcap xA = xA_2$,则 H 恰好含有 Z_p^* 的一半元素且 $aH = H^*$。由定理 4.23, $D = \text{Cay}(Z_p, H)$ 是一个自补图。定理 4.24 指出了具有 p 个顶点的所有顶点可传自补有向图可按照这种方法构造出来。

定理 4.25 设 $D = \text{Cay}(Z_p, H)$ 是一个顶点可传有向图,则 D 是自补的当且仅当 H 满足性质(S)。

证明 我们只需要证明必要性,设 D 是自补的且假设 H 不满足性质(S),则 H 包含形式为 xA 的一些陪集。因此, H 和 H^* 分别可以记作 $E \bigcup F$ 和 $E^* \bigcup F^*$,其中 E 和 E^* 是 A_1 陪集之并, F 和 F^* 是 A 的陪集之并。注意 yA_1 在 E 中当且仅当 yA_2 在 E^* 中。不失一般性,我们可以假设 A_1 在 E 中。

注意:如果 $q \in H^*$,则 $qH = H^*$,当且仅当 $qE = E^*$ 且 $qF = F^*$。

令 $q \in H^*$,如果 $q \in F^*$,则 $qE \neq E^*$,因此, $q \in E^*$;如果 $q \in A_2$,则 $qF = F$;如果 $q \in E^* - A_2$,则 $qE \neq E^*$(因 $A_1 = D(H)$)。因此,在任何情况下, $qH \neq H^*$ 与 D 是自补图的矛盾。 ☐

4.3.3 计数公式

在这一小节里,我们将计数:

(1)顶点可传有向自补图 $D = \text{Cay}(Z_p, H)$,它的自同构群不是阶为 p 的循环群(定理 4.29);

(2)具有 p 个顶点的强顶点可传有向自补图(定理 4.3);

(3) p 个顶点的顶点可传有向自补图(定理 4.30);

(4) p 个顶点的顶点可传自补图(定理 4.32);

(5)p 个顶点的顶点可传竞赛图(定理 4.33)。

对于$(p-1)/2$的每个除数 α,令$\mathscr{D}_\alpha$表示所有满足性质(S)的 H 的集合。不失一般性,我们可以假设 H 总是包含A_1,则

$$|\mathscr{D}_\alpha|=2^{(p-1)/2\alpha-1}$$

令 $N^*=\{1,2,3,\cdots\}$,且令 B 是阶为 2β 的 Z_p^* 的一个子群,再令 B_1 是阶为 β 的 B 的子群。

引理 4.26 如果对某个 $n\in N^*$,$\beta=2n\alpha$,则$\mathscr{D}_\alpha\bigcap\mathscr{D}_\beta=\varnothing$。

证明 设 $H\in\mathscr{D}_\beta$,则 H 是 B_1 的陪集的并。如果 $\beta=2n\alpha$,则 B_1 包含阶为 2α 的一个子群 A。因此,H 是 A 的陪集的一个并。由于 $A=A_1\bigcup A_2\subseteq H$,故有 $H\in\mathscr{D}_\alpha$。 □

引理 4.27 $\mathscr{D}_\alpha\bigcap\mathscr{D}_\beta=\mathscr{D}_\beta$,当且仅当对某个 $n\in N^*$,$\beta=(2n-1)\alpha$。

证明 设 $H\in\mathscr{D}_\beta$,如果 $\beta=(2n-1)\alpha$,则 B_1 含有阶数为 α 的 A_1 的一个子群。因此,H 是 A_1 的陪集之并。容易看到,H 满足性质(S)。因此 $H\in\mathscr{D}_\alpha$。

反过来,假设 $\mathscr{D}_\alpha\bigcap\mathscr{D}_\beta=\mathscr{D}_\beta$,若 $\mathscr{D}_\alpha=\mathscr{D}_\beta$,则结果成立。故我们可假设 $\mathscr{D}_\beta\subset\mathscr{D}_\alpha$,进而,不失一般性,我们可以假设不存在 $\mathscr{D}_\gamma$,使得 $\mathscr{D}_\beta\subset\mathscr{D}_\gamma\subset\mathscr{D}_\alpha$。如果 $H\in\mathscr{D}_\beta$,则 H 是 B_1 的陪集之并。因为 $H\in\mathscr{D}_\alpha$,H 是 A_1 的集之并。令 $q\in B_1$,但 $q\in A_1$,则 $qH=H$。这种可能性只有当 A_1 是 B_1 的一个子群时成立。因此,$\beta=|B_1|=k|A_1|=k\alpha$。由引理 4.25 知,$k$ 是奇数。 □

利用引理 4.27,我们建立了下列结果。

引理 4.28 $\mathscr{D}_\alpha\bigcap\mathscr{D}_\beta=\mathscr{D}_\gamma$,当且仅当

$$\gamma=\min\{\lambda;\lambda=(2m-1)\alpha,\lambda=(2n-1)\beta,m,n\in N^*\}$$ □

经典的 Möbius 函数 $\mu(n)$ 定义为

$$\mu(n)=\begin{cases}1, & 若 n=1\\(-1)^k, & 若 n 是 k 个不同素数的积\\0, & 否则\end{cases}$$

对所有是 α 倍数的 β,设 $H\in\mathscr{D}_\alpha-\bigcup_\beta\mathscr{D}_\beta$,则 $D(H)=A_1$ 且 H 是 Z_p^* 中 A 的"半陪集"之并,A 是具有这种性质的 Z_p^* 的最大子群。由于 A_1 是有向图 $D=\text{Cay}(Z_p,H)$ 的自同构群 Z_p^* 的全体元素构成的集合,故同构于 D 的有向图的数目是$(p-1)/2\alpha$。

令 $\Omega_\alpha=\{\beta\neq\alpha;\beta/\alpha$ 是奇数$\}$,再令 $\xi^*(p,\alpha)$ 表示对所有 $\beta\in\Omega_\alpha$,$\mathscr{D}_\alpha-\bigcup_\beta\mathscr{D}_\beta$ 中等价类的数目,则

$$\frac{p-1}{2\alpha}\xi^*(p,\alpha)=|\mathscr{D}_\alpha|-|\bigcup_{\beta\in\Omega_\alpha}\mathscr{D}_\beta|$$

由引理 4.27 推出

$$\frac{p-1}{2\alpha}\xi^*(p,\alpha)=|\mathscr{D}_\alpha|-|\bigcup_{\beta\in\overline{\Omega}_\alpha}\mathscr{D}_\beta|$$

其中 $\overline{\Omega}_\alpha=\{\beta\in\Omega_\alpha:\beta/\alpha$ 是一个奇素数$\}$。由引理 4.28 可以看到若 $\Omega\subseteq\Omega_\alpha$,则 $\bigcap_{\beta\in\Omega}\mathscr{D}_\beta=\mathscr{D}_\tau$,其中 $\tau=\alpha\prod_{P_j\in\Omega}P_j$ 且 P_j 是不同的奇素数。由包含(inclusion)与容斥(exclusion)原理,我们得到

$$\xi^*(p,\alpha)=\frac{2\alpha}{p-1}\sum_{\alpha\mid_0\beta}\mu\left(\frac{\beta}{\alpha}\right)\mid\mathscr{D}_\beta\mid$$

其中 $d\mid_0 n$ 表示 $n/d=1$ 或不同奇素数之积。对于所有 $(p-1)/2$ 的除数 $\alpha\neq1$ 求和 $\xi^*(p,\alpha)$，我们得到

$$\xi(p)=\sum_\alpha\xi^*(p,\alpha)$$

定理 4.29 自同构群不是阶为 p 的非同构的顶点可传有向自补图 $D=\mathrm{Cay}(Z_p,H)$ 的数目为

$$\xi(p)=\sum_\alpha\xi^*(p,\alpha)$$

其中求和遍及所有的 $(p-1)/2$ 的除数 $\alpha,\alpha\neq1$。

例 4.5 对 $p=37$，求 $\xi(p)$。

这里，$(p-1)/2$ 的除数是 $1<2<3<6<9<18$。

$$\xi^*(p,18)=\mid\mathscr{D}_{18}\mid=1$$

$$\xi^*(p,9)=\frac{9}{18}\{\mid\mathscr{D}_9\mid-0\}=\frac{1}{2}2^{2-1}=1$$

$$\xi^*(p,6)=\frac{6}{18}\{\mid\mathscr{D}_6\mid-\mid\mathscr{D}_{18}\mid\}=\frac{1}{3}\{2^{3-1}-1\}=1$$

$$\xi^*(p,3)=\frac{3}{18}\{\mid\mathscr{D}_3\mid-\mid\mathscr{D}_9\mid\}=\frac{1}{6}\{2^{6-1}-2^{2-1}\}=5$$

$$\xi^*(p,2)=\frac{2}{18}\{\mid\mathscr{D}_2\mid-\mid\mathscr{D}_6\mid\}=\frac{1}{9}\{2^{9-1}-2^{3-1}\}=28$$

因此，$\xi(p)=36$。

注 $\xi^*(p,\alpha)$ 是具有 $\Gamma(D)=\langle R,\sigma\rangle$ 的非同构的有向自补图的数目，$R^p=1$，$\sigma^\alpha=1$，$\sigma^{-1}R\sigma=R^k$，$k^\sigma\equiv1(\mathrm{mod}\ p)$。这里 $R=(0,1,2,\cdots,(p-1))$。（见文献[9]中定理 3。）

令 $\alpha=1$，我们有

$$\xi^*(p,1)=\frac{1}{p-1}\sum_{\alpha\text{奇数}}\mu(\alpha)2^{(p-1)/2\alpha}$$

它是具有 p 个顶点的非同构的强顶点可传有向自补图的数目。

定理 4.30 (1) p 阶非同构的强顶点可传有向自补图 $D=\mathrm{Cay}(Z_p,H)$ 的数目为

$$h(p)=\frac{1}{p-1}\left\{2^{(p-1)/2}-\sum_{i=1}^k2^{(p-1)/2p_i}+\sum_{i\neq j}2^{(p-1)/2p_ip_j}+\cdots+(-1)^k2^{(p-1)/(2p_1p_2\cdots p_k)}\right\}$$

其中 $p_1,p_2,\cdots,p_k$ 是 $(p-1)/2$ 的不同的奇素数除数。

(2) 具有 p 个顶点的非同构的顶点可传有向自补图的数目由下式给出：

$$\eta(p)=\sum_\alpha\xi^*(p,\alpha)$$

其中求和遍及 $(p-1)/2$ 的所有除数 α。

例 4.6 对 $p=31$，求 $h(p)$ 和 $\eta(p)$。

这里 $(p-1)/2$ 的除数是 $1<3<5<15$。由于

$$\xi^*(p,15)=1$$

$$\xi^*(p,5)=\frac{5}{15}\{|\mathscr{D}_5|-|\mathscr{D}_{15}|\}=\frac{1}{3}\{2^2-1\}=1$$

$$\xi^*(p,3)=\frac{3}{15}\{|\mathscr{D}_3|-|\mathscr{D}_{15}|\}=\frac{1}{5}\{2^4-1\}=3$$

因此

$$\xi(p)=5$$

$$h(p)=\xi^*(p,1)=\frac{1}{15}\{|\mathscr{D}_1|-|\mathscr{D}_3|-|\mathscr{D}_5|+|\mathscr{D}_{15}|\}$$

$$=\frac{1}{15}\{2^{14}-2^4-2^2+2^0\}=1\ 091$$

所以 $\eta(p)=1\ 091+5=1\ 096$。

定理 4.31 设 $D=\mathrm{Cay}(Z_p,H)$ 是自补的,则 D 要么是一个竞赛图,要么是一个图。

证明 设 H 满足性质 (S),在加群 Z_p 中,一个元素 g 的逆元是 $-g$。由于 $(-1)^2=1$ 且 p 是奇数,故 -1 是唯一的阶数为 2 的 Z_p^* 中的元素。因 A 是偶数阶,$-1\in A$,因此,$-1A_1=A_1$ 或者 A_2 依赖于 $|A_1|$ 是否为偶数或者奇数。进而,对于每个 x,$-1xA_1=xA_1$ 或 xA_2。因此,要么 $-1H=H$,要么 $-1H=H^*$,即 $-H=H$ 或 H^*。在第一种情况下,D 是一个无向图,而在第二种情况下,D 是一个竞赛图。□

定理 4.32 具有 p 个顶点的不同构的顶点可传图的数目由下式给出:

$$\gamma(p)=\sum_\alpha \xi^*(p,\alpha)$$

其中,α 取遍 $(p-1)/2$ 的所有的偶除数。□

定理 4.33 具有 p 个顶点的顶点可传竞赛图的数目是

$$t(p)=\sum_\alpha \xi^*(p,\alpha)$$

其中 α 取遍 $(p-1)/2$ 中所有的奇数因数。

11 个顶点仅有 4 个顶点可传有向自补图,如图 4.3 所示。这些有向图只有一个具有 11 个顶点的循环竞赛图,具有符号 H_3 的有向图的自同构群 $\langle R,\sigma\rangle$,$R^1=1$,$\sigma^5=1$,$\sigma R^{-1}\sigma=R^4$,$r^5\equiv1(\mathrm{mod}\ 11)$;其余有向图均是强顶点可传的。

设 $e(n),o(n),sc(n)$ 分别是 n 阶且边数为偶数的无标记图的个数、边数为奇数的无标记图的个数和无标记自补图的个数。2001 年,Gordon F. Royle 猜想等式 $sc(n)=e(n)-o(n)$ 成立。Nakamoto 等人[16]证明了这个猜想成立。

定理 4.34 等式 $sc(n)=e(n)-o(n)$ 成立。

设 $e(m,n),o(m,n),bsc(m,n)$ 分别是边数为偶数且两个部分分别包含 m 和 n 个顶点的无标记二部图的个数,边数为奇数的无标记二部图的个数,和两个部分分别包含 m 和 n 个顶点的无标记二部自补图的个数。Ueno 和 Tazawa[17]证明了等式 $bsc(m,n)=e(m,n)-o(m,n)$ 是成立的。

定理 4.35 等式 $bsc(m,n)=e(m,n)-o(m,n)$ 成立。

4.4 标定自补图计数问题的讨论

标定自补图的计数问题是"组合计数"理论中的一个公开难题,至今几乎没有什么进展。本节通过计算顶点数≤9的每个自补图的自同构群,获得了顶点数≤9的标定自补图的数目;进而对于一般标定自补图的计数问题进行了探索。

4.4.1 引言

众所周知,在图的计数(乃至一般的组合计数)中,一般标定计数问题比相应的非标定计数问题要容易的多。然而,在自补图的计数问题上却恰恰相反。我们在上节已经看到,非标定自补图的计数问题早在 1963 年已被 Read 解决,但标定自补图的计数问题至今作为一个公开难题尚未解决。业已知道,对于一个给定的图 G,标定它的方法数可由下面的定理给出:

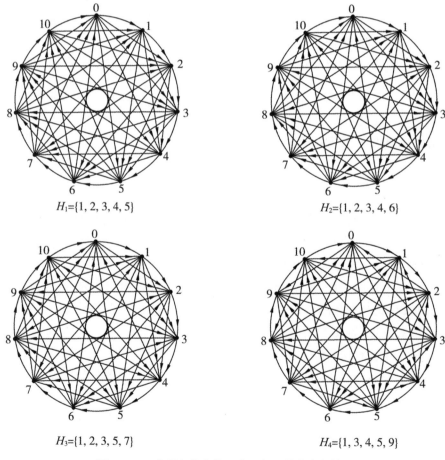

图 4.3 11 个顶点的全部 4 个顶点可传有向自补图

定理 4.36 标定一个给定的 p 阶图 G 的方法数,记作 $l(G)$,由下式给出:

$$l(G) = \frac{p!}{|\Gamma(G)|} \tag{4.55}$$

□

显然,对于给定的 $p \equiv 0,1 \pmod 4$,如果我们能把所有 p 个顶点的全部自补图都构造出来,然后对每个自补图求出它的自同构群的阶数,即可解决这个问题。但是,当 p 较大时,p 个顶点的自补图的数目非常大(见上一节),全部构造出来几乎是不可能的;另外,对于一个阶数较大的图而言,求其自同构群也是一个非常困难的问题。所以,用这种方法彻底解决标定自补图的计数问题是不可能的。我们想采用首先分析阶数较小的自补图的自同构群的结构,探索出某些内在的规律性,进而寻求推广到一般情况下的方法来解决这个著名的标定组合计数难题。

为了方便,本节用 $Ls(p)$ 来表示 p 阶标定自补图的数目。

4.4.2 阶数≤9 的全部自补图

上一章里已经把顶点数≤9 的自补图全部构造出来。为了本节及后面章节的方便,我们在这一节里将这些自补图重新列出并给予标定。这些自补图共有 49 个,分别如图 4.4～图 4.6 所示。

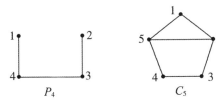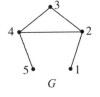

图 4.4 阶数为 4,5 的自补图

4.4.3 阶数≤9 的标定自补图的数目

定理 4.37 设 $Ls(p)$ 表示全部 p 阶标定自补图的数目,则有

$$Ls(4) = 12, \qquad Ls(5) = 72$$
$$Ls(8) = 112\ 140, \qquad Ls(9) = 4\ 627\ 224$$

证明 易算出 $|\Gamma(P_4)| = 2, |\Gamma(G)| = 2, |\Gamma(C_5)| = 10$。于是由定理 4.36 有 $Ls(4) =$

$4! / |\Gamma(P_4)| = 4! / 2 = 12, Ls(5) = 5! / |\Gamma(C_5)| + 5! / |\Gamma(G)| = 5! \left(\frac{1}{10} + \frac{1}{2} \right) = 72$。□

下面给出图 4.5 所示 10 个 8 阶自补图的自同构群的阶数 $|\Gamma(G'_i)|$ $(1 \leq i \leq 10)$,其详细推导略。

$$|\Gamma(G'_1)| = 2, |\Gamma(G'_2)| = 8, |\Gamma(G'_3)| = 32, |\Gamma(G'_4)| = 2, |\Gamma(G'_5)| = 2$$
$$|\Gamma(G'_6)| = 8, |\Gamma(G'_7)| = 4, |\Gamma(G'_8)| = 2, |\Gamma(G'_9)| = 8, |\Gamma(G'_{10})| = 8$$

故由定理 4.36 知,全部 8 阶标定自补图的数目是

$$Ls(8) = \sum_{i=1}^{10} 8! / |\Gamma(G'_i)|$$
$$= 8! \left(\frac{1}{2} + \frac{1}{8} + \frac{1}{32} + \frac{1}{2} + \frac{1}{2} + \frac{1}{8} + \frac{1}{4} + \frac{1}{2} + \frac{1}{8} + \frac{1}{8} \right)$$
$$= 112\ 140$$

为了确定图 4.6 所示的 36 个自补图的每个自同构群,先给出下面几个引理。

引理 4.38 设 G 是一个简单图,$u \in V(G)$。如果对于 $\forall v \in V(G), v \neq u$,均有 $d(v) \neq d(u)$,则对 $\forall \alpha \in \Gamma(G)$,$u$ 是 α 的一个不动点(即 $\alpha(u)=u$)。换言之,$\Gamma(G)$ 中的任一 α 均可表成

$$\alpha=(u)\alpha_0 \tag{4.56}$$

其中,$\alpha_0 \in \Gamma(G-u)$,(u) 表示 α 中的一个长为 1 的轮换。 □

引理 4.39 设 G 是一个简单图,$u \in V(G)$,且对 $\forall~v \in V(G), d(v) \neq d(u)$;设 $\alpha_0 = \alpha_0^1 \alpha_0^2 \cdots \alpha_0^t \in \Gamma(G-u)$,其中 α_0^i 表示 α_0 中的一个轮换,如果对 $\forall \alpha_0^i, 1 \leqslant i \leqslant t$,要么 α_0^i 中的任一顶点与 u 在 G 中不相邻,要么 α_0^i 中的任一顶点与 u 在 G 中相邻,则

$$\alpha_0(u) \in \Gamma(G) \tag{4.57}$$

这两个引理容易证明,故略。 □

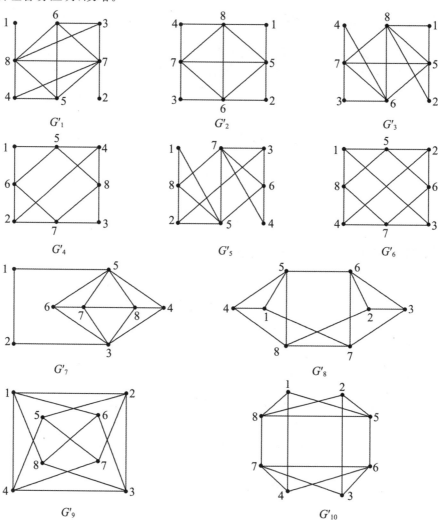

图 4.5　8 阶自补图

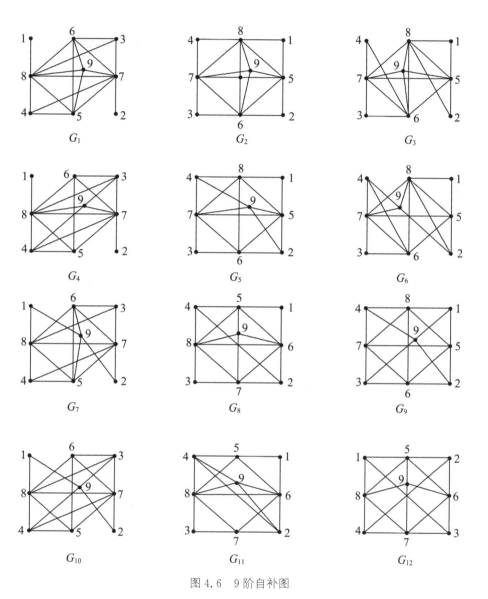

图 4.6   9 阶自补图

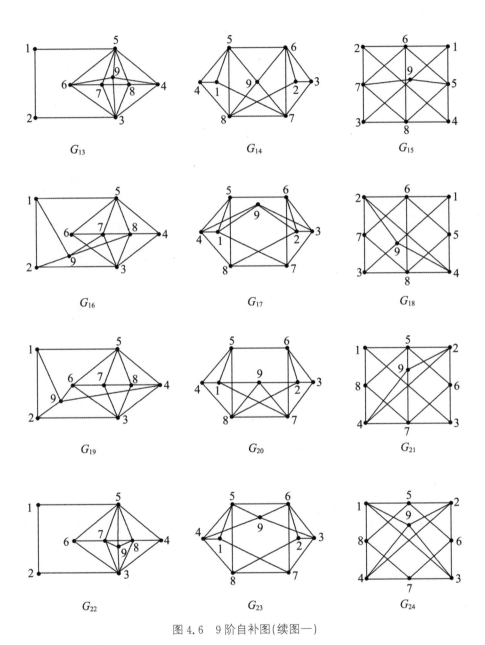

图 4.6　9 阶自补图(续图一)

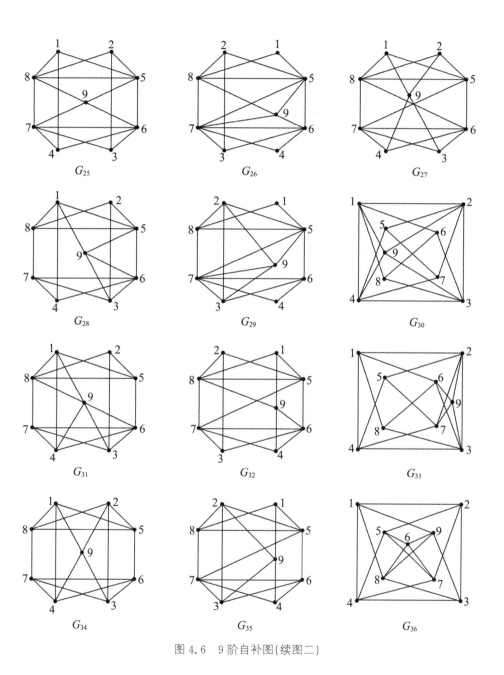

图 4.6　9 阶自补图(续图二)

引理 4.40 设 G 是一个 $(4n+1)$ 阶的自补图，$u \in V(G)$ 是唯一度为 $2n$ 的顶点，其邻域为 $N(u) = \{v_1, v_2, \cdots, v_{2n}\}$。如果对于 $\Gamma(G-u)$ 中每一个置换 α_0 中的任一轮换 α_0^i，要么 α_0^i 中的元素全部 $\in N(u)$，要么全部 $\in V - N(u)$，则

$$|\Gamma(G)| = |\Gamma(G-u)| \tag{4.58}$$

证 由引理 4.38 知

$$\Gamma(G) \subseteq \{(u)\alpha_0 \mid \alpha_0 \in \Gamma(G-u)\} \tag{4.59}$$

现对 $\forall \alpha_0 \in \Gamma(G-u)$，考虑置换 $(u)\alpha_0 \triangleq \alpha$，对 $\forall v_i, v_j \in V(G), v_i \neq v_j$。以下分两种情况讨论。

情况 1 $v_i, v_j \neq u$：

$$\alpha(v_i)\alpha(v_j) = ((u)\alpha_0(v_i))((u)\alpha_0(v_j)) = \alpha_0(v_i)\alpha_0(v_j)$$

注意到 $\alpha_0 \in \Gamma(G-u)$，故 $v_iv_j \in E(G) = \alpha(v_i)\alpha(v_j) \in E(G)$。

情况 2 v_i, v_j 中一个是 u：

不失一般性，可令 $u = v_i$，并令 v_j 属于 α_0 中 α_0^i 的轮换，则由题设知 α_0^i 中全部元素属于 $N(u)$ 当且仅当 $v_j \in N(u)$。由此知，$uv_j \in E(G) \Leftrightarrow u\alpha_0^i(v_j) \in E(G) \Leftrightarrow ((u)\alpha_0^i(u))((u)\alpha_0^i(v_j)) \in E(G) \Leftrightarrow \alpha(u)\alpha(v_j) \in E(G)$。

综合情况 1、2 知

$$\{(u)\alpha_0 \mid \alpha_0 \in \Gamma(G-u)\} \subseteq \Gamma(G)$$

由 (4.59)、(4.60) 两式有

$$|\Gamma(G)| = |\{(u)\alpha_0 \mid \alpha_0 \in \Gamma(G-u)\}| = |\Gamma(G-u)| \qquad \square$$

引理 4.41 令 G 是一个 $(4n+1)$ 阶自补图，$u \in V(G)$，$d(u) = 2n$，且对 $\forall v \in V(G)$，$d(u) \neq d(v)(u \neq v)$，$V(G-u) = \{v_1, v_2, \cdots, v_{4n}\}$，$d_i = d(v_i)$，且 $d_1 \leqslant d_2 \leqslant \cdots \leqslant d_{4n}$，若 $N(u) = \{v_1, v_2, \cdots, v_{2n}\}$ 或者 $N(u) = \{v_{2n+1}, v_{2n+2}, \cdots, v_{4n}\}$，则

$$|\Gamma(G)| = |\Gamma(G-u)|$$

这个引理的证明比较容易，故略。 $\qquad \square$

现在计算图 4.6 所示图的自同构群的阶数。

由引理 4.41 及 $|\Gamma(G'_i)|(1 \leqslant i \leqslant 10)$ 的结果得到

$$|\Gamma(G_1)| = |\Gamma(G_1-9)| = |\Gamma(G'_1)| = 2$$
$$|\Gamma(G_2)| = |\Gamma(G'_2)| = 8, \qquad |\Gamma(G_3)| = |\Gamma(G'_3)| = 32$$
$$|\Gamma(G_8)| = |\Gamma(G'_4)| = 2, \qquad |\Gamma(G_9)| = |\Gamma(G'_2)| = 8$$
$$|\Gamma(G_{12})| = |\Gamma(G'_6)| = 2, \qquad |\Gamma(G_{14})| = |\Gamma(G'_8)| = 2$$
$$|\Gamma(G_{22})| = |\Gamma(G'_7)| = 4, \qquad |\Gamma(G_{25})| = |\Gamma(G'_{10})| = 8$$
$$|\Gamma(G_{26})| = |\Gamma(G'_5)| = 2, \qquad |\Gamma(G_{27})| = |\Gamma(G'_3)| = 32$$
$$|\Gamma(G_{30})| = |\Gamma(G'_9)| = 8$$

由引理 4.38 及 4.39，我们可求得

$$|\Gamma(G_5)| = |\{\varepsilon, (13)(24)(57)(68)(9)\}| = 2$$
$$|\Gamma(G_6)| = |\{\varepsilon, (13)(24)(57)(68)(9)\}| = 2$$
$$|\Gamma(G_7)| = |\{\varepsilon, (12)(34)(56)(78)(9)\}| = 2$$

其中 ε 表示单位元置换,即每个轮换均为 1 的置换,下同。

$$|\Gamma(G_{15})| = |\Gamma(G'_4)| = 2, \quad |\Gamma(G_{16})| = |\Gamma(G'_7)| = 4$$

$$|\Gamma(G_{32})| = |\Gamma(G'_5)| = 2$$

引理 4.42 设 G 是一个 p 阶简单图,若 G 中共有 m 个顶点 $u_1, u_2, \cdots, u_m$ 的度数相同,如果 $G-u_1, G-u_2, \cdots, G-u_m$ 两两互不同构,则有

$$\Gamma(G) \subseteq \bigcup_{i=1}^{m} \{\alpha_0(u_i) \mid \alpha_0 \in \Gamma(G-u_i)\}$$

这个引理的证明较容易,故略。

基于此引理,我们可算得

$$|\Gamma(G_4)| = |\Gamma(G'_1)| = 2, \quad |\Gamma(G_{10})| = |\Gamma(G'_1)| = 2$$

$$|\Gamma(G_{11})| = |\Gamma(G'_4)| = 2, \quad |\Gamma(G_{17})| = |\Gamma(G'_8)| = 2$$

$$|\Gamma(G_{18})| = |\Gamma(G'_4)| = 2, \quad |\Gamma(G_{19})| = |\Gamma(G'_7)| = 4$$

$$|\Gamma(G_{20})| = |\Gamma(G'_8)| = 2, \quad |\Gamma(G_{21})| = |\{\varepsilon, (13)(24)(57)(68)(9)\}| = 2$$

$$|\Gamma(G_{23})| = |\Gamma(G'_8)| = 2, \quad |\Gamma(G_{28})| = |\{\varepsilon, (13)(24)(56)(78)(9)\}| = 2$$

$$|\Gamma(G_{29})| = |\Gamma(G'_5)| = 2, \quad |\Gamma(G_{31})| = |\{\varepsilon, (23)(14)(57)(68)(9)\}| = 2$$

$$|\Gamma(G_{34})| = |\Gamma(G'_{10})| = 8, \quad |\Gamma(G_{33})| = |\{\varepsilon, (14)(23)(58)(67)(9)\}| = 2$$

$$|\Gamma(G_{35})| = |\Gamma(G'_5)| = 2, \quad |\Gamma(G_{36})| = |\Gamma(G'_9)| = 8$$

现在,我们来计算 $|\Gamma(G_{13})|$ 和 $|\Gamma(G_{24})|$:

$\Gamma(G_{13}) = \{\varepsilon, (12)(35), \quad (46)(78), \quad (12)(35)(46)(78),$
$(47)(69), \quad (12)(35)(47)(69), \quad (49)(68), \quad (12)(35)(49)(68),$
$(67)(89), \quad (12)(35)(67)(89), \quad (79)(48), \quad (12)(35)(79)(48),$
$(94876), \quad (12)(35)(94876), \quad (96784), \quad (12)(35)(96784),$
$(98647), \quad (12)(35)(98647), \quad (97468), \quad (12)(35)(97468)\}$

$\Gamma(G_{24}) = \{\varepsilon, (24)(67)(58), \quad (26)(47)(39), \quad (3895)(7426),$
$(3598)(7624), \quad (35)(89)(27), \quad (38)(59)(46), \quad (39)(58)(27)(46),$
$(49)(37)(18), \quad (4695)(8731), \quad (4596)(8137), \quad (78)(56)(13),$
$(45)(17)(69), \quad (49)(56)(17)(38), \quad (19)(25)(48),$
$(1796)(8425), \quad (1697)(8524), \quad (19)(67)(45)(28),$
$(16)(28)(79), \quad (15)(29)(36), \quad (2789)(6315),$
$(2987)(6513), \quad (16)(29)(35)(78), \quad (1234)(5678),$
$(12)(34)(68), \quad (13)(24)(57)(68), \quad (1432)(5876),$
$(14)(23)(57), \quad (15)(23)(47)(69), \quad (5714)(6392),$
$(5417)(6293), \quad (18)(26)(34)(79), \quad (1286)(3947),$
$(1682)(3749), \quad (2753)(4819), \quad (2357)(4918),$
$(25)(37)(14)(89), \quad (12)(36)(59)(48), \quad (3864)(1529),$
$(3468)(1925), \quad (158)(249)(367), \quad (193)(265)(478),$
$(193)(275468), \quad (164)(293785), \quad (172)(365849),$

$$(127)(394856),\qquad (185)(294)(376),\qquad (283)(194765),$$
$$(176)(294)(385),\qquad (139)(286457),\qquad (354)(187629),$$
$$(238)(156749),\qquad (179)(256)(487),\qquad (249)(168357),$$
$$(146)(258739),\qquad (345)(192678),\qquad (367)(128954),$$
$$(578)(184263),\qquad (487)(169532),\qquad (164)(283)(579),$$
$$(127)(354)(689),\qquad (478)(123596),\qquad (689)(137425),$$
$$(158)(279643),\qquad (185)(234697),\qquad (597)(136248),$$
$$(146)(238)(597),\qquad (265)(143897),\qquad (376)(145982),$$
$$(698)(152473),\qquad (172)(345)(698),\qquad (256)(179834)\}$$

注意：在上述 $\Gamma(G_{13})$ 和 $\Gamma(G_{24})$ 中将轮换为 1 的轮换全部略去，ε 仍是单位置换，故有 $|\Gamma(G_{13})|=20$，$|\Gamma(G_{24})|=72$。于是由引理 1 有

$$Ls(9)=9!\Big(\frac{1}{2}+\frac{1}{8}+\frac{1}{32}+\frac{1}{2}+\frac{1}{2}+\frac{1}{2}+\frac{1}{2}+\frac{1}{2}+\frac{1}{8}$$
$$+\frac{1}{2}+\frac{1}{2}+\frac{1}{8}+\frac{1}{20}+\frac{1}{2}+\frac{1}{2}+\frac{1}{4}+\frac{1}{2}+\frac{1}{2}$$
$$+\frac{1}{4}+\frac{1}{2}+\frac{1}{2}+\frac{1}{4}+\frac{1}{2}+\frac{1}{72}+\frac{1}{8}+\frac{1}{2}+\frac{1}{32}$$
$$+\frac{1}{2}+\frac{1}{2}+\frac{1}{8}+\frac{1}{2}+\frac{1}{2}+\frac{1}{2}+\frac{1}{8}+\frac{1}{2}+\frac{1}{8}\Big)$$
$$=4\ 627\ 224$$

4.5 公开问题

问题 1 具有 p 个顶点（$p\geqslant12$）的标定自补图的数目 $Ls(p)$ 是多少？

问题 2 具有 p 个顶点的标定有向自补图的数目 $Lds(p)$ 是多少？

问题 3 设 $\vec{S}_{2n}$ 表示全体 $2n$ 阶有向自补图构成的集合；S_{4n} 表示全体 $4n$ 阶自补图构成的集合。业已知道，$|\vec{S}_{2n}|=|S_{4n}|$，试在 $\vec{S}_{2n}$ 与 S_{4n} 之间找出一种 1—1 映射。

习 题

1. 设 G 是一个简单图，$v\in V(G)$。证明：如果对于 G 中任一顶点 $u\neq v$，均有 $d(u)\neq d(v)$，则对于 $\forall\alpha\in\Gamma(G)$，$v$ 是 α 的一个不动点，即 $\alpha(v)=v$。换言之，$\Gamma(G)$ 中的任一 α 均可表示成 $\alpha=(v)\alpha_0$ 的形式，其中，$\alpha_0\in\Gamma(G-v)$。

2. 证明定理 4.5, 若 A 是一个对象集为 X 的置换群, 则对于 A 中任一轨 Y 中的任一元素 y, 有

$$|A| = |A(y)||Y|$$

3. 证明定理 4.14, 即具有 p 个顶点的全体简单图的数目为 $Z(S_p^{[2]}; 2, 2, \cdots)$。

4. 证明 $\vec{d}_{2n} = g_{4n}$。

5. 证明定理 4.16, 即有序对群 $S_p^{[2]}$ 的轮换指标由 (4.51) 式给出。

6. 自补图的渐近计数公式 (Palmer[14]) 为

$$g_{4n} = \frac{2^{2n(n-1)}}{n!} \left\{ 1 + n(n-1)2^{5-4n} + O\left(\frac{n^3}{2^{6n}}\right) \right\}$$

$$g_{4n+1} = \frac{2^{n(2n-1)}}{n!} \left\{ 1 + n(n-1)2^{4-4n} + O\left(\frac{n^3}{2^{6n}}\right) \right\}$$

试给出证明。

7. 有向自补图的渐近计数公式 (Palmer[14]) 为

$$d_{2n+1} = \frac{2^{2n^2}}{n!} \left\{ 1 + n(n-1)2^{3-4n} + O\left(\frac{n^3}{2^{6n}}\right) \right\}$$

试给出证明。

参 考 文 献

[1] READ R C. On the Number of Self-complementary Graphs and Digraphs. J. London Math. Soc., 1963, 38: 99-104.

[2] PALMER E M. The Enumeration of Graph. Selected Topics in Graph Theory 1 (ed. Beineke L W, Wilson R J), 1978, 385-416.

[3] PÓLYA G. Kombinatorische Anzahlbestimmungen für Gruppen, Graphen und chemische Verbindungen, Acta Math., 1937, 68: 145-254.

[4] REDFIELD J H. The Theory of group-reduced distributions. Amer. J. Math., 1927, 49: 433-455.

[5] HARARY F, PALMER E M. Graphical Enumeration. New York: Academic Press, 1973.

[6] 许进. 图的计数理论及其应用(研究生图论教材). 西安电子科技大学电子工程研究所, 1999.

[7] CHIA G L, LIM C K. A Class of Self-complementary Vertex-transitive Digraphs. J. Graph Theory, 1986, 10: 241-249.

[8] TURNER J. Point-symmetric Graphs with a Prime Number of Points. J. Combin. Theory, 1967, 3: 136-145.

[9] CHAO Z Y, WELLS J G. A Class of Vertex-transitive Digraphs. J. Combin. Theory, 1973, 14(Ser. B): 246-255.

[10] PASSMAN D S. Permutation groups. New York: Benjamin W. A., 1968.

[11] SABIDUSSI G. Vertex-transitive Graphs. Monatsh. Math. 1964, 68: 426-438.

[12] Alspach Point-symmetric graphs and digraphs of prime order and transitive permutation

groups of prime degree. J. Combin. Theorey，1973，15(Ser. B)：12-17.

［13］许进,李虹. 标定自补图的计数. 纯粹数学与应用数学，1993，9(2)：67-76.

［14］PALMER E M. Asymptotic Formulas for the Number of Self-complementary Graphs and Digraphs. Mathematika，1970，17：85-90.

［15］SUN S，XU J. On self-complementary circulants of square free Order//Algebra Colloquium. Academy of Mathematics and Systems Science，Chinese Academy of Sciences，and Suzhou University，2010，17(02)：241-246.

［16］Nakamoto，Atsuhiro，Shirakura，Teruhiro，&. Tazawa，Shinsei. （2009）. An alternative enumeration of self-complementary graphs. Utilitas Mathematica，80. Retrieved from http://utilitasmathematica. com/index. php/Index/article/view/589

［17］UENO M，TAZAWA S. Enumeration of bipartite self-complementary graphs. Graphs and Combinatorics，2014，30：471-477.

第5章 自补图中的路与圈

图中的路与圈问题是图论学科中最核心的问题之一。众所周知,在图论中长时间未得到解决的问题之一是寻找一个实用且简单的 Hamilton 图的特征。目前人们只能对那些比较特殊的图,或者在某些参数限制条件下给出判别图的 Hamilton 性。自补图的 Hamilton 性问题的研究正是属于这些特殊图类之列。Rao 等人已经比较好地解决了自补图的 Hamilton 问题,我们将在本章对此进行讨论。本章的重点是自补图中的路与圈以及泛圈等问题的研究。

自补图中圈的问题对我们并不陌生,在第 2 章中已经对自补图中长度为 3 的圈的计数问题进行了比较详细的讨论。自然,我们会提出下列一连串的问题:一个自补图 G 中是否存在长度为 4 的圈? 长度为 5 的圈,……,长度为 k 的圈? 长度为 k 的圈一共有多少个? G 的最长圈是什么? G 是 Hamilton 图的充分必要条件是什么? G 中的最长路是什么? 围绕着这些问题,我们将逐步展开讨论。本章的安排如下:5.1 节将主要介绍图的 Hamilton 性问题,另外,也将讨论图的圈、路以及泛圈问题。5.2 节中主要介绍自补图中的 Hamilton 路问题,诸如存在性问题,计数问题等;我们在第 5.3 节给出自补图中圈以及泛圈问题的研究,诸如一个自补图 G 是否存在长度为 k 的圈,一个图 G 是泛圈的充要条件是什么等。关于自补图 Hamilton 性问题的解安排在本章最后一节。

5.1　圈与 Hamilton 圈的基础知识

5.1.1　引言

设 G 是一个简单图。如果在图 G 中存在一条生成圈 C,则称 C 为 G 的一条 **Hamilton 圈**,简称为 **H 圈**,并称 G 为一个 **Hamilton 图**,简称为 **H 图**。如果在图 G 存在一条生成路 P,则 P 称为图 G 的一条 **Hamilton 路**,简称为 **H 路**,并且图 G 称为**可追踪的**(traceable)。一个 p 阶图 G 称为一个**泛圈图**,如果它含有 3 圈,4 圈,…,p 圈。显然,若 G 是一个泛圈图,则 G 是 Hamilton 的。但其逆不一定为真。

类似地,一个有向图 D 称为 **Hamilton 有向图**,如果在 D 中含有通过它的每个顶点的有向圈;D 称为**可追踪有向图**,如果它含有通过每个顶点的有向路。

对于图中圈问题的研究,应该围绕着如下几个问题进行:

(1)基本特征:一个 p 阶图 G 含有长度为 k 的圈的基本特征是什么? 刻画它的充要条件是什么?

(2)计数问题:对于一个给定的图 G,如何算出它有多少个长度为 k 的圈?

(3)构造问题:怎样把一个给定的图 G 中的全部长度为 k 的圈找出来? 为此,如何设计一种既简单又实用的算法?

(4)应用问题:如何把图中圈的有关理论应用于图论中的某些问题的研究,或者应用于有关其他学科?

本书是一本研究自补图理论的学术专著,因此,不可能在此对一般图的上述有关圈的问题进行讨论,有兴趣的读者可参阅文献[1]的第十章、文献[4]的第六章等。在本章的后面几节中将对自补图的上述圈问题逐步展开讨论。

为方便,本章中把长度为 l 的圈简记为 l 圈。把长度为 l 的路(即具有 $l+1$ 个顶点的路)简记为 l 路。

5.1.2 Hamilton 问题的等价性

在这一小节里,我们将指出确定图、有向图以及偶图是 Hamilton 的,或者是可追踪的问题本质上是相同的。

定理 5.1 下列问题是等价的:

(1)所有 H 图的确定;

(2)所有可追踪图的确定;

(3)所有 H 有向图的确定;

(4)所有可追踪有向图的确定;

(5)所有 H 偶图的确定。

证明 (1)⟺(2)。设 G 是一个图,$H=G+\{u\}$,其中 $u\not\in V(G)$,则 G 是可追踪的当且仅当 H 是 Hamilton 的。所以,如果我们知道哪些图是 H 图,便可以确定哪些图是可追踪的图。(注意,大多数已知的判别一个图是可追踪的条件可以按照这种方法从一个图是 H 图的条件获得。)反过来,令 H 是一个图且 v 是 H 的一个顶点,设 G 是按照下列方法得到的图:在 H 之外在增加 3 个新的顶点 x,y 和 z。连接 z 于 v 的每个相邻者,并且加边 vx 和 yz;则 H 是 Hamilton 的当且仅当 G 是可追踪的。所以,如果我们知道哪些图是可追踪的,便可以确定哪些图是 Hamilton 的。所以,(1)⟺(2)。

(3)⟺(4)。此结论的证明与上述证明类似,故略。

(1)⟺(3)。设 G 是一个图,令 D 是用一对方向相反的弧来代替 G 中每一条边而得到的有向图,则 G 是 H 图的充要条件是 D 是 Hamilton 的。所以,如果我们知道哪些对称的有向图是 Hamilton 的,便可确定哪些图是 Hamilton 的。反过来,D 是一个有向图并且令 G 是通过 D 按照下列方式构造的:对 D 的每个顶点 v,关联于一个长度为 3 的路,其初始顶点为 a_v,末端顶点为 b_v,并且选择的这些路是点不相交的;令 G 是由这些路以及边 $b_v a_w$ 构成,其中,(v,w) 是 D 的一条弧,则容易证明 D 是 Hamilton 的当且仅当 G 是 Hamilton 的。所以,如果我们知道哪些图是 Hamilton 的,则可以确定哪些有向图是 Hamilton 的。故有(1)⇔(3)。

(1)⇔(5)。若在前面部分的图 G 是偶图,则(3)⇔(5)。但问题(5)是问题(1)的一种特殊情况,所以,(1)⇔(5)。

基于这个定理,我们在今后的讨论中将主要考虑(无向)图的 Hamilton 问题。

注 确定一个图 G 是 H 图的问题是一个 NP 完全问题。这个结果是由 Karp,Lawler 和 Tarjan 建立的,见文献[1]中的第十章。

5.1.3 Hamilton 图的必要条件

定理 5.2 设 G 是一个 H 图,则对于 $V(G)$ 的任意非空子集 S,有

$$\omega(G-S)\leqslant|S| \tag{5.1}$$

证明 设 C 是 G 的一个 H 圈,则对 $V(G)$ 的任意非空子集 S 有 $\omega(C-S)\leqslant|S|$。但 $C-S$ 是 $G-S$ 的一个生成子图,所以有 $\omega(C-S)\leqslant\omega(G-S)$,结论成立。

如果我们只考虑基数是 1 的 S,则我们获得下述推论:

推论 5.3

(1)每一个 H 图是 2 连通的;

(2)每个 H 图 G 的核度 $h(G)\leqslant0$;

(3)每个 H 图是 1 坚韧的。

关于推论 5.3 中(2)的证明可由核度的定义直接推出(参见 1.5 节)。

在 1.5 节中已经引入了图的坚韧度的概念。我们在此再引入 1 坚韧的概念:一个图 G 称为是 **1 坚韧的**,如果对于 $V(G)$ 的每一个非空真子集 S,$\omega(G-S)\leqslant|S|$。于是,推论 5.3 中的(3)不难推出。

推论 5.3 的逆不真,其反例如下:设 $G=K_{r,s}$,其中 $r<s$,则 G 是 r 连通的,但不是 1 坚韧的,所以,G 不是 H 图。

定理 5.2 的逆也是不成立的。例如,Petersen 图(如图 5.1(a)所示)是 1 坚韧的,但不是 Hamilton 的。这种图的最小者如图 5.1(b)所示。

定理 5.4 若 G 是 1 坚韧的,则 G 要么是 Hamilton 的,要么它的补 $\overline{G}$ 包含图 5.2 中所示的图作为它的一个子图。

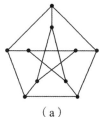

图 5.1 两个反例图

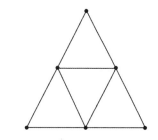

图 5.2 一个特殊的子图

关于 Hamilton 性的较为深入的一些必要条件,有兴趣的读者可参阅文献[4]。

5.1.4 基于图的度或度序列的 Hamilton 图的充分条件

已经知道的绝大多数判别图的 Hamilton 性的充分条件断言:如果 G 是"足够大",或者 G 有"较多的边",则 G 是 Hamilton 的。在这一小节里,我们将主要介绍 Bondy 和 Chvátal 的方法。他们的方法不但统一了大多数已知的条件,而且可以应用于图论其他有关问题的研究。我们先证明如下引理,这个引理的证明过程已经包含了此方法的基本思想。

引理 5.5 设 G 是一个 p 阶图,令 u,v 是 G 的两个不相邻的顶点且它们的度数满足:

$$d(u)+d(v) \geqslant p \tag{5.2}$$

则 G 是 Hamilton 的,当且仅当 $G+uv$ 是 Hamilton 的。

证明 如果 G 是 Hamilton 的,则 $G+uv$ 显然也是 Hamilton 的。反过来,假设 $G+uv$ 是 Hamilton 的,但 G 不是,则 G 含有一个从 u 到 v 的 Hamilton 路。不失一般性,设 $u_1(=u)$, $u_2,u_3,\cdots,u_{p-1},u_p(=v)$,令 $S=\{u_k; uu_{k+1} \in E\}$,$T=\{u_k; u_kv \in E\}$,则由假设有

$$|S|+|T|=d(u)+d(v) \geqslant p \tag{5.3}$$

但因为 $v \notin S \cup T$,所以 $|S \cup T| < p$。故存在 k,使得 u 与 u_{k+1} 相邻,且 v 与 u_k 相邻。所以, G 包含 H 圈

$$u,u_{k+1},u_{k+2},\cdots,u_{p-1},v,u_k,u_{k-1},\cdots,u_2,u=u_1$$

(参见图 5.3 所示),从而导出矛盾! □

图 5.3　引理 5.5 的证明图示

作为推论,由本引理很容易推出 Ore 和 Dirac 的结果:

推论 5.6(Ore,1960) 设 G 是一个阶数为 $p(\geqslant 3)$ 的简单图,如果对 G 中每一对不相邻的顶点 u 和 v,都有 $d(u)+d(v) \geqslant p$,则 G 是一个 H 图。 □

推论 5.7(Dirac,1952) 设 G 是一个阶数为 $p(\geqslant 3)$ 的简单图,如果对 G 中每一个顶点 u,都有 $d(u) \geqslant \frac{1}{2}p$,则 G 是一个 H 图。 □

事实上,Nash-Williams[21](1969)已经证明了在 Dirac 定理的条件下,G 至少含有边不相交的 Hamilton 圈的数目是

$$\left[\frac{5}{224}(p+10)\right]$$

Jung 在 1978 年(文献[18])也已经证明了如果 G 是 1 坚韧的,且对于 G 中每对不相邻的顶点 u,v,$d(u)+d(v) \geqslant p-4$,其中 $p \geqslant 11$,则 G 是 H 图。

设 G 是一个 p 阶图,由引理 5.5,若 $uv \notin E(G)$,且 $d(u)+d(v) \geqslant p$,则 $G_1=G+uv$ 是 H 图当且仅当 G 是 H 图;进而,若 $u_1v_1 \notin E(G_1)$,且 $d_{G_1}(u_1)+d_{G_1}(v_1) \geqslant p$,则由引理 5.5

知,$G_2 = G_1 + u_1 v_1$ 是 H 图当且仅当 G_1 是 H 图;依此类推。如果我们从 G 出发,相继把 G 中所有的满足度数之和大于或者等于 p 的不相邻的顶点对都用边连接起来,所得的图记作 $cl(G)$,并称它为图 G 的**闭包**。这个概念是由 Bondy 和 Chvátal[9] 引入的。可以证明,从一个 G 到它的闭包 $cl(G)$ 的完成需要 $O(p^4)$ 步。对于如图 5.4(a) 所示的图 G_0,它的闭包是 K_6,其详细步骤如图 5.4(b),5.4(c) 和 5.4(d) 所示。

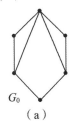 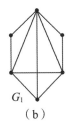  

（a）　　　　　　（b）　　　　　　（c）　　　　　　（d）

图 5.4　一个图与它的闭包

基于引理 5.5,容易推出下述定理。

定理 5.8　一个图 G 是 Hamilton 的,当且仅当 $cl(G)$ 是 Hamilton 的。　　□

由定理 5.8,我们有下列重要推论。

推论 5.9　如果一个图 G 的闭包 $cl(G)$ 是完全图,则 G 是 Hamilton 的。　　□

这个推论合并了关于度方面的 H 图的大多数已经知道的结果。

定理 5.10　设 G 是一个顶点集为 $V(G) = \{v_1, v_2, \cdots, v_p\}$ 的 p 阶图,假设不存在满足下列条件的整数 i, j:

$$i < j, i + j \geqslant p, v_i v_j \notin E, d(v_i) \leqslant i, d(v_j) \leqslant j - 1 \atop d(v_i) + d(v_j) \leqslant p - 1 \Bigg\} \tag{5.4}$$

则 G 是 H 图。

证明　由推论 5.9,我们只需要证明 $cl(G)$ 是一个完全图即可。假设 $H = cl(G)$ 不是一个完全图,则在 H 中至少存在两个顶点 v_i, v_j,使得

(1) j 尽可能地大,且

(2) 在 (1) 的条件下,i 尽可能地大。

我们将通过证明 i 和 j 满足定理中的 (5.4) 式中的所有条件,从而导致矛盾!

首先,由 (1) 知,$i < j$;其次,因为 H 是 G 的闭包,则有

$$d_H(v_i) + d_H(v_j) \leqslant p - 1 \tag{5.5}$$

所以,$d_G(v_i) + d_G(v_j) \leqslant p - 1$。由 (1),$v_i$ 在 H 中必须与所有那些 $k > j$ 的顶点 v_k 相邻,故有

$$d_H(v_i) \geqslant p - j \tag{5.6}$$

由 (2),v_j 在 H 中必须与所有那些 $k > i, k \neq j$ 的顶点 v_k 相邻,故有

$$d_H(v_j) \geqslant p - i - 1 \tag{5.7}$$

由 (5.5) 和 (5.6) 式,我们有

$$d(v_j) \leqslant d_H(v_j) \leqslant p - 1 - (p - j) = j - 1$$

由 (5.5) 和 (5.7) 式有

$$d(v_i) \leqslant d_H(v_i) \leqslant p - 1 - (p - i - 1) = i$$

最后,由(5.6)和(5.7)式有

$$i+j\geqslant 2p-1-d_H(v_i)-d_H(v_j)\geqslant p(由(5.5)式)$$

至此,本定理获证。 □

定理 5.11(Chvátal[12],1972) 设 G 是一个 p 阶图($p\geqslant 3$),且它的度序列 $\pi(G)=(d_1,d_2,\cdots,d_p)$ 满足下列条件:

(1)$d_1\leqslant d_2\leqslant\cdots\leqslant d_p$;

(2)若对于使得

$$d_k\leqslant k<\frac{1}{2}p$$

的每个 k,有 $d_{p-k}\geqslant p-k$,则 G 是 H 图。

证明 若 $cl(G)$ 不是完全图,为方便,令 $cl(G)=H$,则至少存在两个顶点,设为 u,v,它们在 H 中不相邻,且使得 $d_H(u)+d_H(v)$ 尽可能地大。不妨设 $d_H(u)\leqslant d_H(v)$。由于 $d_H(u)+d_H(v)\leqslant p-1$,故若令 $k_0=d_H(u)$,则有 $k_0<\frac{p}{2}$。设

$$S=\{w\in V(H);vw\notin E(H)\},T=\{w\in V(H);uw\notin E(H)\}$$

则有

$$|S|=p-1-d_H(v)\geqslant p-1-(p-1-d_H(u))=k_0$$

$$|T|=p-1-d_H(u)=p-k_0-1$$

由 u 与 v 的取法知 S 中每一个顶点在 H 中的度 $\leqslant d_H(u)=k_0$,又因为 $T\cup\{u\}$ 中每个顶点在 H 中的度 $\leqslant d_H(v)<p-k_0$。因此,在 H 中至少有 k_0 个顶点的度数小于或者等于 k_0,同时至少有 $p-k_0$ 顶点,它们的度数 $<p-k_0$。由于 G 是 $cl(G)$ 的生成子图,故这个结论对 G 也是成立的。从而有 $d_k\leqslant k_0<\frac{p}{2}$,这与假设矛盾! □

如果我们只考虑在度数意义下的 Hamilton 问题,则 Chvátal 的定理(即定理 5.11)是最好可能的。为了说明这个事实,我们引入这样一类图,记作 $C(r,p)$,这里 r,p 满足 $1\leqslant r<\frac{1}{2}p$,定义为

$$C(r,p)=K_r+(\overline{K}_r\cup K_{p-2r})$$

即图 $C(r,p)$ 是由 K_r 与 K_{p-2r} 的联图以及 K_r 与 $\overline{K}_r$ 的联图之并图 $(K_r+K_{p-2r})\cup(K_r+\overline{K}_r)$ 构成。为了说明这个概念,我们在图 5.5(a)中给出了这个定义的图示,图 5.5(b)和图 5.5(c)分别给出了图 $C(1,6)$ 和图 $C(2,6)$。

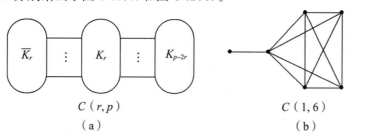

C(r,p)
(a)

C(1,6)
(b)

C(2,6)
(c)

图 5.5 说明 $C(r,p)$ 的图

显然,如果 $v \in V(\overline{K_r})$,则 $d(v)=r$;如果 $v \in V(K_{p-2r})$,则 $d(v)=p-r-1$;如果 $v \in V(K_r)$,则 $d(v)=p-1$。于是,图 $C(r,p)$ 的度序列为

$$\pi = (r, \cdots, r, p-r-1, \cdots, p-r-1, p-1, \cdots, p-1)$$

容易证明,这个度序列是一个唯一度序列,即它的实现只有唯一的图 $C(r,p)$。进而,由于 $\omega(G-S)=p-1>|S|$,所以,$G(r,p)$ 不是 1 坚韧的,从而有 $G(r,p)$ 不是 H 图。这里,$S=V(K_r)$。

一个实数序列 $\pi=(d_1,d_2,\cdots,d_p)$ 称为**弱于**实数序列 $\pi'=(d'_1,d'_2,\cdots,d'_p)$,如果对于每个 $i,1 \leqslant i \leqslant p$,有 $d_i \leqslant d'_i$。图 G 称为**度弱于**图 H 的,如果 $|V(G)|=|V(H)|$,并且 G 的不减的度序列弱于 H 的不减的度序列。

基于上述准备,我们现在给出下面的定理。

定理 5.12(Chvátal[12],1972) 若 G 是一个阶数 $p \geqslant 3$ 的非 H 图,则 G 度弱于某个 $C(r,p)$。

证明 设 G 是一个度序列为 $\pi=(d_1,d_2,\cdots,d_p)$ 的非 H 图,$d_1 \leqslant d_2 \leqslant \cdots \leqslant d_p$,$p \geqslant 3$,则由定理 5.11,存在 $r<\dfrac{p}{2}$,使得 $d_r \leqslant r$ 且 $d_{p-r}<p-r$,因此,$\pi=(d_1,d_2,\cdots,d_p)$ 弱于序列 $(r,\cdots,r,p-r-1,\cdots,p-r-1,p-1,\cdots,p-1)$,它就是图 $C(r,p)$ 的度序列。 □

也有许多关于边数条件下的 Hamilton 问题的结果。下面的结果便是其中的一个,这个结果是由 Ore[22] 和 Bondy[6] 分别获得的。

定理 5.13 设 G 是一个阶数 $p \geqslant 3$,边数 $q>\dbinom{p-1}{2}+1$ 的简单图,则 G 是 H 图。进而,具有 p 个顶点和 $\dbinom{p-1}{2}+1$ 条边的非 Hamilton 图只有 $C(1,p)$,以及当 $p=5$ 时还有 $C(2,5)$(见图 5.6)。

证明 由定理 5.12,对于每个 p 阶非 H 图 G,存在某个正整数 $r<\dfrac{p}{2}$,使得 G 度弱于 $C(r,p)$。所以,G 的边的数目至多是

$$|E(C(r,p))| = \dbinom{p-r}{2}+r^2$$

容易证明

$$\dbinom{p-r}{2}+r^2 \leqslant \dbinom{p-1}{2}+1$$

容易验证,当 $r=1$,或者 $r=2$ 且 $p=5$ 时等式成立,注意到 $C(r,p)$ 图的度序列实现的唯一性,从而本定理获证。 □

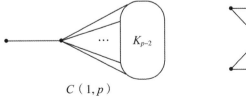 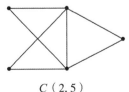

$$C(1,p) \qquad\qquad C(2,5)$$

图 5.6 特殊的 $C(r,p)$ 图

关于 H 图的边数的另一个结果是以概率为工具来刻画的,由 Komlós 和 Szemerédi (1978),以及 Pósa[4](1976)分别获得。

定理 5.14 假设我们给定 p 个顶点,并且在它们之间随机地连接

$$\left[\frac{1}{2}p\log p+\frac{1}{2}p\log\log p\right]+O(p)$$

条边。如果 $P(p,c)$ 表示产生的图是 H 图的概率,则对充分大的 c,我们有

$$\lim_{p\to\infty}P(p,c)=1 \qquad\qquad\qquad \square$$

定理 5.15 设 G 是一个阶数为 p 的正则 2 连通图,其正则的度数为 $d\geqslant\frac{1}{3}p$,则 G 是 H 图。 $\qquad\qquad \square$

由推论 5.3 我们已经知道,若 G 是 H 图,则 G 必是 2 连通的。当然,2 连通图不一定是 H 图。那么,哪些 2 连通图是 H 图?范更华在 1984 年得到了一个重要结果。

定理 5.16(范更华[15],1984) 设 G 是一个 2 点连通图,若对任一对使 $d(u,v)=2$ 的顶点 u,v,有

$$\max\{d(u),d(v)\}\geqslant\frac{1}{2}p$$

则 G 是 H 图。

证明 令 $S=\left\{u;d(u)\geqslant\frac{p}{2}\right\}$,且令 $G_1,G_2,\cdots,G_m$ 是 $G-S$ 的连通分支。由定理 5.8,不妨假设 $G[S]$ 是完全图,又由假设条件推出每个 $G_i(i=1,2,\cdots,m)$ 也是完全图。令

$$S_i=\{u\in S;存在顶点\ v\in V(G_i),使得\ uv\in E(G)\}$$
$$T_i=\{u\in V(G_i);存在顶点\ v\in S,使得\ uv\in E(G)\}$$
$$i=1,2,\cdots,m$$

由于 G 是 2 连通的,故对每个 $i(1\leqslant i\leqslant m)$,$|S_i|\geqslant 2$;当 $|V(G_i)|\geqslant 2$ 时,$|T_i|\geqslant 2$。又由假设条件可见,$1\leqslant i<j\leqslant m$,$S_i\bigcap S_j=\varnothing$。由此推出 G 是 H 图。 $\qquad \square$

5.1.5 其他一些充分条件

在这一小节中,我们将讨论关联于图的 Hamilton 性的三个课题:独立数、幂图和线图。有关这方面的参考文献可在文献[19]中找到。

定理 5.17(Chvátal,Erdós[13],1972) 设 G 是一个具有连通度为 κ,独立数为 α 的简单图。如果 $\alpha\leqslant\kappa$,则 G 是 H 图。

定理 5.18(Bilgáke,1977) 设 G 是一个阶数为 p 的 κ 连通,1 坚韧的,且独立数 $\alpha\leqslant\kappa+1$,那么

(1)如果 $\kappa=3$ 且 $p\geqslant 11$,则 G 是 H 图;

(2)如果 $\kappa=4$,则 G 是 H 图;

(3)对每个 κ,存在一个数 $p_0(\kappa)$,使得如果 $p\geqslant p_0(\kappa)$,则 G 是 H 图。 $\qquad \square$

值得注意的是定理 5.17 是 Ore 定理(即推论 5.6)的推广,由 Bondy[8]获得,他证明了下

列结果:

定理 5.19 如果对于 G 中每一对不相邻的顶点 u,v，有 $d(u)+d(v)\geqslant p$，则解释 $a\leqslant\kappa$。

Bondy 和 Nash-Williams 在 1971 年也获得了在图的最小度较大时，比定理 5.17 更强的结果，其如下：

定理 5.20[4] 若 G 是一个 2 连通的且满足

$$\delta(G)\geqslant\max\left\{\alpha,\frac{1}{3}(p+2)\right\}$$

则 G 是 Hamilton 的。

一个图 G 的 **k 次幂**（记作 G^k）是一个图，其顶点集与 G 的顶点集相同，如果在 G 中的两个不同的顶点 u,v 之间的距离 $\leqslant k$，则在 G^k 中这两个顶点相邻。已经有几个关于某些图的幂图是 H 图的结果，现介绍如下：

定理 5.21 一个连通图的立方是 Hamilton 连通的。

证明 考虑 G 的一个生成树 T。我们用归纳法来证明 T^3 是 H 连通的。当 $p=2$ 时，结论显然成立。假设结论对于所有阶数 $<p$ 的树都成立，我们现在来考虑阶数 >2 的树 T。设 a,b 是 T 的两个不同的顶点，我们将证明，T^3 在 a,b 之间存在 H 路。

由于 T 是树，故在 a,b 之间存在着唯一的一条路 $\mu[a,b]=(a,x_1,\cdots,b)$。若将边 ax_1 从 T 中删去，则得到分别包含 a 与 b 的两棵树 T_a 和 T_b。由归纳假设，设 $\mu[a,a']$ 是 $(T_a)^3$ 中的一条 H 路，其两个端点分别为 a 和 T_a 中 a 的一个相邻顶点 a'（如果 T_a 不是单个顶点，则这里的 a' 与 a 不相同）。$\mu[b,b']$ 是 $(T_b)^3$ 的一条 H 路，其两个端点分别为 b 和 T_b 中 b 的一个相邻顶点 b'（如果 T_b 不是单个顶点，则这里的 b' 与 b 不相同）。

顶点 a' 与 b' 在 T 中最多相隔三条边，因此，它们在 T^3 中是相邻顶点。由此可知

$$\mu[a,a']+\mu[a',b']+\mu[b',b]$$

就是要求的 T^3 中 a 与 b 之间的 H 路。

定理 5.22[4] 一个连通图的立方是 Hamilton 的。

定理 5.23（Fleischner，1974） 每一个 2 连通图的平方是 Hamilton 的。

定理 5.24 设 G 是任意一个简单图，则要么 G^2 是 H 图，要么 $(\overline{G})^2$ 是 H 图。

证明 如果 G 是 2 连通的，则由定理 5.23 知，G^2 是 Hamilton 的。若 G 是连通的，但不是 2 连通的，则如果 $d(v)=p-1$，G 含有一个割点 v。其中 p 是 G 的阶数，则 G^2 是一个完全图，结论显然成立。如果 $d(v)<p-1$，则 $(\overline{G}-v)^2$ 是一个完全图，所以 $(\overline{G})^2$ 是 Hamilton 的。

定理 5.25 设 G 是一个简单图，则 G 的线图 $L(G)$ 是 Hamilton 的，当且仅当要么对某个 $s\geqslant3$，G 同构于 $K_{1,s}$，要么 G 含有一个圈 C，使得 G 中的每一条边至少有一端与 C 相关联。

定理 5.26 设 G 是一个 p 阶连通图，那么

(1) 如果 $p\geqslant5$，则 $L(G)$、$L(\overline{G})$ 中至少有一个是 H 图；

(2) 如果 $p\geqslant4$，则 $L^2(G)$ 是 H 图；

(3)如果 $p \geqslant 3$,则 $L(G^2)$ 是 H 图。　□

定理 5.27　若 G 是一个 p 阶连通图(不是一条路),则对所有的 $k \geqslant p-3$,$L^k(G)$ 是 H 图。　□

5.1.6　Hamilton 可平面图

Hamilton 可平面图的产生部分来自于 Whitney(1931)的结果。这个结果认为,欲证 4 色定理,只要考虑 Hamilton 可平面图就可以了。Hamilton 可平面图也部分地基于 Tait 在 1880 年提出的一个猜想。

Tait 猜想　每个 3 次 3 连通图都是 H 图。

如果 Tait 猜想成立,则我们可以通过这个猜想给出 4 色定理一个很简单的数学证明。遗憾的是,这个猜想被 Tutte 通过如图 5.7 所示的 46 个顶点的反例图给予否定。

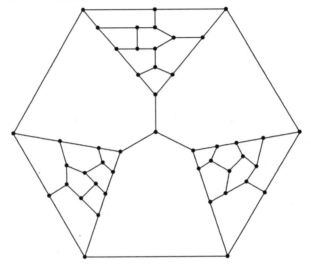

图 5.7　Tutte 图

3 连通可平面图的重要性主要是因为它们与多面体之间的关系。一个图 G 是一个 d **多面体图**,如果存在一个 d 维凸多面体 P,它的顶点与边同 G 的顶点与边 $1-1$ 对应。一个 3 多面体图称为一个**多面体图**,并且此类图的特征由 Steinitz 在 1922 年表征。

定理 5.28　一个图 G 是多面体图,当且仅当它是可平面的且是 3 连通的。　□

从 Tutte 的反例(图 5.7)中我们推出,至少存在一个不是 Hamilton 的 3 次多面体图。其中最小的非 Hamilton 的多面体图是 Herschel 图,如图 5.8 所示。

构造非 Hamilton 的多面体图的一般方法由 Grinberg 在 1968 年给出。他对一个可平面图是 Hamilton 的也给出了下列必要条件:

定理 5.29　设 G 是一个可平面的 H 图,令 C 是

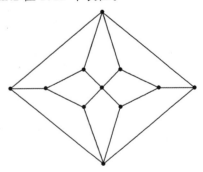

图 5.8　Herschel 图

它的一个 H 圈,f_k 表示在 C 的内部由 k 条边围成的区域的数目,g_k 表示在 C 的外部由 k 条边围成的区域的数目,则

$$\sum_k (k-2)(f_k - g_k) = 0$$

证明 如果 m 表示在 C 内部的 G 的边的数目,由于 C 是 H 圈,则在 C 内部的全体区域的数目(即 $\sum_k f_k$)是 $m+1$,但是每条这样的边在恰好在 C 的内部的两个区域的边界上出现,所以 $\sum_k k f_k = 2m + p$,其中 p 表示 G 的阶数。于是,我们可以推出

$$\sum_k k(k-2)f_k = p - 2$$

类似地,有

$$\sum_k (k-2)g_k = p - 2$$

基于上述两式,本定理即获证。 □

作为这个定理应用的一个例子,我们将证明如图 5.9 所示的图是一个非 Hamilton 的。在这个图中,除了一个区域是正方形外,其余每个区域要么是一个五边形,要么是一个八边形。因此,假设这个图是一个 H 图,我们就应该有下列方程:

$$3(f_5 - g_5) + 6(f_8 - g_8) + 2(f_4 - g_4) = 0$$

但这是不可能的,因为通过缩小模 3 可以看到。所以,这个图是一个非 Hamilton 的。

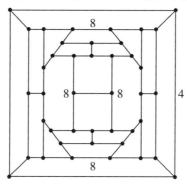

图 5.9 说明定理 5.29 的一个图例

注 由定理 5.29 这个必要条件,我们可以得到关于 Tait 猜想的更多的反例。迄今为止,已知的关于 Tait 猜想的最小反例是 38 阶图(如图 5.10 所示)。这个图是由 Lederberg 构造的,故通常称为 **Lederberg 图**。

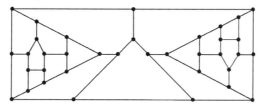

图 5.10 Lederberg 图

读者不妨用定理 5.29 对 Lederberg 图的非 Hamilton 性给予证明。

Tutte 在 1956 年获得了一个关于 4 连通平面图的结果：

定理 5.30(Tutte[27], 1956)　每个 4 连通的平面图都是 Hamilton 的。□

这里，可平面性的条件不能略去，如图 $K_{4,5}$ 就是一个反例。

类似地，关于 d 多面体其他方面的性质总结于定理 5.31 中，读者可参见 Grunbaum[16]、[17] 的综述文章。

定理 5.31

(1)对 $d \geqslant 3$，存在 d 多面体非 H 图；

(2)存在 3 连通的、可平面的且非一可追综的正则 3 次图、4 次图和 5 次图；

(3)存在 3 连通的、循环 6 边连通的、可平面的且非 Hamiltion 的正则 3 次图、4 次图和 5 次图。

猜想　每个 3 次 3 连通偶图都是 H 图。

一个图 G 的**亏值**是指将图 G 嵌入在一个球面上所必须的环柄的最少数目，记作 $\lambda(G)$。

定理 5.32　如果 G 是一个亏值为 λ 的 k 连通图，则对任意满足 $|S|>k$ 的 $S \in V(G)$，有

$$\omega(G-S) \leqslant \frac{2}{k-2}(|S|-2+2\lambda)$$

5.1.7　Hamilton 有向图

按照定理 5.1 的结果，我们当然期望这一节中关于无向图的大多数的结果能方便地扩充到有向图上来。然而，情况并非如此。有些结果无法扩充到有向图，对于哪些可以扩充到有向图的结果来说，其中有些证明是很复杂的，且证明的方法与无向图的情形不同。

设 v 是有向图 D 的一个顶点，v 的**入度**是指 v 为头的弧的数目，记作 $d^-(v)$；v 的**出度**是指 v 为尾的弧的数目，记作 $d^+(v)$；v 的**度**是指 v 的出度与入度之和，记作 $d(v)$。一个有向图 D 称为是**严格的**，如果它没有环并且任意两条弧度不具有相同的方向和相同的端点。

设 D 是一个有向图，如果在 D 中每对顶点之间均存在一条有向路，则 D 称为是**强连通的**。

我们首先将 Ore 定理(即推论 5.6)推广到有向图的情形上来，这个结果是由 Meyniel[20] 于 1973 年获得的。

定理 5.33　设 D 是一个阶数为 p 的强连通有向图，如果对于 D 中的每对顶点 u, v，有 $d(u)+d(v) \geqslant 2p-1$，则 D 是 Hamilton 的。□

推论 5.34　设 D 是 p 阶强连通有向图，如果对于 D 中每一个顶点 v，都有 $d(v) \geqslant p$，则 D 是 H 有向图。□

推论 5.35　每一个强连通竞赛图是 H 有向图。□

推论 5.36　设 D 是 p 阶强连通有向图，如果对于 D 中每一对不相邻的顶点 u, v，都有 $d(u)+d(v) \geqslant 2p-3$，则 D 是可追踪的。□

定理 5.37　设 D 是一个有向图，则 $L(D)$ 是 Hamilton 的，当且仅当 D 是 Euler 的。□

5.1.8 泛圈和泛连通图

我们在 5.1.1 节中已经给出了泛圈图的定义：一个 p 阶图 G 称为一个**泛圈图**，如果它含有 3 圈，4 圈，$\cdots$，p 圈。泛圈图是由 Bondy 在 1971 年引入的（见文献[5]、[7]）。

定理 5.38 设 G 是一个度序列为 $\pi(G)=(d_1,d_2,\cdots,d_p)(d_1\leqslant d_2\leqslant\cdots\leqslant d_p)$ 的 p 阶图。如果对于每一个满足 $d_k\leqslant k<\frac{1}{2}p$ 的正整数 k，有 $d_{p-k}\geqslant p-k$，则 G 要么是泛圈的，要么是偶图。

证明 首先假设 p 是奇数，则 $d_{\frac{1}{2}(p+1)}>\frac{1}{2}p$，因为要么 $d_{\frac{1}{2}(p-1)}>\frac{1}{2}p$，这种情况下的结果是明显的；要么 $d_{\frac{1}{2}(p-1)}\leqslant\frac{1}{2}(p-1)$，这种情况下由假设 $d_{\frac{1}{2}(p+1)}\geqslant\frac{1}{2}(p+1)>\frac{1}{2}p$，再由 Chvátal 定理知 G 是 H 图。 $\square$

推论 5.39 设 G 是一个阶数为 $p\geqslant 3$ 的图，如果对 G 中每一对不相邻的顶点 u,v，有 $d(u)+d(v)\geqslant 2p$，则 G 要么是泛圈的，要么是图 $K_{\frac{1}{2}p}$。 $\square$

定理 5.40 设 G 是一个连通度为 κ、独立数为 α 的图，并且假设 $\alpha\leqslant\kappa$，若存在一个数 c，使得如果 G 至少有 $c\kappa^4$ 个顶点，则 G 是泛圈的。 $\square$

对于 $\kappa=2$ 的情况，Bondy 已经证明了结果。

定理 5.41 若 G 是一个连通图，那么

(1) G^3 是一个泛圈图；

(2) 如果 G^2 是 Hamilton 的，则 G^2 是泛圈的；

(3) 如果 G 是一个 2 连通的，则 G^2 是泛圈的。 $\square$

泛圈的概念也已被引入到有向图。一个 p 阶有向图 D 称为是**泛圈的**，如果对于每个满足 $3\leqslant l\leqslant p$ 的正整数 l，在 D 中含有长度为 l 的有向圈。显然，每个泛圈有向图是 Hamilton 的。Moon 已经证明了每个强连通的竞赛图是泛圈。

定理 5.42 强 p 阶竞赛图的每一个顶点被包含在一个长度为 k 的圈中，其中 $k=3,4,\cdots,p$。 $\square$

5.1.9 圈的计数问题

一个给定的图 G 有多少个 H 圈及其相关的问题是非常困难的问题。目前关于这方面的结果非常少。例如，一个 n 维超立方体中 H 圈的数目，记作 $H(n)$，除了已知 $H(2)=1$，$H(3)=6$，$H(4)=1\,344$，$H(5)=906\,545\,760$（可能是），以及 $H(n)$ 的界外（见文献[4]），其余的结果是不知道的。

在图的 H 圈的计数问题上得到的另一个结果是关于一个给定图的 H 圈数目的奇偶性问题。这种类型的结果分别是由 Smith(1946) 和 Kotzig(1966) 获得的。

定理 5.43 设 G 是一个 3 正则图，那么

(1) 对于一个给定图 G 的边 H 圈的数目是偶的；

(2)如果 G 是一个偶图,则 G 中的 H 圈的数目是偶的。

关于这个定理的证明参见文献[26]。

定理 5.44 如果 G 可以表示成两个边不相交的 H 圈的并,则 G 也可以表示成两个其他边不相交的并。

关于图中圈的问题非常丰富,诸如图的周长与围长、图的 Hamilton 性与图的生成树以及对称图的 H 性等。我们不打算在这里一一讨论这些问题,有兴趣的读者可参阅文献[2]～[4]。这里,我们将给出两个重要的结果。用 $c(G),g(G)$ 分别表示图 G 的围长和周长,令

$$n(g,c)=\{p;c(G)\geqslant c,g(G)\geqslant g,|V(G)|=p\}$$

定理 5.45 设 $g\geqslant 4,c\geqslant 2$ 均为正整数,则

$$n(g,c)\geqslant \begin{cases} 1+c\,\dfrac{(c-1)^{(g-1)/2}-1}{c-2}, & \text{如果 } g \text{ 是奇数} \\[3mm] \dfrac{(c-1)^{g/2}-1}{c-2}, & \text{如果 } g \text{ 是偶数} \end{cases}$$

定理 5.46 设 $g\geqslant 4,c\geqslant 2$ 均为正整数,则

$$n(g,c)\leqslant \begin{cases} 2\,\dfrac{(c-1)^{g-1}-1}{c-2}, & \text{如果 } g \text{ 是奇数} \\[3mm] 4\,\dfrac{(c-1)^{g-2}-1}{c-2}, & \text{如果 } g \text{ 是偶数} \end{cases}$$

5.2　自补图中的路

本节的第一小节中讨论自补图中 H 路的存在性问题。这个问题可由 Chvátal 的著名定理(即定理 5.11)很方便地解决。Clapham[14] 在 1974 年通过应用自补图中自补置换的方法独立地给出了证明。第二小节主要讨论自补图中长度为 $k\geqslant 5$ 的路的计数问题。这些结果主要是由 Rao[23] 于 1979 年完成的。在第三小节中将主要介绍自补图中 H 路的计数问题。这是一个尚待解决的难题。

5.2.1　自补图中 H 路的存在性

对于一个给定的图 G 和一个不属于 G 的顶点 v,通过对图 $G+\{v\}$ 应用定理 5.11,我们可以导出下面的定理 5.47。

定理 5.47 设 G 是一个阶数 $p\geqslant 2$ 的有限图,并且它的度序列 $\pi(G)=(d_1,d_2,\cdots,d_p)$ 满足:对于每一个 $<\dfrac{1}{2}(p+1)$ 的 k,至少有下列一个不等式成立:

$$d_k\geqslant k,\quad d_{p+1-k}\geqslant p-k$$

则 G 有一个 Hamilton 路。

显然,若 G 是自补图,且它的度序列 $\pi(G)=(d_1,d_2,\cdots,d_p)$ 满足:对于所有的 $k=1$,$2,\cdots,\left[\dfrac{1}{2}(p+1)\right]$,有

$$d_k+d_{p-k+1}=p-1$$

假设存在某个 k,$k<\dfrac{1}{2}(p+1)$,均有

$$d_k<k,\quad d_{p-k+1}<p-k$$

从而有 $d_k+d_{p-k+1}\leqslant(k-1)+(p-k-1)=p-2$,与上式矛盾! 于是我们证明了,若 G 是一个 p 阶自补图,则它的度序列就满足定理 5.45 的条件。换句话讲,我们证明了下面的定理。

定理 5.48 每一个非平凡的自补图都存在 H 路。

这个结果首先是由 Clapham[14] 于 1974 年获得的。Clapham 在文献[14]中不但指出了定理 5.46 是 Chvátal 定理(即定理 5.11)的一个推论,更主要地,还应用自补图中一个自补置换的结果给出了定理 5.46 的一个构造性的证明。这种证明更能揭示自补图中 H 路的存在性。由于后面的章节中要用到这种思想,故我们在此给出 Clapham 的证明。

证明 根据顶点数 $p=4n$ 或者 $p=4n+1$,分两种情况讨论:

$p=4n$ 的情况:

假设图 G 是一个 $p=4n$ 阶的自补图,令 σ 是 G 的一个自补置换,我们又可以分如下两种情况来讨论:

子情况 1 σ 只由一个长度为 $4n$ 的轮换构成。

不失一般性,设 $\sigma=(v_1,v_2,\cdots,v_{4n})$。我们可以假设 $v_1v_3\in E(G)$(如果不是,则在 G 中必存在边 v_2v_4,我们可以对 G 的顶点集进行重新标定,使得 $v_1v_3\in E(G)$)。由这个假设我们可以推出对于所有的奇数 i,$v_iv_{i+2}\in E(G)$,其中下标表示在模 p 运算下进行。我们还可以假设 $v_1v_2\in E(G)$(如果不是,则在 G 中必存在边 v_1v_{4n}。于是,我们可以用 $\sigma^{-1}=(v_1v_{4n}$ $v_{4n-1}\cdots v_2)$ 来代替 σ,并且对 G 的顶点集进行重新标定),这就意味着对于所有的奇数 i,$v_iv_{i+1}\in E(G)$。

下面通过构造性的方法,给出 G 的 H 路。如果 $n=1$,我们立即可以看到 $v_2v_1v_3v_4$ 是 G 的一条 H 路。

假设 $n>1$,则在 G 中存在 $v_1v_4\in E(G)$,当且仅当 $v_4v_7\in E(G)$。所以,我们可以假设

(a)在图 G 中存在边 $v_1v_4,v_3v_6,v_5v_8,\cdots$,或者

(b)在图 G 中存在边 $v_2v_5,v_4v_7,\cdots$。

在情况(a)中,容易看出在 G 中存在下列 H 路:

$$v_2v_1v_4v_3v_6v_5v_8v_7\cdots v_{4n-2}v_{4n-3}v_{4n-1}v_{4n}$$

图 5.11 中所给出的图示指出了当 $n=3$ 时的 H 路。

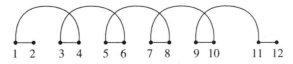

图 5.11　$n=3$ 时的 H 路

在图 5.11 中我们用 i 来代替 v_i，$i=1,2,\cdots,12$。注意其中的两个事实：在 σ 中的两个连续奇数顶点 v_{4n-3} 和 v_{4n-1}，在 H 路中也是连续出现的；H 路的两个端点是 v_2 和 v_{4n}，它们是模 $4n$ 意义下的 σ 的两个连续偶数顶点。

在情况(b)中，容易看出在 G 中存在下列 H 路：

$$v_{4n-2}v_{4n-3}v_{4n-6}\cdots v_6 v_5 v_2 v_1 v_3 v_4 v_7 v_8 \cdots v_{4n-4} v_{4n-1} v_{4n}$$

当 $n=3$ 时的 H 路如图 5.12 所示。

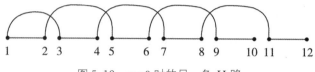

图 5.12　$n=3$ 时的另一条 H 路

同图 5.11 中一样，我们在图 5.12 中还是用 i 来代替 v_i，$i=1,2,\cdots,12$。对于情况(b)，我们再注意其中的两个事实：在 σ 中的两个连续奇数顶点 v_1 和 v_3 在 H 路中也是连续出现的；H 路的两个端点是 v_{4n-2} 和 v_{4n}，它们是 σ 的两个连续偶数顶点。

因此，我们可以推断，对于每一种情况，由于 σ^2 是 G 的一个自同构，故有：

(1)对 σ 的任意两个连续奇数顶点，若在 G 中存在一条 H 路，则它们在 H 路中也是连续出现的；

(2)对于 σ 中的任意两个连续偶数顶点，若在 G 中存在一条 H 路，则它们是这条路的两个端点。

这个事实对于 $n=1$ 的情况 $\sigma=(v_1 v_2 v_3 v_4)$ 也成立。

子情况 2　σ 由两个或者两个以上的轮换构成。

对图 G 的顶点进行标定，使得在每个轮换中连续两个奇数顶点在 G 中有边相连。

设 $\xi=(\xi_1 \xi_2 \xi_3 \cdots)$ 和 $\eta=(\eta_1 \eta_2 \eta_3 \cdots)$ 是 σ 的两个轮换，如果存在从 ξ 的某一个偶数顶点到 η 的某一个奇数顶点的一条边，则记 $\xi<\eta$。注意到，如果 $\xi<\eta$，则 ξ 的每一个偶数顶点与 η 的某一个奇数顶点在 G 中相邻，并且 η 的每一个奇数顶点与 ξ 的某一个偶数顶点相连边。如果 $\xi\not<\eta$，则在图 G 中不存在边 $\xi_2 \eta_3$。所以，存在边 $\xi_1 \eta_2$，存在边 $\eta_2 \xi_1$，故有 $\eta<\xi$。因此，对于任意的 ξ 和 η，要么 $\xi<\eta$，要么 $\eta<\xi$（**注意**：①$\xi<\eta$ 和 $\eta<\xi$ 可以同时成立；②$\xi<\eta$ 和 $\eta<\tau$ 并不意味着 $\xi<\tau$）。容易看到 σ 的轮换因此可以被依次记作

$$\sigma=\alpha\beta\gamma\cdots\omega,\quad \alpha<\beta,\beta<\gamma,\cdots$$

一种等价地说法是每一个竞赛图有一个 Hamilton 有向路。

设 A 是 G 的一个子图，它的顶点集是出现在 α 中的顶点构成的集合，其边集是这个顶点子集中在 G 中所存在的边构成的集合，则 A 是一个自补图并且轮换 α 把 A 映射到它的补。因此，在 A 中存在一条 H 路。这条 H 路的端点是 α 的两个偶数顶点，设为 α_i,α_{i+2}，由于 $\alpha<\beta$，因此，存在一条边 $\alpha_i\beta_j$，j 是奇数。进而，知 $\alpha_{i+2}\beta_{j+2}$ 也是 G 的边。其中顶点的下标总是取该顶点所在轮换长度的模运算。令 B 是对应于轮换 β 的 G 的子图，在 B 中存在 H 路，因为 j 是奇数，故 β_j 和 β_{j+2} 在 B 的这个 H 路中连续出现。我们可以通过构造在 B 的 H 路中 β_j 与 β_{j+2} 之间嵌入 A 的 H 路来构造经过 A 和 B 的所有顶点的一条路。应用上述

方法,我们可以将通过 A 和 B 的这条路再嵌入到 C 的 H 路上去。如此重复,我们最终将获得 G 的一条 H 路,它具有下列三个性质:

(1)它有 α 中两个连续奇数顶点连续出现;

(2)它的端点是 ω 的两个连续偶数;

(3)如果 ξ 和 η 在 σ 中是连续的两个轮换,即 $\xi < \eta$,则它有 ξ_i(i 是偶数)和 η_j(j 是奇数)连续出现。

$p = 4n + 1$ 的情况:

设图 G 是一个 $p = (4n+1)$ 阶的自补图,令 σ 是 G 的一个自补置换,且令 s 是 σ 的不动点。同前面一样,标定 G 的顶点,使得在 σ 的每一个轮换中每对连续的奇数在 G 中相邻,并且如果除(s)外,σ 的轮换数目 ≥ 2,则同前面一样,给它们安排次序如下:$\sigma = \zeta\alpha\beta\gamma\cdots\omega$,其中 $\zeta = (s)$,且 $\alpha < \beta, \beta < \gamma, \cdots$。令 $G' = G - s$,即 G' 是从 G 中删除顶点 s 以及与它所关联的所有的边后所得到的图,则 G' 是一个 $4n$ 阶的具有自补置换为 $\alpha\beta\gamma\cdots\omega$ 的自补图。

由前面的结果我们已经知道,在图 G' 中存在一条 H 路,它具有上面所述的性质(1)、(2)和(3)。在 σ 中,除 ζ 外的其他任意一个轮换的所有奇数顶点与顶点 s 相连接,或者所有偶数顶点与顶点 s 相连接。存在如下三种可能性:

(i)如果 s 与 α 的奇数顶点相连接,则 s 连接 α_i 和 α_{i+2},其中 α_i 和 α_{i+2} 在 G' 的 H 路中连续出现(性质(1))。所以,通过对 G' 中的 H 路的顶点 α_i 和 α_{i+2} 之间嵌入 s 而得到 G 的一条 H 路。

(ii)如果 s 与 ω 的偶数顶点相连接,则 s 与 G' 的 H 路的一个端点相连(性质(2))。因此,通过对 G' 的 H 路的任一端加端点 s 而获得 G 的一条 H 路。

(iii)如果上述(i)和(ii)均不成立,则 s 被连接到 α 的偶数顶点和 ω 的奇数顶点。因此,在 σ 的某处,存在两个相继的轮换,称为 $\xi, \eta(\xi < \eta)$,使得 s 与 ξ 的偶数顶点相连接而与 η 的奇数顶点相连接。但是据性质(3),在 G' 的 H 路中有某个 ξ_i(i 是偶数)和 η_j(j 是奇数)连续出现。所以我们在 ξ 与 η 之间嵌入 s 而获得 G 的一条 H 路。 □

5.2.2 自补图中长度为 k 的路的数目奇偶性

在上一小节中,通过用两种不同的方法证明了任一非平凡的自补图均有 H 路,即每一个非平凡的自补图是可追踪的。自然,我们会提出下面的问题:

问题 A 对于一个给定的自补图 G,G 中存在多少条 H 路?

同样,由于对于任一非平凡的自补图 G,在 G 中存在 H 路,因此在 G 中必定存在长度为 $l(3 \leq l \leq p-1)$ 的路,于是我们又会提出下面的问题:

问题 B 对于一个给定的自补图 G,G 中存在多少条长度为 $l(3 \leq l \leq p-1)$ 的路?

问题 A 是问题 B 特例。这个问题是关于自补图中长度为 $l(3 \leq l \leq p-1)$ 的路的计数问题,是一个比较困难的问题。目前此问题的研究进展很小。我们首先讲述关于这方面的研究进展,然后对已知的结果给予较详细的讨论。

1975 年,Camion[11] 证明了当阶数 $p > 5$ 时,自补图中 H 路的数目是偶数。1979 年,Rao[23] 应用类似于 Camion 的方法进一步证明了:在一个自补图 G 中,长度为 $k \geq 5$ 的路的数目总是偶数。

进一步,在一个阶数为 p 的自补图中,长度为 3 的路的最小数目和最大数目被确定,并且刻画了达到这些界的 p 阶自补图的特征。

在这一节中我们用 C_k 表示长度为 k 的圈,而用 P_k 表示长度为 k 的路。对于一个标定的图 G 和一个非标定的图 H,令 $H(G)$ 表示 G 中非恒等的同构于 H 的标定子图的数目。设 $P^*(p)$ 和 $P^{**}(p)$ 分别表示 $P_3(G)$ 的最大值和最小值,其中 G 是一个 p 阶自补图。

我们将确定 $P_3(G)$ 的确切值和 $P_k(G)(k \geqslant 4)$ 的奇偶性,其中 G 是一个自补图。

设 $0 < r \leqslant |E(G)| = q$,令 $U_r \subset E(G)$ 且 $|U_r| = r$;$W_i(U_r)$ 表示 K_p 中包含 U_r 中的所有边的长度为 i 的圈的数目,再令

$$W_i(r) = \sum W_i(U_r) \tag{5.8}$$

其中求和取满足 $|U_r| = r$ 的 $E(G)$ 的所有子集 U_r。当 $r = 0$ 时,定义 $W_i(r) = C_i(K_p)$,由 Sieve 公式(文献[24],P19),我们有

$$C_i(\overline{G}) = C_i(K_p) - W_i(1) + W_i(2) - \cdots + (-1)^i W_i(i) \tag{5.9}$$

其中 p 是 G 的阶数且 $i \geqslant 3$。注意到

$$W_i(i-1) = P_{i-1}(G) \tag{5.10}$$

$$W_i(i) = C_i(G) \tag{5.11}$$

$$C_i(K_p) = \frac{i!}{2i}\binom{p}{i}, \quad i \geqslant 3 \tag{5.12}$$

从(5.12)式显然有

$$C_i(K_p) \equiv 0 (\bmod 2), \quad i \geqslant 5 \tag{5.13}$$

基于上面的准备,我们现在来给出 $P_3(G)$ 和 $C_3(G)$ 的值。

定理 5.49 如果 G 是一个度序列为 $\pi = (d_1, d_2, \cdots, d_p)$ 的自补图,则 $P_3(G) = p_3(\pi)$ 且 $C_3(G) = c_3(\pi)$,其中

$$p_3(\pi) = 2\binom{p(p-1)/4}{2} - 3\binom{p}{4} + (p-5)\sum_{i=1}^{p}\binom{d_i}{2} \tag{5.14}$$

$$2c_3(\pi) = \sum_{i=1}^{p}\binom{d_i}{2} - \frac{p(p-1)(p-2)}{12} \tag{5.14a}$$

进而有

$$P_3(G) - 2(p-5)C_3(G) = 2\binom{p(p-1)/4}{2} + \frac{p(p-1)(p-2)(p-5)}{12} - 3\binom{p}{4} \tag{5.14b}$$

特别,具有相同度序列的所有自补图有相同数目的长度为 3 的路和相同数目的三角形。

注 定理 5.49 中的最后一个结论:具有相同度序列的所有自补图有相同数目的三角形(我们已经在第 2 章中给出)。

证明 由(5.9)、(5.10)和(5.11)式以及事实 $C_i(G) = C_i(\overline{G})$,我们有

$$P_3(G) = W_4(3) = C_4(K_p) - W_4(1) + W_4(2) \tag{5.15}$$

显然，$W_4(1)=q(G)(p-2)(p-3)=6\binom{p}{4}$。由于 G 是自补图且阶数为 p，故有 $q(G)=p(p-1)/4$。为了计算 $W_4(2)$，我们现在把 G 的不同边的所有无序对集合分成两类，第一类是由 G 的相邻的边对构成；第二类由 G 的不相邻边对构成。第一类和第二类的每对分别对 $W_4(2)$ 贡献的值是 $p-3$ 和 2。因此，两类分别对 $W_4(2)$ 贡献的值是

$$(p-3)\sum_{i=1}^{p}\binom{d_i}{2}, \quad 2\binom{q(G)}{2}-2\sum_{i=1}^{p}\binom{d_i}{2}$$

Camion[11] 利用 Sieve 公式证明了当 $p>5$ 时，p 阶自补图 G 中 Hamilton 路的数目是偶数，即 $P_{p-1}(G)$ 是偶数。在本小节中，利用与文献 [11] 中类似的方法确定了 $P_3(G)$ 的值，并且证明了 $P_4(G)$ 是偶数，当且仅当要么 $p=4n$，要么 $p=4n+1$，但 n 必须是偶数。进而证明了，当 $k\geqslant 5$ 时，$P_k(G)$ 是偶数。在 5.2.3 小节中，我们确定了 $P_3^*(p)$ 和 $P_3^{**}(p)$ 的值，并且表征了达到了这些界的 p 阶自补图的特征。

推论 5.50 设 G 是一个 p 自补图，则

$$P_3(G)=[p/4](\mathrm{mod}\,2) \tag{5.16}$$

证明 因为 $p=4n$ 或者 $4n+1$，于是由 (5.14) 式足以证明

$$(p-5)\sum_{i=1}^{p}\binom{d_i}{2}\equiv 0(\mathrm{mod}\,2)$$

$p=4n+1$ 是平凡的。对于 $p=4n$ 的情况，由于在一个阶数为 $4n$ 的自补图中，它的度数等于一个给定值的顶点数是偶数。从而此推论获证。　　□

现在，我们来叙述并证明本节的主要引理。

引理 5.51 设 G 是一个阶为 p 的自补图且 $i\geqslant 5$，则

$$P_{i-1}(G)\equiv(p-i+1)P_{i-2}(G)(\mathrm{mod}\,2) \tag{5.17}$$

证明 从 (5.9)、(5.10) 和 (5.10) 式以及事实 $C_i(\overline{G})=C_i(G)$，我们可以推出

$$P_{i-1}(G)\equiv(W_i(1)+W_i(2)+\cdots+W_i(i-2))(\mathrm{mod}\,2) \tag{5.18}$$

我们首先证明

$$W_i(i-2)\equiv(p-i+1)P_{i-2}(G)(\mathrm{mod}\,2) \tag{5.19}$$

然后证明

$$W_i(j)\equiv 0(\mathrm{mod}\,2)，若 1\leqslant j\leqslant i-2 \tag{5.20}$$

为了证明这两个结果，考察具有 $|U_j|=j$ 的 $E(G)$ 的子集 $E(G)$。我们可以假设 $W_i(U_j)>0$，令 s 是由 U_j 的 j 条边导出的 G 的子图的连通分支数。

首先假设 $j=i-2$，则 $s=1$ 或者 2。如果 $s=1$，则这 $i-2$ 条边形成了一个长度为 $i-2$ 的路，且 $W_i(U_j)=p-i+1$；如果 $s=2$，则这两个连通分支均必为路，再考虑这三个顶点，故有 $W_i(U_j)=2$。因此 (5.19) 式成立。

假设 $1\leqslant j<i-2$，我们首先证明 $W_i(U_j)\equiv 0(\mathrm{mod}\,2)$。设 t 是至少关联于 U_j 中一条边的 G 的顶点的数目，显然 $t\leqslant i$。如果 $t=i$，则因为 $j<i-2$，我们有 $s>2$ 且在此情况下，显然有

$$W_i(U_j)=(s-1)!\,(2^{s-1}-1)\equiv 0(\mathrm{mod}\,2)$$

如果 $t=i-1$，则这 $s\geqslant2$ 个连通分支一共恰有 $i-1$ 个顶点且

$$W_i(U_j)=s!\ 2^{s-1}(p-i+1)\equiv0\pmod 2$$

所以，我们可以假设 $t\leqslant i-2$。设 C 是包含 U_j 的边的 K_p 的长度为 i 的任意一个圈。在今后的叙述中，我们固定这个 j 和 U_j。现在，我们用蓝、红两种颜色对 C 的顶点进行着色。如果 C 上的顶点是 U_j 中某条边的端点，则着蓝色，否则着红色。称同项(要么全蓝色，要么全红色)的 C 的最大子路为 C 的一个**路程**。对于在一个完全图中 k 个顶点不相交的路

$$\mu_1=(a_1,\cdots,a_{n_1}),\mu_2=(b_1,\cdots,b_{n_2}),\cdots,\mu_k=(c_1,\cdots,c_{n_3})$$

定义 $\mu_1+\mu_2+\cdots+\mu_k$ 是下述的圈：

$$(a_1,\cdots,a_{n_1},b_1,\cdots,b_{n_2},\cdots,c_1,\cdots,c_{n_3})$$

现在令 $B_1,R_1,B_2,R_2,\cdots,B_k,R_k$ 是 C 中以该次序的路，以便使 $C=B_1+R_1+B_2+R_2+\cdots+B_k+R_k$，显然 $k=s\geqslant2$。对于 K_p 中的两个长度为 i 且均包含 U_j 的圈 C、C'，如果对于具有边集为 $\bigcup\limits_{i=1}^{s}(E(B_i)\bigcup E(R_i))$、顶点集为 $V(C)$ 的子图与顶点集为 $V(C')$、边集为 $\bigcup\limits_{i=1}^{s}(E(B'_i)\bigcup E(R'_i))$ 的子图是等同的，其中 $B'_1,R'_1,\cdots,R'_s,R'_s$ 是 C' 的路程且 $C'=B'_1+R'_1+\cdots+B'_s+R'_s$，特别地 $V(C)=V(C')$，则定义 C **半等价于** C'。显然，完全图 K_p 中包含 U_j 的长度为 i 的不等同的圈是一种等价关系。我们将证明每个等价类含有偶数个圈。任何半等价于 C 的圈 D_1 由 C 的路程 $B_i,R_i(1\leqslant i\leqslant s)$ 的边构成，且 D_1 的其他边是由 C 中一个端点是蓝色，另一个端点是红色的边构成。因此，

$$D_1=B_{j_1}+R^*_{i_1}+B^*_{j_2}+R^*_{i_2}+\cdots+B^*_{j_s}+R^*_{i_s} \tag{5.21}$$

其中 $B_{j_1}=B_1,j_2,\cdots,j_s$ 是 $2,\cdots,s$ 的一个置换；$i_1,\cdots,i_s$ 是 $1,\cdots,s$ 的一个置换；如果 R_{i_1} 是路 $(a_1,\cdots,a_n)$，则 $R^*_{i_1}=R_{i_1}$，或者路 $(a_n,\cdots,a_1)$ 和 $B^*_{j_k}$ 有类似的意义。注意到，如果 $|V(R)|=1$，则 $R^*_i=R_i$。因而，路

$$D_2=B_1+R^*_{i'_1}+B^*_{j'_2}+R^*_{i'_2}+\cdots+B^*_{j'_s}+R^*_{i'_s}$$

半等价于 D_1 当且仅当 $(i_1,\cdots,i_s)=(i'_1,\cdots,i'_s)$，$(j_2,\cdots,j_s)=(j'_2,\cdots,j'_s)$；$R^*_{i_t}=R_{i_t}$ 当且仅当 $R^*_{j_1}=R_{i_t}$，且 $B^*_{j_t}=B_{j_t}$ 当且仅当 $B^*_{j_t}=B_{j_t}$。现在，我们可以在包含 C 的等价类中计数元素的数目。注意到每个 B_k 至少有 2 个顶点，其中对 k 的某些值，R_k 可以由一个顶点构成。设 s_1 是恰有一个顶点的 R_k 的数目，且 $s_2=s-s_1$；如果 $s=1$，则由 $t\leqslant i-2$ 可推出 $s_2=1$，并且半等价于 C 的长为 i 的圈的数目等于 2。因此，我们可以假设 $s\geqslant2$，于是在 (5.21) 式中，对于 $R^*_{i_1}$ 存在 $2s_2+s_1$ 种选择；对 $B^*_{j_2}$ 存在 $2(s-1)$ 种选择，等等。上述所言意味着半等价于 C 的圈的数目等于 $(2s_2+s_1)\cdot2(s-1)t$(对某个整数 t)，这个值恒等于 $0\pmod 2$。因此，(5.20) 式成立，且由 (5.19) 和 (5.18) 两式，本引理获证。 □

推论 5.52 设 G 是一个 p 阶非平凡的自补图，则 $P_4(G)$ 是偶的，当且仅当 $p=4n$；或者 $p=4n+1$ 但 n 是偶的。

证明 由引理 5.51，我们有

$$P_4(G)\equiv(p-4)P_3(G)\pmod 2$$

再由推论 5.50，本推论获证。

现在，我们来证明本小节的主要定理。 □

定理 5.53(Rao[23] 1979) 若 G 是一个自补图且 $k \geqslant 5$,则 $P_k(G)$ 是偶数。

证明 因为 $P_5(G) \equiv (p-5)P_4(G) \pmod{2}$,于是由推论 5.52,我们可以推出 $P_5(G)$ 是偶的。再由引理 5.51,我们可以归纳出,对于每个 $k \geqslant 5$,$P_k(G)$ 是偶数。 □

由此定理,我们得到 Camion[11] 在 1975 年所获得的结果。

推论 5.54(Camion[11],1975) 当 $p > 5$ 时,具有 p 个顶点的自补图中 H 路的数目是偶数。 □

5.2.3 自补图长度为 3 的路的数目的上界和下界

我们在前面已经定义 $P_3^*(p)$ 和 $P_3^{**}(p)$ 分别表示一个 p 阶自补图 G 中 $P_3(G)$ 的上界和下界。但是,它们等于多少呢? 达到此两界的自补图 G 的特征是什么? 这些问题将在本小节中得到回答。为方便,令

$$s_0(\pi) = \sum_{i=1}^{n} \left[2\binom{b_2}{2} + 2\binom{p-1-b_i}{2} \right] \tag{5.22}$$

其中 $p = 4n$,或者 $4n+1$,π 是一个 p 维可自补度序列,$\pi^* = (b_1, \cdots, b_n)$,进而,令

$$s(\pi) = \begin{cases} s_0(\pi), & \text{如果 } p = 4n \\ s_0(\pi) + \binom{2n}{2}, & \text{如果 } p = 4n+1 \end{cases} \tag{5.23}$$

则对于任一阶数为 p 的自补图,由定理 5.49,我们有

$$P_3(G) = f(p) + (p-5)s(\pi) \tag{5.24}$$

其中

$$f(p) = 2\binom{p(p-1)/4}{2} - 3\binom{p}{5} \quad \text{且 } \pi = \pi(G)$$

所以,为了寻找 $P_3^*(p)$ 和 $P_3^{**}(p)$ 的值,只要求 $s_0(\pi)$ 的最小值和最大值即可,其中 π 取自全体 p 维可自补序列。

首先,我们确定 $P_3^*(p)$ 的值并表征阶数为 p 的、满足 $P_3(G) = P_3^*(p)$ 的自补图 G 的特征。

引理 5.55 如果 $p = 4n$ 或者 $4n+1$,则

$$P_3^*(p) = \begin{cases} f(p) + (p-5)(8n^3 - 8n^2 + 2n), & \text{若 } p = 4n \\ f(p) + (p-5)(8n^3 - 8n^2 - n), & \text{若 } p = 4n+1 \end{cases} \tag{5.25}$$

进而,如果 G 是一个 p 阶自补图,则 $P_3(G) = P_3^*(p)$ 当且仅当 G 的度序列是 $\pi^* = (2n, \cdots, 2n)$ 的完全相配度序列。

证明 由(5.22)、(5.23)和(5.24)三式,只需求 $s_0(\pi)$ 的最小值,其中 π 取自所有 p 维可自补度序列,$s_0(\pi)$ 的第 i 项等于

$$b_i(2b_i - 2p + 2) + (p-1)(p-2)$$

且由 $b_i \geqslant 2n$,我们可以推出此项的最小值是

$$2n(4n - 2p + 2) + (p-1)(p-2)$$

因此,$s_0(\pi)$ 的最小值是当 $p = 4n$ 时为

$$8n^3 - 8n^2 + 2n$$

当 $p = 4n+1$ 时的最小值为

$$8n^3 - 8n^2$$

如果，π 是 $\pi^* = (2n, \cdots, 2n)$ 的完全相配序列，则这个最小值可以达到。因此，由 (5.23) 和 (5.24) 两式，方程 (5.25) 式成立。进而，当 $P_3(G) = P_3^*(p)$ 时，G 的度序列是 $\pi^* = (2n, \cdots, 2n)$ 的完全相配序列。 □

为了确定 $P_3^{**}(p)$ 的值，我们需要可自补度序列基本特征的有关结果，即第 2 章定理 2.10。为了方便，我们在此对此结果给予重述，且在单调递减条件下给出：

引理 5.56 一个 p 维单调递减的序列 π 是可自补度序列，当且仅当它是相配的且它的导出序列 $\pi^* = (b_1, \cdots, b_n)$ 满足：

$$\sum_{i=1}^{r} b_i \leqslant r(p-1-r) \quad 1 \leqslant r \leqslant n \tag{5.26}$$

其中 $n = [p/4]$。 □

由此引理，我们容易导出：

引理 5.57 设 π 是一个维数为 $p = 4n$ 或 $4n+1$ 的可自补度序列，$\pi^* = (b_1, b_2, \cdots, b_n)$ 是它的导出序列，假设对某个 r_0，(5.26) 式中等式成立。如果 $1 \leqslant r_0 \leqslant n$，则 $b_{r_0} \geqslant b_{r_0+1} + 2$；如果 $r_0 = n$，且 $r = n-1$ 时，(5.26) 式中严格不等式成立，则 $b_n > 2n$。

为了表征具有 $P_3(G) = P_3^{**}(p)$ 的 p 阶自补图 G 的特征，我们需要以下引理：

引理 5.58 序列 $\pi_{\max}(p)$ 的唯一实现是图 $G_{\max}(p)$，其中 $\pi_{\max}(p)$ 是序列 $(p-2, p-4, \cdots, 2n+\varepsilon)$ 的完全相配序列，这里 $p = 4n+\varepsilon$，$\varepsilon = 0$ 或 1。

证明 由引理 5.55 知，序列 $\pi_{\max}(p)$ 是图的。我们现在应用数学归纳法对 n 归纳证明 $\pi_{\max}(p)$ 是唯一可实现的序列，即唯一图序列（见第 1 章定理 1.5）。当 $n = 1$ 时，$\pi_{\max}(p) = (2, 2, 1, 1)$ 或者 $(3, 3, 2, 1, 1)$，它们都是唯一图序列。假设 $n-1$ 时结论成立，且 $\pi_{\max}(p)$ 如引理中所述的序列（$n \geqslant 2$），令 H 是 $\pi_{\max}(p) = (d_1, d_2, \cdots, d_p)$ 的一个实现且 $V(H) = \{u_1, u_2, \cdots, u_p\}$，$d_H(u_i) = d_i$，$1 \leqslant i \leqslant p$，则顶点 u_1（及 u_2）除与一个顶点（称为 $v(w)$）不相连外，与其余所有顶点相连接。如果 $v = w$，则 H 的每个顶点的度数至少是 2。因此，$v \neq w$，这就意味着 $d_H(v) = d_H(w) = 1$，且 u_1 与 u_2 这两个顶点均与 $V-S$ 中的每个顶点相连接。现令 H_1 是 H 中由 $V-S$ 的导出的子图，则 H_1 的度序列 $\pi(H_1)$ 等于 $\pi_{\max}(p-4)$。于是由归纳假设，$H_1 \cong G_{\max}(p-4)$。再由上面所描述的 H 的结构可推出 $H \cong G_{\max}(p)$。 □

引理 5.59 如果 $\pi = \pi_{\max}(p)$，则

$$s(\pi) = \begin{cases} \dfrac{2n}{3}(16n^2 - 15n + 2), & \text{若 } p = 4n \\[2ex] \dfrac{n}{3}(32n^2 - 6n - 5), & \text{若 } p = 4n+1 \end{cases} \tag{5.27}$$

证明 若 $\pi = \pi_{\max}(p)$，则

$$\pi^* = (p-2, p-4, \cdots, 2n+\varepsilon)$$

其中 $p = 4n+\varepsilon$，$\varepsilon = 0$ 或 $\varepsilon = 1$。现将 b_i 的这些值代入 (5.23) 式的 $s(\pi)$ 内且利用 $\sum\limits_{i=1}^{n} i$ 和

$\sum\limits_{i=1}^{n} i^2$ 的值化简,可以看到 $s(\pi)$ 等于(5.27)式中的值。　　　　　　　　　　□

定理 5.60　若 $p=4n$ 或者 $4n+1$,则

$$P_3^{**}(p)=\begin{cases}f(p)+(p-5)\dfrac{2n}{3}(16n^2-15n+2),&\text{若 }p=4n\\[2ex]f(p)+(p-5)\dfrac{n}{3}(32n^2-6n-5),&\text{若 }p=4n+1\end{cases}\tag{5.28}$$

进而,若 G 是一个具有 $P_3(G)=P_3^{**}(p)$ 的 p 阶自补图,则 $G\cong G_{\max}(p)$。

证明　设 G 是一个具有 $P_3(G)=P_3^{**}(p)$ 的 p 阶自补图,令 $\pi=\pi(G)$,$\pi^*=(b_1,b_2,\cdots,b_n)$,我们首先证明 $\pi=\pi_{\max}(p)$。为此,我们只需证明对每个 r,$1\leqslant r\leqslant n$,(5.26)式中等式成立。假设对某个 r_0 结论不真,并且令 m,M 分别是满足 $m\leqslant r_0\leqslant M$ 的最小值和最大值,使得对每个 r,$m\leqslant r\leqslant M$,在(5.26)式中严格不等式成立。下面,我们来证明存在一个具有 $P_3(H)>P_3(G)$ 的 p 阶自补图 H。

我们考虑两种情况。

情况 1　$1\leqslant m\leqslant M<N$。

由 M 的最大性,对于 $r=M+1$,在(5.26)式中等式成立,并且若 $m>1$,则由 m 的最小性,对于 $r=m-1$,我们有(5.26)式中等式成立。再由引理 5.57,我们可以推出 $b_{M+1}\geqslant b_{M+2}+2$,若 $M\leqslant n-2$,且当 $M=n-1$ 时 $b_n>2n$,进而当 $m>1$ 时,则有 $b_{m-1}\geqslant b_m+2$。

定义一个新序列如下:

$$b'_i=\begin{cases}b_i,&\text{若 }i\neq m\text{ 且 }i\neq M+1\\b_i+1,&\text{若 }i=m\\b_i-1,&\text{若 }i=M+1\end{cases}$$

于是,由上述结果可以推出 $b'_1\geqslant b'_2\cdots b'_n\geqslant 2n$。进而,对于任意 r,$1\leqslant r\leqslant n$,我们有

$$\sum_{i=1}^{r}b'_i=\begin{cases}\sum\limits_{i=1}^{r}b_i,&\text{若 }r<m\text{ 或 }r>M\\\sum\limits_{i=1}^{r}b_i+1,&\text{若 }m\leqslant r\leqslant M\end{cases}$$

由于 π^* 满足(5.26)式,于是由 m 和 M 的定义可推出 $\pi_1^*=(b'_1,b'_2,\cdots,b'_n)$ 满足(5.26)式,因此它是导出的图序列。令 π_1 是 π_1^* 的完全相配序列,则由引理 5.56 知 π_1 是一个 p 维可自补序列。令 H 是度序列的一个实现,注意到 $\pi_1^*=\pi^*+\delta_m-\delta_{m+1}$ 且 $m\leqslant M$,其中 δ_m 是 n 维向量,它的第 m 个坐标是 1 而其余为 0。

容易检验:

$$s(\pi_1)-s(\pi)=2b_m-2b_{M+1}+2\geqslant 2$$

所以由(5.24)式得 $P_3(H)>P_3(G)$,这是一个矛盾!

情况 2　$1\leqslant m\leqslant M=N$。

定义一个新序列 $\pi_1^*=(b'_1,b'_2,\cdots b'_n)$ 如下:

$$b'_i=\begin{cases}b_i,&\text{若 }i\neq m\\b_i+1,&\text{若 }i=m\end{cases}$$

由引理 5.57 推得 $b'_1 \geqslant b'_2 \cdots b'_n \geqslant 2n$，且由 m 和 M 的定义，我们有 π^* 是导出图序列，令 π_1 是 π_1^* 的完全相配实现，则 π_1 是 p 维可自补度序列。令 H 是一个具有度序列为 π_1 的自补图，注意到 $\pi_1^* = \pi^* + \delta_m$，容易验证：

$$s(\pi_1) = s(\pi) = 2b_m - p + 2 \geqslant 1$$

于是由(5.25)式有 $P_3(H) > P_3(G)$，矛盾！

因此，我们已经证明了 G 的度序列是 $\pi_{\max}(p)$。故由引理 5.59，我们有 $P_3^{**}(p) = P_3(G)$ 等于(5.28)式结论中的值。进而，由引理 5.58 我们有 $G \cong G_{\max}(p)$。 $\square$

由式(5.14a)、(5.14b)和定理 5.60，我们有下列关于自补图中三角形数目界的结果(也见第 2 章)：

定理 5.61 若 $C_3^{**}(p)$ 是 p 阶自补图中三角形的最大数目，则

$$C_3^{**}(p) = \begin{cases} \dfrac{n}{3}(n-1)(8n-1), & \text{若 } p=4n \\[2ex] \dbinom{2n}{2} + \dfrac{n}{3}(n-1)(8n-1), & \text{若 } p=4n+1 \end{cases}$$

进而，若 G 是一个具有 $C_3(G) = C_3^{**}(p)$ 的 p 阶自补图，则 $G \cong G_{\max}(p)$。 $\square$

5.3 自补图中的圈

第 2 章和本章上一节中已经对自补图中长度最小的圈(即自补图中的三角形)的存在性及计数问题进行了比较详细的讨论。在上一节里，主要讨论了自补图中路的存在性与计数问题。从讨论中得知若 G 是一个 p 阶自补图，则 G 必存在 H 路，从而知，对于任一满足 $3 \leqslant l \leqslant p-1$ 的 l，均存在长度为 l 的路。另外，上节中对 G 中长度为 l 的路的数目的奇偶性也进行了讨论，但路的确切计数却是一个尚待解决的难题。

本节将主要讨论自补图中长度为 $l(3 \leqslant l \leqslant p)$ 的圈的存在性问题，还要讨论自补图的泛圈性。

5.3.1 圈的存在性

在这一小节里，我们要证明对于任一 $p(\geqslant 8)$ 阶自补图 G 和每一个整数 l，$3 \leqslant l \leqslant p-2$，$G$ 有一个 l 圈。这个结果由 Rao[30] 在 1977 年获得。

设 G 是一个阶数为 $p=4n$ 的自补图，$\sigma = \sigma_1 \sigma_2 \cdots \sigma_k$ 是 G 的一个自补置换，其中 σ_i 表示 σ 中的一个长度为 $p_i = 4n_i$ 的轮换，$i = 1, 2, \cdots, k$。令 $\sigma_i = (a_{i1}, a_{i3}, \cdots, a_{ip_i})$，不失一般性，同上一节第 5.2.1 小节一样，可以假设 $a_{i1}a_{i3} \in E(G)$，这就意味着对于所有的奇数 j，$a_{ij}a_{ij+2} \in E(G)$，其中下标运算取模 p。我们称 $a_{i1}, a_{i3}, \cdots, a_{ip_i-1}$ 为 σ_i 的奇点(或奇数顶点)，a_{i2}, $a_{i4}, \cdots, a_{ip_i}$ 为 σ_i 的偶点或偶数顶点。

引理 5.62 设 G 是一个阶为 $p=4n(>4)$ 的自补图，$\sigma \in \Theta(G)$ 只由一个轮换构成，则对

于每一个整数 $l,3 \leqslant l \leqslant p-2,G$ 有一个 l 圈。进而,如果 $l \neq 3$,则我们可以选择这样一个 l 圈,使 σ 的两个连续的奇点在这个 l 圈中也相继出现。

证明 假设 $\sigma=(1,2,\cdots,p)$,其中 $V(G)=\{1,2,\cdots,p\}$。我们进一步假设只要 i 是奇数,就有 $\{i,i+2\} \in E(G)$,其中 $i+2$ 取模 p 运算。我们可以假设 $\{1,2\} \in E(G)$(若不然,则 $\{1,p\} \in E(G)$,我们可使用 σ^{-1},它是 $(1,p,p-1,\cdots,2)$,来代替 σ,并对其顶点进行重新标定),这就意味着对于所有的奇数 $i,\{i,i+1\} \in E$。我们将在下面的每种情况下,通过给出 G 中 l 个顶点的一个排序指出 l 圈,并且在 l 圈中建立了在这个循环排序中存在连接相继顶点(即连续奇数顶点)的边。

情况 1 $\{1,4\} \in E(G)$。

对所有的奇数 $i,\{i,i+3\} \in E(G)$,设 $1<k<2n$ 且 $l=p-k$,则

$$(2,1,4,3,6,\cdots,p-2k-1;p-2k+1,p-2k+3,\cdots,p-1)$$

是 G 的一个 l 圈,其中两个连续奇数顶点 $p-2k+1,p-2k+3$ 在这个 l 圈中相继出现。为了证明对满足 $3 \leqslant l \leqslant 2n$ 的 l 圈的存在,我们考虑如下两种情况:

情况 1(a) $\{1,5\} \in E(G)$。

对所有的奇数 $i,\{i,i+4\} \in E(G)$。所以由 σ 的奇数顶点导出的 G 的子图的阶数为 $2n$ 的一个泛圈图,并且对于每个 $l,4 \leqslant l \leqslant 2n$ 容易获得所需要的 l 圈。对于 $l=3$,更易获得。

情况 1(b) $\{1,5\} \notin E(G)$。

对每个偶数 $i,\{i,i+4\} \in E(G)$。现令 k 是偶数且 $3<l<2n$,则 $(1,3,\cdots,2k+1;2k+2,2k-2,2k-6,\cdots,2)$ 是一个 $((3k/2)+2)$ 圈,其中连续奇数 $2k-1,2k+1$ 在此圈中相继出现。进而,由于对于所有偶数 $i \leqslant k,\{2i,2i-3\}$ 和 $\{2i,2i-1\}$ 是 G 的边,通过结合上述圈中顶点子集 $\{2i;i \leqslant k$ 是偶数$\}$ 中适当的某些顶点,我们得到 G 中 l 圈,$(3k/2)+2 \leqslant l \leqslant 2k$,并且在此 l 圈中,$2k-1,2k+1$ 连续出现。不难验证,通过改变 3 与 $2n-2$ 之间的偶数 k 和每个 $l,8 \leqslant l \leqslant 2n$,我们有一个要求的 l 圈。取 $k=2$,我们获得 5 圈是 $(1,3,5,6,2)$,并结合顶点 4,我们有 6 圈 $(1,4,3,5,6,2)$。进而,$(1,3,4),(1,3,6,2)$ 和 $(1,3,5,7,10,6,2)$ 分别是长度为 $3,4$ 和 7 的圈。

情况 2 $\{1,4\} \notin E(G)$。

对每个偶数 $i,\{i,i+3\} \in E(G)$。我们再来考虑两种情况。

情况 2(a) $\{1,5\} \in E(G)$。

同情况 1(a)一样,对于 $3 \leqslant l \leqslant 2n$,存在 l 圈。当 $l=2n$ 时,$(1,5,9,\cdots,p-3;p-1,p-5,\cdots,3)$ 是一个 $2n$ 圈,其中 $1,3$ 在圈中连续出现。进而,$\{4i-6,4i-7\},\{4i-6,4i-3\}$,$\{4i-4,4i-1\},\{4i-4,4i-5\}$ 是 G 的边,这里,$2 \leqslant i \leqslant n$。对于 $2n \leqslant l \leqslant p-2$,通过在 $\{2,4,6,\cdots,p-4\}$ 中适当地选择所需的顶点加在上述 $2n$ 圈中,我们可以得到 l 圈,使得在每个导出的 l 圈中,$1,3$ 连续出现。

情况 2(b) $\{1,5\} \notin E(G)$。

对所有的偶数 $i,\{i,i+4\} \in E(G)$。如果 $n>3$,则 $(p-1;p-3,p-6,p-7,p-10,\cdots,2,1;3,4,7,8,\cdots,p-4)$ 是 $(p-2)$ 圈,其中 $1,3$ 在此圈中连续出现。如果 $n=2$,则 $(7,5,2,1,3,4)$ 是一个 6 圈。因为 $(p-3,p-5,p-7,\cdots,3)$ 是 G 中按此排列的一条路,故对于

每个 $\leqslant p-2$ 的偶数 l，我们可以获得一个 $1,3$ 连续出现的 l 圈。进而，因为 $\{p,p-1\}$，$\{p,p-4\}\in E(G)$，p 可被加在上述圈中的 $p-1$ 与 $p-4$ 顶点之间，得到具有对所有奇数 $l\leqslant p-1$ 的 l 圈。最后，$(p,p-1,p-4)$ 是一个 3 圈。从而本引理获证。 □

引理 5.63 设 G 是一个具有单轮换构成的自补置换的、$4n$ 阶的自补图，则对每个 l，$p-4\leqslant l\leqslant p-1$，$G$ 有一个长度为 l 的路，且在此路中，σ 的连续奇数顶点在此路上连续出现，并且端点是 σ 中的连续偶数顶点。

证明 设 $\sigma=(1,2,\cdots,p)$ 并与通常一样假设对于每个奇数 i，$\{i,i+1\}$，$\{i,i+2\}\in E(G)$。如果 $l=p-1$，则在本章第 5.2 节中给出了要求的 H 路。

情况 1 $\{1,4\}\in E(G)$。

令 $2n+1\leqslant l<p-1$，则

$$(2;1,p-1,p-3,\cdots,2l-p+1;2l-p+2,2l-p-1,2l-p,\cdots,3,4)$$

是一条 l 路，并且在这条 l 路中，连续的奇数顶点 $1,p-1$（模 p 运算下）连续出现，并且其端点 $2,4$ 是 σ 的两个连续偶数。若 $p\neq 8$，则象引理中所断定的那样，我们有 l 路，$p-4\leqslant l\leqslant p-1$。如果 $p=8$，则对 $l=5,6,7$，这些情况如上给出。对于 $l=4$，则所要求的路依照 $\{1,5\}\in E(G)$ 或 $\{1,5\}\notin E(G)$，分别是 $(2,1,5,3,4)$ 或 $(2,6,3,1,4)$。

情况 2 $\{1,4\}\notin E(G)$。

对每个偶数 i，$\{i,i+2\}\in E(G)$，我们有两种情况：

情况 2(a) $\{1,5\}\in E(G)$。

如果 $l=p-1$，则 $(2,1;p-3,p-6,p-7,\cdots,5;7,8,11,\cdots,p,3,4)$ 是一个具有所要求的性质的 l 路 $(n>3)$。现在，$\{p-3,p,7\}$ 以及 $\{7,11\}$ 是 G 的边，因此分别对于 $l=p-3$ 和 $p-4$，从上面次序的排列中删去顶点 $p-6,8$ 中的一个或者两个便产生 l 路。如果 $n=2$，则对 $l=6,5$ 和 4，$(2,1,6,5,7,3,4)$；$(2,1,6,5,3,4)$ 以及 $(2,1,7,3,4)$ 分别是 l 路。

情况 2(b) $\{1,5\}\notin E(G)$。

如果 $l=p-2$ 且 $n>2$，则 $(2;5,6,9,\cdots,p-3;p-1,3;p,p-4,p-5,p-8,\cdots,8,7,4)$ 是在 G 中删去了顶点 $p-2$ 的一条路，因此是一条 $(p-2)$ 路。由于 $\{2,6\}$，$\{4,8\}\in E(G)$，则顶点 $5,9$ 在上述路中可被删除而得到 l 路，$l=p-3,p-4$，则 $(2,5,7,1,3,8,4)$，$(2,1,3,5,7,4)$，以及 $(2,6,5,3,4)$ 分别是 $l=6,5$ 和 4 的 l 路。 □

注 因为 σ^2 是一个自同构，我们有如下结论：

(1)对 σ 的任意两个连续奇数顶点，存在一个 l 路，$p-4\leqslant l\leqslant p-1$，使得这两个连续奇数顶点在 l 路中连续出现且其端点是 σ 的两个连续偶数；

(2)对 σ 的任意两个连续偶数顶点，存在一个 l 路，$p-4\leqslant l\leqslant p-1$，使这两个连续偶数顶点是此路的端点且有两个连续奇数顶点在路中连续出现；

(3)对于所有介于 3 到 $4n-1$ 之间的 l，引理 5.63 的结论是真的。此处略去证明。

假设 G 是一个阶数为 $p=4n$ 的自补图，σ 是它的一个自补置换，且它的轮换数目 $\geqslant 2$。我们对于 G 的顶点进行标定，使得在每个轮换中，相邻两个奇数顶点有边相连接。现在，我们引入一个有向图 $D(\sigma)$ 如下：$D(\sigma)$ 的顶点是 σ 中全体轮换构成的集合，并且如果在 G 中存在一条边使得一端属于 σ_i 的某个偶数顶点，另一端是 σ_j 的某个奇数顶点，则 σ 中的两个轮

换 σ_i 与 $\sigma_j(i \neq j)$ 间有弧 (σ_i, σ_j)。(这个概念见 5.2 节。)Clapham[14] 已经证明了 $D(\sigma)$ 是一个完全有向图,因此,由 Redei 定理,σ 的轮换可被写成 $\sigma = \sigma_1\sigma_2\cdots\sigma_k$,其中对于满足 $1 \leqslant i \leqslant k-1$ 的所有 i,(σ_i, σ_{i+1}) 是 $D(\sigma)$ 的一条弧。进而,如果 (σ_i, σ_j) 是 $D(\sigma)$ 的一条弧,则 σ_i 的每一个偶数顶点与 σ_j 的某个奇顶点相连接;且 σ_j 的每个奇顶点与 σ_i 的某个偶顶点相连接。

定理 5.64 设 G 是一个自补图,且 $\sigma \in \Theta(G)$。令 $l_i(1 \leqslant i \leqslant k)$ 是整数且满足 $3 \leqslant p_i - 4 \leqslant p_i - 1, 1 \leqslant i \leqslant k-1$;若 σ_k 满足引理 5.63 情况 2(b),且 $p_k > 4$,有 $l_k = 2$ 或 $4 - l_k \leqslant p_k - 2$;若 σ_k 不满足引理 5.63 情况 2(b),且 $p_k > 4$,有 $2 \leqslant l_k \leqslant p_k - 2$;若 $p_k = 4$ 有 $l_k = 2$,则 G 有一个长度为 $\sum\limits_{i=1}^{k} l_i + (k-1)$ 的圈。

本定理的证明与定理 5.46 类似,故略。 □

由定理 5.64,我们容易获得:

推论 5.65 通过取 $l_i = p_i - 1, i \neq k$,且按照是否 $p_4 > 4$ 或 $p_k = 4$,取 $l_k = p_k - 2$ 或 2,我们得到 G 的一个 $(p-2)$ 圈。此圈具有下列性质:σ_1 的两个连续奇数顶点和 σ_k 的两个连续奇数顶点在此圈中均连续出现。进而,对于任意 $i, 1 \leqslant i \leqslant k_1$,这个 $(p-2)$ 圈有 σ_i 的某个偶数顶点和 σ_{i+1} 的某个奇数顶点连续出现。

类似于定理 5.64 的方法,我们可以证明下述引理。

引理 5.66 设 G 是一个 $4n$ 阶的自补图且 $\sigma \in \Theta(G)$。令 l_i 是满足下列条件的整数:$3 \leqslant p_i - 4 \leqslant l_i \leqslant p_i - 1, 1 \leqslant i \leqslant k$,则 G 有一个长度为 $\sum\limits_{i=1}^{k} l_i + (k-1)$ 且端点是 σ_k 的连续偶数顶点。 □

引理 5.67 设 G 是一个阶数为 $p = 4n(>4)$ 的自补图,$\sigma \in \Theta(G)$ 且 σ 是由 n 个不同的轮换构成,则对于每个整数 $l, 3 \leqslant l \leqslant p-2$,$G$ 有一个 l 圈。

证明 对 n 应用归纳法。当 $n=2$ 时这个结果可被证实。假设结果对 $n-1$ 成立,考虑 n 的情况。设 G 是一个 $4n$ 阶具有自补置换 $\sigma = \sigma_1\sigma_2\cdots\sigma_n$ 的自补图,为简化起见,我们假设 $\sigma_i = (4i-3, 4i-2, 4i-1, 4i)$,且对于所有 $i, 1 \leqslant i \leqslant n$,有 $\{4i-3, 4i-1\} \in E(G)$;我们也假设 $\sigma_1, \sigma_2, \cdots, \sigma_n$ 是有向图 $D(\sigma)$ 中的 H 路且 $\{4i-2, 4i+1\}, \{4i, 4i+3\}$ 是 $E(G)$ 的边,其中 $1 \leqslant i \leqslant n-1$。令 $G_i = G(\sigma_i)$,如果 $\{4i-3, 4i-2\} \in E(G)$,称 G_i 为类型 1,否则称 G_i 为类型 2。现在,$G - \sigma_1$ 是一个阶数为 $p-4$ 的自补图,由归纳假设知对每个 $l, 3 \leqslant l \leqslant p-6$,$G$ 有 l 圈。故我们仅仅需要在 G 中对于值 $l = p-5, p-4, p-3$ 列出 l 圈。设 μ 是 $G - \sigma_1$ 中一个长度为 $p-6$ 的圈,它可通过在引理 5.63 证明过程中给出。注意到 μ 含有图 G_2 的所有边。我们现在来考虑各种情况。

情况 1 G_1, G_2 是类型 1。

情况 1(a) $\{2, 6\} \in E(G)$。

为得到 $(p-5)$ 圈,在 μ 的 6 与 5 之间加入 2;然后在所得到的 $(p-5)$ 圈的 7 与 8 之间加入 4 来得到 $(p-4)$ 圈;最后从 μ 中删去 5,且在 6 与 7 之间按次序加入 2,1,3,4,我们便得到 G 中的 $(p-3)$ 圈。

情况 1(b) $\{2, 6\} \in E(G)$,但 $\{2, 7\} \in E(G)$。

$\{3,7\},\{1,5\},\{2,7\},\{4,5\}\in E(G)$。顶点 2 或者顶点 1,3 或者顶点 2,1,3 可以在 μ 的顶点与 5 与 7 之间加入,分别获得长度为 $p-5,p-4,p-3$ 的圈。

情况 1(c) $\{2,6\},\{2,7\}\notin E(G)$。

顶点 1 可以加在 μ 的顶点 6 与 5 之间,获得长度为 $p-5$ 的圈,顶点 1,3 或者 2,1,3 分别可被加入在 μ 的顶点 5 与 7 之间,获得长度为 $p-4,p-3$ 的圈。

情况 2 G_1 是类型 2,G_2 是类型。

这种情况类似于情况 1 的证明。

情况 3 G_1 是类型 1,G_2 是类型 2。

这种情况可考虑如下情况来处理。

(a) $\{2,8\}\in E(G)$;

(b) $\{2,8\}\notin E(G)$,但 $\{2,7\}\in E(G)$;

(c) $\{2,8\},\{2,7\}\notin E(G)$。

情况 4 G_1,G_2 均为类型 2。

这种情况类型于情况 3 的证明。

现在,我们给出本节的主要结果。

定理 5.68 设 G 是一个阶数 $p=4n(>4)$ 的自补图,则对每个整数 $l,3\leqslant l\leqslant p-2,G$ 有一个 l 圈。

证明 令 $\sigma\in\Theta(G)$,且 $\sigma=\sigma_1\sigma_2\cdots\sigma_k$ 是 $D(\sigma)$ 中的一条 H 路。我们对 k 应用数学归纳法来证明本定理。当 $k=1$ 时,由引理 5.62 知结论成立。如果每个 $p_i=4$,则由引理 5.67 知结论成立。因此,假设 $p_{i_0}>4$,其中 i_0 是介于 1 到 k 之间的某个整数。

情况 1 $p_k=4$。

$G-\sigma_k$ 是一个 $(p-4)$ 阶的自补图。由归纳假设,对于每个 $l,3\leqslant l\leqslant p-p_k-2=p-6$,$G$ 有一个 l 圈。为了完成这种情况的证明,定义 $l_i=p_i-1$,如果 $i\neq i_0$,且 $i<k$,$l_{i_0}=p_{i_0}-1-j$,如果 $l=p-2-j,0\leqslant j\leqslant 3$,且 $l_k=2$。由定理 5.64,有:G 有一个长度为 $\sum\limits_{i=1}^{k}l_i+(k-1)=p-2-j$ 的圈,其中 $0\leqslant j\leqslant 3$。

情况 2 对于某个 $i_0<k,p_k>4$ 且 $p_{i_0}>4$。

$G-\sigma_k$ 是一个阶数为 $p-p_k$ 的自补图,且由归纳假设,对于每个 $l,3\leqslant l\leqslant p-p_k-2$,$G$ 有一个 l 圈。现令 $1\leqslant i<k$ 时,$l_i=p_i-1$;$2\leqslant j\leqslant p_k-4$ 或者 $j=p_k-2$ 时,$l_k=p_k-j$,则由定理 5.64,对于介于 $p-p_k-4$ 与 $p-2$ 之间的 l,以及 $l=p-p_k+2$,在 G 中存在 l 圈。因此,只要我们能够证明仅仅对 $l=p-p_k+j,j\in\{-1,0,1,3\}$,在 G 中存在 l 圈就可以了。现令 $i\neq i_0$ 且 $i<k$ 时,$l_i=p_i-1$;$j\in\{-1,0,1\}$ 时,$l_{i_0}=p_{i_0}-3+j$;$j=3$ 时,$l_{i_0}=p_{i_0}-4$;$j\in\{-1,0,1\}$ 时,$l_k=2$;$j=3$ 时,$l_k=6$,则

$$\sum_{i=1}^{k}l_i+(k-1)=p-p_k+j, \quad j\in\{-1,0,1,3\}$$

再由定理 5.64,情况 2 获证。

情况 3 $p_k\geqslant 8$ 且对每个 $i\neq k,p_i=4$

$G-\sigma_1$ 是一个 $(p-4)$ 阶自补图,因此对每个 $l,3 \leqslant l \leqslant p-6,G$ 有一个 l 圈。容易证明,在 G_k 中存在满足下列条件的 l 圈:对于 $l=p_k-j,j \in \{2,3,4\},\sigma_k$ 中两个连续奇数顶点,在这个 l 圈中连续出现,且当 σ_k 不是引理 5.62 情况 2(b) 中的情况以及 $p_k \neq 8$ 时,σ_k 的两个连续奇数在 $l=p_k-5$ 的圈中也连续出现,则在 $G-\sigma_k$ 的 Hamilton 路也可以用 σ_k 中的一个 (p_k-j) 圈来结合可获得所要求的 l 圈,$l=p-3,p-4,p-5$。现在,如果 $p_k=8$ 且 σ_k 是引理 5.62 情况 2(b) 中的情况,则在 $G-\sigma_1-\sigma_k$ 中的一个 H 路与 G_k 中的一个适当的 l 圈(见引理 5.62 情况 2(b))结合以获得 G 中的一个 $(p-5)$ 圈,从而本定理获证。 □

在定理 5.68 中,我们仅考虑 $p=4n$ 阶的情况。现在,我们来考虑阶数为 $p=4n+1$ 的情况。

设 G 是一个阶数为 $p=4n+1(\geqslant 9)$ 的自补图,$\sigma \in \Theta(G)$,则 σ 有唯一的一个不动点。设该不动点为 ξ_0,则 $G-\xi_0$ 是一个阶数为 $p-1=4n$ 的自补图。由上述定理 5.68,对于每个 $l,3 \leqslant l \leqslant p-3,G$ 有一个 l 圈,为证明在图 G 中存在长度为 $p-2$ 的圈,令 $\sigma-\xi_0=\sigma_1,\sigma_2,\cdots,$ σ_k,其中 $(\sigma_i,\sigma_{i+1}) \in D(\sigma-\xi_0),1 \leqslant i \leqslant k$。注意到,$\xi_0$ 与 G 中所有 σ_i 的奇数顶点或所有的偶数顶点相连接,$1 \leqslant i \leqslant k$。现令 μ 是 $G-\xi_0$ 中按推论 5.65 给出的一个长度为 $p-3$ 的圈。如果 ξ_0 与 σ_1 的一个奇数顶点相连接或与 σ_i 的一个偶数顶点且与 σ_{i+1} 的一个奇数顶点相连接,则 ξ_0 可以适当地结合于这个 $(p-3)$ 圈中来获得 G 的长度为 -2 的圈。因此,我们可以假设 ξ_0 与每个 $\sigma_i(1 \leqslant i \leqslant k)$ 中所有的偶数顶点相连接。如果有某个 $p_{i_0}>4$,则 ξ_0 可以与引理 5.66 中给出的 $G-\xi_0$ 中长度为 $p-4$ 的两个端点相结合,得到 G 的一个长度为 $p-2$ 的圈。我们可以假设对于所有 $i,1 \leqslant i \leqslant k$,有 $p_i=4$。令 $\sigma_{k-1}=(u_1,u_2,u_3,u_4),\sigma_k=(v_1,v_2,$ $v_3,v_4)$,其中 $\{u_1,u_3\},\{v_1,v_3\} \in E(G)$。如果 $\{u_2,v_2\}$ 或 $\{u_2,v_4\} \in E(G)$,则由引理 5.67 给出的一个 Hamilton 路以及 v_2,ξ_0,v_4 一起在 $G-\xi_0-\sigma_k$ 中产生一个 $(p-2)$ 圈。否则,集合 $\{u_1,u_3,v_1,v_3\}$ 产生一个完全子图。于是,由引理 5.67 给出的 $G-\xi_0-\sigma_{k-1}-\sigma_k$ 中一条 H 路与按照下列次序结合的顶点 $\{u_1,v_1,u_2,\xi_0,u_4,v_3,u_3\}$ 一起产生一个 $(p-2)$ 圈。综上所述,我们获得了以下定理。

定理 5.69 设 G 是一个阶数为 $p(\geqslant 8)$ 的自补图,则对每个整数 $l,3 \leqslant l \leqslant p-2,G$ 有一个 l 圈。 □

5.3.2 自补图的泛圈性

在上一小节中,我们介绍了 Rao 在 1977 年所获得一个重要结果:对于每个阶数 $p \geqslant 8$ 的自补图 G,存在长度为 $l(3 \leqslant l \leqslant p-2)$ 的圈。在这一小节中,我们进一步讨论自补图的泛圈性,并将指出一个 Haimilton 的自补图是泛圈的。这个结果是 Rao[30] 在 1977 年获得的。

定理 5.70 设 G 是一个阶数 $p \geqslant 8$ 的 Hamilton 自补图,则 G 是泛圈的。

证明 由定理 5.69,我们只需证明 G 有一个 $(p-1)$ 圈就可以了。假设 G 无 $(p-1)$ 圈,令 $C=(u_1,u_2,\cdots,u_p)$ 是 G 的一个 H 圈,则 $\{u_i,u_{i+2}\} \not\in E(G),1 \leqslant i \leqslant p$。我们考虑下列两种情况:

情况 1 $p=4n+1$。

假设 $\{u_1,u_5\}\in E(G)$，则在 $\overline{G}$ 中，$(u_1,u_5,u_7,u_9,\cdots,u_1)$ 是一个 $(p-1)$ 圈。因此 G 有一个 $(p-1)$ 圈，这与假设矛盾！故我们可以假设 $\{u_i,u_{i+1}\}\in E(G)$，$1\leqslant i\leqslant p$。如果 $\{u_1,u_i\}$ $\in E(G)$，则 $\{u_1,u_i,u_3,u_2,u_6,u_7,\cdots,u_p\}$ 是 G 中的一个 $(p-1)$ 圈，矛盾！因此，(u_i,u_{i+3}) $\in E(G)$，$1\leqslant i\leqslant p$，但在 $\overline{G}$ 中，$(u_1,u_4,u_6,u_8,\cdots,u_{p-1},u_{p-4},u_{p-6},\cdots,u_5,u_2,u_p,u_{p-2})$ 是一个 $(p-1)$ 圈，因此，G 有一个 $(p-1)$ 圈，与假设矛盾！

情况 2　$p=4n$。

假设 $\{u_1,u_5\}\in E(G)$，则 $\{u_2,u_7\}\in E(G)$；若不如此，则 $(u_1,u_5,u_4,u_3,u_2,u_7,u_8,\cdots,u_p)$ 是 G 的一个 $(p-1)$ 圈。又有 $\{u_p,u_3\}\in E(G)$，否则 $(u_3,u_p,u_{p-2},\cdots,u_4,u_2,u_7,u_9,\cdots,u_{p-1},u_1)$ 是 $\overline{G}$ 的一个 $(p-1)$ 圈，矛盾！因此，$\{u_1,u_5\}\in E(G)$，且由对称性知 $\{u_i,u_{i+4}\}\in E(G)$，$1\leqslant i\leqslant p$。令 $A=\{u_1,u_3,\cdots,u_{p-1}\}$，$B=\{u_2,u_4,\cdots,u_p\}$，则在 $\overline{G}[A]$ 中不难证明：任给 $\overline{G}[A]$ 中的两个不同的顶点 u,v，存在长度分别为 $(p/2)-1$ 和 $(p/2)-2$ 的路，路的两个端点都是 u,v。对于 $\overline{G}[B]$，上述论断同样成立。现在，证明 $\overline{G}[A]$ 和 $\overline{G}[B]$ 都是完全图。假设 i 是奇数，且 $\{u_1,u_i\}\in E(G)$，则 $\{u_2,u_{i+2}\}$，$\{u_{p-1},u_{i-1}\}\in E(G)$。于是在 $\overline{G}[A]$ 中的一条长度为 $(p/2)-1$ 的路（它的端点是 u_{i+2},u_{p-1}）可以与 $\overline{G}[B]$ 中的一条长度为 $(p/2)-2$ 的路（其端点是 u_2,u_{i-1}）结合成 H 中的一条长度为 $(p-1)$ 的圈，矛盾！因此，$\overline{G}[A]$ 和 $\overline{G}[B]$ 是完全图。这意味着 G 是一个偶图，故 G 不是自补图，由 $p>4$，矛盾！至此，本定理获证。　　　　□

5.4　自补图的 Hamilton 性

图的 Hamilton 性问题是图论中至今尚未解决的一个难题。然而，自补图这个特殊的图类的 Hamilton 性问题，已由 Rao 在 1979 年解决。在这一节里，我们将主要介绍 Rao[31] 在这方面的成果。

一个图 G 称为**高度压缩**的，如果在 G 中存在一个非空的顶点子集 S，使得：①$\omega(G-S)$ $>|S|$；②$G[S]$ 是 G 的一个完全子集；③对于 $\forall u\in S$，$\forall v\notin S$，$d_G(u)>d_G(v)$。本节主要证明了若 G 是一个 p 阶的非 Hamilton 的自补图，则除 $p=4n$ 且 G 是一个特殊的图 $G^*(4n)$ 外，G 是高度压缩的；本节的第 2 个主要内容是：若 G 是一个阶数为 $p(\geqslant8)$ 的自补图，π 是它的度序列，如果 π 存在一个具有 H 圈的实现，则 G 是泛圈的。如果 π 有一个具有 2 因子的实现，则 G 有 2 因子，但对 $p=4n$ 且 $G=G^*(4n)$ 的图例外。

5.4.1　基本概念

我们把一个图 G 的生成子图 G' 称为 G 的一个因子。如果 G' 是一个正则度为 k 的正则图，则称 G' 是图 G 的一个 k **因子**。若 X,Y 是图 G 的两个顶点子集，图 G 的一个子图的顶点

集为 $X \cup Y$，其边集由一个端点在 X 中而另一个端点在 Y 中的全体边构成，我们就用 $G[X, Y]$ 表示这个子图。

按照 Nash-Williams[32] 中的定义，一个图 G 称为**压缩的**，如果在 $V(G)$ 中存在一个子集 S，使得 $\omega(G-S)-|S|>0$。换言之，如果 G 的核度 $h(G)\geqslant 1$，则 G 是压缩的。显然，若 G 是压缩的，则 G 无 H 圈。设 $p\equiv 0,1 \pmod 4$，为方便，我们定义

$$\varphi(p)=\{G; G \text{ 是一个 } p \text{ 阶自补图}\}$$

设 $G\in\varphi(p)$ 且 $\sigma\in\Theta(G)$。我们用 $k(\sigma)$ 表示 σ 中不相交的轮换的数目。令 $O(G)$ 表示所有满足 $d(u)\geqslant\frac{1}{2}p$ 的顶点构成的 $V(G)$ 的一个子集，即

$$O(G)=\{u; d(u)\geqslant\frac{1}{2}p, u\in V(G)\}$$

设 σ_u 表示 σ 的一个轮换，我们用 p_u 来表示 σ_u 的长度，且用

$$\sigma_u=(a_{u,1}, a_{u,2}, \cdots, a_{u,p_u})$$

表示轮换 σ_u。注意，存在某个正整数 n_u，使得 $p_u=4n_u$，或者 $p_u=1, 1\leqslant u\leqslant k(\sigma)$。现在假设 $p_u>2$。同上一节一样，不失一般性，总是假设 $\{a_{u,1}, a_{u,3}\}\in E(G)$，这便暗指 $\{a_{u,i}, a_{u,i+2}\}\in E(G)$ 对于所有的奇数 $i (1\leqslant i\leqslant p_u)$ 成立，其中第 2 个下标取模 p_u 运算。σ_u 中全体奇数顶点和全体偶数顶点构成的集合分别用 A_u、B_u 表示。我们对 σ 的每个轮换中的顶点按照第 2 下标连续奇数顶点在 G 中相连边的标定方式进行标定。

设 $G\in\varphi(p)$ 且 $\sigma\in\Theta(G)$，上一节对于 $p=4n$ 情况引入了有向图 $D(\sigma)$。下面，我们对于一般情况，即 $p\in\{4n, 4n+1\}$ 的情况下的有向图 $D(\sigma)$ 如下：$D(\sigma)$ 的顶点集由 σ 的全体轮换构成，并且对于 $D(\sigma)$ 中的两个顶点 σ_u, σ_v，在 $D(\sigma)$ 中存在弧 (σ_u, σ_v)，如果下列条件之一成立：

（1）$p_u>1, p_v>1$，且存在某个偶数 i 和某个奇数 j，使得 $\{a_{u,i}, a_{v,j}\}\in E(G)$；

（2）$p_u=1$ 且 σ_u 的顶点与 σ_v 的一个奇数顶点相连边；

（3）$p_v=1$ 且 σ_u 的某个偶数顶点与 σ_v 的顶点相连边。

例如，对于如图 5.13 所示的 9 阶自补图 G，容易验证：$\sigma=(1234)(5678)(9)$ 是 G 的一个自补置换。现令 $\sigma_0=(9)$，$\sigma_1=(1234)$，$\sigma_2=(5678)$，由于 $p_1>1, p_2>1$，且 2 与 7 相邻，故 $(\sigma_1, \sigma_2)\in E(D(\sigma))$；又因 6 与 3 相邻，故 (σ_2, σ_1) 是 $D(\sigma)$ 的一条弧；由于 9 与 5 相邻，故 $(\sigma_0, \sigma_2)\in (D(\sigma))$；又因 2 与 9 相邻，从而知 $(\sigma_1, \sigma_0)\in E(D(\sigma))$。于是，$G$ 关于 σ 的关联有向图 $D(\sigma)$ 如图 5.13 所示。

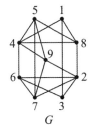
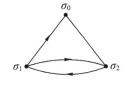

图 5.13　一个 9 阶自补图及其关联的有向图

任意一个有向图 D 的**压缩**是一个有向图 D^*，其中 $V(D^*)$ 是 D 的所有强连通分支构成的集合。对于 $V(D^*)$ 中的两个不同的顶点 $x,y,(x,y)\in E(D^*)$，如果对某个 $u\in V(x)$ 和某个 $v\in V(y),(u,v)\in E(D)$。

我们需要引入下列两类特殊的图 G^* 和 G^{**}。

设 L_1,L_2,L_3,L_4 是两两不相交的集合，且每个基数是 n。图 $G^*=G^*(4n)$ 的顶点集是 $\bigcup\limits_{i=1}^{4}L_i$，边集 $E(G^*)$ 是由下列两个条件(5.29)和(5.30)式给出：

$$G^*[L_1\bigcup L_3]=K_{2n}, \quad G^*[L_2\bigcup L_4]=\overline{K}_{2n} \tag{5.29}$$

对于奇数 i 和偶数 j，有

$$G^*[L_i,L_j]=\begin{cases}K_{n,n}, & \text{若 } j=i+1 \\ \overline{K}_{n,n}, & \text{若 } j=i+3\end{cases} \tag{5.30}$$

其中下标取模 4 运算。例如，$L_1=\{1,2\},L_2=\{3,4\},L_3=\{5,6\},L_4=\{7,8\}$。故 G^* 的顶点集为 $\{1,2,\cdots,8\}$。由(5.29),(5.30)式知 G^* 如图 5.14 所示。

图 $G^{**}=G^{**}(8)$ 的定义如下：

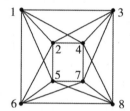

图 5.14　一个 8 阶图 $G^*(8)$

$$\left.\begin{array}{l}V(G^{**})=\{1,2,\cdots,8\} \\ G^{**}[\{1,3,5,7\}]=K_4,G^*[\{2,4,6,8\}]=\overline{K_4}\end{array}\right\} \tag{5.31}$$

对于奇数 i 和偶数 j，有

$$G^{**}[i,j]=\begin{cases}K_{1,1}, & \text{若 } j\in\{i+1,i+3\} \\ \overline{K}_{1,1}, & \text{若 } j\in\{i+5,i+7\}\end{cases} \tag{5.32}$$

其中下标取模 8 运算，如图 5.14 所示。

最后，我们给出定义：设 $\mu_1=(u_1,u_2,\cdots,u_s)$ 和 $\mu_2=(v_1,v_2,\cdots,v_t)$ 是图 G 的两个途径(walk)，其中 $v_1=u_s$，则 $\mu_1+\mu_2$ 表示途径 $(u_1,u_2,\cdots,u_s=v_1,\cdots,v_t)$。

5.4.2　非 Hamilton 自补图的必要条件

本小节主要介绍 Rao 获得的下述定理：

定理 5.71　设 G 是阶数为 $p=4n+\varepsilon$ 的非 Hamilton 的自补图，其中 $\varepsilon=0$ 或 1，则要么 $\varepsilon=0$ 且 $G=G^*(4n)$，要么 G 是一个高度压缩的。

这个定理的证明比较复杂，此处略去，有兴趣的读者可阅读文献[31]。　　　　　　　　□

5.4.3　自补图的泛圈性

我们在前面已给出了一个关于自补图的泛圈的结果：一个自补图 G 是泛圈的，当且仅当

G 是 Hamilton 的。Rao[31]进一步从度序列的角度对自补图的泛圈性进行了研究,他获得了下述重要结果:

定理 5.72(Rao,1979) 设 G 是一个阶数 $p \geq 8$ 的自补图且 $G \neq G^*(4n)$。假设对于所有 G 中不相邻的顶点 u,v,有 $d(u)+d(v) \geq \frac{1}{2}p$,则 G 是泛圈的,并且这个结果是最好可能的。

结合推论 5.6 及定理 5.70,这个结果易获证。☐

Rao[31]所获得的下述结果从度序列角度讨论了自补图的泛圈性。

定理 5.73 设 G 是一个阶数为 $p \geq 8$ 的自补图,$G \neq G^*(4n)$。令 $\pi = (d_1,d_2,\cdots,d_p)$ 是 G 的度序列,$d_1 \geq d_2 \geq \cdots \geq d_p$,则 G 是泛圈的,当且仅当对于 $s < \frac{1}{2}p$ 且 $d_s > d_{s+1}$ 有

$$\sum_{i=1}^{s} d_i < s(p-s-1) + \sum_{j=0}^{s-1} d_{p-j}$$
☐

基于此定理,我们立即有下述推论。

推论 5.74 在定理 5.73 的条件下,G 是泛圈的,当且仅当 π 存在一个 Hamilton 实现(不必要自补图)。

5.4.4 自补图中的因子

我们介绍一个重要结果,在此基础上不难推出自补图中有关因子问题。我们略去证明,有兴趣的读者可参见文献[31]。

引理 5.75 设 G 是一个阶数为 $p = 4n + \varepsilon$ 的非 Hamilton 的自补图,其中 $\varepsilon = 0$ 或 1,则要么 $\varepsilon = 0$ 且 $G = G^*(4n)$,要么 $V(G)$ 可被划分为阶数分别为 $4n_1 + \varepsilon$、$4n_2$ 的集合 V_1、V_2,其中 $n_1 + n_2 = n$,使得

(1)$H_i = G[V_i]$,$i = 1,2$ 是一个自补图;

(2)设 $L = O(H_2)$ 且 $R = V_2 - L$,则 $G[L]$ 是完全图,且 $G[R]$ 是空图;

(3)$G[V_1,L]$ 是一个完全偶图,$G[V_1,R]$ 是空图。☐

在这个引理的基础上,我们有下述定理。

定理 5.76 设 G 是一个阶数为 $p \geq 8$ 的自补图,则 G 没有 2 因子当且仅当 $V(G)$ 可被划分为 V_1,V_2,它们满足引理 5.75 中(1)、(2)、(3)和(4)。如果 $n_2 > 1$,则 H_1 没有 2 因子。☐

定理 5.77 假设 G 是一个自补图且 $G \neq G^*(4n)$,当且仅当 $\pi - 2$ 是图的,则 G 有 2 因子,其中 $\pi = \pi(G)$。☐

推论 5.78 在定理 5.77 的假设下,G 有 2 因子当且仅当存在 $\pi(G)$ 的一个具有 2 因子的实现(不必自补)。

关于这方面的证明见 Rao 的文献[31]。

5.5 尚待解决的问题

问题 1 设 G 是 p 阶自补图，$\delta(G) \geq 2$，试问 G 中存在多少个长度为 $k(\geq 4)$ 的圈？

问题 2 一个 p 阶自补图中存在多少个长度为 $k(\geq 5)$ 的路？

习 题

1. 设 G 是一个简单图，但不是森林（即 G 至少有一个圈）。证明：
$$g(G) \leq 2\,\mathrm{diam}(G) + 1$$

2. 设 G 是围长至少为 g 的阶数最小的 δ 正则图，则 $\mathrm{diam}(G) \leq g$。

3. 证明定理 5.45，即若 $g \geq 4, c \geq 2$ 均为正整数，则

$$n(g,c) \geq \begin{cases} 1 + c\,\dfrac{(c-1)^{(g-1)/2} - 1}{c-2}, & \text{如果 } g \text{ 是奇数} \\[3mm] \dfrac{(c-1)^{g/2} - 1}{c-2}, & \text{如果 } g \text{ 是偶数} \end{cases}$$

4. 证明定理 5.46，即若 $g \geq 4, c \geq 2$ 均为正整数，则

$$n(g,c) \leq \begin{cases} 2\,\dfrac{(c-1)^{g-1} - 1}{c-2}, & \text{如果 } g \text{ 是奇数} \\[3mm] 4\,\dfrac{(c-1)^{g-2} - 1}{c-2}, & \text{如果 } g \text{ 是偶数} \end{cases}$$

5. 证明定理 5.73。

参 考 文 献

[1] AHO A V, HOPCROFT J E, ULLMAN J D. The Design and Analysis of Computer Algorithms. Addison-Wesley, Reading, Mass. , 1974.

[2] BERGE C. Graphs and Hypergraphs. Amsterdam：North-Holland, 1973.

[3] BOLLOBÁS B. Extremal Graph Theory. London：Academic Press INC. LTD. , 1978.

[4] BEINEKE L W, WILSON R J. Selected Topics in Graph Theory. London, New York：Academic Press, 1978.

[5] BONDY J A. Pancyclic graphs. In：Proceedings of the Second Louisiana Conference on Combinatorics, Graph Theory and Computing（ed Mullin R C et al. ），Congressus Numerantium Ⅲ, Utilitas Mathematica：Winnipeg. 1971：181-187.

[6] BONDY J A. Variations on the Hamiltonian Theme. Canad. Math. Bull. , 1972,15：163-168.

［7］BONDY J A. Pancyclic graphs：Recent Results In：Infinite and Finite Sets. ，Vol. 1，ed. Hajnal A et al. ，Amsterdam：North-Holland，1975，181-187.

［8］BONDY J A. A Remark on Two Sufficient Conditions for Hamilton Cycles. Discrete Mathematics，1978，22：191-193.

［9］BONDY J A，CHVÁTAL V. Amethod in Graph Theory. Discrete Mathematics，1976，15：111-135.

［10］BONDY J A，MURTY USR. Graph Theory with Applications. London：The Macmillan Press LTD，1976.

［11］CAMION P. Hamiltonian Chains in Self-complementary Graphs. Cahiers Centre Études Recherche Opér，1975，17：173-183.

［12］CHVÁTAL V. On Hamilton's ideal. J. Combin. Theory(B)，1972，12：163-168.

［13］CHVÁTAL V，ERDOS P. A Note on Hamiltonian Circuits. Discrete Mathematics，1972，(2)：111-113.

［14］CLAPHAM C R J. Hamiltonian Arcs in Self-complementary Graphs. Discrete Mathematices，1974，8：251-255.

［15］FAN G H(范更华). New Sufficient Conditions for Cycles in Graphs. J. Combin. Theory (B)，1984，37：221-227.

［16］GRÜNBAUM B，POLYTOPES. Graphs and Complexes. Bull Ame. Math. Soc. 1970，76：1131-1201.

［17］GRÜNBAUM B. Polytopal Graphs，in Studies in Graph Theory，Part Ⅱ，Studies in Mathematics 12，Mathematical Association of America，Wanshington D C，1975，201-224.

［18］JUNG H A. On Maximal Circuits in Finite graphs. In：Advances in Graph Theory，ed Bollobás B，Amsterdam：North-Holland，1978，129-144.

［19］LESNIAK-FOSTER L. Some Recent Results in Hamiltonian Graphs. J. Graph Theory，1977(1)：27-36.

［20］MEYNIEL H. Une condition suffisante d'existence d'un circuit Hamiltonien dans un graphe orient'{e}. J. Combinatorial Theory(B)，1973，14：137-147.

［21］NASH-WILLIAMS C ST. J A. Hamiltonian Arcs and Circuits. In：Recent Trends in Graph Theory，Lecture Notes in Mathematics 186. ed. Capobianco M et al. ，Berlin：Spring-Verlag，Heideberg and New York，1971，197-210.

［22］ORE O. Are Coverings of Graphs. Ann. Math. Pura Appl. ，1961，55：315-321.

［23］RAO S B. The Number of Open Chains of Lengh Three and the Parity of Number of Open Chains of Length k in Self-complementary Graphs. Discrete Mathematices，1979，28：291-301.

［24］RYSER H. Combinatorial Mathematics. Carus Mathematical Monograph，1963.

［25］THOMASSEN C. A Theorem on Plaths in Planar Graphs. J. Graph Theory，1983，7：169-176.

［26］THOMASON A G. Hamiltonian Cycles and Uniquely Edge Colourable Graphs. In：

Advances in Graph Theory，ed Bollobás B，Amsterdam：nd，1978，259-268.

[27] TUTTE W T. A Theorem on Planar Graphs. Trans. AMS，1956，82：99-116.

[28] 许进. 神经网络中几个问题的研究. 博士后研究报告，西安：西安电子科技大学，1995.

[29] 许进. 自补图中的三角形. 数学物理学报，1996 年(增刊)：4.

[30] RAO S B. Cycles in Self-complementary Graphs. J. Comb. Theory，Ser(B)，1977，22：1-9.

[31] RAO S B. Solution of the Hamiltonian Problem for Self-complementary Graphs. J. Comb. Theory，Ser(B)，1979，27：13-41.

[32] NASH-WILLAMS C ST. J A. Valency Sequences which Force Graphs to Have Hamiltonian Circuits. Interim report，Faculty of Mathematics，Univ. of Waterloo，Ontario，Canada.

第6章 正则与强正则自补图

正则与强正则自补图是两类很重要的自补图。特别是强正则自补图,它在 *Ramsey* 数问题的研究上有重要的应用。这是因为,人们目前所发现的所谓对角线上的 *Ramsey* 数 r(3,3)、r(4,4) 的 *Ramsey* 图均含有强正则自补图。然而,目前关于强正则自补图的研究结果是比较少的,且仅对顶点数≤49 的强正则自补图给出了完全构造。当顶点数≥53 时,甚至无从知道 p 阶强正则自补图是否存在。在这方面作出较好结果的有 *Mathon* 和 *Rao* 等学者。本章将介绍正则与强正则自补图方面所获得的几乎所有的结果,特别是顶点数≤49 的所有的强正则自补图的构造与 *Rao* 解决的关于 *Kotzig* 在自补图中所提出的 3 个公开问题。进而,讨论了强正则自补图与对角线上的 *Ramsey* 数问题。本章内容安排如下:6.1 节对强正则图进行了较详细的介绍;正则与强正则自补图的基本理论安排在 6.2 节;6.3 节讨论了强正则自补图的自补置换;6.4 节里给出了阶数≤49 的强正则自补图的完全构造并讨论了它的有关基本性质;对 *Kotzig* 的 3 个公开问题的解决将在 6.5 节中给出介绍。本章的最后一节中讨论了强正则自补图与对角线的 *Ramsey* 数之间的关系,并提出了一些猜想。

6.1 强正则图

一个图 G 被称为是 r **正则的**,如果对于 $\forall u \in V(G), d(u) = r$。设 G 是一个 p 阶的 r 正则图,如果 G 中任意一对相邻的顶点恰有 λ 个公共的相邻者;而对 G 中任意一对不相邻的顶点恰有 μ 个公共的相邻者,则称 G 是一个**强正则图**,并称 (p, r, λ, μ) 是它的参数。在图 6.1 中,我们给出了两个参数分别为 (5,2,0,1)、(9,4,1,2) 的强正则图。

在这一节里,我们将主要讨论强正则图的一些最基本的性质,诸如参数 p、r、λ 与 μ 之间的关系,强正则图相邻矩阵的一些基本特征,其中包括特征根的讨论。

6.1.1 强正则图的基本性质

定理 6.1 设 G 是一个参数为 (p, r, λ, μ) 的强正则图,则 G 的补图 $\overline{G}$ 是一个参数为 (p, l, λ^*, μ^*) 的强正则图,其中 $l = p - r - 1, \lambda^* = p - 2r + \mu - 2, \mu^* = p - 2r + \lambda$。

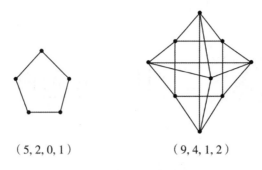

$$(5,2,0,1) \qquad\qquad (9,4,1,2)$$

图 6.1　两个强正则图

证明　由补图的定义知，$\overline{G}$ 是一个阶数为 p 的(p−r−1)阶正则图。考察图 G 中的任一对相邻的顶点 u,v，它们在 $\overline{G}$ 中的公共相邻顶点集应为

$$V(G)-\{u,v\}-N_G(u)\bigcup N_G(v)$$

其中 $N_G(u)$ 表示顶点 u 在图 G 中的邻域，$N_G(v)$ 类似。因为在 G 中，u 与 v 不相邻，并且有 μ 个公共相邻者，所以 $|N_G(u)\bigcup N_G(v)|=2r-\mu$，进而，我们有

$$\lambda^* = |V(G)-\{u,v\}-N_G(u)\bigcup N_G(v)|=p-2-2r+\mu$$
$$=p-2r+\mu-2$$

类似的方法可以证明 $u^*=p-2r+\lambda$。 □

设 G 是一个参数为 (p,r,λ,μ) 的强正则图，令 $\boldsymbol{A}$ 表示 G 的相邻矩阵，$\boldsymbol{B}$ 表示 $\overline{G}$ 的相邻矩阵，$\boldsymbol{J}$ 表示 $p\times p$ 阶的每个元素均为 1 的矩阵，$l=p-r-1$，则显然有下列结果：

$$\boldsymbol{A}^{\mathrm{T}}=\boldsymbol{A}, \boldsymbol{AJ}=\boldsymbol{JA}=r\boldsymbol{J} \tag{6.1}$$

$$\boldsymbol{B}^{\mathrm{T}}=\boldsymbol{B}, \boldsymbol{BJ}=\boldsymbol{JB}=l\boldsymbol{J} \tag{6.2}$$

$$\boldsymbol{I}+\boldsymbol{A}+\boldsymbol{B}=\boldsymbol{J} \tag{6.3}$$

对于强正则图矩阵特性的进一步讨论，我们有下述结果(定理 6.2)，此结果比较清楚地刻画了强正则图的特性。

定理 6.2　设 G 是一个参数为 (p,r,λ,μ) 的强正则图。$\boldsymbol{A}$ 表示 G 的相邻矩阵，$\boldsymbol{J}$ 是一个 $p\times p$ 阶的每个元素均为 1 的矩阵，$\boldsymbol{B}$ 是 $\overline{G}$ 的相邻矩阵，则

$$\boldsymbol{A}^2=\boldsymbol{AA}^{\mathrm{T}}=r\boldsymbol{I}+\lambda\boldsymbol{A}+\mu\boldsymbol{B} \tag{6.4}$$

证明　由 G 是一个 r 正则图知 $\boldsymbol{A}^2$ 中对角线上的元素均为 r，由此产生(6.4)式右端的第一项 $r\boldsymbol{I}$；对于 G 中的任意两个不同的顶点 v_i,v_j，如果它们是相邻的，即 $a_{ij}=1$ 则这两个顶点恰好有 λ 个公共相邻顶点，此即

$$\sum_{s=1}^p a_{is}a_{sj}=\lambda \tag{6.5}$$

如果 v_i 与 v_j 不相邻，即 $a_{ij}=0$，则这两个顶点恰好有 μ 个公共相邻顶点，亦即

$$\sum_{s=1}^p a_{is}a_{sj}=\mu \tag{6.6}$$

由此表明，对于位于 $\boldsymbol{A}^2$ 中第 i 行第 j 列的元素 $(\boldsymbol{A}^2)_{ij}$，若 $a_{ij}=1$，则 $(\boldsymbol{A}^2)_{ij}=\lambda$；若 $a_{ij}=0$，则 $(\boldsymbol{A}^2)_{ij}=\mu$。这就证明了(6.4)式右端的第二项和第三项。 □

用 $\boldsymbol{J}$ 左乘(6.4)式的两端有

$$\boldsymbol{J}(\boldsymbol{A}\boldsymbol{A}^{\mathrm{T}})=\boldsymbol{J}(r\boldsymbol{I}+\lambda\boldsymbol{A}+\mu\boldsymbol{B})$$

由(6.1)及(6.2)两式有

$$r^2\boldsymbol{J}=(r+\lambda r+\mu l)\boldsymbol{J}$$

故有

$$r^2=r+\lambda r+\mu l$$

即

$$\mu l=r(r-\lambda-1) \tag{6.7}$$

如果 $\mu=0$,则由(6.7)式有 $r=\lambda+1$,并且推得每个顶点在完全图 K_{r+1} 中,使得 G 是由若干个不相交的 K_{r+1} 的并构成。下面,我们将恒假定 $\mu\geqslant1$,并由此立即可以推出 G 是连通的。

如果我们使用 $\boldsymbol{J}=\boldsymbol{I}+\boldsymbol{A}+\boldsymbol{B}$ 从(6.4)式中消除 $\boldsymbol{B}$,则用 $\boldsymbol{A}$ 乘且用(6.1)、(6.2)两式,可消除矩阵 $\boldsymbol{J}$,并可获得

$$(\boldsymbol{A}-r\boldsymbol{I})(\boldsymbol{A}^2-(\lambda-\mu)\boldsymbol{A}-(r-\mu)\boldsymbol{I})=0 \tag{6.8}$$

我们可以推出下述注。

注 如果 G 是连通的,即 $\mu\geqslant1$,则 r 是一个重数为 1 的特征根且 $\boldsymbol{e}=(1,1,\cdots,1)$ 是其对应的特征向量。

证 假设 $\boldsymbol{e}=(e_1,e_1,\cdots,e_p)$ 是对应于特征根为 r 的一个特征向量,则 $\boldsymbol{e}\boldsymbol{A}=r\boldsymbol{e}$,并且对于每个 $j=1,2,\cdots,p$,

$$e_1a_{1j}+e_2a_{2j}+\cdots+e_pa_{pj}=re_j \tag{6.9}$$

如果必要的话,用 $-\boldsymbol{e}$ 代替 $\boldsymbol{e}$ 以便使 $e_1,e_2,\cdots,e_p$ 的最大者为正。现在假设 e_k 是最大者且是正的,则由(6.9)式我们有

$$\sum_{i=1}^{p}e_ia_{ik}=re_k \tag{6.10}$$

由于 $a_{ik}=0$ 或 1,且 $\sum_{i=1}^{p}a_{ik}=r$,故在(6.10)式左端仅有对应于 $a_{ik}=1$ 的 r 个非零项,并且这些非零项中的每一个是 $e_i\leqslant e_k$。因此,对于这种情况中的每一个必有 $e_i=e_k$,并且推出,如果 v_i 与 v_k 相邻,则 $e_i=e_k$;由于 G 是连通的,故可推得 $e_1=e_2=\cdots=e_p=e_k$,且 $\boldsymbol{e}=e_k(1,\cdots,1)$。结论获证。 □

定理 6.3 设 G 是参数为 (p,r,λ,μ) 的强正则图,$\boldsymbol{A}$ 是它的相邻矩阵,则除特征根 r(重数是 1)外,矩阵 $\boldsymbol{A}$ 恰好有 2 个特征根 s 和 t,其中

$$\begin{Bmatrix}s\\t\end{Bmatrix}=\frac{(\lambda-\mu)\pm\sqrt{d}}{2},d=(\lambda-\mu)^2+4(r-\mu) \tag{6.11}$$

这个结果可由(6.8)式获得。

设 s 的重数是 f_2,t 的重数为 f_3,则

$$1+f_2+f_3=p=1+r+l \tag{6.12}$$

因为 $\boldsymbol{A}$ 的迹为零,我们有

$$r+sf_2+tf_3=0 \tag{6.13}$$

由(6.12)与(6.13)两式解 f_2 和 f_3 得

$$f_2 = \frac{r+t(r+l)}{t-s}, \quad f_3 = \frac{r+s(r+l)}{s-t} \tag{6.14}$$

从(6.11)式中消除 s 与 t 的值,有

$$\left\{ \begin{matrix} f_2 \\ f_3 \end{matrix} \right\} = \frac{2r+(\lambda-\mu)(r+l)\mp\sqrt{d}\,(r+l)}{\mp 2\sqrt{d}} \tag{6.15}$$

我们现在利用 f_2 和 f_3 是非负整数这个事实。

定理 6.4 设 G 是一个参数为 (p,r,λ,μ) $(\mu>0)$ 的强正则图,则要么

(1) $r=l, \mu=\lambda+1=r/2$ 且 $f_2=f_3=r$,要么

(2) $d=(\lambda-\mu)^2+r(r-\mu)$ 是一个完全平方数,并且满足:

(ⅰ)如果 p 是偶数,$\sqrt{d}$ 可整除 $2r+(\lambda-\mu)(r+l)$,但 $2\sqrt{d}$ 不能整除;

(ⅱ)如果 p 是奇数,则 $2\sqrt{d}$ 可整除 $2r+(\lambda-\mu)(r+l)$。

证明 首先假设 $2r+(\lambda-\mu)(r+l)=0$,则 $f_2=f_3$,进而 $\lambda-\mu=-m$ 一定是一个负整数,并且 $(2-m)r=ml$。如果 $m\geqslant 2$,$(2-m)r\leqslant 0$,而 $ml>0$,矛盾。因此,$m=1, r=l$,且 $\lambda+1=\mu$,从(6.7)式:$\mu l=r(r-\lambda-1)$ 且由 $r=l, \mu=\lambda+1$,我们有 $\lambda+1=r-\lambda-1$,所以 $r=2(r+1)=2\mu$,本定理的情况(1)获证。

由(6.15)式知:$2r+(\lambda-\mu)(r+l)\neq 0$,$(2r+(\lambda-\mu)(r+2))/\sqrt{d}$ 是一个非零有理数,则 d 必是一个平方数;由于 $r+l=p-1$,情况(2)的(ⅰ)和(ⅱ)可由(6.15)式推出。 □

6.1.2 几类重要的强正则图

1. Moore 图

一个 **Moore 图**是一个正则的无三角形的图,并且任意两个不相邻的顶点有唯一的一个公共相邻的顶点,因此,Moore 图是一个参数为 $(p,xr,0,1)$ 的强正则图。从(6.7)式有

$$l=r^2-r \tag{6.16}$$

由定理 6.4 的情况(1)有,$r=l=2, p=5$,且这个图是五边形。在定理 6.4 的情况(2),$d=4r-3$ 是一个平方数,且要么在(ⅰ)中,要么在(ⅱ)中 $\sqrt{4r-3}$ 整除 $2r-r^2$,因为 $(4r-3,r)$ 整除 3 和 $(4r-3,r-2)$ 整除 5,故可推出 $4r-3|15^2=225$。因此 $r=3,7$,或 57,并给出 $p=10,50$ 或 3250。对于 $r=3, l=6, p=10$,这个图就是如图 6.2 所示的著名 Petersen 图。对 $r=7, l=42, p=50$,此图存在且是唯一的。对于 $r=57$,$l=3192, p=3250$,这个图存在,但至今尚未构造出来。

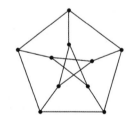

图 6.2 Petersen 图

2. 三角图 $T(n)$

关于线图与叠线图的概念我们在前面已经给出过。为方便,现重述如下:设 G 是一个简单图,G 的**线图**记作 $L(G)$,是一个由 G 导出的新图,其顶点集为 $V(L(G))=E(G)$,并且对于 $V(L(G))$ 中的任意两个元素 e_1, e_2,e_1 与 e_2 相邻当且仅当 e_1 与 e_2 在 G 中相邻。我们通常记 $L^1(G)=L(G), L^2(G)=L(L(G))$。一般地,称 $L^k(G)\overset{\text{def}}{=\!=}(L^{k-1}(G))$ 为图 G 的 k 次**叠线图**。如图 6.3 给出了一个图 G 与它的 1 次、2 次叠线图。

我们把 n 次完全图 K_n 的线图 $L(K_n)$，记作 $T(n)$，称为**三角图**。因此，它的顶点集可以由 $X=\{1,2,\cdots,n\}$ 的 2 子集 $X^{(2)}$ 表示。$T(n)$ 中的两个顶点相邻当且仅当它们所对应的两个子集之交非空，由定理 6.3，我们比较容易推出 $T(n)$ 是一个强正则图，其参数为 $(\frac{1}{2}n(n-1),2(n-2),n-2,4)$。图 6.4 中，我们给出了 $T(3)$：三角形，$T(4)$：八面体，以及 $T(5)$：Petersen 图的补。

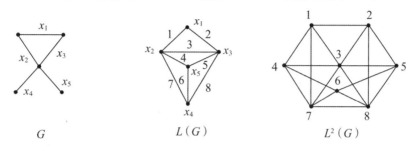

图 6.3　一个图与它的 1 次、2 次叠线图

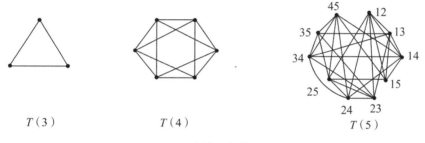

图 6.4　阶数最小的三角图

Chang[1][2] 和 Hoffman[3] 刻画了 $T(n)$ 的如下特征（定理 6.5）。

定理 6.5　设 G 是一个参数为 $(\frac{1}{2}n(n-1),2(n-2),n-2,4)(n\geqslant 4)$ 的强正则图。如果 $n\neq 8$，则 G 同构于 $T(n)$；如果 $n=8$，则 G 同构于 4 个图中的一个，其中有一个是 $T(8)$。

在 $n=8$ 时，3 个另外的图由 Chang 发现[4]。　　　　　　　　　　　　　　　　□

3. 平方格图 $L_2(n)$

一个**平方格图**，记作 $L_2(n)$，定义为

$$L_2(n)=L(K_{n,n})\qquad n\geqslant 2$$

很容易证明，$L_2(n)$ 是一个具有参数为 $(n^2,2(n-1),n-2,2)$ 的强正则图。

Shrikhande 刻画了平方格图的基本特征如下[5]（定理 6.6）。

定理 6.6　设 G 是一个参数为 $(n^2,2(n-1),n-2,2)(n\geqslant 2)$ 的强正则图，如果 $n\neq 4$，则 G 与 $L_2(n)$ 同构；如果 $n=4$，则 G 同构于 $L_2(4)$ 或者如图 6.5 所示的图。　　　　□

4. Paley 图 $P(p)$

为了引入 Paley 图 $P(p)$，我们先重温抽象代数中的**域**与**有限域**的概念。

一个交换群叫做**加群**，如果我们把这个群的代数运算叫做加法，并且用符号"＋"来表示。

一个集合 R 叫做一个**环**，如果它满足下列四条：

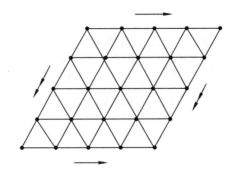

图 6.5　一个参数为(16,4,2,2)的强正则图

(1)R 是一个加群,换言之,R 对于一个叫做加法的代数运算成一个交换群;

(2)R 对于另一个叫做乘法的代数运算是封闭的;

(3)对这个乘法适合结合律:对于 $\forall a,b,c \in R$,有

$$a(bc)=(ab)c$$

(4)对于 $\forall a,b,c \in R$,两个分配律成立:

$$a(b+c)=ab+ac$$
$$(b+c)a=ba+ca$$

如果对于 R 中任意两个元素 a,b,恒有

(5) $$ab=ba$$

则称 R 是一个**交换环**,我们把不含零因子的环叫做**整环**。

一个环 R 叫做一个**除环**,如果:

(1)R 至少包含一个不等于零的元;

(2)R 有一个单位元;

(3)R 的每一个不等于零的元有一个逆元。

我们把可交换的除环叫做一个**域**。用 $GF(p)$ 表示具有 p 个元素的**有限域**。

现在,我们来定义 Paley 图 $P(p)$。

设 F 是一个具有 p 个元素的有限域,其中 $p \equiv 1 (\bmod 4)$,p 是素数幂。p 阶 Paley **图**,记作 $P(p)$,其顶点集为 F,并且对于 $\forall x,y \in F$,x 与 y 相邻当且仅当 $x-y$ 在 F 中是一个非零的平方数。图 6.6 给出了最小阶数的三个 Paley 图:$P(5)$、$P(9)$ 和 $P(13)$。

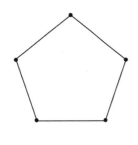
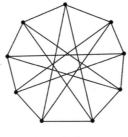
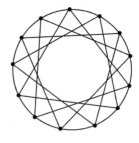

$P(5)$　　　　　　$P(9)$　　　　　　$P(13)$

图 6.6　三个 Paley 图

Seidel[6]对顶点数≤29的强正则图进行了研究,证明了参数为$(p,\frac{1}{2}(p-1),\frac{1}{4}(p-5),\frac{1}{4}(p-1))$的强正则图一定同构于$P(p)(p\leq17)$。

Paley 图具有许多良好的应用,其中一个重要的应用是 Ramsey 图,详见文献[7];另外,由于 Paley 图是自补图,因此,它对强正则自补图的研究将产生很大的影响,特别是在强正则自补图的构造方面。详见下节讨论。

我们不打算对于强正则图再作更深入的讨论,有兴趣的读者参见文献[4]~[6]。

6.2 正则与强正则自补图的基本性质

一个图 G 称为**正则自补图**,如果 G 是正则的,且是自补的。一个图 G 称为**强正则自补图**,如果 G 是强正则的,且是自补的。

由第 2 章我们已经知道,若 G 是正则的,则它的阶数 $p=|V(G)|\equiv1(\mathrm{mod}\ 4)$,且 G 的自同构群 $\Gamma(G)$ 有且仅有一个不动点。下面,我们将就强正则自补图的几个基本性质给予讨论。

定理 6.7 设 G 是一个阶数为 $p=4t+1(t\geq1)$ 的强正则自补图,则它的参数为

$$(p,r,\lambda,\mu)=(4t+1,2t,t-1,t) \tag{6.17}$$

证明 由于 G 正则且自补,故有

$$|E(G)|=\frac{1}{2}rp=\frac{1}{2}r(4t+1)=\frac{1}{2}\binom{4t+1}{2}$$

即

$$r=2t$$

又因为每对相邻的顶点有 λ 个公共的相邻顶点,故 G 中三角形的数目为

$$N(G,\Delta)=\frac{1}{3}\times\frac{1}{2}\binom{4t+1}{2}\lambda$$

注意到 G 的正则性,于是由定理 2.16 知,G 中三角形个数为

$$N(G,\Delta)=\frac{1}{48}p(p-1)(p-5)$$

因此,我们得到

$$\frac{1}{6}\lambda\binom{4t+1}{2}=\frac{1}{48}(4t+1)4t(4t-4) \qquad\Box$$

由此解得 $\lambda=t-1$。最后,再由定理 6.1 得 $u=t$。

下面,我们再来刻画强正则自补图 G 的矩阵特征。

定理 6.8 设 G 是一个阶数为 $p=4t+1$ 的强正则自补图,A 是它的相邻矩阵,则有

(1) $$A^2=t(J+I)-A,AJ=2tJ \tag{6.18}$$

(2)$p=4t+1$ 是某两个正整数的平方和。

关于这个定理的证明留给读者,可参见文献[6]。

在上一节里,我们已经引入 Paley 图 $P(p)$ 的概念。业已发现,Paley 图不仅是强正则的,而且是强正则自补图。若令 $p=4t+1$,为方便,今后我们将采用 $G(t)$ 来代替 $P(p)$。下述定理 6.9 不仅给出了 Paley 图的较为详细的定义,并且指出了 Paley 图是强正则自补图。

定理 6.9[6]　设 $p=4t+1$ 是一个素数的幂,令 α 是有限域 $GF(p)$ 中的**素元**(Primitive element)。考虑将 $GF(p)$ 划分成 3 个类 C_0、C_1 和 C_2,即:$C_0=\{0\}$,$C_{i+1}=\{\alpha^{2j+i}; j=0,1,\cdots,t-1\}$,$i=0,1$,则图 $G(t)=(V,E)$,$V=GF(p)$,$E=\{xy; x-y\in C_1, x,y\in V\}$ 是一个参数为 $(4t+1,2t,t-1,t)$ 的强正则自补图。　□

由 Paley 图的构造,我们不难证明 G 是自补的,因而,G 是一个参数为 $(4t+1,2t,t-1,t)$ 的强正则自补图。

定理 6.9 对于自补图的构造是很有意义的,我们在图 6.6 中给出了阶数较小的三个 Paley 图:$G(1)$、$G(2)$ 和 $G(3)$。Seidel 在文献[6]中还证明了下述结果。

定理 6.10　设 G 是一个参数为 $(4t+1,2t,t-1,t)$ 的强正则自补图,其中 $p=4t+1\leqslant 17$,则

$$G\cong G(t)$$

□

但这个结果对于一般情况不成立,我们将在本章的后面可以看到。

具有素数幂阶的强正则自补图的存在是已经知道的,但相应的**计数问题尚未解决**。寻找非 Paley 图是一项很困难的工作,目前所知道的例子并不多见[8]。

6.3　强正则自补图的自补置换

设 σ 是强正则自补图 $G(t)$ 的一个自补置换,即 $\sigma\in\Theta(G(t))$。令 $\sigma_0,\sigma_1,\cdots,\sigma_s$ 是 σ 的一个轮换分解。不失一般性,我们可以假设 $|\sigma_0|=1$,$|\sigma_i|=2^{l_i}$,$i=1,2,\cdots,s$。如果 $|\sigma|=2^l k$,其中 k 是奇数,我们将称这样的 σ 为**基础自补置换**,并且使用记号 $\sigma(l)$,其中 $l=(l_1,l_2,\cdots,l_s)$,$l_1\geqslant\cdots\geqslant l_s\geqslant 2$ 是 $|\sigma_i|=2^{l_i}$ 中的非零指数。

$\sigma(l)$ 中的轮换把 $G(t)$ 中的顶点划分成一个不动顶点和 s 个长度分别为 $2^{l_1},\cdots,2^{l_s}$ 的轨。由 $p=4t+1$ 及 $l_i\geqslant 2$,我们有

$$t=\sum_{i=1}^{s}2^{l_i-2} \tag{6.19}$$

假设顶点次序为 $\sigma_0,\cdots,\sigma_s$,第一个顶点是不动点,σ 轨划分 $G(t)$ 的相邻矩阵 A 的块为 A_{ij},$0\leqslant i,j\leqslant s$。这种划分具有很特别的性质。

设 $B=(b_{ij})$ 是一个 $m\times n$ 的 $0-1$ 矩阵,其 m,n 满足 $n|m$ 或者 $m|n$。如果 $b_{i+1,j+1}=1-b_{ij}$,$0\leqslant i<m$,$0\leqslant j<n$,且下标分别取模 m 和模 n 运算,则 B 称为一个**交替循环矩阵**(alternating circulant),容易看到 m,n 都是偶数,并且如果 B 是交替循环矩阵时,则 B^{T} 和

$\pi_k \mathbf{B} = (b_{ki,kj})$ 都是交替循环矩阵，其中 k 是一个与 m, n 相关的素数。由 σ 的定义可以推出 σ 划分的相邻矩阵 $\mathbf{A}$ 的所有块 $\mathbf{A}_{ij}$ 也是交替循环矩阵（$\mathbf{A}_{ii}$ 零对角例外）。

下面，我们将给出强正则性对限制在基础自补置换 σ 的轮换长度的结果。

定理 6.11 设 $G(t)$ 是一个强正则自补图，并且具有基础自补置换 $\sigma(l), l = (l_1, \cdots, l_s)$。如果 $l_1 = \cdots = l_r = k > l_{r+1}, 1 \leqslant r \leqslant s$，则

$$t + 1 \leqslant 2^{k-1} r \tag{6.20}$$

证明 在 $G(t)$ 的 σ 划分相邻矩阵 $\mathbf{A} = (\mathbf{A}_{ij})$ 中，考察块一行 $\mathbf{A}_1 = (\mathbf{A}_{1i}), i = 0, \cdots, s$。块 $\mathbf{A}_{11}, \cdots, \mathbf{A}_{1r}$ 是 2^k 阶方阵，$\mathbf{A}_{11}$ 是零对角的对称方阵。其他块是 $2^k \times 2^{l_i}$ 矩阵。我们现在来分别估计在 $\mathbf{A}_1$ 的第 p 行和第 $q = p + 2^{k-1} (1 \leqslant p < 2^{k-1})$ 行的内积 λ_{pq}。由于 $k > l_i, i > r$ 和每个块是交替循环的，对 $j = 0$ 和 $j > 2^k r$，我们有 $a_{pj} = a_{qj}$。对角线块 $\mathbf{A}_{11}$ 总可以被循环地置换，以便使它的第 p 行至多包含 $d_1 = 2^{k-1} - 1$ 个 1。如果任意非对角线的方阵块含有 d 个 1，则它的第 p 行和第 q 行至少有一个内积 $e = \max(0, 2d - 2^k)$。因为 $d - e$ 对 $d = 2^{k-1}$ 是最大的，并且 $G(t)$ 是 $2t$ 正则的，因此，我们推得 $\lambda_{pq} \geqslant 2t - d_1 - (r-1)d = 2t - 2^{k-1}r + 1$。而 $G(t)$ 是强正则的，所以 $\lambda_{pq} \leqslant t$。$\qquad\square$

如果在 $\sigma(l)$ 中，对大于 1 的两个指数 l_i 不同，则可获得一个比 (6.20) 式更好的界。为了证明这个事实，我们需要一些基本的结果。

引理 6.12 设 $X = \{x_1, x_2, \cdots, x_v\}$，$S$ 是 X 中的 n 个 d 子集构成的集族，则存在两个 d 子集，它们的交至少含有 λ_0 个元素，

$$\lambda_0 = \lceil f(2nd - f\eta - \eta)/(n^2 - n) \rceil \quad f = \lceil nd/\eta \rceil \tag{6.21}$$

证明 这个结果可以由下列事实推出：用 n 个 d 子集对 X 最大可能地进行**均匀填充** (uniform packing)，则在任意两个 d 子集之间产生最小的平均相交元素 λ。这里，$\alpha = nd - \eta f$ 个元素被包含在每个 $f + 1$ 个 d 子集中，并且余下的 $\eta - \alpha$ 个元素在 f 个子集，$f = \lceil nd/\eta \rceil$。因此

$$\lambda = \left\lceil \alpha \binom{f+1}{2} + (\eta - \alpha)\binom{f}{2} \right\rceil / \binom{n}{2} = \frac{f(2nd - f\eta - \eta)}{(n^2 - n)}$$

故由鸽巢原理知 $\lambda_0 = \lceil \lambda \rceil$。

注意到引理 6.12 中的界在 $n \leqslant \eta$ 时是最好可能的。如果 S 形成一个对称的 2 设计，则这个界是紧的。如果 $n > \eta$，则较好的界存在。所以，业已知道[9]，一个 η 集合的 d 子集构成的集族 S，没有两个 d 子集相交多于 λ 个元素，至多有 n 个成员，其中 $n \leqslant \begin{bmatrix} \eta \\ \lambda \end{bmatrix} / \begin{bmatrix} d \\ \lambda \end{bmatrix}$。但是，我们所要求的是 $n \leqslant \eta$，并且对 λ_0 需要一个清楚的公式。

引理 6.13 设 X 是一个具有 2ρ 个元素构成的集合，S 是 X 的 $n = 2\eta$ 个 d 子集构成的集族，其中 $\eta \geqslant 2, \rho$ 是偶数且 $\eta | \rho$，如果 $\lambda_0(d)$ 是 (6.21) 式的界，则 $\Delta = d - \lambda_0(d)$ 对于参数 $d = \rho - 1, \rho$ 或者

$$\delta_{\max} = \rho - \lceil \rho(\eta - 1)/(2\eta - 1) \rceil$$

时达到最大值。

此证明留给读者。 □

定理 6.14 设 $G(t)$ 是一个具有基础自补置换 $\sigma(l)$ $(l=(l_1,l_2,\cdots,l_s))$ 的强正则自补图,如果 $l_1=\cdots=l_r=k>l_{r+1}$ 且 $k-l_i\geqslant2,1\leqslant r<s,i>r$,则

$$t\leqslant\min_{r<i\leqslant s}\{\rho_i-[\rho_i(\eta_i-1)/(2\eta_i-1)]\} \tag{6.22}$$

其中,$\eta_i=2^{k-l_i-1}$ 且 $\rho_i=2^{k-1}r+\sum\limits_{j=1}^{i-1}2^{l_j-1}$。

证明 我们采用与定理 6.11 相同的证明方法。在块 A_{1j} $(j=0,i,i+1,\cdots,s)$ 中,存在 2^{k-l_i} 个相同的行,即行 $p,p+1\cdot2^{l_i},p+2\cdot2^{l_i},\cdots$。在余下的块 A_{1j} $(1\leqslant j<i)$ 中,为了得到这些行中任意两个的最大内积的下界 λ_0,在假设每行含有 d 个 1 的条件下,我们使用引理 6.12,从 $G(t)$ 的参数推出 $2t-(d-\lambda_0)_{\max}\leqslant t$,并且我们利用引理 6.13 来计算 $d-\lambda_0(d)$ 的最大值。最后,为了获得 (6.22) 式,我们选取 $i,r<i\leqslant s$,使得这个最大值尽可能地小。

我们注意到,对于所有 $i>r$,即使 $k-l_i=1$,我们仍然可以应用定理 6.14 来获得一个很微弱的界 $t\leqslant2^{k-1}r$。另一方面,例如,$t=27,s=6,l=(6,5,2,2,2)$ 满足 (6.20) 式,但因 $\eta_2=8,\rho_2=48,\rho_2-[\rho_2(\eta_2-1)/(2\eta_2-1)]=25$,故 (6.22) 式不成立。

6.4　阶数≤49 的强正则自补图的完全计数

本节将主要介绍 Mathon(1988,[10]) 的工作:阶数≤49 的强正则自补图的完全计数,同时也将阶数≤49 的所有强正则自补图全部构造出来。自然,Mathon 的工作顺便回答了 Kotzig 关于自补图中的一个公开问题(即 2.2 节中的问题 5)中的第 2 部分:"至少存在两个非同构的强正则自补图的阶数是什么?"然而,当阶数≥53 时,寻找一个非 Paley 图的强正则自补图是很困难的,我们甚至连阶数≥53 的强正则自补图的存在性都无法得知!

6.4.1　块次

设 $B=(b_{ij})$ 是一个 $2m\times2n$ 的交替循环矩阵,如果我们把 B 的行和列按照奇数个 1 和偶数个 1 来进行划分,并且分离它们,使之保持我们能够按下列形式写成的次序:

$$B=\begin{bmatrix}B^{(0)}&B^{(1)}\\B^{(2)}&B^{(3)}\end{bmatrix} \tag{6.23}$$

其中每个 $m\times n$ 块 B^i 是循环的,且各行各列之和是一个常数。此外,块 $B^{(2)}$、$B^{(3)}$ 可以由 $B^{(1)}$ 和 $B^{(0)}$ 来表达:

$$(B^{(2)})_{ij}=1-(B^{(1)})_{i+1,j},\quad(B^{(3)})_{ij}=1-(B^{(0)})_{ij} \tag{6.24}$$

其中下角标分别取模 m 和模 n 运算。对 $G(t)$ 的 $\sigma(l)$ 划分的相邻矩阵 A 的块,应用 (6.23) 式和 (6.24) 式(关于 A_{ii} 中的零对角有明显的修改),我们获得了一个 $(2s+1)\times(2s+1)$ 的块矩阵 A:

$$A=(A_{ij}),A_{ij}=\begin{bmatrix}A_{ij}^{(0)}&A_{ij}^{(1)}\\A_{ij}^{(2)}&A_{ij}^{(3)}\end{bmatrix}\quad0\leqslant i,j\leqslant s \tag{6.25}$$

其中 $A_{00}=(0)$，$A_{0j}=(A_{0j}^{(0)}\,A_{0j}^{(1)})$ 和 $A_{i0}^{T}=((A_{i0}^{(0)})^{T}(A_{i0}^{(2)})^{T})$ 是行向量。

对于循环矩阵 B，令 $r(B)$ 和 $c(B)$ 分别表示**行次**和**列次**。我们将在 A_{ij} 中的块次使用下列记号：

$$r(A_{ij}^{(0)})=f_{ij},\ r(A_{ij}^{(1)})=g_{ij} \qquad 0\leqslant i,j\leqslant s \tag{6.26}$$

使用(6.24)式，我们可以计算所有其他的次：

$$
\left.
\begin{array}{ll}
r(A_{ij}^{(2)})=2t_{j}-g_{ij}, & r(A_{ij}^{(3)})=2t_{j}-f_{ij}-\delta_{ij} \\
c(A_{ij}^{(0)})=f_{ij}\tau_{ij}, & c(A_{ij}^{(1)})=g_{ij}\tau_{ij} \\
c(A_{ij}^{(2)})=(2t_{i}-g_{ij})\tau_{ij}, & c(A_{ij}^{(3)})=(2t_{j}-f_{ij}-\delta_{ij})\tau_{ij}
\end{array}
\right\} \tag{6.27}
$$

其中 $t_{i}=2^{l_{i}-2}$，$\tau_{ij}=t_{i}/t_{j}$，且

$$
\delta_{ij}=
\begin{cases}
1 & \text{当 } i=j \\
0 & \text{否则}
\end{cases}
$$

我们的目的是对于具有基础自补置换 $\sigma(l)$ 的强正则自补图 $G(t)$ 的块次 f_{ij} 和 g_{ij} 提供一组二次方程。首先注意到，由于对角块 A_{ii} 是对称的，故 $g_{ii}=t_{i}$，$i=1,\cdots,s$。为了简化方程，我们引入两个新变量 x_{ij} 和 y_{ij}：

$$
\left.
\begin{array}{lll}
f_{ii}=t_{i}+x_{ii}-1, & g_{ii}=t_{i} & 1\leqslant i\leqslant s \\
f_{ij}=t_{j}-x_{ij}, & g_{ij}=t_{j}-y_{ij} & 1\leqslant i<j\leqslant s
\end{array}
\right\} \tag{6.28}
$$

不失一般性，我们假设 $f_{00}=0$，$f_{oi}=2t_{i}$，$g_{oi}=0$，这里 $i=1,\cdots,s$。也假设 $t=t_{1}+\cdots+t_{s}$。由(6.18)式，我们获得

$$
\left.
\begin{aligned}
& x_{kk}=\sum_{i=1}^{k-1}x_{ik}\tau_{ik}+\sum_{i=k+1}^{s}x_{ki},\ \sum_{i=1}^{k-1}y_{ik}\tau_{ik}=\sum_{i=k+1}^{s}y_{ki} \\
& x_{kk}(1-x_{kk})+t-t_{k}=\sum_{i=1}^{k-1}(x_{ik}^{2}+y_{ik}^{2})\tau_{ik}+\sum_{i=k+1}^{s}(x_{ki}^{2}+y_{ki}^{2})\tau_{ki} \\
& \sum_{i=1}^{k-1}x_{ik}y_{ik}\tau_{ik}=\sum_{i=k+1}^{s}x_{ki}y_{ki}\tau_{ki}
\end{aligned}
\right\} \tag{6.29(a)}
$$

$$
\left.
\begin{aligned}
(x_{kk}+x_{u}-1)x_{kl}-t_{l}=&\sum_{i=1}^{k-1}(x_{ik}x_{il}+y_{ik}y_{il})\tau_{ik}+\sum_{i=k+1}^{l-1}(x_{ki}x_{il}-y_{ki}y_{il}) \\
&+\sum_{i=l+1}^{s}(x_{ki}y_{li}+y_{ki}y_{li})\tau_{li} \\
(x_{kk}-x_{u})y_{kl}=&\sum_{i=1}^{k-1}(x_{ik}y_{il}+y_{ik}x_{il})\tau_{ik}+\sum_{i=k+1}^{l-1}(x_{ki}y_{il}-y_{ki}x_{il}) \\
&-\sum_{i=l+1}^{s}(x_{ki}y_{li}+y_{ki}x_{li})\tau_{li}
\end{aligned}
\right\} \tag{6.29(b)}
$$

其中在(6.29(a))式中，$\tau_{ij}=t_{i}/t_{j}$ 且 $1\leqslant k\leqslant s$；在(6.29(b))式中，$1\leqslant k<l\leqslant s$。$n^{2}$ 个未知数 x_{kk}，x_{kl}，y_{kl} 满足下列不等式：

$$1-t_{k}\leqslant x_{kk}\leqslant t_{k} \qquad 1\leqslant k\leqslant s \tag{6.30(a)}$$

$$-t_{1}\leqslant x_{kl}\leqslant t_{l} \qquad 1\leqslant k\leqslant 1\leqslant s \tag{6.30(b)}$$

为了使用(6.29)式和(6.30)式，我们应简化对强正则自补图的搜索计算。为了代替对

(6.18)式的解的搜索计算,我们分两个阶段进行。第一阶段,我们寻找尽可能小的系统(6.29)式和(6.30)式的所有解,以获得 σ 划分的相邻矩阵的可行块次。在这个阶段,我们通过计算最终的块次矩阵的自同构群来丢弃同构解。第二阶段,我们将按照所要求的次,基于我们的解和(6.18)式,以及利用自同构删除搜索树等方法,对实际的循环矩阵详细地搜索计算。这个阶段已被应用于获得了顶点数 $\leqslant 48$ 的所有强正则自补图(详见本节最后一小节)。

为了总结本小节,我们将讨论在 $\sigma(l)$ 中当 $l_i=2,1\leqslant i\leqslant s$,或等价地,$t_i=1,1\leqslant i\leqslant s=t$ 这种特殊的情况。利用(6.29(a))式和(6.30(a))式,我们可以清楚地确定由 $G(t)$ 的 $\sigma(l)$ 导出的 $\boldsymbol{A}=(\boldsymbol{A}_{ij})$ 中块的任何行的可行块结构。

容易检查,与同构一样,对角块 $\boldsymbol{A}_{ii}$ 是唯一的,而非对角的块 $\boldsymbol{A}_{ij}$,$j\neq i$,属于 6 种不同的类型(见下表):

类型	$j=i$	$j\neq i$					
	0	1	2	3	4	5	6
$\boldsymbol{A}_{ij}$	OL LL	OO JJ	OL LJ	OJ OJ	LL LI	LJ OI	JJ OO

这里

$$\boldsymbol{I}=\begin{pmatrix}1 & 0\\ 0 & 1\end{pmatrix}, \quad \boldsymbol{L}=\begin{pmatrix}0 & 1\\ 1 & 0\end{pmatrix}, \quad \boldsymbol{O}=\begin{pmatrix}0 & 0\\ 0 & 0\end{pmatrix}, \quad \boldsymbol{J}=\begin{pmatrix}1 & 1\\ 1 & 1\end{pmatrix}$$

在这一可行的块行中,用 x_i 表示类型为 i 的块的数目。于是,对于 $\boldsymbol{x}=(x_1,x_2,\cdots,x_6)^{\mathrm{T}}$,从(6.18)式我们得到 4 个线性方程:

$$\begin{pmatrix}1 & 1 & 1 & 1 & 1 & 1\\ -2 & -1 & 0 & 0 & 1 & 2\\ 0 & 1 & 4 & 0 & 1 & 0\\ 1 & 0 & -1 & 0 & 0 & 1\end{pmatrix}\boldsymbol{x}=\begin{pmatrix}t-1\\ 1-\delta\\ t-1\\ 0\end{pmatrix} \tag{6.31}$$

其中 $\delta=0,1$ 是 $\boldsymbol{A}_{iO}$ 的行次。

为了求解(6.31)式,我们首先用 3 个参数 r,γ 和 δ 来表示 t。

$$t=4r+2\gamma-\delta+2 \quad 0\leqslant\gamma,\delta\leqslant 1 \tag{6.32(a)}$$

对于任意给定的 $t\geqslant 1$,这种方法能够在一种唯一的方式下来完成。进而,

$$\left.\begin{array}{l}x_1=k,\ x_2=2r+\gamma-2k-l, \qquad x_3=l\\ x_4=2l,\ x_5=2r+\gamma+2k-3l-\delta+1,x_6=l-k\end{array}\right\} \tag{6.32(b)}$$

其中

$$\left.\begin{array}{l}0\leqslant l\leqslant r,\max(0,a_l)\leqslant k\leqslant\min(l,b_l)\\ a_l=\left[\frac{1}{2}(3l-2r-\gamma+\delta-1)\right],b_l=\left[\frac{1}{2}(2r+\gamma-l)\right]\end{array}\right\} \tag{6.32(c)}$$

解的总数是

$$N_t=r+1+\sum_{i=0}^{r}\left[\min(l,b_l)-\max(0,a_l)\right] \tag{6.33}$$

注 (6.32)式中所显示的解对于一个强正则自补图 $G(t)$ 的一个基础自补置换 $\sigma(l)$ 中

的轮换长度,可以进一步用作必要条件。如果对某个 $r>1,l_r>2$,则第 r 个块行 $\mathbf{A}_{rj}$,$1\leqslant j\leqslant s$,对于每个 $1\leqslant i\leqslant r$,包含了 2^{l_i-2} 个相同的 4×4 块,则必要的是由(6.32)式得到的对应于多种 x_i 的一个解是可行解。

6.4.2　块次矩阵

给定一个强正则自补图 $G(t)$ 的相邻矩阵 $\mathbf{A}$ 的一个 σ 划分 $\mathbf{A}_{ij}$,我们可以形成一个 $(2s+1)\times(2s+1)$ 的非负定矩阵 $\mathbf{R}$(参见(6.25)～(6.27)式):

$$\mathbf{R}=(\mathbf{R}_{ij}),\mathbf{R}_{ij}=\begin{pmatrix} r(\mathbf{A}_{ij}^{(0)}) & r(\mathbf{A}_{ij}^{(1)}) \\ r(\mathbf{A}_{ij}^{(2)}) & r(\mathbf{A}_{ij}^{(3)}) \end{pmatrix}\qquad 0\leqslant i,j\leqslant s \qquad (6.34)$$

$\mathbf{R}$ 称为**可行块次矩阵**,如果它的元素满足(6.29)和(6.30)两式。

我们将列出两种类型的这样的矩阵。在这两种类型中,容易证实(6.29)、(6.30)两式成立。

(1)设 $\mathbf{B}=(b_{ij})$ 是一个 $s\times s$ 矩阵,其对角线元素为零而非对角线元素为 ±1,并且满足

$$\mathbf{B}^{\mathrm{T}}\mathbf{B}=n\mathbf{I}-\mathbf{J},\mathbf{B}^{\mathrm{T}}=-\mathbf{B},\mathbf{B}\mathbf{J}=\mathbf{0} \qquad (6.35)$$

则矩阵 $\mathbf{R}=(\mathbf{R}_{ij})$,$0\leqslant i,j\leqslant s$,由下式给出:

$$\mathbf{R}_{00}=\mathbf{0},\mathbf{R}_{0j}=(2^{2l+1}\quad 0),\mathbf{R}_{i0}=(1\ 0)^{\mathrm{T}} \qquad (6.36(\mathrm{a}))$$

$$\mathbf{R}_{ii}=\begin{pmatrix} 2^{2l}-1 & 2^{2l} \\ 2^{2l} & 2^{2l} \end{pmatrix},\mathbf{R}_{ij}=\begin{pmatrix} 2^{2l} & 2^{2l}+2^{l}b_{ij} \\ 2^{2l}-2^{l}b_{ij} & 2^{2l} \end{pmatrix} \qquad (6.36(\mathrm{b}))$$

对于任意整数 $l\geqslant0$,它是一个可行块次矩阵。这里,$t=2^{2l}s$,$t_i=|\sigma|=2^{2l+2}$,$i=1,2,\cdots,s$。

几个注释依次如下:业已得知[11],如果 $\mathbf{B}$ 满足(6.35)式,则对某个 $t\geqslant1,n=4t-1$。对于阶数 $n=2^{l}\prod_{i=0}^{k}(q_i+1)-1$(其中 $q_i\equiv3(\mathrm{mod}\ 4)$ 是素数幂,k,l 是非负整数),(6.35)式的解已经获得[12]。例如,若 $n=4t=q$ 是一个素数幂,则我们可以利用定理 6.9 中的 C_0,C_1 和 C_2 来获得 $\mathbf{B}=(b_{ij})$,其中 $b_{ii}=0,1\leqslant i\leqslant n$;若 $i-j\in C_1$,则 $b_{ij}=+1$;若 $i-j\in C_2$,且 $i\neq j$,则 $b_{ij}=-1$。

(2)假设 $t_i=2^{l}$,$x_{ii}=x,x_{ij}=y$ 以及 $y_{ij}=0,1\leqslant i<j<s$,则(6.29(a))式意味着 $x=(s-1)y$ 且 $x=x^2+(s-1)(y^2-2^{l})$。因此,$y=(1\pm\sqrt{\eta})/2$,其中 $\eta=2^{l+2}s+1$。对于阶为 s 且 $\mathbf{R}=(\mathbf{R}_{ij})$ 的块次,存在两个解。对于 $1\leqslant i,j\leqslant s$,我们有

$$(\alpha)\ s=2^{l}-1,\qquad \mathbf{R}_{ii}=\begin{pmatrix} 1 & 2^{l} \\ 2^{l} & 2^{l+1}-2 \end{pmatrix},\qquad \mathbf{R}_{ij}=\begin{pmatrix} 2^{l}+1 & 2^{l} \\ 2^{l} & 2^{l}-1 \end{pmatrix} \qquad (6.37)$$

$$(\beta)\ s=2^{l}+1,\qquad \mathbf{R}_{ii}=\begin{pmatrix} 2^{l+1}-1 & 2^{l} \\ 2^{l} & 0 \end{pmatrix},\qquad \mathbf{R}_{ij}=\begin{pmatrix} 2^{l}-1 & 2^{l} \\ 2^{l} & 2^{l}+1 \end{pmatrix} \qquad (6.38)$$

并且在(6.36(a))式中,边界 $\mathbf{R}_{0j}$ 和 $\mathbf{R}_{i0}$ 是相同的。

我们给出几个事实。阶 $\eta=(2^{l+1}\pm1)^2$ 是一个完全平方项。具有相同 t_i 的任何两个块一行(以及对应的列)可以通过递归地组合产生许多可行的矩阵。例如,由 $2^{l}-1=1+2^{1}+2^{2}+\cdots+2^{l-1}$,我们从(6.37)式获得一个非统一解:

$$R_{ii}=\begin{pmatrix}2^{2l-i}-2^{l}+2^{l-i} & 2^{2l-i}\\ 2^{2l-i} & 2^{2l-i}+2^{l}-2^{l-i}-1\end{pmatrix}$$

$$R_{ij}=\begin{pmatrix}2^{2l-i}+2^{l-i} & 2^{2l-i}\\ 2^{2l-i} & 2^{2l-i}-2^{l-i}\end{pmatrix}$$

$$t_{i}=2^{2l-i},1\leqslant i\leqslant j\leqslant k \tag{6.39}$$

我们通过对块一次矩阵的行给出一个必要条件来结束本小节。关于它的证明方法可用定理 6.14 中同样的方法给出。

定理 6.15 设 $A=(A_{ij})$ 是具有相邻矩阵为 A 的强正则自补图 $G(t)$ 的一个 $\sigma(l)$ 划分，定义(有关记号见 6.4.1 小节)：

$$I(k)=\{j;\tau_{ij}r(A_{ij}^{(k)})>2^{t_{j}},i\leqslant r,1\leqslant j\leqslant r<s\}$$

$$d(k)=\sum_{j\in I(k)}r(A_{ij}^{(k)}),v(k)=\sum_{j\in I(k)}2^{l_{i}-1}$$

且从(6.21)式计算 λ_{0}，这里 $n=\tau_{i,r+1},d=d(k)+d(k+1)$ 以及 $v=v(k)+v(k+1)$，则

$$\lambda_{0}+\sum_{j=r+1}^{s}\left[r(A_{ij}^{(k)})+r(A_{ij}^{(k+1)})+\delta_{k0}\right]\leqslant t$$

$$1\leqslant i<s-2,i<r<s,k=0,2 \tag{6.40}$$

我们注意到一个块次矩阵可以是可行的，但它的行可以不满足(6.40)式。

6.4.3 阶数≤49 的强正则自补图

基于前面两个小节的准备，在这一小节里，我们将通过构造的方法，构造出顶点数≤49 的所有强正则自补图，从而也自然地完成了顶点数≤49 的强正则自补图的完全计数，同时也给出了强正则的自补图产生的方法。

我们首先来看自补置换。使用包含在定理 6.11、定理 6.14 以及释注中的必要条件于 $\sigma(l)$ 的所有可能的轮换分解，我们用表 6.1 中的可行解作为总结，其中，在第 i 列的元素 x_{i} 对应于长度为 $4t_{i}$ 的 x_{i} 个轮换，$t_{i}=2^{l_{i}-2}$，且 $t=t_{1}+\cdots+t_{s}$。

表 6.1 自补置换的轮换

t	t_i			t	t_i			t	t_i			
	4	2	1		4	2	1		8	4	2	1
1			1	7		2	3	11			4	3
2		1	0	7			7	11			3	5
2			2	9	2	0	1	11				11
3			3	9		4	1	12	1	1	0	0
4	1	0	0	9		3	3	12		3	0	0
4			4	9			9	12		2	2	0
6	1	1	0	10	2	0	2	12		2	1	2
6		3	0	10		5	0	12			6	0
6		2	2	10		4	2	12			5	2
6			6	10		3	4	12			4	4
				10			10	12				12

特别需要注意的是当对于所有的 $i, t_i = 1$ 时是最困难的情况。然后我们使用(6.32(b))、(6.32(c))式确定块次矩阵的可行行(等同于块行的置换),对从 1 到 12 的 t 的解列于表 6.2。

表 6.2 1 均匀情况的块行

t	x_1	x_2	x_3	x_4	x_5	x_6	t	x_1	x_2	x_3	x_4	x_5	x_6
1	0	0	0	0	0	0	10	0	3	1	2	2	1
2	0	0	0	0	1	0	10	0	4	0	0	5	0
3	0	1	0	0	1	0	10	1	0	2	4	1	1
4	0	1	0		2	0	10	1	1	2	4		0
6	0	1	1	2	0	1	11	0	4	1	2	2	1
6	0	2	0	0	3	0	11	0	5	0	0	5	0
7	0	2	1	2	0	1	11	1	1	2	4	1	1
7	0	3	0	0	3	0	11	1	2	1	2	4	0
7	1	0	1	2	2	2	12	0	3	2	4	0	2
9	0	3	1	2	1	1	12	0	4	1	2	3	1
9	0	4	0	0	4	0	12	0	5	0	0	6	0
9	1	0	2	4	0	0	12	1	1	2	4	2	1
9	1	1	1	2	3	0	12	1	2	1	2	5	0

给定由表 6.1 中的轮换分解和表 6.2 中块次导出的划分,对于所有非等价的满足(6.29)式、(6.30)式和定理 6.15 且 $1 \leqslant t \leqslant 12$ 的可行块次矩阵,一个详细的回溯搜索法已经产生。最后,对每个可行的块次矩阵,我们搜索所有可能的循环行列式来填充这些块,以便使所获得的相邻矩阵 A 满足(6.18)式。

表 6.3 给出了上述结果的一个总结,分别列出了那些解存在的自补置换,以及非等价的块次矩阵 M 的数目和大量同构的图 N 的数目。我们注意到,唯一的 Paley 图 $P(9)$ 接纳两个不同的块划分(*)。

表 6.3 块—次矩阵与图的数目

	t_i							t_i					
t	4	2	1	M	N	t	8	4	2	1	M	N	
1			1	1	1	9			4	1	1	0	
2		1	0	1	1*	9				9	1	2	
2			2	1	1*	10			5	0	1	4	
3			3	1	1	11			4	3	4	8	
4	1	0	0	1	1	11				11	49	14	
6	1	1	0	1	0	12	1	1	0	0	1	0	
6		3	0	1	1	12		3	0	0	2	1	
7			7	2	1	12		2	2	0	1	0	
9	2	0	1	1	0	12			6	0	4	4	

在表 6.4 中,我们列出了强正则自补图的性质,此表的有些部分需要作解释。题头 CP 和 AP 的列分别指的是自补置换的轮换长度(即 R 中块的大小)和自同构划分的单元大小;记号 a^b 意指 a 被重复 b 次。题头 $|G|$ 包含了自同构群的阶数;题头 k_i 是指对 $i=4,5,6$ 和 7 的包含在图中的 i 团的数目。由于图是自补的,故团和团的数目是相同的。最后,在最后一列中,记号 $SE\sharp x$ 用来说明对应的图是**转换等价的图$\sharp x$**[8]。

有趣的是对 $t=12$,图 No. 4 和 No. 5 属于既不是 Latin 类型又不是 Steiner 型[8]的一个**转换类图**(switching class of graphs)。这是阶数为 $4s^2$ 或者 $(2s+1)^2+1$ 的这样一个 2 图的第一个例子。

表 6.4 强正则自补图的不变量与性质

t	No	CP	$\|G\|$	AP	k_4	k_5	k_6	k_7	备注
1	1	4,1	10	5	0	0	0	0	五边形
2	1	8,1	72	9	0	0	0	0	Paley
3	1	$4^3 1$	78	13	0	0	0	0	Paley
4	1	16,1	136	17	0	0	0	0	Paley
6	1	$8^3 1$	600	25	75	15	0	0	Paley
7	1	$4^7 1$	406	29	203	0	0	0	Paley
9	1	$4^9 1$	666	37	555	0	0	0	Paley
9	2	$4^9 1$	2	$2^{18} 1$	595	36	0	0	
10	1	$8^5 1$	820	41	1025	205	0	0	Paley
10	2	$8^5 1$	4	$4^{10} 1$	1045	193	0	0	
10	3	$8^5 1$	4	$4^{10} 1$	1029	149	0	0	
10	4	$8^5 1$	4	$4^{10} 1$	1013	137	0	0	SE$\sharp$3
11	1	$8^4 4^3 1$	12	$12^2 6^2 4^2 1$	1557	342	0	0	
11	2	$8^4 4^3 1$	12	$12^2 6^2 4^2 1$	1605	336	0	0	
11	3	$8^4 4^3 1$	12	$12^2 6^2 4^2 1$	1581	342	0	0	
11	4	$8^4 4^3 1$	12	$12^2 6^2 4^2 1$	1581	336	0	0	
11	5	$8^4 4^3 1$	4	$4^8 2^6 1$	1549	290	0	0	
11	6	$8^4 4^3 1$	4	$4^8 2^6 1$	1581	316	0	0	
11	7	$8^4 4^3 1$	4	$4^8 2^6 1$	1581	314	0	0	
11	8	$8^4 4^3 1$	4	$4^8 2^6 1$	1565	280	0	0	
11	9	$4^{11} 1$	4	$4^8 2^6 1$	1579	322	4	0	
11	10	$4^{11} 1$	4	$4^8 2^6 1$	1571	316	8	0	
11	11	$4^{11} 1$	2	$2^{22} 1$	1583	326	6	0	
11	12	$4^{11} 1$	2	$2^{22} 1$	1571	302	6	0	

续表

t	No	CP	$|G|$	AP	k_4	k_5	k_6	k_7	备注
11	13	$4^{11}1$	2	$2^{22}1$	1579	322	8	0	
11	14	$4^{11}1$	2	$2^{22}1$	1563	286	4	0	SE♯13
11	15	$4^{11}1$	2	$2^{22}1$	1554	268	0	0	
11	16	$4^{11}1$	2	$2^{22}1$	1530	222	2	0	SE♯15
11	17	$4^{11}1$	2	$2^{22}1$	1537	238	0	0	
11	18	$4^{11}1$	2	$2^{22}1$	1561	286	0	0	SE♯17
11	19	$4^{11}1$	2	$2^{22}1$	1561	272	2	0	
11	20	$4^{11}1$	2	$2^{22}1$	1545	248	2	0	SE♯19
11	21	$4^{11}1$	2	$2^{22}1$	1546	252	0	0	
11	22	$4^{11}1$	2	$2^{22}1$	1546	252	0	0	SE♯21
12	1	16^31	2352	49	2450	882	196	28	Paley
12	2	8^61	3528	49	2156	588	196	28	
12	3	8^61	72	24^21	2156	156	28	4	SE♯2
12	4	8^61	24	24^21	2364	684	60	4	
12	5	8^61	24	24^21	2268	540	36	4	SE♯4

6.4.4 附录

本附录给出了 $t=1,2,\cdots,12$ 时的大多数的块次矩阵以及所有的强正则自补图 $G(t)$（$1 \leqslant t \leqslant 12$）。现给出有关说明如下：

（1）对 $t=11$ 的 1 均匀块次矩阵被省略。

（2）块的阶数 t_i 被列在每个块次矩阵的顶端。

（3）其中可适应的一个块行或它的部分应当发展为一个循环子矩阵。

（4）对 $t=11$，为了获得图 2、4、6、8、11 和 12，用列在表右边的保持次序的元素来代替划线部分的元素。

（5）对于 $t=11$，图 14、16、18、20 和 22 分别是矩阵 13、15、17、19 和 21 的代换。

（6）表 6.6 中的所有图由十六进制形式的 σ 划分的相邻矩阵中交错循环子矩阵的第一行表示。假设唯一的不动点与每个块的第一个顶点相邻，例如，对 $t=2$，我们有一个 8 块 $0D=00001101$，对 $t=3$，三个 4 块 $172=0001\ \ 01111\ \ 0010$。为了获得对应的图，我们使得每个块作为一个交错循环子矩阵：$b_{i+1,j+1}=1-b_{ij}$（对角块有零对角）并且加上不动点，每个块的置换 $i \rightarrow i+1$ 把这个图映射成它的补图。对于我们刚才所谈的例子，我们获得相邻矩阵如下：

$$\begin{pmatrix} 0 & 0 & 0 & 0 & 1 & 1 & 0 & 1 & 1 \\ 0 & 0 & 1 & 1 & 1 & 0 & 0 & 1 & 0 \\ 0 & 1 & 0 & 0 & 0 & 0 & 1 & 1 & 1 \\ 0 & 1 & 0 & 0 & 1 & 1 & 1 & 0 & 0 \\ 1 & 1 & 0 & 1 & 0 & 0 & 0 & 0 & 1 \\ 1 & 0 & 0 & 1 & 0 & 0 & 1 & 1 & 0 \\ 0 & 0 & 1 & 1 & 0 & 1 & 0 & 0 & 1 \\ 1 & 1 & 1 & 0 & 0 & 1 & 0 & 0 & 0 \\ 1 & 0 & 1 & 0 & 1 & 0 & 1 & 0 & 0 \end{pmatrix}$$

$$\begin{pmatrix} 0 & 0 & 0 & 1 & 0 & 1 & 1 & 1 & 0 & 0 & 1 & 0 & 1 \\ 0 & 0 & 1 & 1 & 0 & 1 & 0 & 0 & 1 & 1 & 1 & 0 & 0 \\ 0 & 1 & 0 & 0 & 1 & 1 & 0 & 1 & 1 & 0 & 0 & 0 & 1 \\ 1 & 1 & 0 & 0 & 0 & 0 & 0 & 1 & 1 & 0 & 1 & 1 & 0 \\ 0 & 0 & 1 & 0 & 0 & 0 & 0 & 1 & 0 & 1 & 1 & 1 & 1 \\ 1 & 1 & 1 & 0 & 0 & 0 & 1 & 1 & 0 & 1 & 0 & 0 & 0 \\ 1 & 0 & 0 & 0 & 0 & 1 & 0 & 0 & 1 & 1 & 0 & 1 & 1 \\ 1 & 0 & 1 & 1 & 1 & 1 & 0 & 0 & 0 & 0 & 0 & 1 & 0 \\ & & & & & \cdots & & & & & & & \end{pmatrix}$$

表 6.5　块次矩阵

```
         1                       2          1   1
t＝1    0 1         t＝2        1 2        1 1 0 1
        1 1                     2 2        1 0 1 2

        1    1    1             4
t＝3   0 1  1 0  1 2    t＝4    3 4
       1 2  2 1  0 1            4 4

         4    2               2    2    2
t＝6   4 4  1 2            3 2  1 2  1 2
       4 3  2 3            2 0  2 3  2 3
            3 2
            2 0

        1    1    1    1    1    1    1          1    1    1    1    1    1    1
t＝7  0 1  0 0  2 1  1 1  1 1  2 1  0 2       0 1  1 0  1 0  1 2  1 0  1 2  1 2
      1 1  2 2  1 0  1 1  1 1  1 0  0 2       1 1  2 1  2 1  0 1  2 1  0 1  0 1

        4    4    1          2    2    2    2    1
t＝9  3 4  4 5  1 0       1 2  2 2  2 1  2 4  1 0
      4 4  3 4  2 1       2 2  2 2  3 2  0 2  2 1
           3 4  1 2            1 2  2 4  2 1  1 0
           4 4  0 1            2 2  0 2  3 2  2 1
                0 1                 1 2  2 2  1 2
                1 1                 2 2  2 2  0 1
                                         1 2  1 2
                                         2 2  0 1
                                              0 1
                                              1 1

        1    1    1    1    1    1    1    1    1
      0 1  1 0  1 1  2 0  0 1  0 1  2 2  1 1  1 2
      1 1  2 2  1 1  2 0  1 2  1 2  0 9  1 1  0 1
```

续表

$t=10$

```
        2   2   2   2   2
3 2   2 3   1 1   1 3   2 1
2 0   1 2   3 3   1 3   3 2
```

$t=11^*$

```
  2   2   2   2   1   1   1              2   2   2   2   1   1   1
1 2  3 2  3 2  3 2  0 1  0 1  0 1      1 2  2 1  2 1  2 1  1 2  1 2  1 2
2 2  2 1  2 1  2 1  1 2  1 2  1 2      2 2  3 2  3 2  3 2  0 1  0 1  0 1
     0 2  2 1  2 3  1 1  1 2  1 0           1 2  2 1  2 3  1 0  1 2  1 0
     2 3  3 2  1 2  1 1  0 1  2 1           2 2  3 2  1 2  2 1  0 1  2 1
                    0 1  2 2  2 0                          0 1  1 2  1 0
                    1 1  0 0  2 0                          1 1  0 1  2 1
```

```
  2   2   2   2   1   1   1              2   2   2   2   1   1   1
1 2  3 2  3 2  3 2  0 1  0 1  0 1      1 2  2 3  2 3  2 3  1 0  1 0  1 0
2 2  2 1  2 1  2 1  1 2  1 2  1 2      2 2  1 2  1 2  1 2  2 1  2 1  2 1
     0 2  2 1  2 3  1 1  1 0  1 2           1 2  2 1  2 3  1 2  1 0  1 2
     2 3  3 2  1 2  1 1  2 1  0 1           2 2  2 3  1 2  0 1  2 1  0 1
                    0 1  2 2  2 0                          0 1  1 2  1 0
                    1 1  0 0  2 0                          1 1  0 1  2 1
```

$t=12$

```
  8   4              4   4   4          4   4   2   2
6 8  5 4          1 4  5 4  5 4      3 4  4 6  2 1  2 1
8 9  4 3          4 6  4 3  4 3      4 4  2 4  3 2  3 2
     1 4              4   4   4           3 4  2 3  2 3
     4 6          3 4  4 2  4 6           4 4  1 2  1 2
                  4 4  6 4  2 4                3 2  0 2
                                         2 0  2 4
```

```
  2   2   2   2   2   2              2   2   2   2   2   2
3 2  2 3  2 1  0 2  1 2  3 2      3 2  2 3  2 1  0 2  2 3  2 1
2 0  1 2  3 2  2 4  2 3  2 1      2 0  1 2  3 2  2 4  1 2  3 2
               1 2  3 3  3 1                    3 2  2 3  2 1
               2 2  1 1  3 1                    2 0  1 2  3 2
```

```
  2   2   2   2   2   2              2   2   2   2   2   2
3 2  2 3  2 1  0 2  3 2  1 2      1 2  3 3  3 1  0 2  2 1  2 3
2 0  1 2  3 2  2 4  2 1  2 3      2 2  1 1  3 1  2 4  3 2  1 2
               1 2  3 3  3 1                    1 2  3 3  3 1
               2 2  1 1  3 1                    2 2  1 1  3 1
```

表 6.6　强正则自补图

$t=1$　1				$t=2$　0D		
$t=3$　1 7 2				$t=4$　74C2		
$t=6$　6E 49 1C				$t=7$　1 0 B C C B 5		

$t=9$

```
            1 8 6 A 4 4 F 6 D              1 8 6 A 4 4 F 6 D
            1 8 6 A 4 4 F 6                4 8 6 A 4 4 F 3
            1 8 6 A 4 4 F                  4 8 6 A 4 1 F
            1 8 6 A 4 4                     1 2 C A 4 4
            1 8 6 A 4                       1 8 C A 4
            1 8 6 A                         1 2 6 A
            1 8 6                            1 8 6
      1           8                  2           4 8
                  1                              4
```

$t=10$

```
6E   D3   12   71   B0        6E   F1   84   C5   A4
     6E   D3   12   71             7A   DC   06   1D
          6E   D3   12                  7A   6D   81
 1        6E   D3         2                  7A   37
               6E                                 7A

6E   F1   84   D4   A1        6E   FA   84   D4   E0
     7A   DC   06   47             7A   37   81   56
          7A   E5   24                  7A   F4   90
 3             2F   DC        4              2F   73
                    2F                            2F
```

$t=11$

```
58  F2  F2  F2  4  4  4            58  F2  F2  F2  4  4  4
    05  4A  7C  C  7  2    2 7         50  29  1F  6  D  8   8 D
        05  4A  2  C  7    7 2             50  29  8  6  D   D 8
            05  7  2  C    2 7                 50  D  8  6   8 D
                1  F  A                            4  F  A
1,2                1  F            3,4                4  F
                   1                                  4
```

$t=11$

```
58  F2  F2  F2  4  4  4            58  DA  E9  E8  4  4  4
    05  1A  D6  3  D  8    8 D         05  2C  D6  3  D  8   8 D
        05  1A  2  C  7    7 2             50  C2  8  3  D   8 D
            05  D  8  3    8 D                 05  D  8  3   8 D
                1  F  A                            1  F  A
5,6                A  1            7,8                1  F
                   1                                  1
```

续表

```
9,11                                           10,12
1 4 E 0 C 7 A 7 C 2 7                          1 4 E 0 C 7 A 7 C 7 2
1 0 E 7 C 7 A C 2 7                            1 0 E 7 C 7 A C 7 2
4 1 E 0 3 E 2 7 C   1 9 6                       4 1 E 0 3 E 2 7 C   1 9 6
  4 0 E E 3 2 7 C                                 4 0 E E 3 2 7 C
    1 4 F 2 7 C 2                                    1 4 F 2 2 C 7
      1 2 F 7 C 2                                      1 2 F 2 C 7
        1 C 4 4 4   4 1                                  1 C 4 4 4   4 1
          1 4 4 4                                          1 4 4 4
            1 A F                                            1 A F
              1 A                                              1 A
                1   4                                            1   4
```

```
13                                             15
14^T                                           16^T
1 0 5 3 6 2 2 B B 7 7                           1 0 5 6 3 2 2 B 7 B 7
5 1 6 4 B 6 7 0 8 E B                           5 1 6 8 7 9 7 0 8 B B
0 6 1 F 5 E 3 6 4 A 3                           0 6 4 F 3 D C A 2 5 9
3 4 A 4 3 3 F E 3 0 5                           6 D A 1 0 E 4 8 7 9 7
6 B 0 3 1 1 7 A 7 D 2                           3 2 3 5 4 9 F 9 7 0 A
7 6 E 3 1 4 A D 0 7 8                           7 9 8 E 9 1 A 4 7 7 0
7 2 3 A 2 F 1 1 D C 4                           7 2 C 4 A F 1 D 8 9 4
B 5 6 E F 8 1 1 6 1 2                           B 5 F D 9 4 8 2 8 2 3
B D 4 3 2 5 8 6 4 8 F                           2 D 7 2 2 2 D D 1 7 8
2 E F 5 8 2 C 1 D 1 3                           B B 0 9 5 2 9 7 2 1 D
2 B 3 0 7 D 4 7 A 3 1                           2 B 9 2 F 5 4 3 D 8 1
```

```
17                                             19
18^T                                           20^T
1 0 A 3 3 2 2 7 7 7 7                           1 0 A 3 3 2 2 7 7 7 7
5 1 3 8 E 3 7 0 2 D E                           5 1 3 E D 2 D 0 3 2 E
F 3 1 1 2 2 D A D C 1                           F 3 1 7 1 8 C A 2 D 1
3 D 1 4 1 6 A B 8 1 F                           3 E 2 4 1 5 6 B 1 8 F
3 E 7 1 4 B 0 1 D 6 A                           3 8 1 1 4 F B 1 6 D A
7 3 7 6 B 1 2 D 0 A 1                           7 7 D 0 A 1 2 8 7 3 C
7 2 8 F 5 7 1 8 3 2 C                           7 8 C 6 B 7 1 D A 0 1
2 5 F B 1 8 D 1 6 8 6                           2 5 F B 1 D 8 1 8 6 6
2 7 8 D 8 5 3 6 4 F 2                           2 3 7 1 6 2 F D 1 A 1
2 8 C 1 6 F 7 D A 1 1                           2 7 8 D 8 3 5 6 F 4 2
2 E 1 A F 1 C 6 7 1 1                           2 E 1 A F C 1 6 1 7 1
```

	1	2	3	4	5	6	7	8	9	10	11
	1	0	A	6	6	2	1	7	7	7	B
	5	1	B	0	2	7	E	C	6	8	D
	F	B	1	5	4	8	8	6	D	2	C
	6	5	0	4	7	8	F	3	A	C	9
21	6	7	4	2	1	7	8	6	4	F	A
22^T	7	2	D	D	2	1	D	8	2	7	2
	1	E	D	A	D	8	1	0	6	9	D
	2	C	6	3	6	D	5	4	F	A	0
	2	6	8	F	4	7	6	A	1	1	D
	2	D	7	C	A	2	9	F	1	1	4
	B	8	C	9	F	7	8	5	8	4	1

```
t=12    5D88    E182    F596
        5D88    82E1
1               5D88

4C  F9  A9  50  C2  R5        4C  F9  A9  50  A1  F4
    4C  9F  79  50  0B            4C  9F  F4  05  1A
        4C  2C  97  14                4C  A1  F4  05
            19  CF  B2                    19  FC  AC
2               19  3F    3               19  FC
                    19                        19

4C  F9  E2  50  C2  D6        4C  F9  E2  50  A4  E5
    4C  6F  5E  05  83            4C  7E  F1  05  92
        4C  E0  D6  41                4C  0B  C7  41
            19  3F  E8                    19  FC  A3
4               19  B7    5               19  E3
                    19                        19
```

转换表

0	0000	4	0100	8	1000	C	1100
1	0001	5	0101	9	1001	D	1101
2	0010	6	0110	A	1010	E	1110
3	0011	7	0111	B	1011	F	1111

6.5 Kotzig 三个公开问题的解

在 2.2.3 节中我们给出了 Kotzig 在 1979 年提出的关于自补图的六个公开问题。其中有三个是关于正则自补图的,即问题 2、问题 3 和问题 4。这三个问题是有机相关的。1985 年,Rao[13] 解决了这三个问题。在这一节里,我们将主要介绍 Rao 的工作。

6.5.1 引言

设 u, v 是图 G 的两个顶点,u 与 v 称为相似的,记作 $u \sim v$,如果存在 $f \in \Gamma(G)$,使得 $f(u) = v$。显然,$\sim$ 在 $V(G)$ 上是一种等价关系。并且等价类是 G 的轨,有时简记为 G 轨。一个图 G 称为**顶点可传的**,如果 $V(G)$ 是一个 G 轨。一个图 G 是**边可传的**,如果对于 $\forall e_1$, $e_2 \in E(G)$,$\exists f \in \Gamma(G)$,使得 $f(e_1) = e_2$。令

$$F(G) = \{u \in V(G); \exists \sigma \in \Theta(G), \text{使得} \sigma(u) = u\}$$
$$N(G) = \{uv \in E(G); \exists \sigma \in \Theta(G), \text{使得} \sigma(u) = v\}$$

定理 6.16 设 G 是一个阶数为 $4k+1$ 的 $2k$ 正则图,若 $v \in F(G)$,则 v 恰好属于 $k(k-1)$ 个三角形。

证明 设 N_1 表示在 G 中与 v 相邻的所有顶点构成的集合,$N_2 = V(G) - N_1 - \{v\}$,$\sigma \in \Theta(G)$ 且满足 $\sigma(v_1) = v$,则 $\sigma(N_1) = N_2$,$\sigma(N_2) = N_1$ 且 $|N_1| = |N_2| = 2k$。因此,在 G 中恰好存在 $2k^2$ 条边,它们均满足一个端点在 N_1 而另一个端点在 N_2。这就意味着 $G[N_1]$ 恰有 $k(k-1)$ 条边,即 v 恰好属于 G 中 $k(k-1)$ 个三角形。

我们用 $\hat{F}(G)$ 表示所有使得 v 恰好属于 G 中 $k(k-1)$ 个三角形构成的顶点子集,即

$$\hat{F}(G) = \{v \in V(G); v \text{ 恰好属于 } k(k+1) \text{ 个三角形}\}$$

为了方便,我们现在重新将 2.2.3 节中的问题 2～4 叙述为以下 3 个问题:

问题 A 设 G 是一个正则自补图,表征 $V(G)$ 的子集 $F(G)$ 的特征,是否对每个正则自补图 G,$F(G) = \hat{F}(G)$?

问题 B 设 G 是一个自补图,表征 $N(G)$ 的特征。

问题 C 下列结论是否为真:一个正则自补图 G 是强正则自补图的充要条件是 $F(G) = V(G)$,$N(G) = E(G)$。

我们将在这一节里回答这三个问题,这些结果均属 Rao[13]。其中问题 A 和 C 是否定的,并解决了问题 B。进而,关于问题 C 部分地回答了 Zelink[14] 的问题,我们将在证明过程中经常用到定理 2.5。

6.5.2 $F(G)$ 的特征

本小节表征了对于任一自补图(不要求正则)$G,F(G)$的特征,为此,先引入下述引理。

引理 6.17 设 G 是一个 p 阶自补图且 $V_1,V_2,\cdots,V_t$ 分别是它的轨。

(1)如果 $\sigma\in\Theta(G),x,y\in V(G)$,则 $x\sim y$ 当且仅当 $\sigma(x)\sim\sigma(y)$,特别地,$\sigma(V_i)$ 是 G 的一个轨,$1\leqslant i\leqslant t$。

(2)如果 $p=4k$,则 t 是偶数且 $|V_i|$ 是偶的,$1\leqslant i\leqslant t$。

(3)如果 $p=4k+1$,则恰有一个 i,不失一般性,令 $i=1$,使得 $|V_i|$ 是奇的。

(4)如果 $x\in F=F(G)$ 且 $\sigma\in\Theta(G)$,则 $x\sim\sigma(x)$,进而,F 是 V_1 的一个子集。

证明 设 $x\sim y$ 且 $f\in\Gamma(G)$,使得 $f(x)=y$,则 $\sigma f\sigma^{-1}\in\Gamma(G)$ 且它把 $\sigma(x)$ 映射到 $\sigma(y)$,所以 $\sigma(x)\sim\sigma(y)$。反过来,假设 $\sigma(x)\sim\sigma(y)$ 且 $g\in\Gamma(G)$,使得 $g(\sigma(x))=\sigma(y)$,则显见,$\sigma^{-1}g\sigma\in\Gamma(G)$ 且 $\sigma^{-1}g\sigma$ 把 x 映射成 y,从而 $x\sim y$,(1)获证。令 $\sigma\in\Theta(G)$,则 $\sigma^2\in\Gamma(G)$,由定理 2.5,当 $p=4k$ 时,σ^2 有偶数个轮换(参见 2.6 节)并且 σ^2 的每个轮换的长度是偶数;从而(2)获证。类似地,可以推出(3)。(4)的第二部分可由下列事实推出:如果 $p=4k+1$ 且 $\tau\in\sigma\in\Theta(G)_x$(对于 V 的一个置换集合 A 以及 $x\in V$,符号 A_x 是所有 $f\in A$ 且使得 $f(x)=x$ 构成的集合,即 $A_x=\{f;f\in A,x\in V,f(x)=x\}$),则 G 轨 V_1 含 τ 的一个不动点。为了证明(4)的第一部分,注意到 $\sigma\tau\in\Gamma(G)$ 且 $\sigma\tau$ 把 x 映射到 $\sigma(x)$,所以 $x\sim\sigma(x)$。 □

定理 6.18 设 G 是一个 $p=4k+1$ 阶的自补图,则 $F=F(G)$ 是唯一的奇数 G 轨,$G[F]$ 是正则的;特别地,对于 F 中的每对 x,y,由 x 与 y 的两个邻域导出的子图 $G[N(x)]$ 与 $G[N(y)]$ 是同构的,进而,对于每个 $\sigma\in\Theta(G)$,限制 $\sigma|F,\sigma|V-F$ 分别属于 $\sigma\in\Theta(G_1),\sigma\in\Theta(G_2)$,其中 $G_1=G[F],G_2=G[V-F]$ 分别是阶数为 $4k'+1$ 和 $4(k-k')(k'\geqslant0)$ 的自补图。

证明 我们首先证明 $F=V_1$ 这个唯一的奇数 G 轨(见引理 6.17 中的(3))。由引理 6.17(4)足以证明 V_1 是 F 的一个子集。事实上,若 $y\in V_1$ 且选 $x\in F,\sigma\in\Theta(G)_x$ 因为 $F\subseteq V_1,x,y\in V_1$,注意 V_1 是一个 G 轨,故 $\exists f\in\Gamma(G)$,使得 $y=f(x)$,进一步,$f\sigma f^{-1}\in\Theta(G)$ 且 $f(x)$ 是一个不动点,故 $y=f(x)\in F$。

为了证明第二部分,由引理 6.17 的(4),注意到 $F=V_1$ 是任一给定的 $\sigma\in\Theta(G)$ 的一些轮换之并,包括 σ 的不动点在内。然后由定理 2.5,本定理获证。 □

问题 A 的第二部分回答如下:

定理 6.19 对于每一个整数 $k\geqslant2$,存在一个 $4k+1$ 阶的正则自补图 G,使得 $|F(G)|=1$ 但 $|\hat{F}(G)|\geqslant2k+1$。

证明 定义图 $R=R(4k+1)$ 如下:$V(R)=\{0,1,\cdots,4k\},E(R)=\bigcup_{i=1}^4 A_i$,其中 $A_i(1\leqslant i\leqslant4)$ 如下:

$A_1 = \{\{0, 2i+1\}, \{2i+1, 2i+2\}, \{4j+2, 4j+4\}; 1 \leqslant i \leqslant 2k-1, 0 \leqslant j \leqslant k-1\}$

$A_2 = \{\{4i+1, 4j+2\}, \{4i+3, 4j+3\}; 0 \leqslant i, j \leqslant k-1, i \neq j\}$

$A_3 = \{\{4i+1, 4j+3\}; 0 \leqslant i, j \leqslant k-1, i \neq j\}$

$A_4 = \{\{4i+2, 4j+2\}, \{4i+4, 4j+4\}; 0 \leqslant i, j \leqslant k-1, i \neq j\}$

如图 6.7 给出了 $R(9)$ 及 $R(13)$。

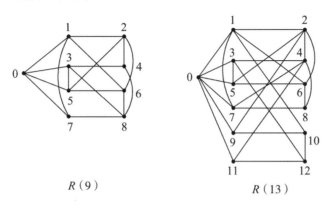

$R(9)$ $R(13)$

图 6.7   两个阶数最小的 R 图

容易检查,R 的一个阶为 $4k+1$ 且 $\sigma = \prod_{i=0}^{k-1} (4i+1, 4i+2, 4i+3, 4i+4)$ 是它的一个自补置换,并且 $R[N(0)] = H(R)$(参见第 3 章),它是一个 $2k$ 阶的 $(k-1)$ 正则图,$0 \in F(R)$。也易检查,2 的邻域 $N(2)$ 导出了一划分为 $\{1, 5, 9, \cdots, 4k-3; 6, 10, \cdots, 4k-2\}$ 的完全偶图以及弧立顶点 4;它显然有 $k(k-1)$ 条边,并且不是正则的。进一步,对于任意的 $i, 1 \leqslant i \leqslant 2k$,$R[N(2i)] \cong R[N(2)]$。所以,$\hat{F}(R)$ 含有集合 $\{0, 2, 4, \cdots, 4k\}$。由定理 6.18 以及 $0 \in F(R)$,我们推出,没有这样的 $i, 1 \leqslant i \leqslant k, 2i \in F(G)$,而 $F(R)$ 是一个 G 轨(定义 $F(R) = V_1$),它是上述 σ 的一些轮换之并,这就意味着 $F = \{0\}$。 $\quad\square$

注意,在 $k=2$ 时,$R = R(9)$ 满足 $F(R) = \{0\}$,且 $\hat{F}(R) = V(R)$。但当 $k \geqslant 3$ 时,对于 $R = R(4k+1)$,有 $F(R) = \{0\}$ 且 $\hat{F}(G) = \{0, 2, 4, \cdots, 4k\}$。

6.5.3 $N(G)$ 的特征

定理 6.20   设 G 是一个 p 阶自补图。

(1)如果 $uv \in N(G)$,$u \sim u'$ 且 $u'v' \in E(G)$,则 $u'v' \in N(G)$,当且仅当 $v \sim v'$;

(2)如果 $p = 4k$,则 G 轨可以依次为 $(V'_1, \cdots, V'_{2m})$,使得对每个 $\sigma \in \sigma \in \Theta(G)$,有

$$\sigma(V'_i) = V'_{2m+1-i} \quad 1 \leqslant i \leqslant 2m \tag{6.41}$$

进而有

$$N(G) = \bigcup_{i=1}^{m} E(G[V'_i, V'_{2m+1-i}]) \tag{6.42}$$

并且 $G[V'_i, V'_{2m+1-i}]$ 是一个正则的且度数为 $|V_i|/2 (1 \leqslant i \leqslant m)$ 的偶图。

(3)如果 $p=4k+1$，则 G 轨可依次表示为 $(V'_0, V'_i, \cdots, V'_{2m})$，其中 $V'_0=F(G)=F$ 且对 $\forall \sigma \in \Theta(G)$，有

$$\sigma(V'_0)=V'_0, \sigma(V'_i)=V'_{2m+1-i} \quad 1 \leqslant i \leqslant 2m \tag{6.43}$$

进而有

$$N(G)=E(G[F]) \bigcup_{i=1}^{m} E(G[V'_i, V'_{2m+1-i}]) \tag{6.44}$$

且 $G[V'_i, V'_{2m+1-i}]$ 是一个度数为 $|V'_i|/2(1 \leqslant i \leqslant m)$ 的正则偶图。这里记号 $G[X,Y]$ 表示 G 的一个子集，定义为

$$G[X,Y]=\{xy; x \in X, y \in Y, 且 xy \in E(G)\}$$

这个定理的证明并不难，有兴趣的读者可试一试。 □

6.5.4 问题 C 的解

本节我们将证明，存在满足问题 C 条件的正则自补图 G，但它不是强正则的。从而否定地回答这个问题。

由定理 6.18 和定理 6.20，我们很容易推出下列定理或引理。

定理 6.21 对于一个阶数 $\geqslant 5$ 的自补图 G，下列三种叙述是等价的：

(1)G 是顶点可传的；

(2)$F(G)=V(G)$；

(3)$N(G)=E(G)$。 □

为了解决问题 C，我们首先需要三个基本的引理。我们在第 1 章中已经给出了关于两个图 G_1, G_2 的复合运算的概念，为方便，重述如下：设 G_1、G_2 是两个已知的简单图，G_1 对 G_2 的**复合**，记作 $G_1[G_2]$，其顶点集 $V=V(G_1) \times V(G_2)$，并且对于 V 中任意两个顶点 $e_1=u_1u_2, e_2=v_1v_2, e_1e_2 \in E(G_1[G_2])$ 当且仅当要么 $u_1v_1 \in E(G_1)$，要么 $u_1=v_1$ 且 $u_2v_2 \in E(G_2)$。

引理 6.22 设 G_1、G_2 分别是阶数为 p_1, p_2 的两个图，并令 $G=G_1[G_2]$，则下列结论成立：

(1)如果 G_1, G_2 是自补图，则 G 也是自补图；

(2)如果 G_1, G_2 是顶点可传的，则 G 也是；

(3)G 是一个连通的强正则图当且仅当 (G_1, G_2) 是下列有序图对之一：$(K_{p_1}、K_{p_2})$，$(K_{p_1}, K_{p_2}^{m_2})$，$(K_{p_1}, \overline{K_{p_2}})$ 和 $(K_{p_1}^{m_1}, \overline{K_{p_2}})$，其中 K_p^m 是一个 p 阶的正则的完全 m 部图，并且当 $m \mid p$ 时正则度为 $p-p/m$。

证明 为了证明(1)，令 $\sigma \in \Theta(G_1), \tau \in \sigma \in \Theta(G_2)$，则不难验证下述所定义的 ψ 是从 G 到 $\overline{G}$ 的同构映射，即 $\psi \in \sigma \in \Theta(G)$。

$$\psi(u,v)=(\sigma(u), \tau(v)) \quad (u,v) \in V(G)$$

注意：$\overline{G}=\overline{G_1} \bigcirc \overline{G_2}$。

为了证明(2)，令 $(u_1, u_2), (v_1, v_2) \in V(G)$，由于 G_1, G_2 是顶点可传的，故 $\exists f \in$

$\Gamma(G_1)$，$\exists g \in \Gamma(G_2)$，使得 $f(u_1) = v_1, g(u_2) = v_2$。容易验证映射 $\psi: (u, v) \to (f(u), g(v))$ 其中 $((u, v) \in V(G))$ 是 G 的一个自同构。

为了证明(3)，首先注意到如果 $G_1 = K_{p_1}$ 且 G_2 如(3)中所给出，则 G 是一个连通的且强正则的，其参数为

$$(p_1 p_2, (p_1 - 1)p_2 + d_{G_2}(u), (p_1 - 2)p_2, (p_1 - 1)p_2)$$

其他情况类似可证。

为了证明相反的情况，注意到对任意 $(u_1, u_2) \in V(G)$，有

$$d_G(u_1, u_2) = d_{G_1}(u_1) \cdot p_2 + d_{G_2}(u_2)$$

通过在 $V(G_2)$ 中变化 u_2，上式指出了 G_1、G_2 分别是度数为 r_1, r_2 的正则图。

容易证明，如果 $e_1 e_2 \in E(G)$，$e_1 = (u_1, u_2)$，$e_2 = (v_1, v_2)$，则

$$\alpha(G) = \begin{cases} \alpha(G_1, \{u_1, v_1\})p_2 + 2r_2 & \text{若 } u_1 \neq v_1 \qquad (6.45) \\ \alpha(G_2, \{u_2, v_1\}) + r_1 p_2 & \text{若 } u_1 = v_1 \qquad (6.46) \end{cases}$$

类似地，可以证明，如果 $e_1 e_2 \in E(\overline{G})$，则

$$\beta(G) = \begin{cases} \beta(G_1, \{u_1, v_1\})p_2 & \text{若 } u_1 \neq v_1 \qquad (6.47) \\ \beta(G_2, \{u_2, v_1\}) + r_1 p_2 & \text{若 } u_1 = v_1 \qquad (6.48) \end{cases}$$

若 $G_1 \neq K_{p_1}$，则对 G_1 的某条边 $u_1 v_1$，有 $\alpha(G_1, \{u_1, v_1\}) \leq r_1 - 2$（注意，对 G 是连通的，$|E(G)| > 1$）。所以由(6.45)式有 $\alpha(G) \leq r_1 p_2 - 2$，且(6.46)式指出了 $G_1 = \overline{K}_{p_2}$。进一步，(6.47)、(6.48)式是相等的，指出了对于 G_1 的每条非边，$\beta(G_1, \{u_1, v_1\}) = r_1$，故不相邻性在 $V(G)$ 和 $G_1 = K_p^m$ 上是一种等价关系。因此，我们可以假设 $C_1 = K_{p_1}$，于是，由(6.45)～(6.48)式，知 G_2 是强正则的。如果 $G_2 \neq K_{p_2}$，$\overline{K}_{p_2}$，则(6.45)和(6.46)两式相等，所以 $2r_2 = \alpha(G_2) + p_2$。设 $v \in V(G_2)$ 且 A, B 是 G_2 中分别与 v 相邻、不相邻的两个顶点子集，则一个简单的计数指出了在 $G[B]$ 中的边数为

$$\frac{1}{2}(p_2 - 1 - r_2)(r_2 - \beta_2) = \frac{1}{2}p_2 r_2 - (r + (p_2 - 1 - r_2)\beta_2 + \frac{1}{2}r_2\alpha_2)$$

故 $r_2(r_2 - \alpha_2 - 1) = \beta_2(p_2 - r_2) = \beta_2(r_2 - \alpha_2 - 1)$。因为 $r_2 \neq \alpha_2 + 1$，由此推出 $r_2 = \beta_2$，所以，$G_2 = K_p^{m_2}$。　□

引理 6.23 若 G 是一个边对称的自补图，则对某个正整数 k，G 是一个参数为 $(4k+1, 2k, k-2, k)$ 的强正则自补图。

证明 注意到当阶数 ≥ 4 时，一个自补图是偶图的情况：只有长度为 3 的路 P_4，所以，如果 G 是一个边对称的自补图，则由第 1 章定理 1.29 知，G 是顶点可传的。因此，G 是正则的，从而知 G 是 $4k+1$ 阶的，且度数为 $2k (k \geq 1)$。G 的边对称性也指出了 $\alpha(u, v)$ 是一个常数。进一步，对于 G 中任意两对不相邻的顶点 $\{u, v\}$ 和 $\{u_1, v_1\}$，则 $uv, u_1 v_1 \in E(\overline{G})$ 且因为 $\overline{G} \cong G$，$\overline{G}$ 也是边对称的，故 $\exists f \in \Gamma(\overline{G}) = \Gamma(G)$，使得 $f(uv) = f(u_1 v_1)$。这就指出了 $\beta(u, v)$ 也是一个常数，所以，G 是强正则的。为了确定 $\alpha(G)$ 和 $\beta(G)$，取 $x \in F(G)$ 且 $\sigma \in \Theta(G)_x$，令 A 表示在 G 中所有与 x 相邻的顶点构成的集合，即 $A = N_G(x)$。令 $B = V(G) - \{x\} -$

A,注意到 $\sigma(A)=B,\sigma(B)=A$ 且 $|A|=|B|=2k$,由于 G 是强正则的,故

$$\beta(G) \cdot 2k = m(G[A,B]) = 2k^2$$

所以 $\beta(G)=k$。因 G 是 $2k$ 正则的,且

$$m(G[A]) = \frac{4k^2 - m(G[A,B]) - 2k}{2} = k(k-1)$$

$G[A]$ 是 $2k$ 阶的 $\alpha(G)$ 正则图,由此推出 $\alpha(G)=k-1$。 □

我们在 6.1 节里已经引入了 Paley 图的概念。为了本节主要定理证明的需要,我们在此对 Paley 图作较为深入的讨论。为此,先对 Paley 图的定义给出较为详细的叙述。

设 $GF(p^r)$ 是一个阶为 $4k+1=p^r$ 的 Galois 域,其中 p 是一个素数,r 是一个满足 $p^r \equiv 1(\bmod\ 4)$ 的正整数。设 x 是 $GF(p^r)$ 中的一个素元,即 x 满足 $x^{(4k)}=1$(这里,1 表示 $GF(p^r)$ 的单位元)。Paley 图 $G^*(p^r)=G^*$ 定义如下:$V(G^*)=V^*$,其中

$$V^* = \{0, x, x^2, \cdots, x^{(4k)}=1\}$$

$$E(G^*) = \{\{u,v\}; u,v \in V^*, u \neq v, \text{且对某整数 } s, u-v=x^s\}$$

容易看出,G^* 是一个无向图。现在,我们给出下述关于 Paley 图的几个基本性质。

引理 6.24

(1)G^* 是一个自补图;

(2)G^* 的自同构群可表述为:$\Gamma(G)=\{\Phi; \Phi(a)=y^2 f(a)+c, \forall a \in V^*$,其中 f 是 $GF(p^r)$ 的任意域自同构,$y,c \in V^*, y \neq 0\}$;

(3)$\Gamma(G^*)$ 在 G^* 的边集上是 2 可传的。特别地,G^* 是一个边对称的、点对称的、强正则的。

证明

(1)G^* 是一个自补图,具有自补置换为 $\sigma=(0)(x,x^2,\cdots,x^{4k}) \in \Theta(G)$。

(2)容易验证,(2)中等号右边的集合是 $\Gamma(G^*)$ 的一个子集。为了证明另一种包含关系,注意到对 G^* 的任意自同构 ψ,如果 $g(x)=(\psi(x)-\psi(0))/(\psi(1)-\psi(0))$,则 $g(0)=0$,$g(1)=1,\psi(1)-\psi(0)$ 是一个平方数且 $g(w+z)-g(z)$ 在 $GF(p^r)$ 中是一个平方数当且仅当 w 在 $GF(p^r)$ 中是一个平方数。然后再由 Carlitz 定理[20]推出,对于任意的 $a \in GF(p^r)$,$GF(p^r)$ 中的某个域自同构 f 以及 $GF(p^r)$ 中的 $y,c,y \neq 0,\psi$ 可表示成形式:

$$\psi(a) = y^2 f(a)+c$$

注意,对于任意域自同构 $f,f(0)=0$;对某 $j,f(a)=a^{p^j},0 \leqslant j < n$。

(3)如果 $(\alpha,\beta),(\alpha',\beta') \in E(G^*)$,则 $\alpha-\beta=x^{2m},\alpha'-\beta'=x^{2m'}$。所以,

$$(\alpha'-\beta')/(\alpha-\beta) = x^{2(m'-m)}=y^2 \quad y \neq 0$$

由(2)中的结果,对于任意的 $a \in GF(p^r)$,映射 Q 定义为

$$Q(a) = y^2 a + (\alpha\beta' - \alpha'\beta)/(\alpha-\beta)$$

它显然属于 $\Gamma(G^*)$,并把 α 映射到 α';把 β 映射到 β'。 □

现在,我们来叙述并证明本节的主要定理。此定理解决了问题 C。

定理 6.25 设 $p_1, p_2, \cdots, p_s(s \geqslant 2)$ 是一组素数(允许相同),$\alpha_1, \cdots, \alpha_s$ 是满足对于每个

i,$1 \leqslant i \leqslant s$,$p_i\{\alpha_i\} \equiv 1 \pmod 4$,则存在一个阶为 $\prod_{i=1}^{2} p_i^{\alpha_i} = 4k+1$ 的自补图 G^{**},它满足问题 C 的假设条件,但不是强正则的。

证明 设 $G^{**} = G^{**}(4k+1) = G^*(p_1^{\alpha_1}) \times G^*(p_2^{\alpha_2}) \times \cdots \times G^*(p_s^{\alpha_s})$,其中 $G^*(p_i^{\alpha_i})$ 是阶为 $p_i^{\alpha_i}$ 的引理 6.24 中所描述的图,则由引理 6.24 中的(1)和引理 6.22 中的(1),G^{**} 是一个自补图。由引理 6.24 中的(3)知,每个 $G^*(p_i^{\alpha_i})$,$1 \leqslant i \leqslant s$ 是顶点可传的,故由定理 6.21,G^{**} 满足问题 C 的假设条件。但由引理 6.22 中的结论(3)以及 $s \geqslant 2$,G^{**} 不是强正则的。

□

注 Zelinka[14]证明了对于每一个素数 $p \equiv 1 \pmod 4$,2 是 Galois 域 $GF(p)$ 的一个素元,则存在一个阶为 p 的顶点可传自补图;并且提出了下列问题:是否对每个 $p \equiv 1 \pmod 4$,存在一个顶点可传的自补图? 关于这个问题,Rao 在文献[13]中给出了部分结果,现叙述如下:

定理 6.26 如果 $p_1^{\alpha_1} \cdots p_s^{\alpha_s}$ 是 p 的素因子分解且对每个 i,$1 \leqslant i \leqslant s$,有 $p_i^{\alpha_i} \equiv 1 \pmod 4$。则存在一个阶为 p 的顶点可传自补图。

证明 本定理可由引理 6.24、定理 6.21 和定理 6.25 推出。

□

6.6 强正则自补图与 Ramsey 数

本节应属于强正则自补图的应用。在这一节里,我们首先简介了关于 Ramsey 数的有关基本性质及研究进展,然后指出 Ramsey 数 $r(3,3)$,$r(4,4)$ 的 Ramsey 图是强正则自补图;最后,我们着重对 $r(5,5)$ 的 Ramsey 数进行了讨论,并提出了一些有趣的猜想。这些猜想安排在本节的最后。

6.6.1 Ramsey 数的基本性质

在 1.6 节中我们已经引入了 Ramsey 数的概念,并给出了关于 Ramsey 数的一些最基本的性质。在这一节里,我们不仅给出 1.6 节中有关性质的证明,而且给出关于 Ramsey 数的有关性质的一些较为深入的结果。

定理 6.27 对于任意两个整数 $k \geqslant 2$,$l \geqslant 2$,下列不等式成立:

$$r(k,l) \leqslant r(k,l-1) + r(k-1,l) \tag{6.49}$$

进而,如果 $r(k,l-1)$ 和 $(k-1,l)$ 都是偶数,则在(6.49)式中严格不等式成立。

证明 设 G 是一个具有 $r(k,l-1) + r(k-1,l) - 1$ 个顶点的图,且令 $v \in V(G)$。我们将讨论两种情况:

(1)v 与一个集合 S 不相邻,这个集合 S 至少含有 $r(k,l-1)$ 顶点;

(2)v 与一个集合 T 相邻,这个集合 T 至少含有 $r(k-1,l)$ 个顶点。

注意到由于与 v 相邻的顶点的数目加上与 v 不相邻的顶点数目之和为 $r(k,l-1)+r(k-1,l)-1$。因此,要么情况(1)成立,要么情况(2)成立。

在情况(1)中,$G[S]$ 要么包含 k 顶点的一个团,要么包含 $l-1$ 个顶点的一个独立集。所以,$G[S\cup\{v\}]$ 要么包含 k 顶点的一个团,要么包含有 l 个顶点的一个独立集。对于情况(2),我们可以类似地证明,$G[T\cup\{v\}]$ 要么包含 k 顶点的一个团,要么包含有 l 个顶点的一个独立集。由于情况(1)与情况(2)中必须有一种情况成立,故推出 G 要么包含 k 顶点的一个团,要么包含 l 个顶点的一个独立集。这就证明了(6.49)式。

现假设 $r(k,l-1)$ 和 $r(k-1,l)$ 都是偶数,并令 G 是一个具有 $r(k,l-1)+r(k-1,l)-1$ 个顶点的简单图。由于 G 的顶点数是奇数,故可推出 G 中存在某个顶点,设为 v,它的度数是偶数。特别地,v 不能与恰好 $r(k-1,l)-1$ 个顶点相邻。因此,要么情况(1)成立,要么情况(2)成立。所以

$$r(k,l)\leqslant r(k,l-1)+r(k-1,l)-1$$

本定理获证。 □

定理 6.28 $$r(r,l)\leqslant\binom{k+2-2}{k-1}$$

证明 对 $k+1$ 施行归纳法。由 $r(k,1)=r(1,l)=1$ 以及 $r(2,l)=l$ 与 $r(r,2)=k$,容易证明当 $k+1\leqslant 5$ 时结论成立。设 m 和 n 是正整数,且假设这个定理满足 $5\leqslant k+1<m+n$ 时的所有正整数 k 和 l 结论成立,则由定理 6.27 且由归纳假设有

$$r(m,n)\leqslant r(m,n-1)+r(m-1,n)$$

$$\leqslant\binom{m+n-3}{m-1}+\binom{m+n-3}{m-2}=\binom{m+n-2}{m-1}$$

因此,本定理所有 k 和 l 成立。 □

确定 Ramsey 数是一个非常困难的工作,这个问题似乎是当代组合数学领域内乃至整个数学领域内最困难的尚待解决的问题之一。确定一个 Ramsey 数 $r(k,l)$ 常用方法是构造一个既不含 k 个顶点的完全子图,又不含 l 个顶点的独立集的图 G。若我们真正地构造出了这样一个图,则有

$$r(k,l)>|V(G)|$$

遗憾的是,要构造这样的图是实在太困难了。在 1.6 节中,我们已经引入了 Ramsey 图的概念:一个图 G 称为 (k,l)-Ramsey 图,如果 G 是 $r(k,l)-1$ 阶的,既不包含 k 个顶点的团,又不包含 l 个顶点的独立集的图。目前所构造的 Ramsey 图是比较少的。在图 6.8 和图 6.9 中,我们给出了其中的几个阶数较小的 Ramsey 图。

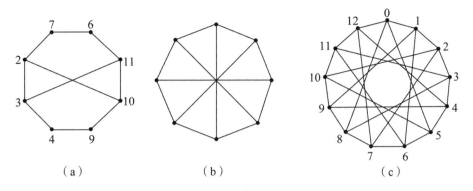

图 6.8　3 个 Ramsey 图

(a)一个(3,5)-Ramsey 图;(b)又一个(3,4)-Ramsey 图;(c)一个(3,4)-Ramsey 图

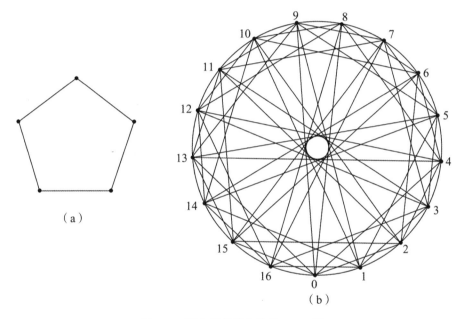

图 6.9　两个对角线上的 Ramsey 图

(a)(3,3)-Ramsey 图;(b)(4,4)-Ramsey 图

由图 6.9(a),我们容易看到,C_5 既不含 3 个顶点的团,又不含 3 个顶点的独立集,因此,我们有

$$r(3,3) \geqslant 6 \tag{6.50}$$

又由 $r(1,l)=r(k,1)=1, r(2,l)=l, r(k,2)=k$,再由定理 6.24,我们有

$$r(3,3) \leqslant r(3,2)+r(2,3)$$

即

$$r(3,3) \leqslant 3+3=6 \tag{6.51}$$

因此,我们有

$$r(3,3)=6 \tag{6.52}$$

又由图 6.8(a)和(b)知

$$r(3,4) \geqslant 9 \tag{6.53}$$

又由定理 6.24 有

$$r(3,4) \leqslant r(3,3) + r(2,4) - 1 = 6 + 4 - 1 = 9 \tag{6.54}$$

所以,我们有

$$r(3,4) = 9 \tag{6.55}$$

由图 6.8(c),易证此图既不含 3 个顶点的团,又不含 5 个顶点的独立集,因此,我们有

$$r(3,5) \geqslant 14 \tag{6.56}$$

再由定理 6.24,我们有

$$r(3,5) \leqslant r(2,5) + r(3,4) = 5 + 9 = 14 \tag{6.57}$$

基于(6.56)与(6.57)两式,我们有

$$r(3,5) = 14 \tag{6.58}$$

我们在这里不打算对于 Ramsey 数 $r(k,l)$ 做更深入的讨论,只给出目前已知的界与确切值的结果,如表 6.7 所示,更详细的内容可参见文献[15]、[16]。

表 6.7 已知 Ramsey 数 $r(k,l)$ 的界和值

	3	4	5	6	7	8	9	10	11	12	13	14	15
3	6	9	14	18	23	28	36	40 43	46 51	51 60	59 69	66 78	73 89
4		18	25	35 41	49 61	53 84	69 115	80 149	96 191	106 238	118 291	129 349	134 417
5			43 49	58 87	80 143	95 216	114 316	442					
6				102 165	298	495	780	1 171					
7					205 540	1 031	1 713	2 826					
8						282 1 870	3 583	6 090					
9							565 6 625	12 715					
10								789 23 854					

作为本小节的结束,需要指出的是,(k,l)-Ramsey 图并不一定是唯一的,如图 6.8 中所示的两个 8 阶图均为 $(3,4)$-Ramsey 图。

6.6.2 (k,k)-Ramsey 图

在上一小节里,我们已经获得了 $r(3,3)=6$,并且 $(3,3)$-Ramsey 图是 C_5,如图 6.9(a)所示。C_5 是一个自补图,并且是一个强正则自补图。

对于 $r(4,4)$,我们可以证明,在图 6.9(b)中所示的图不含 4 个顶点的团,也不含 4 个顶点的独立集,故有

$$r(4,4) \geqslant 18 \tag{6.59}$$

又由定理 6.24 有

$$r(4,4) \leqslant r(3,4)+r(4,3)=9+9=18 \tag{6.60}$$

所以

$$r(4,4)=18 \tag{6.61}$$

这样,我们就证明了图 6.9(b)中所示的图是一个 $(4,4)$-Ramsey 图。进一步,我们可以证明此图是一个 17 阶的强正则自补图。它是一个 Paley 图。

当 $k=5$ 时,$r(5,5)=?$ 这是一个尚待解决的难题,Erdös 认为 $r(5,5)$ 的解决将是非常非常困难的,本世纪(即 20 世纪)内不可能解决。目前关于 $r(5,5)$ 的界为

$$43 \leqslant r(5,5) \leqslant 49 \tag{6.62}$$

有关这方面的内容可参见文献[17]~[19]。

试问,$(5,5)$-Ramsey 图的集合中是否又含一个强正则自补图? 若是,则由(6.62)式及定理 6.8,这个强正则自补图的阶数只能是 $p=45$,于是,我们推猜 $r(5,5)=46$。

猜想 1 $r(5,5)=46$。

对于 $p=45$ 阶的强正则自补图,我们在 6.4 节里已经给出构造,但尚未对 $p=45$ 阶的强正则自补图进行详细分析。有兴趣的读者不妨给予分析讨论。我们以为,若在 $(5,5)$-Ramsey 图集合中不存在强正则自补图,则确定 $r(5,5)$ 确实很困难。

对于当 $k \geqslant 5$ 时的 (k,k)-Ramsey 图,我们猜想强正则自补图的存在性。

猜想 2 当 $k \geqslant 5$ 时,(k,k)-Ramsey 图的集合中含有强正则自补图。

6.7 对称自补图

Zhang[21] 利用有限单群的分类方法刻画了一类对称的自补图。

设 G 是一个群,H 是 G 的一个子集,定义 Cayley 图 $X(G,H)$ 为顶点集 $V(X(G,H))=G$ 和边集 $E(X(G,H))=\{\{a,b\}:a^{-1}b \in H\}$ 的图。

设 p 是一个奇素数,n 是一个正整数,使得 $p^n \equiv 1(\bmod 4)$,F 为 p^n 元素的有限域。则乘法群 F^* 是循环的。设 H 为指数为 2 的 F^* 的子群,形成 Cayley 图 $X=X(F,H)$。

定理 6.29[21] 上述构造的图 X 是自补的和对称的。

证明 因为 X 是 Cayley 图,所以它的顶点是可传递的。设 $\alpha \in H$。则 α 在上 F 的乘法

可导出 X 的一个自同构,因此,$H \subset G(X)$。设 $\{a,b\}$ 是 X 的任意边,则 $a-b \in H$。通过加 $-b$ 可将边 $\{a,b\}$ 映射到边 $\{a-b,0\}$,再通过乘以 $(a-b)^{-1}$ 的运算映射到 $\{1,0\}$. 因此,X 是边可传递的。由于 $[F^*:H]=2$,$F^*=H \bigcup \theta H$,对任意 X 的边 $\{a,b\}$,$a-b \in H$。所以 $\theta(a-b) \notin H$,从而 $\{\theta a, \theta b\}$ 是 X^c 的一条边,且 θ 可导出从 X 到 X^c 的同构,因此,X 是自补的,也是对称的。

可以看出,上述构造的图类的顶点数满足 $p^n \equiv 1 (\mathrm{mod}\ 4)$。进一步,Zhang[21] 证明了这个条件对于对称的自补图来说是必要条件。从而,可得到如下结论:

定理 6.30[21]　存在 n 个顶点的对称自补图当且仅当 $n=p^k \equiv 1 (\mathrm{mod}\ 4)$,其中 p 是素数。

通过研究图的自同构群,并将分类结果应用于低秩原置换群,Peisert[22] 给出了对称自补图及其自同构群的完整描述。具体来说,证明了除了 Paley 图之外,还有另一个无限的对称自互补图族,另外还有一些不属于这个族的图 $G(7^2)$,$G(9^2)$,$G(23^2)$。

众所周知的一类对称自补图族是 Paley 图族。它们定义在元素个数为模 4 余 1 的有限域上。如果两个元素的差值是平方模,则它们是相邻的(作为图的顶点)。

Peisert[22] 构造了一类新的对称自补图族,称为 P^*-图。与 Paley 图类似,P^*-图定义在有限域 $GF(p^r)$ 上,其中 $p \equiv 3 (\mathrm{mod}\ 4)$ 且 r 是偶数。如果两个元素的差属于集合 $M=\{\omega^j : j \equiv 0, 1\ \mathrm{mod}\ 4\}$,则称它们是相邻的,其中 ω 是域的原始根。

定理 6.31[22]　图 G 是对称自补图当且仅当 $|G|=p^r$,其中 p 为素数,$p^r \equiv 1 (\mathrm{mod}\ 4)$ 且 G 是一个 Paley 图或 P^*-图或 G 与特殊图 $G(23^2)$ 同构。

定理 6.32[22]　设 G 是一个对称自补图,$Aut(G)$ 它的自同构群,则 $|G|=p^r$,其中 p 为素数,$p^r \equiv 1 (\mathrm{mod}\ 4)$,且在同构意义下下列条件之一成立:

(1) $G=PG(p^r)$,$Aut(G)=T\langle \omega^2, \alpha \rangle$;

(2) $G=PG^*(p^r)$($p \equiv 3(\mathrm{mod}\ 4)$,$r$ 是偶数,$p^r > 3^4$),$Aut(G)=T\langle \omega^4, \omega\alpha \rangle$;

(3) $G=G(7^2)$,$G(9^2)$ 或 $G(23^2)$,且 $Aut(G)$ 是二维仿射群的一个子群。

Kisielewicz 和 Peisert[23] 将 Peisert[22] 得到的结果(定理 6.31)推广到了随机图 $G(n,1/2)$,得到了如下结果:

定理 6.33　随机图 G 是自互补对称的当且仅当 G 同构于 Paley 图、P^*-图或一个例外图 $G(23^2)$.

6.8　顶点可传自补图

自补图已被广泛研究并有效地应用于 Ramsey 数的研究中。当且仅当 $n=1(\mathrm{mod}\ 4)$ 时,存在 n 阶正则自补图,这是众所周知且容易证明的。因此,很自然地,我们会问对于顶点可传自补图是否存在类似的结果。更准确地说,对哪些正整数 n 存在 n 阶的顶点可传自补图?文献[24]~[27]对这一领域进行了详细的研究。

Li 和 Rao[26] 刻画了 pq 阶图中的顶点可传的自补图，其中 p,q 是素数。

定理 6.34 设 Γ 是两个素数乘积阶的顶点可传的自补图，则 Γ 是下面情况之一：

（ⅰ）两个顶点可传的自补图的字典积；

（ⅱ）一个 Abelian 群的正规 Cayley 图。

考虑到这个结果，对于两个不同素数的情况，我们有一个简单的表征。

推论 6.35 两个不同素数的乘积的阶的顶点可传的自补图是循环的。

Huang 等人[27] 证明了每一个简单群都是无限多顶点可传自补图的自同构群的子群。其证明过程涉及到这类图的构造。

问题 1 哪些简单群是顶点可传自补图的自同构群的部分？

定理 6.36 令 n 为任意正整数，$T_1, T_2, \cdots T_n$ 是任意简单群，则存在无穷多个顶点可传自补图 Γ，使得 $T_1 \times T_2 \times \cdots T_n \leqslant \mathrm{Aut}\Gamma$。

定理 6.36 指出：每个简单群都是无穷多点可传自补图的自同构群的一个节（实际上是子群）。通过定理 6.36 可以得到下列结果。

推论 6.37 存在无穷多个顶点可传自补图 Γ 和 $\sum$，其阶数都是素数的立方，使得 $A_5 \leqslant \mathrm{Aut}\Gamma$ 和 $\mathrm{PSL}(2,7) \leqslant \mathrm{Aut} \sum$。

推论 6.38 （1）存在无穷多个素数平方阶的顶点可传自补图 Γ，使得 A_5 是 $\mathrm{Aut}\Gamma$ 的一部分。

（2）存在无穷多个素数立方阶的顶点可传自补图 $\sum$，使得 A_6 是 $\mathrm{Aut} \sum$ 的一部分。

6.9 顶点可传自补图与图的字典积

Beezer[28] 研究了顶点可传自补图与图的字典积之间的关系。如果图 $G=(V,E)$ 的自同构群在 G 的顶点集上满足传递性，即对任意 $u,v \in V$，存在 $\sigma \in \mathrm{Aut}(\Gamma)$ 使得 $\sigma(u)=v$，则图称 G 为顶点可传的。图 6.10 是一个 9 阶的顶点可传自补图。图 G 的所有自同构映射构成的集合记为 $C(G)$。

定理 6.39 如果 $C(G)$ 是非空的，则图 $G=(V,E)$ 是自补的，即至少有一个 G 的自补映射。

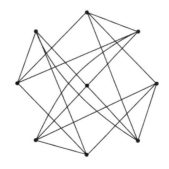

图 6.10 一个 9 阶的顶点可传自补图

设图 $G_1=(V_1,E_1)$ 和 $G_2=(V_2,E_2)$，则 G_1 和 V_1 的**字典积**记为 $G_1[G_2]$，其中顶点集 $V(G_1[G_2])=V_1\times V_2$（通常的笛卡尔积），边集 $E(G_1[G_2])=\{\{(u_1,u_2),(v_1,v_2)\}|\{u_1,v_1\}\in E_1$，或 $u_1=v_1,\{u_2,v_2\}\in E_2\}$。

定理 6.40 如果 G_1 和 G_2 是顶点可传图，则字典积 $G_1[G_2]$ 也是顶点可传的。

定理 6.41 如果 G_1 和 G_2 是自补图，则字典积 $G_1[G_2]$ 也是自补图。

定理 6.42 设 p 是一个素数，那么 $p^r\equiv1(\mathrm{mod}\ 4)$，存在一个具有 p^r 个顶点的自补点可传图。

定理 6.43 设 $n=p_1^{r_1}p_2^{r_2}\cdots p_k^{r_k}$ 其中 p_i 是不同的素数，且每个 $p_i^{r_i}\equiv1(\mathrm{mod}\ 4)$，则存在一个具有 n 个顶点的顶点可传的自补图。

定理 6.44 设 $G=(V,E)$ 是一个 $|V|=p_1^{r_1}p_2^{r_2}\cdots p_k^{r_k}$ 的顶点可传自补图，其中 p_i 是不同的素数，则对每个 $1\leqslant i\leqslant k$，G 含阶为 $p_i^{r_i}$ 的顶点导子图，该子图是自补的和顶点可传的。

定理 6.45 设 $\Gamma=(V,E)$ 是一个 $|V|=p_1^{r_1}p_2^{r_2}\cdots p_k^{r_k}$ 的顶点可传自补图，其中 p_i 是不同的素数，则对每个 $1\leqslant i\leqslant k$，$p_i^{r_i}\equiv1(\mathrm{mod}\ 4)$。

6.10　循环自补图

Alspach 等人[29]讨论了循环自补图的特征，证明了存在 n 个顶点的循环自补图当且仅当 n 的素数分解中的每个素数 p 都满足 $p\equiv1(\mathrm{mod}\ 4)$。

定理 6.46 存在一个具有 n 个顶点的自补循环图当且仅当 n 的素数分解中的每个素数 p 都满足 $p\equiv1(\mathrm{mod}\ 4)$。

设 G 为素数幂阶的循环自补图。Li 等人[30]证明了 G 是两个小自补循环的字典积，或者 G 映射到它的补的正规循环子群存在一个乘法自同构。

本节的目的是讨论素数阶 p^d 自补（无向）循环图的分类，其中 p 为素数且 $d\geqslant1$。

定理 6.47 设 G 为 p^d 阶自补循环，其中 p 为素数且 $d\geqslant1$。则 p 为奇数，且 G 为正规自补图或 $G=\sum_1[\sum_2]$，其中 $\sum_i$ 为 $i=1,2$ 且 $n_1+n_2=d$ 时的 p^{n_i} 阶自补循环。

定理 6.48 设 $G=Cay(\mathbb{Z}_{p^d},S)$ 是 p^d 阶的连通弧传递有向（或无向）循环图，其中 p 为奇素数，$d\geqslant1$ 为整数。那么，下列其中一种情况成立：

（ⅰ）G 是完全图。

（ⅱ）G 为正规循环图。

（ⅲ）存在一个 p^{d-i} 阶的弧传递循环图 $\sum$，使得 $G=\sum[\overline{K}_{p^i}]$，其中 $1\leqslant i<d$。设 $\mathbb{Z}_{p^i}\leqslant\mathbb{Z}_{p^d}$ 为 p^i 阶的子群，则对于任意 $s\in S,s\mathbb{Z}_{p^i}\subseteq S$。

Liskovets 和 Pöschel[31]构造并列举了素平方阶的非 Cayley 同构的自补循环图。证明了当且仅当 $p\equiv1\ (\mathrm{mod}\ 8)$ 时，对于素数 p，存在一个 p^2 阶的非 Cayley 同构的自补循环图。

并且,得到了下面结论。

定理 6.49 存在阶数为 p^2 的强非 Cayley 同构自补循环图当且仅当 $p-1$ 可被 8 整除。

Jajcay 和 Li[32] 构造了一类 p^2 阶的循环自补图,其中 p 是素数。并通过这类图说明了存在自补 Cayley 图 $Cay(G,S)$,满足对任意 $\sigma\in\mathrm{Aut}(G),S^\sigma\neq G^\sharp\backslash S$。

定理 6.50 设 $\Gamma_{i,j}=Cay(Z_{p^2},S_{i,j}),i,j\geq1$,则

(ⅰ) $\Gamma_{i,j}$ 是自补的;

(ⅱ) $\Gamma_{i,j}$ 是自补 Cayley,同构图当且仅当 $i=j$;

(ⅲ) $\Gamma_{i,j}$ 是无向的当且仅当 $i,j\geq2$。

此外,当且仅当 $4|p-1$ 时,存在 p^2 阶的有向自互补循环非自补 Cayley 同构图;当且仅当 $8|p-1$ 时,存在 p^2 阶的无向自互补循环不是自补 Cayley 同构图。

下面的定理推广了上述结果,给出了 n 阶非自补 Cayley 同构图的自补循环的构造。

定理 6.51 假设 n 是一个正整数,使得 $p^2|n$ 对于某个素数 p 和 $Cay(Z_{n/p^2},R)$ 对于某个 $R\subset Z_{n/p^2}^\sharp$ 是自补的。设 $\sum_{i,j}$ 表示 Cayley 图,$Cay(Z_n,(R+Z_{p^2}\bigcup S_{i,j}))$。则 $\sum_{i,j}$ 自补的,而且,如果 $i\neq j$,则 $\sum_{i,j}$ 不是自补 Cayley 同构图,如果 $i,j\geq2,R=R^{-1}$,$\sum_{i,j}$ 是无向的。

6.11 尚待解决的困难问题或猜想

猜想 1 若 G 是一个强正则补图,试问 G 有多少个长度为 k 的图? ($k\geq4$)

我们已经知道:当 $k=3$ 时,

$$N(G,\Delta)=\frac{1}{48}p(p-1)(p-4)$$

猜想 2 $r(5,5)=46$。

猜想 3 当 $k\geq5$ 时,$r(k,k)$-Ramsey 图的集合中含有强正则自补图。

问题 4 $r=57,l=3129$ 且 $p=3250$ 的 Moore 图是什么?

问题 5 是否对于每个 $p\equiv1(\mathrm{mod}\ 4)$,存在一个 p 阶的顶点可传自补图?

习 题

1. $T(p)$ 表示三角图。试证:$T(p)$ 是一个参数为 $(\frac{1}{2}p(p-1),2(p-2),p-2,4)$ 的强正则图。

2. 证明 $L_2(n)$ 是一个阶数为 $p=n^2,r=2(n-1),\lambda=n-2$ 和 $\mu=2$ 的强正则自补图。

3. 试构造出 Paley 图 $G(4)$ 和 $G(5)$ 图。

4. 证明定理 6.8。即若 G 是一个阶数为 $p=4t+1$ 的强正则自补图，A 是它的相邻矩阵，则有：

(1) $A^2=t(J+I)-A$，$AJ=2tJ$；

(2) $p=4t+1$ 是某两个正整数的平方和。

5. 证明引理 6.13。即设 X 是一个具有 $2p$ 个元素构成的集合，S 是 X 的 $n=2\eta$ 个 d 子集构成的集族，其中 $\eta\geqslant 2$，ρ 是偶数且 $\eta|\rho$，如果 $\lambda_0(d)$ 是 (6.21) 式的界，则 $\Delta=d-\lambda_0(d)$ 对于参数 $d=\rho-1$，ρ 或者当

$$\delta_{\max}=\rho-[\rho(\eta-1)/(2\eta-1)]$$

时达到最大值。

6. 证明定理 6.20。

参 考 文 献

[1] CHANG LI-CHIEN. The uniqueness and non-uniqueness of the triangular association scheme. Sci. Record Peking Math. (New Ser.), 1959, 3: 604-613.

[2] CHANG L C. Association schemes of partially balanced designs with parameters $v=28$, $n_1=12$, $n_2=15$, and $p_{11}^2=4$. Sci. Record Peking Math. (New Ser.) 1960, 4: 12-18.

[3] HOFFMAN A J. On the uniqueness of the triangular association scheme. Ann. Math. Statist, 1960, 31: 492-497.

[4] CAMERON P J. Strongly Regular Graphs. Selected Topics in Graph Theory (ed. Beineke L W, Wilson R J). 1978, 337-360.

[5] SHRIKHANDE S S. The uniqueness of the L_2 association scheme. Ann. Math. Statist. 1959, 30: 781-798.

[6] SEIDEL J J. A survey of two-graphs. Proc. Int. Coll. Teorie Combinator ie, Roma 1973, Tomo I, Accad. Naz. Lincei, 1976, 481-511.

[7] PARSONS T D. Ramsey Graph Theory. Selected Topics in Graph Theory(ed. Beineke L W, Wilson R J). 1978, 361-384.

[8] BUSSEMAKER F C, MATHON R A, SEIDEL J J. Tables of two-graphs. Report 79-WSK-05, Techn. Univ. Eindhoven(1979); Also in: Rao S B ed., Combinatorics and Graph Theory, Proc. Calcutta 1980 Lecture Notes Math. 885, Springer, Berlin, 1981, 70-112.

[9] SCHÖNHEIM J. On maximal systems of k-tuples. Studia Sci. Math. Hunger, 1966, 1: 363-368.

[10] MATHON R. On self-complementary strongly regular graphs. Discrete Mathematics, 1988, 69: 263-281.

[11] MATHON R. Symmetric conference matrices of order pq^2+1. Canad. J. Math., 1985, 54: 73-82.

[12] WILLIAMSON J. Hadamard's determinant theorem and the sum of four squares. Ducke Math. J., 1944, 11: 65-81.

[13] RAO S B. On regular and strongly-regular self-complamantary graphs. Discrete Mathe-

matics, 1985, 54: 73-82.

[14] ZELINKA B. Self-complementary vertex-transitive undirected graphs. Math. Slovaca, 1979, 29: 91-95.

[15] RADZISZOWSKI S P. Small Ramsey numbers. The Electronic Journal of Combinatorics, http://ejc. math. gatech. edu: 8080/Journal/Surveys/index. html, 1996.

[16] XU J, WONG C K. Self-complementary graphs and Rasey Numbers, Part I: The decomposition and construction of self-complementary graphs. Discrete Mathematics, 1999, 6.

[17] EXOO G. A lower bound for $r(5,5)$. Journal of Graph Theory, 1989, 13: 97-98.

[18] MCKAY B D, RADZISZOWSKI S P. $r(4,5)=25$. Journal of Graph Theory, 1995, 19: 309-322.

[19] MCKAY B D, RADZISZOWSKI S P. Subgraph Counting Identities and Ramsey Numbers. Journal of Combinatorial Theory, Series B, 1997, 69(2): 193-209.

[20] CARLITZ L. A Theorem on permutations in a finite field. Proc. Amer. Math. Soc. 1960, 11: 456-459.

[21] ZHANG H. Self-complementary symmetric graphs. Journal of graph theory, 1992, 16(1): 1-5.

[22] PEISERT W. All self-complementary symmetric graphs. Journal of Algebra, 2001, 240 (1): 209-229.

[23] KISIELEWICZ A, PEISERT W. Pseudo-random properties of self-complementary symmetric graphs. Journal of Graph Theory, 2004, 47(4): 310-316.

[24] LI C H. On finite graphs that are self-complementary and vertex transitive. Australas. J Comb., 1998, 18: 147-156.

[25] RAO G. Self-complementary vertex-transitive graphs. Bulletin of the Australian Mathematical Society, 2016, 94(1): 165-166.

[26] LI C H, RAO G. Self-complementary vertex-transitive graphs of order a product of two primes. Bulletin of the Australian Mathematical Society, 2014, 89(2): 322-330.

[27] HUANG Z, PAN J, DING S, et al. Automorphism groups of self-complementary vertex-transitive graphs. Bulletin of the Australian Mathematical Society, 2016, 93(2): 238-247.

[28] BEEZER R A. Sylow subgraphs in self-complementary vertex transitive graphs. Expositiones Mathematicae, 2006, 24(2): 185-194.

[29] ALSPACH B, MORRIS J, VILFRED V. Self-complementary circulant graphs. Ars Combinatoria, 1999, 53: 187-192.

[30] LI C H, SUN S, XU J. Self-complementary circulants of prime-power order. SIAM Journal on Discrete Mathematics, 2014, 28(1): 8-17.

[31] LISKOVETS V, PÖSCHEL R. Non-Cayley-isomorphic self-complementary circulant graphs. Journal of Graph Theory, 2000, 34(2): 128-141.

[32] JAJCAY R, LI C H. Constructions of self-complementary circulants with no multiplicative isomorphisms. European Journal of Combinatorics, 2001, 22(8): 1093-1100.

第7章 有向、无向偶自补图

由第 3 章我们已经看到,具有 $4n$ 个顶点的自补图中最核心的生成子图 H^* 是一个偶自补图。因此,研究偶自补图对自补图理论自身的完善与进一步研究具有重要的作用。我们相信,偶自补图作为一类重要的图类,将会在其他的领域内有更进一步的应用。基于此,我们在这一章里对无向和有向偶自补图的基本特性、度序列、计数以及构造等问题给予了较为详细的讨论。本章安排如下:7.1 节讨论了偶自补图的基本理论;7.2 节里刻画了可偶自补度序列的基本特征;偶自补图的计数问题安排在 7.3 节;7.4 节比较粗略地讨论了偶自补图的构造问题;7.5 节给出了有向偶图的计数公式。在此基础上,我们在 7.6 节里给出了有向偶自补图的计数。最后一节里讨论了有向偶自补图的构造问题。

7.1 偶自补图的基本理论

在 3.2 节中我们已经引入了偶补图与偶自补图的概念。为方便,重述如下:设 $G=(X,Y)$ 是一个偶图。G 的**偶补图**,记作 G^c,是指满足下列条件的偶图:

(1) $V(G^c)=V(G)$,并且 X 和 Y 在 G^c 中仍为独立集;

(2)设 $x\in X$, $y\in Y$,则 $xy\in E(G^c)$ 当且仅当 $xy\notin E(G)$。如果一个偶图 G 与它的偶补图 G^c 同构,则称 G 为**偶自补图**。

为方便,我们把一个偶图 $G=(X,Y)$ 的 $V(G)$ 的划分 X 和 Y 称为 G 的一个**偶划分**,并记作 $P=\{X,Y\}$。因此,我们今后常将偶图 G 且其有偶划分的 P 的偶图记作 (G,P)。设 (G,P) 是一个偶自补图,G 的一个**偶自补置换**是指从 G 到 G^c 之间的一个同构映射。即一个 $1-1$ 映射 $\sigma:V(G)\to V(G)$,使得 $\sigma(u)\sigma(v)\in E(G^c)$ 当且仅当 $uv\in E(G)$。我们用 $\Theta(G,P)$ 表示 (G,P) 的全体偶自补置换构成的集合。偶自补置换中的一个轮换被称为**纯的**,如果它仅仅置换属于 P 的某个单个独立集的顶点,否则,称为**混合的**。对于一个轮换 τ,我们用 $\langle\tau\rangle$ 表示由 τ 置换的顶点集,用 $|\tau|$ 表示 $\langle\tau\rangle$ 的绝对值,我们现在定义 $\Theta(G,P)$ 的两个子类如下:

$$\Theta((G,P))=\{\sigma\in\Theta((G,P)); \sigma \text{ 的所有轮换是纯的}\}$$

$$\Theta_m((G,P))=\{\sigma\in\Theta((G,P)); \sigma \text{ 的所有轮换是混合的}\}$$

定理 7.1 设 (G,P) 是一连通的偶自补图,那么

(1)对 $\forall \sigma \in \Theta((G,P)),\sigma \in \Gamma(G)$；

(2)$\Theta((G,P))=\Theta_p((G,P)) \cup \Theta_m((G,P))$；

(3)如果 $\sigma \in \Theta_m(G,P)$ 且 τ 是 σ 的一个轮换,则 $|\tau|=0 (\bmod 4)$ 且 $\tau=(x_1 y_1 x_2 y_2 \cdots x_t y_t)$ 形式,其中 $P=\{X,Y\}$,$x_i \in X$,$y_i \in Y$,$i=1,2,\cdots,t$。

由第3章关于自补图 G 分解成 H,H',H^* 以及自补图的自补置换与自同构群之间的相互关系,本定理易证明。□

定理 7.2 设 (G,P) 是一个不连通的无孤立顶点的偶图,则 (G,P) 是一个偶自补图当且仅当存在 X 的一个划分 $\{X_1,X_2\}$ 和 Y 的一个划分 $\{Y_1,Y_2\}$,使得

$$E(G)=\bigcup_{i=1}^{2}\{uv;u \in X_i,v \in Y_i\}$$

并且要么 $|X_1|=|X_2|$,要么 $|Y_1|=|Y_2|$。□

定理 7.3 若 (G,P) 是一个不连通的偶自补图,则

$$\Theta_p((G,P)) \neq \varnothing$$

关于这两个定理的证明参见文献[1]。□

7.2 可偶自补度序列

给定一个偶图 (G,P)。如果 $X_1 \subseteq X$ 且 $Y_1 \subseteq Y$,则 $G[X_1|Y_1]$ 表示了一个偶子图 (H,Q),其中 $H=G[X_1 \cup Y_1]$,即由 $X_1 \cup Y_1$ 导出的 G 的一个子图,它的顶点集 Q 的划分为 X_1 和 Y_1。我们用 $G^c[A_1|B_1]$ 表示 $G[A_1|B_1]$ 的偶补图。图 7.1 对上述概念进行了说明。

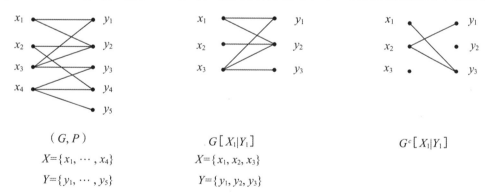

图 7.1 导出偶子图与它的偶补图

设 (G,P) 是一个偶图;令 $X=\{x_1,\cdots,x_m\}$,$Y=\{y_1,\cdots,y_n\}$,其中 $d_G(x_1) \geqslant \cdots \geqslant d_G(x_m)$,$d_G(y_1) \geqslant \cdots \geqslant d_G(y_n)$;令 $d_i=d_G(x_i)$,$i=1,\cdots,m$,且 $e_j=d_G(y_j)$,$j=1,\cdots,n$,则二划分序列(或偶序列或二分度序列)

$$\pi(G,P)=(d_1,\cdots,d_m|e_1,\cdots,e_n)$$

称为偶图(G,P)的**度序列**。

设$X=\{x_1,\cdots,x_m\}$且$Y=\{y_1,\cdots,y_m\}$，则我们称$S=(x_1,\cdots,x_m|y_1,\cdots,y_n)$是$(G,P)$的一个**序**。具有序为$(x_1,\cdots,x_m|y_1,\cdots,y_n)$的偶图$(G,P)$称为偶序列$\pi=(d_1,\cdots,d_m|e_1,\cdots,e_n)$的一个**实现**，如果$d_G(x_i)=d_i$，且$d_G(v_j)=e_j$，$i=1,\cdots,m$；$j=1,\cdots,n$。设$\pi$是一个偶序列。如果存在一个偶图$(G,P)$，使得$\pi(G,P)=\pi$，则称$\pi$是一个**可偶图序列**，并称$(G,P)$是它的一个**实现**；如果存在一个偶自补图$(G,P)$，使得$\pi(G,P)=\pi$，则称$\pi$是一个**可偶自序度序列**，并称$(G,P)$是它的一个**实现**。在一节里，我们总是假定$\pi$表示偶序列$(d_1,\cdots,d_m|e_1,\cdots,e_m)$。

自然，有下列问题产生：

第一，一个偶序列是可偶自补度序列的充要条件是什么？

第二，设π是一个可偶自补度序列，试问，它有多少个实现？

第三，如何把一个可偶自补度序列π的实现全部构造出来？

第一个问题已由Gangopadhyay于1982年解决[2]；第二个问题由文献[3]解决，我们将在本节给予介绍。

下述定理7.4刻画了一个图的偶序列是可偶自补度序列的特征。

定理7.4[2]　一个图的偶序列$\pi=(d_1,\cdots,d_m|e_1,\cdots,e_n)$是可偶自补度序列的当且仅当它至少满足下列条件之一：

(1)C1成立且m,n中恰有一个为奇数，其中

$$C1:\begin{cases} d_i+d_{m+1-i}=n & 1\leqslant i\leqslant m \\ e_j+e_{n+1-j}=m & 1\leqslant j\leqslant n \end{cases}$$

(2)C1成立，m,n都是偶数，并且要么有$d_{m/2}=d_{m/2+1}=\dfrac{1}{2}n$，要么$e_{n/2}=e_{n/2+1}=\dfrac{1}{2}m$；

(3)C1成立，C2也成立，其中C2如下：

$$C2:m,\quad n,\quad \sum_{j=1}^{n/2}e_j-\sum_{i=1}^{m/2}d_i-\frac{1}{4}mn$$

都是偶数；

(4)$m=n$是偶数，$d_i+e_{m+1-i}=m$，$i=1,\cdots,m$，且$d_{2i-1}=d_{2i}$，$i=1,\cdots,\dfrac{1}{2}m$。

进一步，π是具有$\Theta_p((G,P))\neq\varnothing$的一个偶自补图$(G,P)$的度序列的充要条件是至少(1)～(3)之一成立；$\pi$是具有把$X$映射到$Y$的偶自补置换的偶自补图$(G,P)$的度序列当且仅当条件(4)成立。

证明　关于这个定理必要性的证明分为两种情况：第一，如果(G,P)是π的一个实现，则在$\Theta_p((G,P))\neq\varnothing$的情况下，至少满足(1)、(2)或者(3)中至少一个条件；第二，在$\Theta_p((G,P))=\varnothing$的情况下，$\pi$满足(4)。充分性部分的证明也分为两种情况。如果$\pi$至少满足条件(1)、(2)和(3)中的一个，则我们将使用数学归纳法原理来证明π是可偶自补度序列的；如果π满足条件(4)，我们将使用定理2.9来证明充分性。

必要性　设(G,P)是π的一个具有序为$(x_1,\cdots,x_m|y_1,\cdots,y_n)$的偶自补图的实现。

我们现在来考虑两种情况。

情况Ⅰ $\Theta_p((G,P))\neq\varnothing$；设 $\sigma\in\Theta_p((G,P))$。下面来证明 π 至少满足条件(1)、(2)和(3)中的一个。

我们首先证明 π 满足 C1。由于 $\sigma(X)=X$，则序列 $(n-d_1,n-d_2,\cdots,n-d_m)$ 是 $(d_1,d_2,\cdots,d_m)$ 的一个重新排列。类似地，$(m-e_1,m-e_2,\cdots,m-e_n)$ 是 $(e_1,e_2,\cdots,e_n)$ 的一个重新排列，因为 $d_1\geqslant d_2\geqslant\cdots\geqslant d_m$ 且 $e_1\geqslant e_2\geqslant\cdots\geqslant e_n$，容易证明 π 满足 C1。

因为 G 与 G^c 具有相同数目的边，由此可推出 G 有 $mn/2$ 条边。因而 m,n 中至少有一个为偶数。如果 m,n 中恰好有一个为偶数，则 π 满足条件(1)。所以，令 m,n 都是偶数。

如果 σ 含有一个奇轮换，我们将证明 π 满足条件(2)。令 τ 是 σ 的一个奇轮换，不失一般性，假设 $\langle\tau\rangle\subseteq X$，令 $|\tau|=2l+1$ 且 $w\in\langle\tau\rangle$，因 $\sigma^2\in\Gamma(G)$，故 $d_G(\sigma^i(w))=d_G(\sigma^{i+1}(w))$，$i=0,2,\cdots,2l$。因此，$d_G(w)=d_G(\sigma^{2l+2}(w))=d_G(\sigma(w))$。因为
$$d_G(\sigma(w))=n-d_{G^c}(\sigma(w))=n-d_G(w)$$
由此推出 $d_G(w)=n/2$。又因为 m 是偶数，σ 包含另一个奇轮换 ψ，$\langle\psi\rangle\subseteq X$，由上述讨论，$\langle\psi\rangle$ 含有一个顶点 x，$d_G(x)=n/2$，因 $d_1\geqslant\cdots\geqslant d_m$，$\pi$ 满足 C1 以及两个 d_i 等于 $n/2$，由此推出 π 满足条件(2)。

最后，令 σ 的所有轮换的长度都是偶数，则我们可以假设在 X 中的顶点和在 Y 中的顶点被标定，使得 $d_1\geqslant\cdots\geqslant d_m$，$e_1\geqslant\cdots\geqslant e_n$，$\sigma(X_1)=X-X_1$ 且 $\sigma(Y_1)=Y-Y_1$，其中 $X_1=\{x_1,\cdots,x_{m/2}\}$，$Y_1=\{y_1,\cdots,y_{n/2}\}$。令 q_1 是 $G[X_1|Y_1]$ 中的边数，q_2 是 $G[X_1|Y-Y_1]$ 中的边数，因为 $\sigma(X_1)=X-X_1$，且 $\sigma(Y-Y_1)=Y_1$，由此推出 $G^c[X-X_1|Y_1]$ 的边数是 $\frac{1}{4}mn-q_2$，因此
$$\sum_{j=1}^{n/2}e_j=q_1+\frac{1}{4}mn-q_2=\sum_{i=1}^{m/2}d_i+\frac{1}{4}mn-2q_2$$
所以，π 满足 C2，进而它满足条件(3)。情况Ⅰ获证。

情况Ⅱ $\Theta_p((G,P))=\varnothing$。我们来证明 π 满足条件(4)。由定理 7.3 知 G 连通。从定理 7.1 知在 $\Theta_m((G,P))$ 中存在一个元素 σ，$\sigma^2\in\Gamma(G)$，且若 τ 是 σ 的一个轮换，则 $|\tau|\equiv 0\pmod 4$，并且 τ 中的顶点从 X 到 Y 相互交错。因此，$m=n$ 且 m 是偶数，进而，因为 $\sigma(X)=Y$，由此推得序列 $(m-e_1,m-e_2,\cdots,m-e_m)$ 是序列 $(d_1,d_2,\cdots,d_m)$ 的一个重新排列；又因为 $d_1\geqslant d_1\geqslant\cdots\geqslant d_m$ 且 $m-e_m\geqslant\cdots\geqslant m-e_2\geqslant m-e_1$，因此，$d_i+e_{m+1-i}=m$，$i=1,\cdots,m$，由 $\sigma^2\in\Gamma(G)$ 且 σ 中的每个轮换的长度是 4 的倍数，故又可推出 $d_{2i-1}=d_{2i}$，$i=1,2,\cdots,\frac{1}{2}m$。因此，$\pi$ 满足条件(4)。从而情况Ⅱ获证。

为了完成必要性的证明，令 (G,P) 是 π 的一个偶自补图实现且 σ 是一个满足 $\sigma(X)=Y$ 的偶自补置换。我们然后证明条件(4)成立。

因为 $\sigma(X)=Y$，我们有 $m=n$，并且可以推出序列 $(m-e_1,m-e_2,\cdots,m-e_m)$ 是序列 $(d_1,d_2,\cdots,d_m)$ 的一个重新排列，由于 $d_1\geqslant\cdots\geqslant d_m$，且 $m-e_1\leqslant m-e_2\leqslant\cdots\leqslant m-e_m$，于是有 $d_i+e_{m+1-i}=m$，$1\leqslant i\leqslant m$。如果 G 不连通，则 G 不可能有一个孤立顶点。这是因为，若

x_m 是一个孤立顶点,则 $d_m=0$,所以 $e_1<m$,因此,$d_m+e_1<m$,矛盾!如果 G 不连通并且没有孤立顶点,则由定理 7.2,m 是偶的,并且要么,$d_i=\frac{1}{2}m$,要么 $e_i=\frac{1}{2}m$,$1\leqslant i\leqslant m$。因此,在这种情况下,$d_{2i-1}=d_{2i}$,$1\leqslant i\leqslant\frac{1}{2}m$,即条件(4)成立。最后,如果 G 不连通,则类似于情况Ⅱ,我们可以用定理 $7.1(1)$ 和(2)证明条件(4)成立。

再证充分性。充分性的证明分为两种情况,第一种情况是 π 满足条件(1)、(2)或(3);第二种情况是 π 满足条件(4)。

情况Ⅰ π 是偶图的且满足条件(1)、(2)或(3)之一。不失一般性,我们假定若 π 满足条件(1),则 m 是奇的;若满足条件(2),则 $d_{m/2}=d_{m/2+1}=\frac{1}{2}n$。

我们现在对 m 应用数学归纳法来证明存在一个具有序为 $S=\{x_1,\cdots,x_m\mid y_1,\cdots,y_n\}$ 且满足下列条件的偶图 (G,P)。

条件 Q_π:

具有序为 S 的 (G,P) 是 π 的一个偶自补图的实现,且 $\Theta_p((G,P))$ 包含

$$\sigma_1=\begin{cases}\sum_{i=1}^{[(m+1)/2]}(x_1x_{m+1-i})\prod_{j=1}^{n/2}(y_jy_{n+1-j}) & \text{若不满足条件(1)或(3)}\\[2mm]\sum_{i=1}^{m/2-1}(x_1x_{m+1-i})(x_{m/2})(x_{m/2+1})\prod_{j=1}^{n/2}(y_jy_{n+1-j}) & \text{若不满足条件(2)}\end{cases}$$

如果 $m=1$,且 π 满足条件(1),则由条件 $C1$,$\pi=(\frac{1}{2}n\mid 1^{n/2},0^{n/2})$,设 $S=(x_1\mid y_1,\cdots,y_n)$ 且 (G,P) 具有序 S。对于由

$$E(G)=\{x_1y_j\mid 1\leqslant j\leqslant\frac{1}{2}n\}$$

定义的图 G,显然,它具有序 S 且满足 Q_π。

如果 $m=2$ 且 π 满足条件(2),则由 $C1$,$\pi=(\frac{1}{2}n,\frac{1}{2}n\mid 2^r,1^{n-2r},0^r)$,$0\leqslant r\leqslant\frac{1}{2}n$。令 $S=(x_1,x_2\mid y_1,\cdots,y_n)$ 且 (G,P) 具有序 S。由

$$E(G)=\{x_1y_j\mid 1\leqslant j\leqslant\frac{1}{2}n\}\bigcup\{x_2y_j\mid 1\leqslant j\leqslant r,\text{或}\frac{1}{2}n+1\leqslant j\leqslant n-r\}$$

容易证明 (G,P) 具有序 S 且满足 Q_π。

如果 $m=2$ 且 π 满足条件(3),则由 $C1$,

$$\pi=(d_1,n-d_1\mid 2r,1^{n-2r},0^r)\qquad 0\leqslant r\leqslant\frac{1}{2}n$$

$$r-d_1=\sum_{j=1}^{n/2}(e_j-1)-d_1$$

由 $C2$ 知此数是偶数。由于 n 是偶数且 π 是可偶图的,由此推得 d_1-r 和 $n-d_1-r$ 是偶的非负整数,令 $S=(x_1,x_2\mid y_1,\cdots,y_n)$ 并令 (G,P) 是具有序为 S 且度序列为 π 的偶图。因

此，$y_1, \cdots, y_r$ 均与 x_1 和 x_2 相连；在 $y_{r+1}, \cdots, y_{n-r}$ 中，最前面的 $\dfrac{1}{2}(d_1 - r)$ 个顶点和最后面的 $\dfrac{1}{2}(d_1 - r)$ 个顶点与 x_1 相连边，而其余顶点与 x_2 相连边。容易验证具有序为 S 的 (G, P) 满足条件 Q_π。

设 $m \geqslant 3$ 并假设如果一个偶序列 $\pi' = (d_1, \cdots, d_{m-2} \mid e_1, \cdots, e_n)$ 满足情况 I 的条件（用 $m-2$ 代替 m），则存在一个图 (G, P) 和一个满足 $Q_{\pi'}$ 的序 S。

设 $\pi = (d_1, \cdots, d_m \mid e_1, \cdots, e_n)$ 满足情况 I 的假设条件，现定义一个新的偶序列：

$$\pi^* = (d_1^*, \cdots, d_{m-2}^* \mid e_1^*, \cdots, e_n^*) \tag{7.1}$$

其中

$$d_i^* = d_{i+1} \qquad 1 \leqslant i \leqslant m-1$$

$$e_j^* = \begin{cases} e_j - 1 & \text{若 } 1 \leqslant j \leqslant d_m \\ e_j - 1 & \text{若 } d_{m+1} \leqslant j \leqslant d_1 \\ e_j & \text{若 } d_1 + 1 \leqslant j \leqslant n \end{cases}$$

注意，$e_1^* \geqslant \cdots \geqslant e_n^*$ 可能不成立。

设 $\pi^{**} = (d_1^{**}, \cdots, d_{m-2}^{**} \mid e_1^{**}, \cdots, e_n^{**})$，其中 $d_i^{**} = d_i^*$，$1 \leqslant j \leqslant m-2$，$e_j^{**} = e_{\alpha(j)}^*$，$1 \leqslant j \leqslant n$，且 $(\alpha(1), \cdots, \alpha(n))$ 是满足 $e_{\alpha(1)}^* \geqslant \cdots \geqslant e_{\alpha(n)}^*$ 的 $(1, \cdots, n)$ 的一个置换。

由于 $e_j^* + e_{n+1-j}^* = m-2$，$1 \leqslant j \leqslant n$，故有 $\alpha(n+1-j) = n+1-\alpha(j)$，$1 \leqslant j \leqslant n$。

我们现在来证明 π^{**} 满足情况 I 的假设条件（用 $m-2$ 代替 m，对所有的 i、j，d_i^{**} 代替 d_i，e_j^{**} 代替 e_j）。这可通过下面几步来完成。

步骤 1 我们证明 π^* 是可偶图的，因此 π^{**} 是可偶图的。这个证明可从下列引理获得。因为 π^* 是从 (G^*, P) 中通过删去顶点 x_1, x_m 而获得的偶图的度序列。

引理 7.5 设 $\pi = (d_1, \cdots, d_m \mid e_1, \cdots, e_n)$ 是一个可偶图且满足条件 C1 的序列，其中 $m \neq 2$，$d_1 \geqslant \cdots \geqslant d_m$，且 $e_1 \geqslant \cdots \geqslant e_n$，则存在一个偶图 (G^*, P) 和 (G^*, P) 的一个序 $S = (x_1, \cdots, x_m \mid y_1, \cdots, y_n)$，使得具有 S 的 (G^*, P) 是 π 的一个实现，且

$$N_{G^*}(u_i) = \{v_j; 1 \leqslant j \leqslant d_i\} \qquad 1 \leqslant i \leqslant m \tag{7.2}$$

我们略去此引理的证明，有兴趣的读者可参见文献[2]。

步骤 2 π^{**} 满足 C1，这个事实可由下列推出

$$\begin{cases} d_i^* + d_{m+1-i}^* = n & 1 \leqslant i \leqslant m-2 \\ e_j^* + e_{n+1-j}^* = m-2 & 1 \leqslant j \leqslant n \end{cases} \tag{7.3}$$

步骤 3 如果 π 满足条件 (1)、(2) 或 (3)，则 π^{**} 也满足条件 (1)、(2) 或 (3)。

首先令 π 满足条件 (1)，则 m 和 $m-2$ 是奇数且 π^{**} 满足条件 (1)。

其次令 π 满足条件 (2)，则 m 和 n 都是偶数且 $d_{m/2} = d_{m/2+1} = \dfrac{1}{2} n$。由于 $d_i^{**} = d_{i+1}$，易推得 π^{**} 满足条件 (2)。

最后，令 π 满足条件 (3)，则 m, n 是偶数且

$$\sum_{j=1}^{n/2} e_j^* - \sum_{i=1}^{(m-2)/2} d_i^* - \frac{1}{4}(m-2)n = \sum_{j=1}^{n/2} e_j - \sum_{i=1}^{m/2} d_i - \frac{1}{4}mn + (n-2d_m)$$

是偶数。于是,由(7.3)式

$$\sum_{j=1}^{n/2} e_j^{**} = \sum_{j=1}^{n/2} \max\{e_j^*, e_{n+1-j}^*\} \equiv \sum_{j=1}^{n/2} e_j^* \pmod 2$$

由于 $e_j^* + e_{n+1-j}^* = m$ 是偶数,因此 π^{**} 满足 C2,因此满足条件(3)。

所以 π^{**} 满足情况 I 的假设,由归纳假设存在一个偶自补图 (G^{**}, P^{**}),以及一个序 $S^{**} = (u_2, \cdots, u_{m-1} | v_{\alpha(1)}, \cdots, v_{\alpha(n)})$,使得

$$d_{G^{**}}(u_i) = d_{i-1}^{**} \qquad 2 \leq i \leq m-1$$

$$d_{G^{**}}(v_j) = e_{\alpha^{-1}(j)}^{**} \qquad 1 \leq i \leq n$$

且若 π^{**} 满足条件(1)或(3),则 $\Theta((G^{**}, P^{**}))$ 含有

$$\sigma_1^{**} = \prod_{i=2}^{[(m+1)/2]} u_i u_{m+1-i} \prod_{j=1}^{n/2} v_j v_{n+1-j}$$

若 π^{**} 满足条件(2),则

$$\sigma_2^{**} = \prod_{i=2}^{m/2-1} u_i u_{m+1-i} u_{m/2} u_{m/2+1} \prod_{j=1}^{n/2} v_j v_{n+1-j}$$

注意到由于 $\alpha(n+1-j) = n+1-\alpha(j), 1 \leq j \leq n$,我们在 σ_1^{**} 和 σ_2^{**} 中用

$$\prod_{j=1}^{n/2} v_{\alpha(j)} v_{n+1-\alpha(j)}$$

代替
$$\prod_{j=1}^{n/2} v_{\alpha(j)} v_{\alpha(n+1-j)}$$

现在,我们在 (G^{**}, P^{**}) 上通过增加两个新顶点 u_1、u_m 且连接 u_i 与 $v_1, v_2, \cdots, v_{d_i}$, $i=1, m$,得到一个图 (G, P),它具有序 $S = (u_1, \cdots, u_m | v_1, \cdots v_n)$,则显然有

$$\begin{cases} d_G(u_i) = d_i & 1 \leq i \leq m \\ d_G(v_i) = e_j & 1 \leq j \leq n \end{cases}$$

因此,具有序为 S 的 (G, P) 是 π 的一个实现,进而,$G[\{u_2, \cdots, u_{m-1}\} | B] = (G^{**}, P^{**})$ 是一个偶自补图且 $\Theta_p((G^{**}, P^{**}))$ 按照 π^{**} 满足条件(1)或(3)包含 σ_1^{**} 或 σ_2^{**},或者 π^{**} 满足条件(2)。$G[\{u_1, u_m\} | B]$ 是由偶自补置换 $(u_1 u_m) \prod_{j=1}^{n/2}(v_j v_{n+1-j})$ 构造的偶自补图,于是推出具有 S 的 (G, P) 满足 Q_π。

从而完成了归纳假设,并完成了情况 I 中充分性的证明。

情况 II π 是图的且满足条件(4)。由条件(4),$m=n$ 是偶数。令 $m=2t$,我们现在定义一个新的序列

$$\pi' = (f_1, f_2, \cdots, f_{4t})$$

其中

$$f_i = \begin{cases} d_i + 2t - 1 & \text{若 } 1 \leq i \leq 2t \\ e_{i-2t} & \text{若 } 2t+1 \leq i \leq 4t \end{cases}$$

令 (G,P) 是 π 的一个实现,则由于 π' 是从图 G 中通过在 A 中连接所有 $\binom{2t}{2}$ 对顶点之间的边而获得的图的度序列,故 π' 是图序列。

下面,我们来证明 π' 是一个非负整数的非递增序列。显然,$f_1 \geqslant \cdots \geqslant f_{2t}$ 且 $f_{2t+1} \geqslant \cdots \geqslant f_{4t}$。若 $d_{2t}=0$ 则由条件(4),$e_1=2t$,这与 π 是图序列矛盾!因此,$d_{2t} \geqslant 1$,且 $e_1 \leqslant 2t$。由此推出 $f_{2t} \geqslant f_{2t+1}$。因此,$f_1 \geqslant f_2 \geqslant \cdots \geqslant f_{4t} \geqslant 0$。

又由条件(4),$d_{2i-1}=d_{2i}$,$1 \leqslant i \leqslant t$。所以,我们有 $f_{2i-1}=f_{2i}$,$1 \leqslant i \leqslant 2t$。又若 $1 \leqslant i \leqslant 2t$,则由条件(4),我们有

$$f_i + f_{4t+1-i} = d_i + 2t - 1 + e_{2t+1-i} = 4t - 1$$

因此,π' 满足定理 2.9。故由定理 2.9 推出 π' 是自补图 G' 的度序列,并且 G' 的自补置换 σ 由下式给出:

$$\sigma = \prod_{i=1}^{t} w_{2i-1} w_{4t+1-2i} w_{2i} w_{4t+2-2i}$$

其中 w_i 是 G' 中度数为 f_i 的顶点。令 $A=\{w_1,\cdots,w_{2t}\}$,$B=\{w_{2t+1},\cdots,w_{4t}\}$,则显然 $\sigma(A)=B$。

由于 π 是图的,$\sum_{i=1}^{2t} d_i = \sum_{j=1}^{2t} e_j$ 且对于所有的 j,$e_j \leqslant 2t$,因此,在下列 Erdös-Gallai 准则下:

$$\sum_{i=1}^{r} f_i \leqslant r(r-1) + \sum_{i=r+1}^{4t} \min\{r,f_i\} \qquad 1 \leqslant r \leqslant 4t$$

当 $r=2t$ 时等式成立。

因此,可以推出,在 G' 中,A 的任何两个不同的顶点相邻的,且 B 中任意两个不同的顶点不相邻,现在,令 $S=(w_1,\cdots w_{2t} | w_{2t+1},\cdots,w_{4t})$ 且 (G,P) 是具有序为 S 的图,定义为

$$E(G) = E(G') - \{w_i w_j; 1 \leqslant i \leqslant j \leqslant 2t\}$$

则显然具有序为 S 的 (G,P) 是 π 的一个实现。由于在 G' 中,$\sigma(A)=B$,故可推出 (G,P) 是一个具有 $\sigma \in \Theta_m((G,P))$ 的一个偶自补图。因此,π 是可偶自补图的。

这便完成了情况 Ⅱ 的证明,从而充分性获证。　　　　□

7.3　偶自补图的计数问题

在 1.8 节中,我们已经引入了两个置换群的笛卡尔积。为方便,在这一节里,此概念再次重复出现,但有些记号略有不同。设 A、B 是对象分别为 X 和 Y 的两个置换群,A 与 B 的笛卡尔积,记作 $A \times B$,是一个置换群,它的置换是由所有的有序对 (α,β) 组合,其中 $\alpha \in A$,$\beta \in B$。由 (α,β) 确定的 $X \times Y$ 的每个元素 (x,y) 的像是

$$(\alpha,\beta)(x,y) = (\alpha x, \beta y) \tag{7.4}$$

A 对 B 的**取幂置换群**,记作 $[B]^A$,其对象集是 Y^X。它的置换构成如下:A 中的每个置换 α 和 β 中的置换序列 $\beta_1,\beta_2,\cdots,\beta_m$ 恰好确定了 $[B]^A$ 的一个置换 $(\alpha;\beta_1,\beta_2,\cdots,\beta_m)$($|X|=m$),它将 $f\in Y^X$ 变成 f^*:

$$f^*(x_i)=\beta_i f(\alpha x_i) \tag{7.5}$$

此式对任意的 $x_i\in X$ 都成立。下面,我们将给出两个对称群笛卡尔积的轮换指标,这个结果是由 Harary 于 1958 年首先获得的。

定理 7.6 m 次对称群 S_m 和 n 次对称群的笛卡尔积的轮换指标由下式给出:

$$Z(S_m\times S_n)=\frac{1}{m!n!}\sum_{(\alpha,\beta)}\prod_{r=1}^{m}\prod_{r=1}^{n}s_{[r,t]}^{(r,i)j_r(\alpha)j_i(\beta)}$$

其中,$[r,t]$ 表示 r 与 t 的最小公倍数;(r,t) 表示 r 与 t 的最大公约数。 □

幂群的概念我们已在 1.8 节中引入。为方便,在此重述如下:设 A 和 B 分别是作用在对象集为 X 和 Y 上的置换群。A 关于 B 的幂群,记作 B^A,它是作用在 Y^X 上的一种置换群,其中 Y^X 表示所有由 X 到 Y 上的全体映射构成的集合。对于 A 中的每个置换 α 和 B 中的每个置换 β,在 B^A 中有唯一的置换,记作 (α,β),使得对于 $\forall f\in Y^X$ 和 $\forall x\in X$,有

$$((\alpha,\beta)f)(x)=\beta f(\alpha x) \tag{7.6}$$

关于幂群的轮换指标,由幂群的定义,我们容易推出:

$$Z(B^A)=\frac{1}{|A||B|}\sum_{\gamma\in B^A}\prod_{k=1}^{n^m}s_k^{j_k(\gamma)} \tag{7.7}$$

de Bruijn 在 1959 年对幂群的轨的计数问题进行了精湛的研究,并获得了下述著名的 de Bruijn 幂群计数定理[5],[6]。

定理 7.7(de Bruijn 幂群计数定理) 由幂群 B^A 确定的映射的轨的数目是

$$N(B^A)=\frac{1}{|B|}\sum_{\beta\in B}Z(A;c_1(\beta),\cdots,c_m(\beta)) \tag{7.8}$$

其中,$c_r(\beta)=\sum_{s|k}sj_s(\beta)$,记号 $\sum_{s|k}$ 表示对所有可整除 k 的自然数 s 求和。 □

我们用 $N_m^n(G)$ 来表示 m 个顶点集与 n 个顶点集的独立集的全体偶图构成的集合。

定理 7.8 具有 m 个顶点的独立集和有 n 个顶点的独立集的偶图的数目为,当 $m\neq n$ 时,

$$Z(S_m\times S_n;2,2,\cdots,2) \tag{7.9}$$

当 $m=n$ 时,

$$Z([S_n]^{S_2};2,2,\cdots,2) \tag{7.10}$$

其中

$$Z([S_n]^{S_2})=\frac{1}{2}Z(S_n\times S_n)Z'_n$$

$$Z'_n=\frac{1}{n!}\sum_j\frac{n!}{\prod k^{j_k}\cdot j_k!}\prod_{k\text{奇数}}s_k^{j_k}\prod_k s_{2k}^{k\binom{j_k}{2}+[k/2]j_k}\prod_{r<t}s_{2[r,t]}^{(r,t)j_rj_t}$$

其中 $[r,t],(r,t)$ 的意义同上。 □

下面我们来完成本节的主要结果的证明。

定理 7.9[3]　当 $m \neq n$ 时，$N_m^n(G)$ 中偶自补图的数目是

$$a_{mn}^c = Z(S_m \times S_n; 0, 2, 0, 2, \cdots) \tag{7.11}$$

当 $m = n$ 时，$N_m^n(G)$ 中偶自补图的数目是

$$Z([S_n]^{S_2}; 0, 2, 0, 2, \cdots) \tag{7.12}$$

证明　在此仅证明第一个公式，至于第二个结果的证明完全类似，故略。

首先对 $N_m^n(G)$ 的图进行分类。引入关系"$\sim$"：设 $G_1, G_2 \in N_m^n(G)$，若 $G_1 \cong G_2$，或者 $G_1 \cong G_2^c$，则称 $G_1 \sim G_2$。易证"$\sim$"是一种等价关系。因此，如果 $N_m^n(G)$ 中的任意两个偶图 G_1 和 G_2 满足这种等价关系，则称这两个偶图是等价的。

设 $S_m \times S_n$ 的对象集为 $X \times Y$，S_2 的对象集为 $\{0, 1\}$。这里，$X = \{x_1, x_2, \cdots, x_m\}$ 是 S_m 的对象集，$Y = \{y_1, y_2, \cdots, y_n\}$ 是 S_n 的对象集。我们现在来构造一个映射 f 如下：

$$f : X \times Y \rightarrow \{0, 1\}$$

显然映射 f 可代表一个偶图，记作 G_f，它的顶点集是 $X \times Y$，并且当 $f(x_i, y_i) = 1$ 时，说明 $(x_i, y_i) \in E(G_f)$；$f(x_i, y_j) = 0$ 时，$(x_i, y_j) \notin E(G_f)$（$i = 1, 2, \cdots, m$；$j = 1, 2, \cdots, n$）。所以，$\{0, 1\}$ 中的元素 0，1 分别表示偶图 G_f 中 x_i、y_j 之间的边的缺少或者存在。现在，我们考虑幂群 B^A，其中 $A = S_m \times S_n$，$B = S_2$。显然，两个映射 f 和 g 分别所代表的偶图 G_f 和 G_g 等价当且仅当这两个映射的幂群 B^A 在同一轨上。

在 B^A 中的置换有两类：第一种类型是 $(\gamma, (0)(1))$，第二种类型是 $(\gamma, (01))$。由 (7.6) 式知，第一种若把映射 f 变成 g，则 $G_f \cong G_g$；第二种若把映射 f 变成 g，则 $G_f \cong G_g^c$。因此，$N_m^n(G)$ 中的偶图按照上述等价关系进行分类的类数恰好等于 B^A 的轨数 $N(B^A)$。现在，我们来应用定理 7.7 求 $N(B^A)$。

由于 $B = S_2$ 中仅有两个元素 $(0)(1)$ 和 (01)，为了方便，记 $\alpha = (0)(1)$，$\beta = (01)$，则有 $j_1(\alpha) = 2$，并且对于任意的 $s > 1$，$j_s(\alpha) = 0$。故对于任意的 $k \geq 1$，$c_k(\alpha) = 2$，$j_2(\beta) = 1$，且当 $s \neq 1$ 时，$j_s(\beta) = 0$。因此，当 k 为奇数时，$c_k(\beta) = 0$；当 k 为偶数时，$c_k(\beta) = 2$。于是由定理 7.7 得

$$N(B^A) = \frac{1}{|B|} \sum_{\beta \in B} Z(A; c_1(\beta), c_2(\beta), \cdots)$$

$$= \frac{1}{2} \{ Z(S_m \times S_n; 2, 2, \cdots) + Z(S_m \times S_n; 0, 2, 0, 2, \cdots) \}$$

$$\tag{7.13}$$

注意到按照上述分类，$N_m^n(G)$ 中的任一类，要么是对偶互补图，要么仅一个偶自补图（在同构意义下）。这说明上式中 $2N(B^A)$ 是 $|N_m^n(G)|$ 与 $N_m^n(G)$ 中全体偶自补图的数目之和，即

$$2N_m^n(G) = |N_m^n(G)| + a_{mn}^c \tag{7.14}$$

由 (7.9) 式知

$$|N_m^n(G)| = Z(S_m \times S_n; 2, 2, \cdots) \tag{7.15}$$

将 (7.15)、(7.13) 式代入 (7.14) 式，得到

$$a_{nm}^c = Z(S_m \times S_n; 0, 2, 0, 2, \cdots) \qquad (7.16)$$

☐

下面我们将进一步给出计算偶自补图的实用公式。

$$S_m^{(1)} = \{\alpha; \alpha \in S_m, \alpha \text{ 中含有长度为奇数的轮换}\}$$

$$S_m^{(2)} = \{\alpha; \alpha \in S_m, \alpha \text{ 中无长度为奇数的轮换}\}$$

由上节知,m 和 n 至少有一个为奇数。不妨设 m 是偶数。于是,按照 n 的不同情况讨论如下:

(1)若 n 为奇数,则易证 $S_n^{(1)} = S_n$。结合定理 7.6 及(7.11)式,欲求 a_{mn}^c,在 $Z(s_m \times s_n)$(见定理 7.6)中,下标为奇数的 s_i 均为 0,下标为偶数的 s_i 均为 2。于是有

$$a_{mn}^c = \frac{1}{m! \, n!} \sum_{\alpha \in S_m^{(2)}, \beta \in S_n} \prod_{r=1}^m \prod_{t=1}^n 2^{(r,t)j_r(\alpha)j_t(\beta)}$$

$$= \frac{1}{m! \, n!} \sum_{\alpha \in S_m^{(2)}, \beta \in S_n} 2^P \qquad (7.17)$$

其中

$$P = \sum_{r=1}^m \sum_{t=1}^n (r,t) j_r(\alpha) j_t(\beta)$$

(2)若 n 是偶数,且 $m \neq n$,则易推出

$$a_{mn}^c = \frac{1}{m! \, n!} \left(\sum_{\alpha \in S_m^{(2)}, \beta \in S_n} 2^{P_1} + \sum_{\alpha \in S_m^{(1)}, \beta \in S_m^{(1)}} 2^{P_2} \right) \qquad (7.18)$$

其中

$$P_1 = \sum_{r=1}^m \sum_{t=1}^n (r,t) j_r(\alpha) j_t(\beta)$$

$$P_2 = \sum_{r=1}^m \sum_{t=1}^n (r,t) j_r(\alpha) j_t(\beta)$$

(3)若 $m = n$ 且为偶数时,则由定理 7.8 中的 Z'_n 知,必有 $j_k = 0$(k 为奇数),故在 Z'_n 中,任意一个 $\alpha \in S_m$ 均有

$$2 \cdot j_2 + 4 \cdot j_4 + \cdots + m \cdot j_m = m$$

并且我们较容易推得:

$$a_{mn}^c = \frac{1}{2m! \, m!} \left(\sum_{\alpha \in S_m^{(2)}, \beta \in S_m} 2^{P_3} + \sum_{\alpha \in S_m^{(1)}, \beta \in S_m} 2^{P_4} \right) + \frac{1}{2} \sum_j \frac{1}{\prod_k k^{j_k} \cdot j_k!} \cdot 2^{P_5} \qquad (7.19)$$

其中 P_3、P_4 及 P_5 分别由下式给出:

$$P_3 = \sum_{r=1}^m \sum_{t=1}^m (r,t) j_r j_t$$

$$P_4 = \sum_{r=1}^m \sum_{t=1}^m (r,t) j_r j_t$$

$$P_5 = \sum_k \left(k \cdot \binom{j_k}{2} + [k/2] j_k \right) + \sum_{r<t} (r,t) j_r j_t$$

上面的(7.17)、(7.18)及(7.19)三式给出了计算偶自补图的实用计数公式。我们将以下例来结束本节。

例 7.1 求出 $m=4, n=3$ 时的全体偶自补图的数目并构造出全部偶自补图。

解: $S_4 = \{(1)(2)(3)(4); (1)(2)(34), (1)(3)(24), (1)(4)(23), (2)(3)(14),$
$(2)(4)(13), (3)(4)(12); (1)(234), (1)(243), (2)(143), (2)(134),$
$(3)(124), (3)(142), (4)(123), (4)(132); (12)(34), (13)(24),$
$(14)(23); (1234), (1243), (1324), (1342), (1423), (1432)\}$

故 $S_4^{(2)} = \{\alpha_1 = (12)(34), (13)(24), (14)(23); \alpha_2 = (1234), (1243), (1342), (1324),$
$(1423), (1432)\}$

$S_3 = \{\beta_1 = (1)(2)(3); \beta_2 = (1)(23), (2)(13), (3)(12); \beta_3 = (123), (132)\}$

于是,按照上面的讨论,$n=3$ 是奇数,故可应用(7.17)式,我们有

$$a_{43}^c = \frac{1}{4! \ 3!} \sum_{\alpha \in S_4^{(2)}, \beta \in S_3} 2^{P(\alpha, \beta)}$$

$$= \frac{1}{4! \ 3!} \{3 \cdot 1 \cdot 2^{P(\alpha_1, \beta_1)} + 3 \cdot 3 \cdot 2^{P(\alpha_1, \beta_2)} + 3 \cdot 2 \cdot 2^{P(\alpha_1, \beta_3)}$$

$$+ 6 \cdot 1 \cdot 2^{P(\alpha_2, \beta_1)} + 6 \cdot 3 \cdot 2^{P(\alpha_2, \beta_2)} + 6 \cdot 2 \cdot 2^{P(\alpha_2, \beta_3)}\}$$

由于 $j_2(\alpha_1)=2, j_1(\beta_1)=3, j_4(\alpha_2)=1, j_1(\beta_2)=1, j_2(\beta_1)=1, j_2(\beta_2)=1, j_3(\beta_3)=1$,又 $P(\alpha_1, \beta_1)=6, P(\alpha_1, \beta_2)=6, P(\alpha_1, \beta_3)=2, P(\alpha_2, \beta_1)=3, P(\alpha_2, \beta_2)=3, P(\alpha_2, \beta_3)=1$,将这些值代入上式,得到

$$a_{43}^c = 7$$

其 7 个偶自补图由图 7.2 给出。

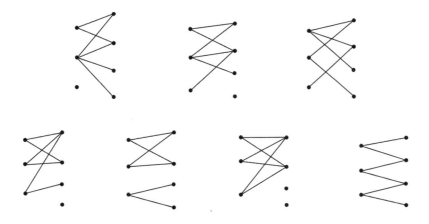

图 7.2 N_3^4 中的全部偶自补图

7.4 偶自补图的构造

在 7.2 节中我们刻画了可偶自补度序列的基本特征。在上一节里,我们解决了偶自补图的计数问题。自然,如何把具有 m 个顶点的独立集和 n 个顶点的独立集的全部偶自补图构造出来是一个重要的问题。本节我们不作详细讨论,只给出一个轮廓。下面我们给出构造步骤。

第一步 构造出具有 m 个顶点独立集和 n 个顶点独立集的偶自补图所对应的全部可偶自补的二分度序列;

第二步 对于每一个可偶自补度序列,构造出它所对应的全部偶自补图。

设 $\pi = (d_1, d_2, \cdots, d_m | e_1, e_2, \cdots, e_n)$ 是一个可偶自补度序列,则由定理 7.4 知

$$\left.\begin{array}{ll} 0 \leqslant d_i \leqslant n & 1 \leqslant i \leqslant m \\ 0 \leqslant e_j \leqslant m & 1 \leqslant j \leqslant n \end{array}\right\} \tag{7.20}$$

且 m, n 中至少有一个为偶数。

由定理 7.4 中的条件 C1,若 m 为偶数,我们只需构造 π 中 $d_1, d_2, \cdots, d_{m/2}$ 和 $e_1, e_2, \cdots, e_{\left[\frac{n+1}{2}\right]}$ 即可;关于 π 中其余的项,可由 C1 计算出来。又由 $d_1 \leqslant \cdots \leqslant d_m, e_1 \leqslant \cdots \leqslant e_n$ 知

$$\left.\begin{array}{l} 0 \leqslant d_1, \cdots, d_{m/2} \leqslant \dfrac{n}{2} \\ 0 \leqslant e_1, \cdots, e_{\frac{n+1}{2}} \leqslant \dfrac{m}{2} \end{array}\right\} \tag{7.21}$$

由此,我们给出构造可偶自补的二分度序列的步骤为:

步骤 1 由(7.21)式及 C1,先构造出各段的序列;

步骤 2 两段(即 $d_1, \cdots, d_m$ 与 $e_1, \cdots e_n$)协调组合。

例 7.2 试构造出 $m = 4, n = 3$ 时的全体偶自补图。

解

第一步 构造出所有可偶自补的二分度序列。设 $\pi = (d_1, d_2, d_3, d_4 | e_1, e_2, e_3)$ 是需要构造的可偶自补度序列,于是由(7.21)式及 C1,通过协调有

$$\pi_1 = (0, 1, 2, 3 | 1, 2, 3), \quad \pi_2(0, 1, 2, 3 | 2, 2, 2)$$
$$\pi_3 = (1, 1, 2, 2 | 0, 2, 4), \quad \pi_4 = (1, 1, 2, 2 | 1, 2, 3)$$
$$\pi_5 = (1, 1, 2, 2 | 2, 2, 2), \quad \pi_6 = (0, 0, 2, 2 | 2, 2, 2)$$

第二步 对每个可偶自补度序列,构造出对应的偶自补图如下:

$\pi_1 \sim \pi_4$、π_6 各对应一个偶自补图,分别依序为图 7.2 中第 1 行第 2 个、第 2 行第 1 个、第 1 行第 1 个、第 1 行最后一个、第 2 行第 3 个;π_5 对应两个偶自补图,为图 7.2 中第 2 行第 2、4 个。

7.5 有向偶图的数目

本节主要涉及有向无自环的图。一个有向图 D 称为**二色的**,如果它的顶点集 $V(D)$ 可以划分为两个子集 X 和 Y,使得对 D 进行正常着色,X 具有一种颜色,Y 具有另一种颜色。当然,必须使 D 的任一弧首尾两端的颜色相异。两个二色有向图 D_1 和 D_2 被称为是**同构的**,如果存在一个从 $V(D_1)$ 到 $V(D_2)$ 的保持颜色性及相邻性不变的同构映射。完全二色有向图,记作 $\boldsymbol{K}_{m,n}$,它有 $m+n$ 个顶点,m 个顶点具有一种颜色,n 个顶色具有另一种颜色,并且任意两点可达当且仅当它们有不同的颜色。显然,$\boldsymbol{K}_{m,n}$ 具有 $2mn$ 条弧。设 D 表示一个有向图,我们用 $\Gamma(D)$ 表示 D 的自同构群。用 (u,v) 表示 D 的弧。对于 $\Gamma(D)$ 中的每个置换 α,我们可按下列方法导出一个作用在 $E(D)$ 上的置换 α':如果 $(u,v)\in E(D)$,令

$$\alpha'(u, v)=(\alpha u, \alpha v) \tag{7.22}$$

$E(D)$ 的这些置换的集合构成一个群,记作 $\Gamma_1(D)$,称为 D 的**线群**。

设 $X=\{x_1,x_2,\cdots,x_m\}$,$Y=\{y_1,y_2,\cdots,y_n\}$,我们定义 X 与 Y 的所有有序对构成的集合 $X*Y=X\times Y\cup Y\times X=\{(x_i,y_j),(y_j,x_i)\mid i=1,2,\cdots,m;j=1,2,\cdots,n\}$。现在,我们在 $X*Y$ 上定义一个**群**,记作 S_m*S_n,它是由 X 中的 m 次对称群 S_m 与 Y 中的 n 次对称群 S_n 按下列方法导出的群:对于任意的 $(x,y)\in X*Y$,其中 $x\in X,y\in Y$,且 $(\alpha,\beta)\in S_m*S_n$,这里 $\alpha\in S_m,\beta\in S_n$,

$$(\alpha,\beta)(x,y)=(\alpha x,\beta y) \tag{7.23}$$

并且认定 (α,β) 与 (β,α) 是一样的。因此,S_m*S_n 中共有 $m!\,n!$ 个元素,$X*Y$ 中共有 $2mn$ 个元素。很容易检验 S_m*S_n 关于上述运算成群。

二色无向图的计数是由 Harary 解决的[4],但关于二色有向图的计数问题则由文献[7]解决。应用文献[7]中的结果还解决了二色有向自补图的计数问题(见下一节)。

本节以下内容来自文献[7]。

引理 7.10 设 D 是一个给定的有向图,则 D 中具有 r 条边的所有生成子图的数目是 $Z(\Gamma_1(D),1+x)$ 中 x^r 的系数。

证明略。 □

定理 7.11 对于任意的正整数 m,n,具有 m 个顶点的一种颜色和具有 n 个顶点的另一种颜色的二色有向图的计数发生函数

$$B_{m,n}(x)=Z(S_m*S_n;1+x) \tag{7.24}$$

其中

$$Z(S_m*S_n)=\frac{1}{m!\,n!}\sum_{(\alpha,\beta)}\prod_{r=1}^{m}\prod_{t=1}^{n}S_{[r,t]}^{2(r,t)j_r(\alpha)j_t(\beta)} \tag{7.25}$$

这里,$[r,t]$ 表示 r 与 t 的最小公倍数,(r,t) 表示 r 与 t 的最大公约数。

证明 首先注意到任一具有 m 个顶点的一种颜色和 n 个顶点的另一种颜色的二色有

向图 $D=(X,Y)$ 都是 $\boldsymbol{K}_{m,n}$ 的生成子图;反过来,$\boldsymbol{K}_{m,n}$ 的任一生成子图都是具有 m 个顶点的一种颜色和 n 个顶点的另一种颜色的二色有向图,因此,由引理 7.10,我们有下述结果:

$$B_{m,n}(x)=Z(\Gamma_1(\boldsymbol{K}_{m,n}),1+x) \tag{7.26}$$

以下,我们来确定 $\boldsymbol{K}_{m,n}$ 的线群 $\Gamma_1(\boldsymbol{K}_{m,n})$。假设 X 是 $\boldsymbol{K}_{m,n}$ 中 m 个顶点的一种颜色的集合,Y 是 n 个顶点的另一种颜色的集合,则在集 $X*Y$ 中的每一个有序对 (x,y) 恰好对应 $\boldsymbol{K}_{m,n}$ 中的一条弧。因此,$\Gamma_1(\boldsymbol{K}_{m,n})$ 中的置换是由 X 和 Y 中的置换 α 与 β 导出的置换对 (α,β) 构成。由此我们推导出下列的置换群上的二元运算:设 S_m 是对象集为 X 的 m 次对称群,S_n 是对象集为 Y 的 n 次对称群,S_m 与 S_n 的乘积记作:S_m*S_n,其对象集为 $X*Y$,它的置换由所有有序对 (α,β) 构成,$\alpha\in S_m$,$\beta\in S_n$,由 (α,β) 确定的 $X*Y$ 中的每一个元素 (x,y) 的像如 (7.23) 式所定义:

$$(\alpha,\beta)(x,y)=(\alpha x,\beta y)$$

于是我们有

$$\Gamma_1(\boldsymbol{K}_{m,n})=S_m*S_n \tag{7.27}$$

将 (7.27) 式代入 (7.26) 式,得到 (7.24) 式。

最后,我们来证明 (7.25) 式。

对于任意的 $(\alpha,\beta)\in S_m*S_n$ 现在来推导它所产生的圈指标中的项。令 α_r 表示 α 中长度为 r 的一个轮换,β_t 为 β 中长度为 t 的一个轮换,于是,在有序对集 $X*Y$ 中,共有 $2rt$ 个有序对 (x_i,y_j) 被 (α_r,β_t) 置换,x_i 被 α_r 置换,y_j 被 β_t 置换。这些有序对被长度为 $[r,t]$ 的轮换 (α_r,β_t) 置换,因此,轮换 (α_t,β_t) 置换了长度为 $[r,t]$ 的 $2(r,t)$ 个有序对,故 (α_r,β_t) 对 S_m*S_n 中的轮换指标贡献的项为 $s_{[r,t]}^{2(r,t)j_rj_t}$ 由此易推 (α,β) 对 S_m*S_n 的轮换指示贡献的项为

$$\prod_{r=1}^m\prod_{t=1}^n s_{[r,t]}^{2(r,t)j_rj_t}$$

因而,我们有

$$Z(S_m*S_n)=\frac{1}{m!\,n!}\sum_{(\alpha,\beta)}\prod_{r=1}^m\prod_{t=1}^n s_{[r,t]}^{2(r,t)j_k(\alpha)j_t(\beta)} \qquad\square$$

现在,我们应用上述结果来讨论当 $m,n\leqslant2$ 时的二色有向图的数目,并把相应的二色有向图全部构造出来。

推论 7.12 $m=n=1$ 时,共有 4 个二色有向图;$m=2,n=1$(或 $m=1,n=2$)时共有 10 个二色有向图,$m=n=2$ 时共有 76 个二色有向图(为了清晰,给出表 7.1),并且有

表 7.1 $m,n\leqslant2$ 的三色有向图数目

数目 m \ n	1	2
1	4	10
2	10	76

$$B_{1,1}(x) = 1 + 2x + x^2$$

$$B_{1,2}(x) = 1 + 2x + 4x^2 + 2x^3 + x^4$$

$$B_{2,2}(x) = 1 + 2x + 1 - x^2 + 14x^3 + 22x^4 + 14x^5 + 10x^6 + 2x^7 + x^8$$

证明 $B_{1,1}(x)$ 很容易求出,故略。现求 $B_{1,2}(x)$。令 $S_1 = \{(1) = \alpha\}$,$S_2 = \{(1)(2) = \beta_1, (12) = \beta_2\}$。由定理 7.11 有

$$Z(S_1 * S_2) = \frac{1}{1! \ 2!} \left\{ \sum_{t=1}^{2} s_{[1,t]}^{2(1,t)j_1(\alpha)j_t(\beta_1)} + \prod_{t=1}^{2} s_{[1,t]}^{2(1,t)j_1(\alpha)j_t(\beta_2)} \right\}$$

$$= \frac{1}{2} \{ S_1^4 + S_2^2 \}$$

故有

$$B_{1,2}(x) = Z(S_1 * S_2; 1+x)$$

$$= \frac{1}{2} \{ (1+x)^4 + (1+x^2)^2 \}$$

$$= 1 + 2x + 4x^2 + 2x^3 + x^4$$

最后,计算 $B_{2,2}(x)$,$S_2 = \{(1)(2) = \alpha, (12) = \alpha_2\}$,则 $j_1(\alpha_1) = 2$,$j_1(\alpha_2) = 0$,$j_2(\alpha_1) = 0$,$j_2(\alpha_2) = 1$,于是由定理 7.11,我们有

图 7.3 $m = n = 1$ 时的全部二色有向图

$$Z(S_2 * S_2) = \frac{1}{2! \ 2!} \left\{ \prod_{r=1}^{2} \prod_{t=1}^{2} s_{[r,t]}^{2(r,t)j_r(\alpha_1)j_t(\alpha_1)} + 2 \prod_{r=1}^{2} \prod_{t=1}^{2} s_{[r,t]}^{2(r,t)j_r(\alpha_1)j_t(\alpha_2)} \right\}$$

$$\cdot \prod_{r=1}^{2} \prod_{t=1}^{2} s_{[r,t]}^{2(r,t)j_r(\alpha_2)j_t(\alpha_2)}$$

$$= \frac{1}{4} (s_1^8 + 2 \cdot s_2^4 + s_2^4)$$

$$= \frac{1}{4} (s_1^8 + 3 \cdot s_2^4)$$

因而

$$B_{2,2}(x) = Z(S_2 * S_2; 1+x)$$

$$= \frac{1}{4} \{ (1+x)^8 + 3 \cdot (1+x^2)^4 \}$$

$$= 1 + 2x + 10x^2 + 14x^3 + 22x^4 + 14x^5 + 10x^6 + 2x^7 + x^8$$

我们分别在图 7.3、图 7.4 及图 7.5 构造出了这三个计数发生函数 $B_{1,1}(x)$,$B_{1,2}(x)$ 与 $B_{2,1}(x)$,以及 $B_{2,2}(x)$ 所对应的二色有向图。其中,实心顶点表示黑色,空心顶点表示白色。

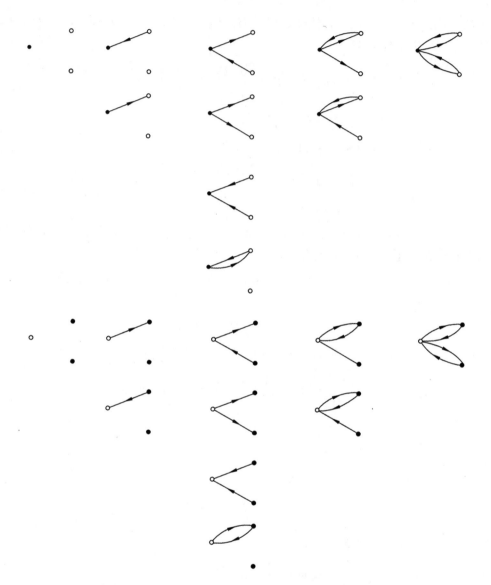

图 7.4 $m=1,n=2$ 以及 $m=2,n=1$ 时对应的全部二色有向图

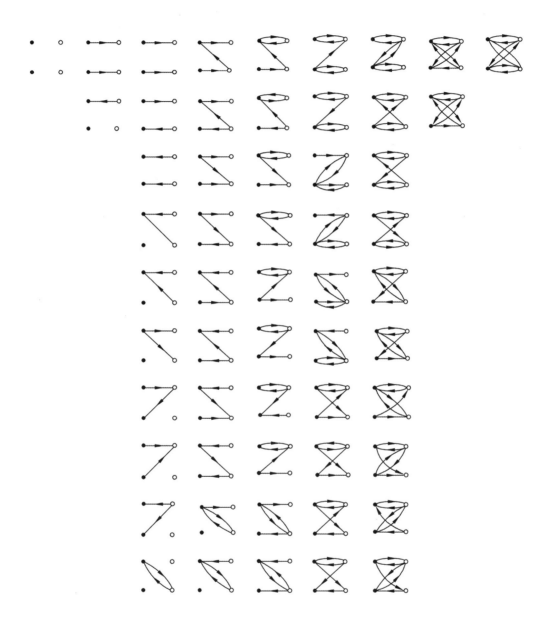

图 7.5　$m=n=2$ 时对应的全部二色有向图

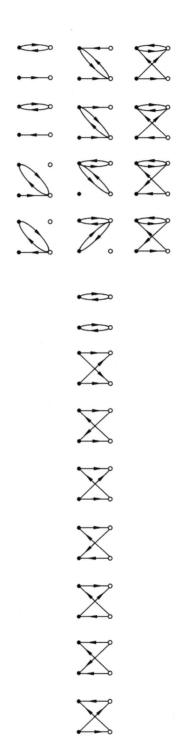

图 7.5　$m=n=2$ 时对应的全部二色有向图(续)

7.6 有向偶自补图的计数

设 $D=(X,Y)$ 是一个二色有向图，$\overline{D}$ 称为 D 的**二色有向补图**，如果下列条件满足：

(1) $V(D)=V(\overline{D})$，并且 X 与 Y 在 $\overline{D}$ 中仍是色性不变的独立集，$\overline{D}$ 是二色的；

(2) 对于 $\forall x\in X, y\in Y$，在 $\overline{D}$ 中，x 可达到 y（或 y 可达到 x）当且仅当在 D 中，x 不能达到 y（或 y 不能达到 x）。

如果一个二色有向图 D 与它的二色有向补图 $\overline{D}$ 同构，则称 D 为**二色有向自补图**，关于它的计数问题，我们有：

定理 7.13 具有 m 个顶点的一种颜色与 n 个顶点的另一种颜色的二色有向自补图的数目由下式给出：

$$Z(S_m * S_n; 0,2,0,2,\cdots) \tag{7.28}$$

这个定理的证明与上章定理 7.4 的证明类似，故在此省略。 □

我们在此举二例加以说明。

例 7.3 试求 $m=1, n=2$ 时二色有向自补图的数目，并构造出相应的二色有向自补图。

由上节，我们有

$$Z(S_1 * S_2)=\frac{1}{2}\{S_1^4+S_2^2\}$$

故有

$$Z(S_1 * S_2; 0,2)=\frac{1}{2}\{0^4+2^2\}=2$$

其相应的两个二色有向自补图如图 7.6 所示。

图 7.6　$m=1, n=2$ 的二色有向自补图

例 7.4 试求 $m=n=2$ 时的二色有向自补图的数目，并构造出其相应的全部二色有向自补图。

由上节，我们有

$$Z(S_1 * S_2)=\frac{1}{4}\{S_1^8+S_2^4\}$$

故

$$Z(S_1 * S_2; 0,2)=\frac{1}{4}\{0^8+3\times 2^4\}=12$$

其相应的 12 个二色有向自补图如图 7.7 所示。

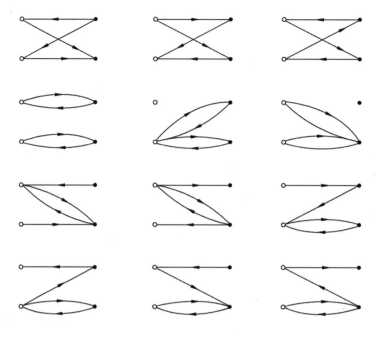

图 7.7 $m=n=2$ 的二色有向自补图

7.7 尚待解决的问题

问题 1 表征偶自补图的矩阵特征。

问题 2 表征有向自补图的矩阵特征。

问题 3 表征二色自补图的矩阵特征。

问题 4 表征二色有向自补图的矩阵特征。

问题 5 试分别应用神经网络、遗传算法给出构造偶自补图、有向偶自补图的方法。

习 题

1. 证明定理 7.13。

2. 试构造出 $m=n=3$ 时的全部二色有向图,并指出哪些是二色有向自补图。

参 考 文 献

［1］GANGOPADHYAY T，RAO S B．Hebbare，Structural properties of r-partite complement-ting permutations. Tech. Report No. 1977，I. S. I. ，Calcutta.

［2］GANGOPADHYAY T．Characterisation of potentially bipartite self-complementary biparti-tioned sequences，Discrete Mathematics，1982，38：183-182.

［3］魏暹荪，许进. 偶自补图的计数. 陕西师范大学学报,1988,16(3)：1-5.

［4］HARARY F．On the number of bicolored graphs. Pacific J. Math. 1958，8：743-755.

［5］DEBRUIJN N G．Generalization of Pòlyas fundamental theorem in enumeration combinatorial analysis. Indagations Mathematidae，1959，21：59-69.

［6］DEBRUIJN N G．Pólya's theory of counting. Applied Combinatorial Mathematics（E. F. Beckenbach，ed. ）Wiley，New York，1964，144-184.

［7］许进. 二色有向图及二色有向自补图的计数与构造. 陕西师范大学学报(自然科学),1990,18(4)：3-6.

第8章 2重自补图与有向自补图

从第 2 章到第 7 章,我们已经比较系统地讨论了无向自补图的有关基本理论。在这一章里,我们将开始讨论有向自补图。业已发现,一种称为 2 重自补图的图类与有向自补图存在一种"天然"的联系:有关有向自补图的基础图是 2 重自补图。基于此,在本章首先对所谓的 2 重自补图进行了较为系统的研究,表征了 2 重自补图度序列特征;解决了此类图的计数问题;研究了 2 重自补图的构造问题,以及进一步需要研究的问题等。在 2 重自补图的基础上,我们对有向自补图的基本性质进行了研究。本章安排如下:8.1 节给出了 2 重自补图以及有关的基本概念。8.2 节主要刻画了可 2 重自补度序列的基本特征,并给出了构造可 2 重自补序列的方法和步骤;2 重自补图的计数问题安排在 8.3 节;8.4 节讨论了 2 重自补图的构造问题;关于有向自补图的构造问题安排在 8.5 节;作为特例,我们在最后一节里给出了顶点数≤5 的全部有向自补图。

8.1 基本概念

本章所讨论的图皆指无环、无向的 2 重图,即每对顶点之间至多有两条边的图。我们用 K_p^2 表示具有 p 个顶点,且每对顶点间恰有 2 条边相连的完全 2 重图。设 G 是一个 2 重图,G 的 **2 重补图**,记作 $\overline{G}$,它的顶点集为 $V(\overline{G})=V(G)$,且对任意的 $u,v\in V(\overline{G})$,u 与 v 在 $\overline{G}$ 中有 i 条边相连当且仅当 u 与 v 在 G 中有 $2-i$ 条边相连($i=0,1,2$)。设 G 是一个 2 重图,$\overline{G}$ 是它的 2 重补图,如果 $G\cong\overline{G}$(同构),则称 G 为 **2 重自补图**。设 $\pi=(d_1,d_2,\cdots,d_p)$ 是一个非负整数序列,如果存在一个 2 重图 G,使得 $\pi(G)=\pi$,则称 π 是**可 2 重图的序列**;如果存在一个 2 重自补图 G,满足 $\pi(G)=\pi$,则称 π 是**可 2 重自补序列**。

从自补图目前已获得的结果来看,主要是围绕着无向自补图展开的,关于有向自补图的研究比较少。我们发现,要想对有向自补图的性质结构等作深入的研究,弄清 2 重自补图的性质结构,度序列特性,计数以及构造等问题是很有好处的。基于此,本章研究了这些内容,并将所获得的结果用于有向自补图的研究(参见文献[1]~[6])。

第 8 章 2 重自补图与有向自补图

8.2 可 2 重自补序列

本节主要讨论了一个 2 重图序列是可 2 重自补序列的充要条件,一个非负整数序列是 2 重自补序列的充要条件,并给出了可 2 重自补序列的构造及性质等。

定理 8.1 设 $\pi=(d_1,d_2,\cdots,d_p)$ 是一个 2 重图序列 $(p\geqslant2)$,则 π 是可 2 重自补序列的充要条件是

$$\left.\begin{array}{c}d_i+d_{p+1-i}=2p-2\\1\leqslant i\leqslant[(p+1)/2]\end{array}\right\}\tag{8.1}$$

其中 $[x]$ 表示小于或等于实数 x 的最大整数。

证明 先证必要性。设 $\pi=(d_1,d_2,\cdots,d_p)$ 是一个 2 重自补图序列,令 G 是它的一个实现。$V(G)=\{v_1,v_2,\cdots,v_p\}$,$d_i=d_G(v_i)$,$i=1,2,\cdots,p$,$d_1\leqslant d_2\leqslant\cdots\leqslant d_p$。由公式

$$d_G(v_i)+d_{\overline{G}}(v_i)=2p-2\qquad i=1,2,\cdots,p$$

知 $\overline{G}$ 的度序列为

$$\pi(\overline{G})=(2p-2-d_p,2p-2-d_{p-1},\cdots,2p-2-d_1)$$

注意到 $\pi(G)=\pi(\overline{G})$,我们有(8.1)式,从而必要性获证。

再证充分性。设 $\pi=(d_1,d_2,\cdots,d_p)$ 是一个 2 重图序列且满足(8.1)式,$d_1\leqslant d_2\leqslant\cdots\leqslant d_p$,我们对 p 应用数学归纳法来证明充分性。

当 $p=2$ 时,$\pi=(d_1,d_2)$,由(8.1)式有 $d_1+d_2=2$,显见 K_2 是 π 的一个实现,K_2 是一个 2 重自补图。

假设对于大于等于 2 但小于或者等于 p 的一切正整数结论成立。我们来考虑 $p+1$ 的情况。令 $\pi=(d_1,d_2,\cdots,d_{p+1})$ 是满足(8.1)式的一个 2 重图序列,$d_1\leqslant d_2\leqslant\cdots\leqslant d_{p+1}$,并令 G 是它的一个实现。$V(G)=\{v_1,v_2,\cdots,v_{p+1}\}$,$d_i=d_G(v_i)$,$i=1,2,\cdots,p+1$。由(8.1)式有 $d_1+d_{p+1}=2(p+1)-2=2p$。我们现在分三种情况来讨论。

情况 I $d_1\geqslant3$。

不失一般性,可令:

(1)顶点 v_1 分别与顶点 $v_2,v_3,\cdots,v_{d_1}$ 和 v_{p+1} 中每个顶点有且只有一条边相连;

(2)顶点 v_{p+1} 分别与顶点 $v_2,v_3,\cdots,v_{d_1}$ 中每个顶点有且只有一条边相连;

(3)顶点 v_{p+1} 分别与顶点 $v_{d_1+1},v_{d_1+2},\cdots,v_p$ 中每个顶点有且仅有 2 条边相连。

若 G 中顶点 v_1,v_{p+1} 不是与 $\{v_2,v_3,\cdots,v_p\}$ 子集中的顶点按上述方式相连的,则我们总可以对 v_1 和 v_{p+1} 分别与顶点子集 $\{v_2,v_3,\cdots,v_p\}$ 之中的某些顶点之间施行删边和添加边的方式得到我们所要求的上述(1)、(2)、(3)的连接方式。

于是,$G-\{v_1,v_{p+1}\}$ 是一个 $p-1$ 阶的 2 重图,记作 G'。且它的度序列 $\pi(G')$ 定义为

$$\pi(G')=(d'_1,d'_2,\cdots,d'_{p-1})$$

227

易知
$$\pi(G')=(d_2-2,d_3-2,\cdots,d_p-2)$$
且
$$d'_1\leqslant d'_2\leqslant\cdots\leqslant d'_{p-1}$$
$$
\begin{aligned}
d'_i+d'_{(p-1)+1-i}&=d'_i+d'_{p-i}\\
&=d_{i+1}-2+d_{p+1-i}-2\\
&=2(p+1)-2-4 \quad (由(8.1)式)\\
&=2(p-1)-2
\end{aligned}
$$
$$i=1,2,\cdots,[p/2]$$

由此可知 $\pi(G')=(d'_1,d'_2,\cdots,d'_{p-1})$ 满足(8.1)式。于是,归纳假设,存在一个 $p-1$ 阶的 2 重自补图 G^*,$V(G^*)=\{v_2,v_3,\cdots,v_p\}$。它的度序列 $\pi(G^*)=\pi(G')$。现在,我们在图 G 中,用 G^* 代替 G',所得之图仍记作 G,令 σ^* 是从 G^* 到它的 2 重补图 $\overline{G^*}$ 之间的同构映射,则易证

$$\sigma=\sigma^*(v_1,v_{p+1})$$

是从 G 到 $\overline{G}$ 的一个同构映射,故 G 是一个 2 重自补图且它是 $\pi=(d_1,d_2,\cdots,d_{p+1})$ 的一个实现。所以,π 是一个可 2 重自补图序列。

情况Ⅱ $d_1=2$。

如果 $d_2\geqslant3$,则类似于情况Ⅰ可证 π 是可 2 重自补图序列的。如果 $d_1=2$,不失一般性,可令:

(1)顶点 v_1 分别与顶点 v_p 和 v_{p+1} 中每个顶点有且只有一条边相连;顶点 v_2 与 v_p 之间有且仅有一条边相连。

(2)顶点 v_{p+1} 分别与顶点 v_2 和 v_p 有且只有一条边相连;顶点 v_{p+1} 分别与顶点 v_3,$v_4,\cdots,v_{p-1}$ 中每个顶点恰有 2 条边相连。

若在 G 中顶点 v_1 和 v_{p+1} 是按上述方式相连接的,则我们可以通过对 G 删除和添加边的方式得到满足上述条件的图 G。

然后类似于情况Ⅰ可以证明 π 是可 2 重自补图序列的。

情况Ⅲ $d_1=1$。

如果 $d_2\geqslant3$,则类似于情况Ⅰ,可证 π 是可 2 重自补图序列的;如果 $d_1=1$ 或者 2,易证 π 不是 2 重图序列。

基于情况Ⅰ、Ⅱ和Ⅲ,我们证明了当顶点数为 $p+1$ 时结论仍然成立。从而本定理获证。

$\square$

引理 8.2 设 $\pi=(d_1,d_2,\cdots,d_p)$ 是一个非负整数序列,$d_1\geqslant d_2\geqslant\cdots\geqslant d_p$,$\sum_{i=1}^p d_i$ 是偶数,则 π 是可 2 重图的序列的充要条件是对于每个整数 r,$1\leqslant r\leqslant p-1$,

$$\sum_{i=1}^r d_{p+1-i}\leqslant2r(r-1)+\sum_{i=r+1}^p\min\{2r,d_{p+1-i}\} \tag{8.2}$$

这个引理易被证明,故略。

定理 8.3 设 $\pi=(d_1,d_2,\cdots,d_p)$ 是一个非负整数序列,$\sum_{i=1}^p d_i$ 是偶数且 $d_1\leqslant d_2\leqslant\cdots$

$\leqslant d_p$,还满足(8.1)式,则 π 是可 2 重自补序列的充要条件是

$$\left.\begin{array}{l}\displaystyle\sum_{i=1}^{r}d_i\leqslant r^2\\[3mm]1\leqslant r\leqslant\left[\dfrac{p+1}{2}\right]\end{array}\right\}\tag{8.3}$$

证明 这里仅对 $p=2n$(偶数)的情况给予证明,同理可证奇数的情况。

由定理 8.1 及引理 8.2 知,π 是可 2 重自补序列的充要条件是

$$\begin{aligned}\sum_{i=1}^{r}d_{2n+1-i}&\leqslant 2r(r-1)+\sum_{i=r+1}^{2n}\min\{2r,d_{2n+1-i}\}\\&=2r(r-1)+\sum_{i=1}^{2n-r}\min\{2r,d_i\}\\&1\leqslant r\leqslant n\end{aligned}$$

又由(8.1)式及 π 的单调性易知

$$d_{2n},d_{2n-1},\cdots,d_{n+1}\geqslant 2n\geqslant 2r\tag{8.4}$$

今设 h 是一个使得

$$d_h<2r,但 d_{h+1}\geqslant 2r$$

的最大整数,于是有

$$d_{2n},\cdots,d_{n+1}\geqslant 2r\tag{8.5}$$
$$d_h,\cdots,d_1<2r\tag{8.6}$$

从而有

$$\begin{aligned}\sum_{i=1}^{r}d_{2n+1-i}&\leqslant 2r(r-1)+\sum_{i=1}^{h}d_i+\sum_{i=h+1}^{2n-r}d_i\\&=2r(r-1)+\sum_{i=1}^{h}d_i+(2n-r-h)2r\\&=2r(2n-h-1)+\sum_{i=1}^{h}d_i\end{aligned}$$

即

$$\sum_{i=1}^{r}(4n-2-d_i)\leqslant 2r(2n-h-1)+\sum_{i=1}^{h}d_i$$

整理后得

$$\left.\begin{array}{l}\displaystyle\sum_{i=1}^{h}d_i+\sum_{j=1}^{r}d_j\geqslant 2rh\\[3mm]1\leqslant r,h\leqslant n\end{array}\right\}\tag{8.7}$$

以下我们来证明(8.7)式与(8.8)式等价。

$$\left.\begin{array}{l}\displaystyle\sum_{i=1}^{r}d_i\geqslant r^2\\[3mm]1\leqslant r\leqslant n\end{array}\right\}\tag{8.8}$$

由(8.8)式推证(8.7)式:

$$\sum_{i=1}^{h} d_i + \sum_{j=1}^{r} d_j \geqslant h^2 + r^2 \geqslant 2rh$$

由(8.7)式推证(8.8)式,分两种情况讨论。

情况 I $h \leqslant r$。

由(8.7)式及(8.6)式有

$$\sum_{i=1}^{r} d_i + \sum_{j=1}^{h} d_j - \sum_{j=r+1}^{h} d_j \geqslant 2rh - \sum_{j=r+1}^{h} d_j$$

即由(8.6)式有

$$2\sum_{i=1}^{r} d_i \geqslant 2rh - 2r(h-r) = 2r$$

故有

$$\sum_{i=1}^{r} d_i \geqslant r^2$$

情况 II $h \leqslant r$。

由(8.5)式及(8.7)式有

$$\sum_{i=1}^{r} d_i + \sum_{j=1}^{h} d_j + \sum_{j=h+1}^{r} d_j$$
$$\geqslant 2rh + \sum_{j=h+1}^{r} d_j$$
$$\geqslant 2rh + (r-h)2r$$
$$= 2r^2$$

即

$$\sum_{i=1}^{r} d_i \geqslant r^2$$

综合情况 I 及 II 知由(8.7)式可推出(8.8)式,从而知(8.7)式与(8.8)式等价。 □

推论 8.4 设 $\pi = \{d_1, d_2, \cdots, d_p\}$ 是可 2 重自补序列,则当 $p = 2n$ 时,

$$1 \leqslant d_i \leqslant 2n-1 \quad 1 \leqslant i \leqslant n \tag{8.9}$$
$$2n-1 \leqslant d_j \leqslant 4n-2 \quad n+1 \leqslant j \leqslant 2n \tag{8.10}$$

当 $p = 2n+1$ 时,

$$1 \leqslant d_i \leqslant 2n \quad 1 \leqslant i \leqslant n \tag{8.11}$$
$$d_{n+1} = 2n \tag{8.12}$$
$$2n \leqslant d_j \leqslant 4n-1 \quad n+1 \leqslant j \leqslant 2n+1 \tag{8.13}$$

基于定理 8.3,容易证得此推论。 □

由上述结果,我们可把任一 p 维的全部可 2 重自补序列构造出来。由上述定理 8.3 及推论 8.4,可知其简单步骤是:

步骤 1 按(8.3)式,构造出 p 维可 2 重自补序列的前 $\left[\dfrac{p+1}{2}\right]$ 个元素;

步骤 2 按(8.1)式,把 p 维可 2 重自补序列全部构造出来。

例 8.1 试构造出全部的 6 维可 2 重自补序列。

解 $p = 6$,$\left[\dfrac{p+1}{2}\right] = 3$,$1 \leqslant d_i \leqslant 5$。

步骤 1 构造出 (d_1, d_2, d_3) 如下（从小到大排列）：

$(1,3,5)$,　　$(1,4,4)$,　　$(1,4,5)$,　　$(1,5,5)$,　　$(2,2,5)$

$(2,3,4)$,　　$(2,3,5)$,　　$(2,4,4)$,　　$(2,4,5)$,　　$(2,5,5)$

$(3,3,3)$,　　$(3,3,4)$,　　$(3,3,5)$,　　$(3,4,4)$,　　$(3,4,5)$

$(3,5,5)$,　　$(4,4,4)$,　　$(4,4,5)$,　　$(4,5,5)$,　　$(5,5,5)$

步骤 2 由 (8.1) 式，构造出全部 6 维 2 重自补序列如下：

$$\pi_1 = (1,3,5,5,7,9), \qquad \pi_2 = (1,4,4,6,6,9)$$

$$\pi_3 = (1,4,5,5,6,9), \qquad \pi_4 = (1,5,5,5,5,9)$$

$$\pi_5 = (2,2,5,5,8,8), \qquad \pi_6 = (2,3,4,6,7,8)$$

$$\pi_7 = (2,3,5,5,7,8), \qquad \pi_8 = (2,4,4,6,6,8)$$

$$\pi_9 = (2,4,5,5,6,8), \qquad \pi_{10} = (2,5,5,5,5,8)$$

$$\pi_{11} = (3,3,3,7,7,7), \qquad \pi_{12} = (3,3,4,6,7,7)$$

$$\pi_{13} = (3,3,5,5,7,7), \qquad \pi_{14} = (3,4,4,6,6,7)$$

$$\pi_{15} = (3,4,5,5,6,7), \qquad \pi_{16} = (3,5,5,5,5,7)$$

$$\pi_{17} = (4,4,4,6,6,6), \qquad \pi_{18} = (4,4,5,5,6,6)$$

$$\pi_{19} = (4,5,5,5,5,6), \qquad \pi_{20} = (5,5,5,5,5,5)$$

8.3　计数理论

本节主要解决了计数 p 个顶点 2 重自补图的一般公式，并给出了顶点数 $p \leqslant 8$ 的 2 重自补图的数目。

引理 8.5[7]　至多有两条边连接每一对顶点的多重图的计数多项式为

$$g''_p(x) = Z(S_p^{(2)}; 1+x+x^2) \tag{8.14}$$

□

定理 8.6　具有 p 个顶点的 2 重自补图的数目 a_p 由下式给出：

$$a_p = Z(S_p^{(2)}; 1,3,1,3,\cdots) \tag{8.15}$$

其中

$$Z(S_p^{(2)}) = \frac{1}{p!} \sum_j \frac{p!}{\prod\limits_{k=1}^{p} j_k! \ k^{j_k}} \prod_{k=1}^{[p/2]} (s_k s_{2k}^{k-1})^{j_{2k}} \prod_{k=0}^{[(p-1)/2]} s_{2k+1}^{k j_{2k+1}} \prod_{k=1}^{[p/2]} s_k^{\binom{j_k}{2}} \prod_{1 \leqslant r < t \leqslant p-1} s_{[r,t]}^{(r,t) j_r j_t} \tag{8.16}$$

这里 (r,t) 和 $[r,t]$ 分别表示 r 与 t 的最大公约数与最小公倍数。

证明　设 $V = \{v_1, v_2, \cdots, v_p\}$, $E_3 = \{0,1,2\}$。令对群 $S_p^{(2)}$ 作用在 $V^{(2)}$ 上，$B = \{(0)(1)(2),(1)(02)\}$ 作用在 E_3 上。显然，B 成群。考虑函数 f,

$$f:V^{(2)} \rightarrow E_3 \tag{8.17}$$

显然,每个 f 表示一个 2 重图,记作 $f(G)$,它的顶点集为 V,且对 $f(G)$ 中每一对顶点 v_i 和 v_j,当 $f(v_iv_j)=0$ 时,表示 v_i 与 v_j 不相邻,当 $f(v_iv_j)=1$ 时,表示 v_i 与 v_j 有一条边相连,当 $f(v_iv_j)=2$ 时,表示 v_i 与 v_j 有两条边相连。

考虑幂群 $B^{S_p^{(2)}}$,它作用在 $E_3^{V^{(2)}}$ 上,自然,对于任意的 $f_1,f_2 \in E_3^{V^{(2)}}$,$f_1$ 与 f_2 是等价的充要条件是 f_1 与 f_2 在 $B^{S_p^{(2)}}$ 的同一轨上。由定义知,幂群 $B^{S_p^{(2)}}$ 中的置换共分两类,第一类是 $(\alpha,(0)(1)(2))(\alpha \in S_p^{(2)})$,它把 f_1 变成 f_2,则易知 $f_1(G) \cong f_2(G)$;第二类是 $(\alpha,(1)(02))$,若它把 f_1 变成 f_2,则 $f_1(G)$ 与 $f_2(G)$ 互补,因此,f_1 与 f_2 等价当且仅当 $f_1(G)$ 与 $f_2(G)$ 同构,或者 $f_1(G)$ 与 $f_2(G)$ 互补。由此易知,具有 p 个顶点的互补 2 重图对 $\{G,\overline{G}\}$ 的对数 b_p 等于幂群 $B^{S_p^{(2)}}$ 的轨数,故我们可应用幂群计数定理,即定理 7.7。

考虑 B 中的两个置换 $(0)(1)(2)$ 和 $(1)(02)$,为方便,令 $\beta_0 = (0)(1)(2)$,$\beta_1 = (1)(02)$,则显然有 $j_1(\beta_0)=3$,但当 $k \geqslant 2$ 时,$j_k(\beta_0)=0$。$j_1(\beta_1)=1$,$j_2(\beta_1)=1$,但当 $k \geqslant 3$ 时,$j_k(\beta_1)=0$,从而有:

(1) $c_k(\beta_0)=3$ 对所有的 k 成立;

(2) 当 k 为奇数时,$c_k(\beta_1)=1$,当 k 为偶数时,$c_k(\beta_1)=3$。

于是,应用定理 7.7 有

$$\begin{aligned} b_p &= N(B^{S_p^{(2)}}) \\ &= \frac{1}{|B|} \\ &= \sum_{\beta \in B} Z(S_p^{(2)};c_1(\beta),\cdots,c_m(\beta)) \\ &= \frac{1}{2}\{Z(S_p^{(2)};c_1(\beta_0),\cdots,c_m(\beta_0)) + Z(S_p^{(2)};c_1(\beta_1),\cdots,c_m(\beta_1) \\ &= \frac{1}{2}\{Z(S_p^{(2)};3,3,\cdots) + Z(S_p^{(2)};1,3,1,3\cdots)\} \end{aligned} \tag{8.18}$$

注意到 $2b_p$ 把 2 重自补图恰好计数 2 次,但把非 2 重自补图恰好计数一次,令 g''_p 表示全体 p 阶 2 重图的数目,则

$$2b_p - g''_p = a_p \tag{8.19}$$

由引理 8.5 知

$$g''_p = Z(S_p^{(2)};3,3,\cdots) \tag{8.20}$$

将 (8.20) 式及 (8.18) 式代入 (8.19) 式得

$$a_p = Z(S_p^{(2)};1,3,1,3,\cdots)$$

其中 $Z(S_p^{(2)})$ 的表达式由 (8.16) 式给出,它的推导过程参见文献[7]。

应用上述定理,我们算出了顶点数 $\leqslant 8$ 的 2 重自补图的数目。

定理 8.7 阶数 $\leqslant 8$ 的 2 重自补图的数目由表 8.1 给出。

表 8.1　阶数≤8 的 2 重自补图的数目

p	2	3	4	5	6	7	8
a_p	1	2	6	20	86	662	8 174

由定理 8.6 及文献[8]中附录Ⅲ(APPENDⅢ)中 $Z(S_p^{(2)})$($2{\leqslant}p{\leqslant}8$)的结果,我们获得此定理,这里略去其推导过程。　□

8.4　2 重自补图的构造

如何把具有 p 个顶点的 2 重自补图全部构造出来,显然是一项很重要的工作。因为它对进一步研究 2 重自补图及有向自补图的构造是一项奠基性的工作。在这一节里,我们将给出 2 重自补图构造的轮廓。

设 G 是一个 2 重自补图,σ 是从 G 到 $\overline{G}$ 的同构映射,则称 σ 是 G 的**2 重自补置换**。

定理 8.8　设 G 是一个 2 重自补图,σ 是 G 的一个 2 重自补置换,则对于任意的 $u,v\in V(G)$,u 与 v 有 i 条($0{\leqslant}i{\leqslant}2$)边相连当且仅当 $\sigma(u)$ 与 $\sigma(v)$ 在 G 中有 $2-i$ 条相连。

证明　设 $u,v\in V(G)$,则 u 与 v 在 G 中有 i 条边相连$\rightleftharpoons\sigma(u)$ 与 $\sigma(v)$ 在 $\overline{G}$ 中有 i 条边相连$\rightleftharpoons\sigma(u)$ 与 $\sigma(v)$ 在 G 中有 $2-i$ 条边相连。这里 $0{\leqslant}i{\leqslant}2$。　□

这个定理是 2 重自补置换的一个最基本的性质。

基于前几节的讨论,我们现给出构造 2 重自补图的方法步骤如下:

步骤 1　构造出 p 维所有可 2 重自补序列;

步骤 2　对每个可 2 重自补序列,结合 2 重自补置换,构造出它所对应的全部 2 重自补图。关于 2 重自补置换及详细构造过程在此略去。

下边,我们给出顶点数≤5 的全部 2 重自补图,其详细过程略去。

$p=2$ 时只有一个,即 K_2;

$p=3$ 时共 2 个,如图 8.1 所示;

$p=4$ 时,由定理 8.7 知共 6 个,参见表 8.2 所示。

图 8.1　2 个 3 阶 2 重自补图

表 8.2　4 个顶点的全部 6 个 2 重自补图

度序列	相应的 2 重自补图	数目
(1335)	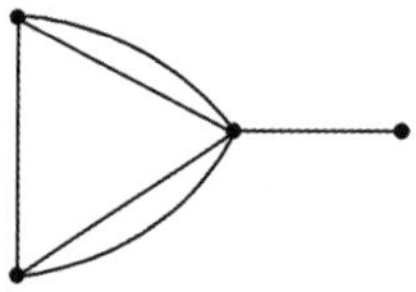	1
(2244)	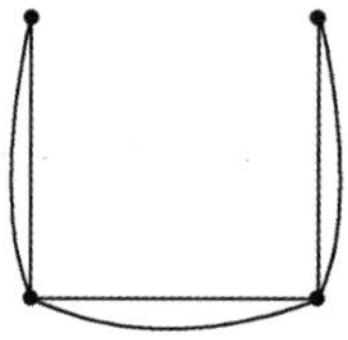 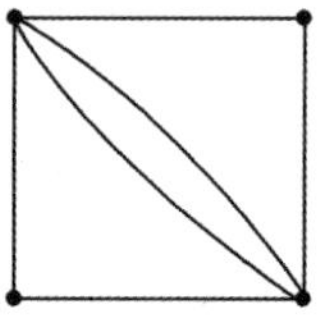	2
(2334)	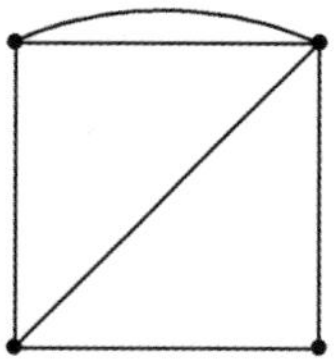	1
(3333)	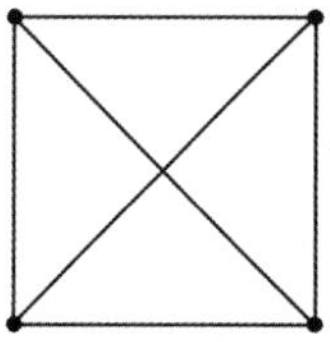 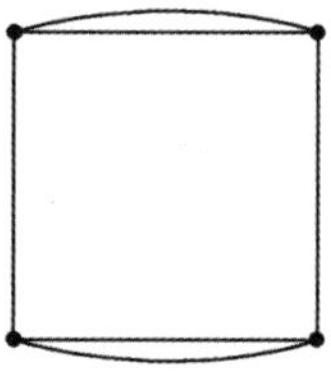	2

$p=5$ 时,由定理 8.7 知共有 20 个,它们的可 2 重自补序列分别是 $(1,3,4,5,7)$,$(1,4,4,4,7)$,$(2,2,4,6,6)$,$(2,3,4,5,6)$,$(2,4,4,4,6)$,$(3,3,4,5,5)$,$(3,4,4,4,5)$,$(4,4,4,4,4)$。这 20 个 2 重自补图见表 8.3 所示。

表 8.3　5 个顶点的全部 20 个 2 重自补图

度序列	相应的 2 重自补图	数目
(13457)	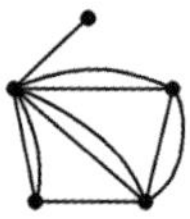	1
(14447)	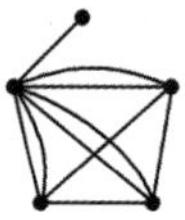	1
(22466)	 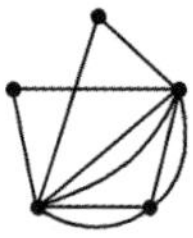	2

续表

度序列	相应的 2 重自补图	数目
(23456)	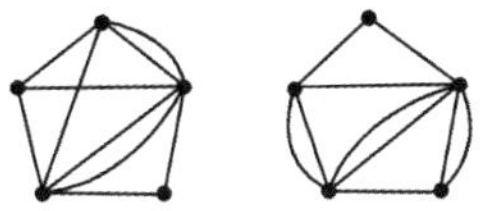	2
(24446)	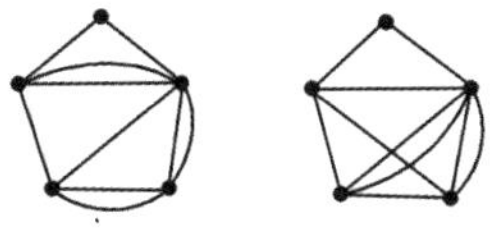	2
(33455)		5
(24445)		3
(44444)	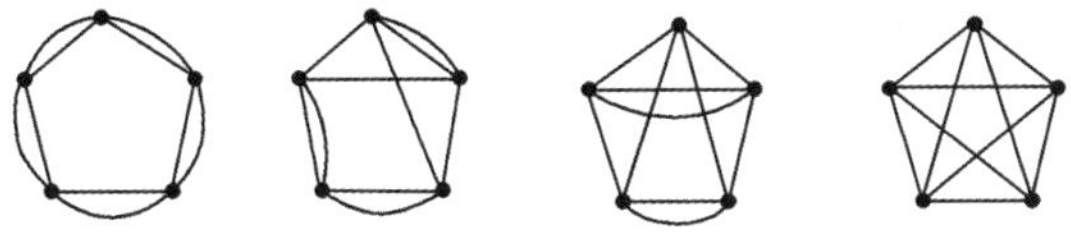	4

由定理 8.7 知,当顶点数 $p=6$ 时共有 86 个 2 重自补图,我们已经将这 86 个 2 重自补图全部构造出来,这里不再一一列出,详见文献[9]。

8.5 有向自补图的构造

目前已获得的自补图的结果,主要是围绕着无向自补图展开的,有向自补图的研究比较少。除了 Read 在 1963 年解决了有向自补图的计数[10] 和 Chia,Lim 在 1986 年解决了顶点可传有向自补图的计数[11] 外,这方面几乎没有什么进展。在这一节中,我们对有向自补图中的一个关键性的问题——构造问题进行讨论,并获得构造任意阶有向自补图的方法和步骤。其步骤为:

第一步 构造出 p 个顶点的全部 2 重自补图;

第二步 对于每个 2 重自补图,标定方向,构造其相应的有向自补图。

作为这种方法的应用,我们把 4 个顶点的全部 10 个有向自补图及 5 个顶点的全部 136 个有向自补图构造出来。

本章用 D 表示有向图,G 表示无向图,有时也表示 2 重图。设 D 是一个有向图,$v \in V(D)$,用 $d^+(v)$ 表示 v 的出度,$d^-(v)$ 表示 v 的入度,用 $\boldsymbol{d}(v) = \begin{pmatrix} d^+(v) \\ d^-(v) \end{pmatrix}$ 表示 v 的度向量。对于 D 的任意两个顶点 u 与 v 的度向量,其大小定义如下:

(1)若$d^+(u)>d^+(v)$,则称$\boldsymbol{d}(u)>\boldsymbol{d}(v)$;

(2)若$d^+(u)=d^+(v)$,$d^-(u)>d^-(v)$,则称$\boldsymbol{d}(u)>\boldsymbol{d}(v)$;

(3)若$d^+(u)=d^+(v)$,$d^-(u)=d^-(v)$,则称$\boldsymbol{d}(u)=\boldsymbol{d}(v)$。

定理 8.9 若 D 是一个有向自补图,则 D 的基础图是 2 重自补图。 □

这个结果是显然的,但反过来不一定对,即若 G 是一个 2 重自补图,对 G 的边进行适当的标向所得有向图不一定是有向自补图。例如,对图 8.2 所示的三个图 G_1、G_2 和 G_3,很容易证明,这三个图均为 2 重自补图。但无论怎样标定方向,也得不到有向自补图。那么,究竟哪些 2 重自补图,无论怎样定向,均得不到有向自补图? 这个问题尚未解决。我们提出下列猜想。

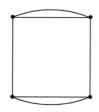

图 8.2 三个特殊的 2 重自补图

猜想 设 G 是 $2n$ 阶的 2 重自补图,$\pi=(d_1,d_2,\cdots,d_{2n})$ 是它的度序列,如果

$$m=\frac{1}{2}\Big(\sum_{i=1}^{n}d_i-n^2\Big)$$

不是整数,则对 G 的边无论怎样标定方向,均得不到有向自补图。

自然,关于哪些 2 重自补图对其边进行适当的标向可得有向自补图的问题仍有待进一步研究解决。

基于定理 8.9,欲构造出 p 阶有向自补图,自然可先构造出 p 阶 2 重自补图。如何构造 2 重自补图,上章已给予讨论。

对于一个给定的 2 重自补图 G,是否可进行适当的标向,使之成为有向自补图? 如果可以,如何标向? 下面的讨论将从度向量角度入手。

定理 8.10 设 D 是一个有向自补图。令

$$\pi(D)=\left(\binom{d_1^+}{d_1^-},\binom{d_2^+}{d_2^-},\cdots,\binom{d_p^+}{d_p^-}\right) \tag{8.21}$$

是 D 的度向量序列,则

$$\sum_{i=1}^{p}d_i^+=\sum_{i=1}^{p}d_i^-=\binom{p}{2} \tag{8.22}$$

证明 因 D 为有向自补图,故 D 与 $\overline{D}$ 有相同的出度(入度)和,且易算得等于 $\binom{p}{2}$。 □

定理 8.11 设 D 是有向自补图,$V(D)=\{v_1,v_2,\cdots,v_p\}$,则有

(1)$d_i^++\overline{d}_i^+=d_i^-+\overline{d}_i^-=p-1$;

(2)若 $(\boldsymbol{d}_1,\boldsymbol{d}_2,\cdots,\boldsymbol{d}_p)$ 是 D 的度向量序列,则 $(\boldsymbol{d}_p,\boldsymbol{d}_{p-1},\cdots,\boldsymbol{d}_1)$ 是 $\overline{D}$ 的度向量序列。其

中 $d_i^+ = d_G^+(v_i)$，$\overline{d}_i^+ = d_{\overline{G}}^+(v_i)$，关于入度有类似的结果。

$$\boldsymbol{d}_i = \begin{pmatrix} d_i^+ \\ d_i^- \end{pmatrix}, \boldsymbol{d}_i = \begin{pmatrix} d_i^+ \\ d_i^- \end{pmatrix}$$

(3) $\qquad\qquad d_i^+ + d_{p+1-i}^+ = d_i^- + d_{p+1-i}^- = p-1$

证明 (1) 是显然的，于是由 (1)，若

$$\begin{pmatrix} d_i^+ \\ d_i^- \end{pmatrix} \geqslant \begin{pmatrix} d_j^+ \\ d_j^- \end{pmatrix}$$

则有

$$\begin{pmatrix} p-1-\overline{d}_i^+ \\ p-1-\overline{d}_i^- \end{pmatrix} \geqslant \begin{pmatrix} p-1-\overline{d}_j^+ \\ p-1-\overline{d}_j^- \end{pmatrix}$$

由此可得

$$\begin{pmatrix} \overline{d}_i^+ \\ \overline{d}_i^- \end{pmatrix} \leqslant \begin{pmatrix} \overline{d}_j^+ \\ \overline{d}_j^- \end{pmatrix}$$

即

$$\vec{d}_i \leqslant \vec{d}_j \qquad\qquad\qquad \square$$

故 (2) 成立。至于 (3)，由 (1) 及 D 的自补性易得，故略。

基于上述结果，我们可以给出按度向量的标向准则。

标向准则 8.12 设 G 是一个 2 重自补图。

(1) 若 G 中 u 与 v 是 2 条边相连，则任取一边标 $u \rightarrow v$，另一边标 $v \rightarrow u$；

(2) 把 G 中的顶点按度序列大小进行编号为 $1, 2, \cdots, p$。若顶点 i 的出度为 d_i^+，则顶点 $p+1-i$ 必须有 $p-1-d_i^+$ 条边是出度边，入度类似。

例 8.2 试给图 8.3 所示的 2 重自补图 G 标方向，使其成为有向自补图。

解 $p=5$，$p-1=4$，对 G 进行编号（如图 8.3 示）。按照上述标向准则，我们考虑各种情况，获得由 G 产生的互不同构的有向自补图有且只有图 8.3 所示的 4 个。

作为本节的结束，我们指出，文献 [12]~[13] 给出了有向自补图的另一种构造方法，其基本思想是从低阶向高阶进行递推性构造。

图 8.3 一个 2 重图与它所对应的有向自补图

8.6 顶点数小于或等于 5 的全部有向自补图

我们已经知道，4 个顶点共有 6 个 2 重自补图（见表 8.2）。又由第 4 章知（见文献 [10]），2 个顶点有 1 个有向自补图；3 个顶点有 4 个，这 4 个有向自补图是很容易构造出来

的。但对 4 个有向自补图却不容易构造出来,本节应用上节方法,把这 10 个有向自补图全部构造出来,其方法步骤如下:

第一步 构造出 4 阶全部 2 重自补图,共 6 个(见表 8.2)。

第二步 对于每一个 2 重自补图标定方向来构造有向自补图。容易证明,在表 8.2 中,第三行和第四行第一个 2 重自补图均不能标向形成有向自补图,而对其余 4 个 2 重自补图所产生的全部 10 个有向自补图如表 8.4 所示。其详细过程略之。

表 8.4 4 个顶点的所有 10 个有向自补图

度序列	相应的有向自补图	数目
(1335)		2
(2244)		6
(3333)		2

我们已经知道,要构造 5 个顶点的全部 136 个有向自补图,首先要构造出 5 个顶点的全部 2 重自补图。由定理 8.7 知,5 个顶点共有 20 个 2 重自补图(见表 8.3),现对这 20 个 2 重自补图的每一个标定方向,构造出相应的全部有向自补图。很容易证明,表 8.3 中第 6 行第 4 个和最后一行第 3 个 2 重自补图不产生有向自补图。对于其余 18 个 2 重自补图的每一个产生的有向自补图如表 8.5 所示。限于篇幅,我们只给出这 136 个有向自补图而略去整个推证构造过程。在此,只就可 2 重自补序列为 (2,4,4,4,6) 对应的 2 重自补图的标向(共两个)给予讨论。

首先,设 $\pi = (2,4,4,4,6)$ 对应的有向自补图的度向量序列为

$$\left(\begin{pmatrix} d_1^+ \\ d_1^- \end{pmatrix}, \begin{pmatrix} d_2^+ \\ d_2^- \end{pmatrix}, \begin{pmatrix} d_3^+ \\ d_3^- \end{pmatrix}, \begin{pmatrix} d_4^+ \\ d_4^- \end{pmatrix}, \begin{pmatrix} d_5^+ \\ d_5^- \end{pmatrix} \right)$$

由定理 8.11 知

$$d_1^+ + d_1^- = 2, d_2^+ + d_2^- = d_3^+ + d_3^- = d_4^+ + d_4^- = 4$$

$$d_5^+ + d_5^- = 6$$

$$d_1^+ + d_5^+ = d_2^+ + d_4^+ = d_1^- + d_5^- = d_2^- + d_4^- = 4$$

$$d_3^+ + d_3^- = 2$$

注意到上述方程组的不定性,解得

$$\left(\binom{d_1^+}{d_1^-}, \binom{d_2^+}{d_2^-}, \binom{d_3^+}{d_3^-}, \binom{d_4^+}{d_4^-}, \binom{d_5^+}{d_5^-} \right)$$

$$= \left\{ \left(\binom{0}{1}, \binom{1}{3}, \binom{2}{2}, \binom{3}{1}, \binom{4}{2} \right), \left(\binom{0}{2}, \binom{2}{2}, \binom{2}{2}, \binom{2}{2}, \binom{4}{2} \right) \right.$$

$$\left(\binom{1}{1}, \binom{1}{3}, \binom{2}{2}, \binom{3}{1}, \binom{3}{3} \right), \left(\binom{1}{1}, \binom{2}{2}, \binom{2}{2}, \binom{2}{2}, \binom{3}{3} \right)$$

$$\left. \left(\binom{2}{0}, \binom{2}{2}, \binom{2}{2}, \binom{2}{2}, \binom{2}{4} \right), \left(\binom{0}{2}, \binom{0}{4}, \binom{2}{2}, \binom{4}{0}, \binom{4}{2} \right) \right\}$$

由此解容易标定方向,得到表 8.5 中编号为 7 和 8 所对应的全部 16 个有向自补图。

表 8.5　5 个顶点的全部 136 个有向自补图

序号	2重自补图	相应的有向自补图	数目
1			4
2			4
3			1
4			5

序号	2重自补图	相应的有向自补图	数目
5			16
6			8
7			8
8			8

续表

序号	2 重自补图	相应的有向自补图	数目
9			2
10			4
11			17
12			0
13			8

序号	2重自补图	相应的有向自补图	数目
14			16
15			16
16			4
17			1

续表

序号	2重自补图	相应的有向自补图	数目
18			5
19			9
20			0

8.7　有向可传自补图的分解

Sali 和 Simonyi[14] 得到了有向可传自补图边分解的结果，Gyárfás[15] 给出了 Sali 和 Simonyi[14] 结果的一个简单证明，见下面的定理 8.13 及其证明过程。

定理 8.12　对任意 n 个顶点上的自补图 G，n 个顶点上的可传有向边可以分割为两个同构图，其基础图同构于 G。

证明　设 π 是 G 顶点集 $[n]=\{1,2,\cdots,n\}$ 上的互补置换，对每个 $1\leqslant x<y\leqslant n$，$xy\in E(G)$ 含 $\pi(x)\pi(y)\notin E(G)$。这个定理是通过在 $[n]$ 上建立一阶线性 α 来证明的，使得 π 保留 α，对每个 $xy\in E(G)$ 使得 $x<_{\alpha}y$，由此可见 $\pi(x)<_{\alpha}\pi(y)$。充分定义了了在 π 的循环上的 α，因为如果 π 在每个循环上保留线性顺序，那么 π 保留线性顺序的总和。设 $C=\{1,2,\cdots,k\}$ 是 π 的非常重要的循环，$\pi(x)=x+1(\bmod k)$，我们可以假设 $12\in E(G)$。

我们将通过他的初始阶段 $\{1\}=A_1\subset\cdots\subset A_{k-1}$ 定义 C 上的 α 使得 $|A_i|=i$ 和 A_i 的元素是(循环的)在 C 上是连续的。假设 A_i 对 $1\leqslant i<k-1$ 已经定义，设 p 和 s 分别表示 C 的循环段 A_i 的前段和后段。因此，$i\leqslant k-2$，$p\neq s$。则 A_{i+1} 被定义为通过扩大 A_i，p 上如果 $ps\in E(G)$，或 s 上如果 $ps\notin E(G)$。

为了显示 π 保留 α，设 xy 是 G 的一条边，其端点在 C 上使得 $x<_{\alpha}y$。选择最小的 i 使 $x\in A_i$ 和 $y\notin A_i$。i 的定义意味着 x 是线段 A_i 的一个端点。这可以通过两种方式产生。

情形 1　$A_i=\{x,\pi(x),\cdots\}$ 按 C 的循环顺序进行，从 A_i 的选择，$x\notin A_{i-1}$ 因此 $\pi(x)\in$

A_{i-1}，$\pi(y)\notin A_{i-1}$，意味着 $\pi(x)<_\alpha\pi(y)$。

情形 2　$A_i=\{z,\cdots,x\}$ 按 C 的循环顺序进行，我们假设 $\pi(y)=z$ 是不可能的。如果 $z=x$ 则 $i=1$ 且 $12=\pi(x)\pi(y)\notin E(G)$ 与假设 $12\in E(G)$ 相矛盾。要么 $i\geqslant2$ 且 $A_{i-1}=A_i\setminus\{x\}$，从 A_i 的选择，然而 $\pi(y)=z$，y 是 A_{i-1} 的前段，A_{i-1} 的后段是 x，$xy\in E(G)$，则给出 A_i 的定义 $A_i=A_{i-1}\bigcup\{y\}$，与假设矛盾。

该假设意味着 $\pi(y)\cdots x$ 在 C 的循环次序中恰好包含 A_{i-1}，因此 $\pi(x)\pi(y)\notin E(G)$ 和 $\pi(x)$ 是 x 的后段，$A_i\subset A_{i+1}\subset\cdots$ 将在 $\pi(y)$ 之前吸收 $\pi(x)$。因此对 $j\geqslant i$，$\pi(x)\in A_i$ 和 $\pi(y)\notin A_i$，即 $\pi(x)<_\alpha\pi(y)$。

8.8　尚待解决的问题与猜想

问题 1　表征 2 重自补图的矩阵特征。

问题 2　表征有向自补图的矩阵特征。

问题 3　p 维可 2 重自补序列共有多少个？我们已经知道，4 维的有 4 个，5 维的有 8 个。对于一般的情况可否给出一般的计数公式？

猜想 4　设 G 是一个 $2n$ 阶的 2 重自补图，$\pi=(d_1,d_2,\cdots,d_{2n})$ 是它的度序列。如果

$$m=\frac{1}{2}\left(\sum_{i=1}^{n}d_i-n^2\right)$$

不是整数，则对 G 的边无论怎样标定方向，都不会得到有向自补图。

习　题

1. 试构造出 6 个顶点的所有 86 个 2 重自补图。
2. 证明定理 8.7。
3. 试给出 6～10 维的全部可 2 重自补序列。
4. 证明：对图 8.2 所示的三个图，对其边无论怎样标定方向，都得不到有向自补图。

参 考 文 献

[1] 许进. 2-重自补图理论（Ⅰ）：可 2 重度序列. 纯粹数学与应用数学，1992，2.

[2] 许进. 2-重自补图理论（Ⅱ）：可 2 重度序列. 纯粹数学与应用数学，1993，9(sup)：70-74.

[3] 许进. 2-重自补图理论（Ⅲ）：计数理论. 西安电子科技大学学报，1994，21(3)：296-301.

[4] 许进. 有向自补图的构造（Ⅰ）. 陕西师范大学学报，1992，20(sup)：68-72.

[5] 魏暹苏，许进. 阶数小于或等于 5 的所有 2-重自补图. 陕西师范大学学报，1992，20(sup)：

64-67.

[6] 许进,陈际平. 5 个顶点的所有 136 个有向自补图. 陕西师范大学学报,1994,22(2):6-8.

[7] HARARY F. The number of linear, directed, rooted, and connected graphs. Trans. Amer. Math. Soc. , 1955, 78: 445-463.

[8] HARARY F, PALMER E M. Graphical Enumeration. Academic Press, New York and London, 1973.

[9] 许进. 2－重自补图论（Ⅰ）——度序列特征. 陕西师范大学学报（自然科学版）,1999,27(4): 1-6.

[10] READ R C. On the number of self-complementary graphs and digraphs. J. London Math. Soc. , 1963, 38:99-104.

[11] CHIA G L, LIM C K. A class of self-complementary vertex-transitive digraphs. J. Graph Theory, 1986, 10: 241-249.

[12] 张运清,魏遑苏. 运筹学的理论与应用:关于有向自补图的构造（Ⅰ）. 西安电子科技大学出版社,1996,258-261.

[13] 张运清,魏遑苏,陈耀俊. 关于有向自补图的构造（Ⅱ）. 陕西师范大学学报（自然科学）,1998,26(1): 20-24.

[14] A. SALI AND G. Simonyi, Orientations of self-complementary graphs and the relation of Sperner and Shannon capacities, Eur J of Combin 20 (1999), 93±99.

[15] GYÁRFÁS A. Transitive tournaments and self-complementary graphs. Journal of Graph Theory, 2001, 38(2): 111-112.

第9章 自补图与图的色多项式

图的着色问题一直是图论学科中的一个主要研究领域。而图的色多项式是这个领域中比较活跃的研究方向。为了对图的色多项式理论进行较为深入的研究,国内外有些学者从研究一个图与它的补图的色多项式之间的关系入手。显然,考虑一个图与它的补图的色多项式之间的相互关系是一个基本的问题。在1980年的"第四届国际图论会议"上,Akiyama 和 Harary 提出了下列公开问题[1]:"是否存在非自补图 G,G 与它的补图 $\overline{G}$ 有相同的色多项式?"为了解决这个问题,我们首先引入一类新的图,称为自补度序列图,并对其基本特性进行了较为深入的研究。然后结合自补图中的有关结果解决这个公开问题;进而,对于平面具有 A—H 性的图的图类进行了较为深入的讨论。本章的有些内容似乎与本书的主题有些偏离,出于作者的偏好,在本章内对图的色多项式进行了较系统的介绍。本章的安排如下:9.1 节介绍了图的色多项式的基本概念与算法;9.2 节引入了一种比自补图类更广泛的图类:自补度序列图;图与补图的色多项之间相互关系的研究安排在 9.3 节。

9.1 图的色多项式

图的色多项式是 Birkhoff 为攻克四色问题而于 1912 年提出来的[2]。1946 年,Birkhoff 与 Lewis 对图的色多项式进行了更为深入的研究[3]。虽然到目前为止,用这种方法没有解决四色问题,但图的色多项式对图论的理论发展及其应用都具有很大的影响。在这一节里,我们将主要介绍图的色多项式的基本概念,以及求图的色多项式的算法等。

9.1.1 色多项式的概念

图 G 的一个**正常 k 顶点着色**,简称为**图的 k 点着色**,是指用 k 种颜色 $1,2,\cdots,k$ 对 G 的各顶点的一种分配,并使得 G 中任意两个相邻的顶点都分配(或称着)不同的颜色。换句话讲,简单图 G 的一个(正常)k **点着色**,就是把 $V(G)$ 划分成 k 个独立集的一个分类 $\{V_1, V_2,\cdots,V_k\}$,其中 $V_i(i=1,2,\cdots,k)$ 是 G 的独立集。我们用 $C(k)$ 表示 k 种颜色集,即 $C(k)=\{1,2,\cdots,k\}$。现在,我们可以更确切地给出图 G 的 k 点着色的定义:图 G 的 k 点着色,是从 $V(G)$ 到 $C(k)$ 的一种映射 σ,使得当 $u,v\in V(G)$ 且 $uv\in E(G)$ 时,$\sigma(u)\neq\sigma(v)$。全

体 G 的 k 点着色 σ 构成的集合通常记作 $C_{\sigma k}(G)$，有时简记为 $C_k(G)$。若 $C_k(G) \neq \varnothing$（空集），即 G 至少有一个正常 k 点着色，就称 G 是**正常 k 点可着色**的，通常简称为 G 是 k **点可着色**的。图 G 的**色数**，记作 $\chi(G)$，是指使 G 为 k 点可着色的数 k 的最小值。若 $\chi(G) = k$，则 G 称为 k **色图**。

设 $V_1, V_2, \cdots, V_k$ 是 $V(G)$ 的 r 个非空子集。$V_1, V_2, \cdots, V_k$ 称为 $V(G)$ 的一个**剖分**，如果下列两个条件被满足：

(1) $V_1 \bigcup V_2 \bigcup \cdots \bigcup V_k = V(G)$；

(2) $V_i \bigcap V_j = \varnothing, i \neq j$。

进而，若 $V_1, V_2, \cdots, V_k$ 是 $V(G)$ 的一个剖分，且 $V_1, V_2, \cdots, V_k$ 均为 G 的独立集，则称 $V_1, V_2, \cdots, V_k$ 是图 G 的一个**色剖分**，并称 V_i 是图 G 的一个**色组**$(i = 1, 2, \cdots, k)$。

图 G 的一种**至多 t 可着色**，是用 t 种或者少于 t 种颜色对 G 可着色。设 G 是一个标定图，如果每个标定点中至少有一个点指定不同的颜色，我们就认为是不同的。

我们用 $f_t(G)$ 表示标定图 G 的不同的至多 t 可着色的数目。

显然，若 $t < \chi(G)$，则 $f_t(G) = 0$，故要使 $f_t(G) > 0$，必有 $t \geq \chi(G)$。于是，四色问题变成对每个可平面图 G，均有 $f_4(G) > 0$。本章在不声明的地方，$f(G)$ 均表示 $f_t(G)$。

命题 9.1 对于 p 阶完全图 K_p，以及 p 阶完全空图 E_p，

$$f(K_p) = t(t-1)(t-2) \cdots (t-p+1) \tag{9.1}$$

$$f(E_p) = t^p \tag{9.2}$$

$\square$

定理 9.2 设 G 是一个简单图，令 $g_r(G)$ 表示将 $V(G)$ 剖分成 r 个不同的色组的个数，则

$$f(G) = \sum_{r=1}^{p} g_r(G)[t]_r \tag{9.3}$$

其中，$[t]_r = t(t-1)(t-2) \cdots (t-r+1)$，$p$ 是 G 的阶数。 $\square$

注 定理 9.2 告诉我们，$f_t(G)$ 是一个关于 t 的多项式，故我们称 $f_t(G)$ 为图 G 的**色多项式**。定理 9.2 还给我们指出了求一个图色多项式的方法。关于定理 9.2 的证明留给读者。

例 9.1 求图 9.1 所示的图 G 的色多项式。

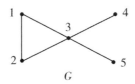

图 9.1 用定理 9.2 求图的色多项式

由定理 9.2，显然，$g_1(G) = g_2(G) = 0$，$g_3(G) = 4$，这是因为将 G 分成 3 个不同的色组有且只有：$\{1,4,5\}, \{2\}, \{3\}$；$\{2,4,5\}, \{1\}, \{3\}$；$\{1,4\}, \{2,5\}, \{3\}$；$\{1,5\}, \{2,4\}, \{3\}$。$g_4(G) = 5$，这是因为将 G 分成 4 个不同的色组有且仅有：$\{1,4\}, \{2\}, \{3\}, \{5\}$；$\{2,5\}, \{3\}$，

$\{1\},\{4\};\{1,5\},\{2\},\{3\},\{4\};\{2,4\},\{1\},\{3\},\{5\};\{1\},\{2\},\{3\},\{4,5\};g_5(G)=1$ 是显然的。从而有

$$
\begin{aligned}
f_t(G)&=4[t]_3+5[t]_4+[t]_5\\
&=4t(t-1)(t-2)+5t(t-1)(t-2)(t-3)\\
&\quad+t(t-1)(t-2)(t-3)(t-4)\\
&=t(t-1)^3(t-2)
\end{aligned}
$$

9.1.2 缩边递推法求色多项式

缩边递推算法是求一个给定图的色多项式算法的基础,许多算法都可通过此算法来导出。我们在本小节将讨论此算法。

定理 9.3 若 G 是简单图,则对 G 的任意边 e,都有

$$f(G)=f(G-e)-f(G\cdot e) \tag{9.4}$$

其中 $G\cdot e$ 是 G 对 e 的收缩而得的图。

证 令 $e=uv$,我们考虑对 $G-e$ 进行 t 着色,这种点着色可分为两类:第 I 类是对 u,v 着以不同的颜色,这着色显然和 G 的着色一一对应;第 II 类是对 u,v 着以相同的颜色,这种着色显然和对 $G\cdot e$ 的着色一一对应。故有

$$f(G-e)=f(G)+f(G\cdot e) \qquad\qquad \square$$

这个定理与(9.1)式和(9.2)式结合,我们可给出求图的色多项式的两种递推方法。一种是对已给图 G 加边使其变成完全图,一般情况下,在

$$|E(G)|\geqslant\frac{1}{2}\binom{|V(G)|}{2}$$

时宜用这种方法;另一种方法是减边成为完全空图,一般在

$$|E(G)|\leqslant\frac{1}{2}\binom{|V(G)|}{2}$$

时宜用这种方法。但这不是绝对的,对 $G-e$ 或者 $G+e$ 变成某些特殊图则可灵活运用。

例 9.2 用加边法求图 9.1 所示的图 G 的色多项式。

解 我们下面用图来代替相应的色多项式。

$$=[t]_5+5[t]_4+4[t]_3$$
$$=t(t-1)^3(t-2).$$

例 9.3 用减边法求图 9.1 所示的图 G 的色多项式。

解

$$=t^5-5t^4+9t^3-7t^2+2t$$
$$=t(t-1)^3(t-2).$$

9.1.3 容斥原理求色多项式

考虑由 n 个物组成的一个集。设 $\{a_1,a_2,\cdots,a_r\}$ 是这些物可能具有的若干性质组成的集。在一般情况下,这些性质并不是互相排斥的,就是说,性质 a_i 中可能包含性质 a_j。

$N(a_i)$ 定义为有性质 a_i 的诸物个数 $(i=1,2,\cdots,r)$;$N(a'_i)$ 为无性质 a_i 的诸物个数 $(i=1,2,\cdots,r)$;$N(a_ia_j)$ 为既有性质 a_i 又有性质 a_j 的诸物个数;$N(a'_ia'_j)$ 为既无性质 a_i 又无性质 a_j 的诸物个数;$N(a'_ia_j)$ 为有性质 a_j 但无性质 a_j 的诸物个数。其余情况类推。

定理 9.4 设 $\{a_1,a_2,\cdots,a_r\}$ 是 n 个物组成的集中具有的性质构成的集,则

$$N(a'_1a'_2\cdots a'_r)=N-\sum_{i=1}^r N(a_i)+\sum_{1\leqslant i<j\leqslant r}N(a_ia_j)-\cdots+(-1)^rN(a_1a_2\cdots a_r)$$

$$(9.5)$$

证 我们对性质个数 r 应用数学归纳法。$r=1$ 时,显然有 $N(a'_1)=N-N(a_1)$。假设 $r-1$ 时结论成立。即

$$N(a'_1a'_2\cdots a'_{r-1})=N-\sum_{i=1}^{r-1} N(a_i)+\sum_{1\leqslant i<j\leqslant r-1}N(a_ia_j)-\cdots+(-1)^{r-1}N(a_1a_2\cdots a_{r-1})$$

$$(9.6)$$

现在,对有具有 r 个性质 $a_1,a_2,\cdots,a_r$ 的情况给予考虑。

考察性质 a_r 的 $N(a_r)$ 个物所构成的集。因为这个集中的诸物可以有 $r-1$ 个性质 a_1,$a_2,\cdots,a_{r-1}$ 中的任一个,故由归纳假设有

$$N(a'_1 a'_2 \cdots a'_{r-1} a_r) = N(a_r) - \sum_{i=1}^{r-1} N(a_i a_r) + \sum_{1 \le i < j \le r-1} N(a_i a_j a_r)$$
$$- \sum_{1 \le i < j < k \le r-1} N(a_i a_j a_k a_r) + \cdots + (-1)^{r-1}$$
$$N(a_1 a_2 \cdots a_{r-1} a_r) \tag{9.7}$$

由(9.6)式减(9.7)式得

$$N(a'_1 a'_2 \cdots a'_{r-1}) - N(a'_1 a'_2 \cdots a'_{r-1} a_r)$$
$$= N - \sum_{i=1}^{r} N(a_i) + \sum_{1 \le i < j \le r} N(a_i a_j) - \cdots + (-1)^r N(a_1 a_2 \cdots a_r)$$

注意到 $\quad N(a'_1, a'_2 \cdots a'_{r-1}) - N(a'_1 a'_2 \cdots a'_{r-1} a_r) = N(a'_1 a'_2 \cdots a'_r)$

从而对 r 时也成立。

例9.4 用容斥原理(定理9.4)求 K_3(如图9.2示)的色多项式。

解 用 a_1 表示顶点 1、2 着同一色,a_2 表示顶点 2、3 着同一色,a_3 表示 1、3 着同一色,于是有 $N = t^3$,$N(a_1) = N(a_2) = N(a_3) = t^2$,$N(a_1 a_2) = N(a_2 a_3) = N(a_1 a_3) = t$,$N(a_1 a_2 a_3) = t$。由(9.1)式得

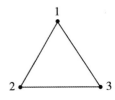

图9.2 标定的 K_3

$$N(a'_1 a'_2 a'_3) = N - \sum_{i=1}^{3} N(a_i) + \sum_{1 \le i < j \le 3} N(a_i a_j) - N(a_1 a_2 a_3)$$
$$= t^3 - 3t^2 + 3t - t$$
$$= t^3 - 3t^2 + 2t$$
$$= t(t-1)(t-2)$$

例9.5 用定理9.4求图9.1所示的图 G 的色多项式。

解 按下表定义诸性质:

性质	着成同一色的顶点
a_1	1,2
a_2	1,3
a_3	2,3
a_4	3,4
a_5	3,5

于是有 $N = t^5$,$N(a_1) = N(a_2) = \cdots = N(a_5) = t^4$ 和 $N(a_1 a_2) = \cdots = N(a_1 a_5) = \cdots = N(a_4 a_5) = t^3$ 是显然的;对于 $\binom{5}{3} = 10$ 个具有 3 性质的组合中,一个把顶点分成三色组,其余把顶点分成两色组(很容易看出,$N(a_1 a_2 a_3) = t^3$);容易求得 $N(a_1 a_2 a_3 a_4) = N(a_1 a_2 a_3 a_5) = t^2$,$N(a_1 a_2 a_4 a_5) = N(a_1 a_3 a_4 a_5) = N(a_2 a_3 a_4 a_5) = t$;故有 $N = t^5$,$\sum N(a_i) = 5t^4$,$\sum N(a_i a_j) = 10t^3$,$\sum N(a_i a_j a_k) = t^3 + 9t^2$,$\sum N(a_i a_j a_k a_l) = 2t^2 + 3t$,

$N(a_1a_2a_3a_4a_5)=t$。将其代入(9.5)式得

$$N(a'_1a'_2\cdots a'_5)=t^5-5t^4+10t^3-t^3-9t^2+2t^2+3t-t$$
$$=t^5-5t^4+9t^3-7t^2+2t$$
$$=t(t-1)^3(t-2)$$

9.1.4 理想子图法求色多项式[10]

若图 G 的生成子图 H 的每个分支都是完全图,则称 H 为 G 的理想子图,并把图 G 的具有 r 个分支的理想子图的个数记为 $N_r(G)$。

例 9.6 图 9.3 给出了一个图和它的全部理想子图,显然有 $N_1(G)=N_2(G)=0$。进而可求得 $N_3(G)=2,N_4(G)=6,N_5(G)=5,N_6(G)=1$ 等。

定理 9.5 设 $\overline{G}$ 表示图 G 的补图,则

$$g_r(G)=N_r(\overline{G}) \qquad r=1,\cdots,|V(G)| \tag{9.8}$$

证 考虑把 $V(G)$ 剖分成 r 个色组的一个色剖分:

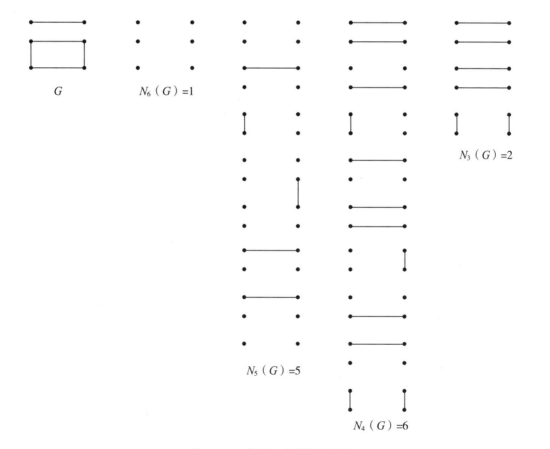

图 9.3 一个图与它的理想子图

$$V(G)=V_1\bigcup V_2\bigcup\cdots\bigcup V_r \tag{9.9}$$

由于在 G 中,$V_i(1\leqslant i\leqslant r)$ 中每对顶点互不相邻,故在 $\overline{G}$ 中,$\overline{G}[V_i]$ 是 $\overline{G}$ 的一个完全子图。

又因为 $V_i \cap V_j = \varnothing (i \neq j)$，$i,j = 1,2,\cdots,r$，由此可知 $\bigcup\limits_{i=1}^{r} \overline{G}[V_i]$ 是 $\overline{G}$ 的一个理想子图且是唯一的。

反之，对 $\overline{G}$ 的一个具有 r 个分支的理想子图 H，当然可令 $H = \bigcup\limits_{i=1}^{r} \overline{G}[V_i]$，$V = V_1 \cup V_2 \cup \cdots \cup V_r$，由于 $\overline{G}[V_i]$ 在 $\overline{G}$ 中是完全子图，故 $G[V_i]$ 是 G 的完全空图，从而 $V = V_1 \cup V_2 \cup \cdots \cup V_r$ 可作为 G 的一个色剖分。

这就证明了，H 的 r 分支对应着 G 的一个色剖分的 r 个色组。显然，它满足一一对应性。 □

根据这个定理，结合定理9.2，我们有

推论9.6 设 G 是阶为 p 的图，则

$$f_t(G) = \sum_{i=1}^{p} N_i(\overline{G})[t]_i \tag{9.10}$$

□

这样，我们就可把求 $f_t(G)$ 归结为求 $N_i(\overline{G})(1 \leqslant i \leqslant p)$。对于边数较多的图 G，$\overline{G}$ 的结构较简单，便于观察，便于计算 $N_i(\overline{G})$。以下我们主要讨论 $N_i(G)$ 的计算。

定理9.7 设 $|V(G)| = p$，$|E(G)| = q$，$\omega(G) = r$，则有

(1) $N_p(G) = 1$；

(2) $N_{p-1}(G) = q$；

(3) 若 $k < r$，则 $N_k(G) = 0$。

这个定理的证明是显然的，为了进一步的讨论，我们引入所谓伴随多项式的概念。

设　　　　$|V(G)| = p$，$N_1(G) = r_1$，$N_2(G) = r_2$，$\cdots$，$N_p(G) = r_p$

则称

$$h(G,x) = \sum_{i=1}^{p} r_i x^i \tag{9.11}$$

是 G 的伴随多项式。

例9.7 求图9.4所示的图 $\overline{G}$ 的伴随多项式。

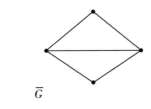

$\overline{G}$

图9.4 一个不连通的5阶图

解 容易求得 $N_5(\overline{G}) = 1$，$N_4(\overline{G}) = 5$，$N_3(\overline{G}) = 4$，$N_2(\overline{G}) = 0$，$N_1(\overline{G}) = 0$，于是有

$$h(\overline{G},x) = 4x^3 + 5x^4 + x^5$$

定理9.8 设 G 有两个分支 H_1，H_2，则

$$h(G,x) = h(H_1,x) \cdot h(H_2,x) \tag{9.12}$$

证 设 $|V(H_1)|=p_1,|V(G_2)|=p_2$,则 $p_1+p_2=p$,并令

$$h(G,x)=\sum_{i=1}^{p}r_ix^i, \quad h(H_1,x)=\sum_{i=1}^{p_1}a_ix^i, \quad h(H_2,x)=\sum_{i=1}^{p_2}b_ix^i$$

设 M_1 是 H_1 的一个具有 i 个分支的理想子图,M_2 是 H_2 的一个具有 j 个分支的理想子图,则 $M_1\cup M_2$ 是 G 的一个具有 $i+j$ 个分支的理想子图;反之,G 的每个理想子图一定可以表示为 $M_1\cup M_2$ 的形式,因此,G 的具有 k 个分支的理想子图的个数为

$$N_k(G)=\sum_{i+j=k}N_i(H_1)N_j(H_2)$$

由此可得

$$r_k=\sum_{i+j=k}a_ib_j$$

故有

$$h(G,x)=h(H_1,x)\cdot h(H_2,x) \qquad \square$$

推论 9.9 若 G 有 n 个分支 $H_1,H_2,\cdots,H_n$,并且 H_i 的伴随多项式为 $h(H_i,x),i=1,2,\cdots,n$,则

$$h(G,x)=\prod_{i=1}^{n}h(H_i,x) \tag{9.13}$$

$\qquad\square$

例 9.8 求图 9.5 所示图 G 的色多项式。

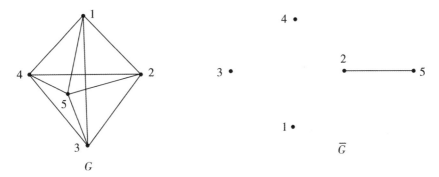

图 9.5 一个图与它的补图

解 G 的补图 $\overline{G}$ 已由图 9.4(b)画出。由伴随多项式的定义,很容易求得

$$h(K_2,x)=x+x^2$$
$$h(K_1,x)=x$$

再由(9.13)式知

$$h(\overline{G},x)=x\cdot x\cdot x\cdot(x+x^2)$$
$$=x^4+x^5$$

于是,图 G 的色多项式为

$$f_t(G)=[t]_4+[t]_5$$
$$=t(t-1)(t-2)(t-3)+t(t-1)(t-2)(t-3)(t-4)$$
$$=t(t-1)(t-2)(t-3)(1+t-4)$$
$$=t(t-1)(t-2)(t-3)^2$$

9.1.5　缩点递推算法

在这一小节里,给出了一种缩点递推算法。这种算法无论在理论上还是求色多项式的算法速度上,都是很有意义的。见文献[4]。

引理 9.10　设 G 是有 p 个顶点的简单图,u 是 G 的一个度数为 $p-1$ 的顶点,则

$$f(G,t)=tf(G_u,t-1)$$

这里 G_u 是在 G 中删去顶点 u 后所得到的图。　　　　　　　　　　　□

引理 9.11　设 G 是有 p 个顶点的简单图,u 是 G 的一个度数为 $p-2$ 的顶点,并且 u 与 G 中唯一的一个顶点 v 不相邻,则

$$f(G,t)=t\{f(G_u,t-1)+f(G_{uv},t-1)\}$$
　　　　　　　　　　　　　　　　　　　　　　　　　　　　　　□

这里 G_{uv} 表示在 G 中删去顶点子集 $\{u,v\}$ 后所得的图。

定理 9.12　设 G 是一个简单图,$u\in V(G)$,且 $d(u)=p-k(1\leqslant k\leqslant p-1)$,$u$ 与 G 中 $v_1,v_2,\cdots,v_{k-1}$ 不相邻,则有

$$f(G,t)=t\{f(G_u,t-1)+\sum_{t=1}^{k-1}f(G_{uv_i},t-1)+\sum_{v_iv_j}f(G_{uv_iv_j},t-1)$$
$$+\sum_{v_iv_jv_l}f(G_{uv_iv_jv_l},t-1)+\cdots+\sum_{v_{i1}v_{i2}\cdots v_{im}}f(G_{uv_{i1}v_{i2}\cdots v_{im}},t-1)\} \qquad (9.14)$$

其中,$\displaystyle\sum_{v_iv_j}$ 是对 $\{v_1,v_2,\cdots,v_{k-1}\}$ 中所有不相邻的顶点对 v_i,v_j 求和;$\displaystyle\sum_{v_iv_jv_l}$ 是对 $\{v_1,v_2,\cdots,v_{k-1}\}$ 中在 G 所有构成三个独立集的顶点 v_i,v_j,v_l 求和;……;$\displaystyle\sum_{v_1v_{j2}\cdots v_{tm}}$ 是对 $\{v_1,v_2,\cdots,v_{k-1}\}$ 中所有构成 m 个独立集的顶点 $v_{i1},v_{i2},\cdots,v_{im}$ 求和,并且在 $\{v_1,v_2,\cdots,v_{k-1}\}$ 中无 $m+1$ 个顶点构成独立集($1\leqslant m\leqslant k-1$)。$G_{V'}$ 表示从 G 中删去 G 的顶点子集 V' 后所得的子图。

证明　对 k 应用数学归纳法。

当 $k=1$ 时,由引理 9.10 知结论成立。

当 $k=2$ 时,由引理 9.11 知结论成立。

假设对 $k\leqslant n$(但 $k\geqslant2$)时结论成立,我们来考虑 $k=n+1(\leqslant p-1)$ 的情况。

由(9.4)式有

$$f(G,t)=f(G+uv_{n+1},t)+f(G\cdot uv_{n+1},t) \qquad (9.15)$$

对于图 $G+uv_{m+1}$,由归纳假设有

$$f(G+uv_{n+1},t)=t\{f(G_u,t-1)+\sum_{t=1}^{n}f(G_{uv_i},t-1)+\sum_{v_iv_j}f(G_{uv_iv_j},t-1)$$
$$+\cdots+\sum_{v_{i1}v_{i2}\cdots v_{im}}f(G_{uv_{i1}v_{i2}\cdots v_{im}},t-1)\} \qquad (9.16)$$

其中(9.16)式中所有求和号的意义均与(9.14)式中求和号的意义一样($1\leqslant m\leqslant n-1$)。

对于图 $G\cdot uv_{n+1}$,由收缩运算的定义,可设在 $G\cdot uv_{n+1}$ 中伪点 $\{u,v_{n+1}\}$ 与其不相邻的顶点集为 V'。显然,$V'\subseteq\{v_1,v_2,\cdots,v_n\}$,于是对图 $G\cdot uv_{n+1}$ 有

$$f(G\cdot uv_{n+1},t)=t\{f(G_{uv_{n+1}},t-1)+\sum_{v_i\in V'}f(G_{uv_{n+1}v_i},t-1)$$

$$+ \sum_{v_i v_j \in V'} f(G_{u v_{n+1} v_i v_j}, t-1) + \cdots + \sum_{v_{i1} v_{i2} \cdots v_{im}} f(G_{u v_{n+1} v_{i1} v_{i2} \cdots v_{im}}, t-1) \quad (9.17)$$

其中(9.17)式中的求和号的意义均同(9.14)式相同,但均指的是在V'中的各种独立集。将(9.16)、(9.17)两式代入(9.15)式,可得

$$f(G, t) = t\{ f(G_u, t-1) + \sum_{i=1}^{n+1} f(G_{u v_i}, t-1) + \sum_{v_i v_j} f(G_{u v_i v_j}, t-1) \\ + \cdots + \sum_{v_{i1} v_{i2} \cdots v_{im}} f(G_{u v_{n+1} v_{i1} v_{i2} \cdots v_{im}}, t-1) \}$$

其中求和号意义同(9.14)式相同。但均指的是在$\{v_1, \cdots, v_n, v_{n+1}\}$中的独立集。且在$\{v_1, v_2, \cdots, v_{n+1}\}$中无$m+1$个顶点构成的独立集。 □

推论 9.13 若G是一个简单图,$u \in V(G)$,且$d(u) = p - k$($1 \leqslant k \leqslant p-1$),$u$与$v_1$,$v_2, \cdots, v_{k-1}$不相邻,$G[v_1, v_2, \cdots, v_{k-1}]$是$G$的完全子图,则

$$f(G, t) = t f(G_u, t-1) + \sum_{i=1}^{k-1} f(G_{u v_i}, t-1)$$

推论 9.14 若G是简单图,$u \in V(G)$,且$d(u) = p - k$($1 \leqslant k \leqslant p-1$),$u$与$v_1, v_2, \cdots, v_{k-1}$不相邻,$G[v_1, \cdots, v_2, v_{k-1}]$是一个完全空图,则

$$f(G, t) = t\{ f(G_u, t-1) + \sum_{i=1}^{k-1} f(G_{u v_i}, t-1) + \sum_{1 \leqslant i < j \leqslant k-1} f(G_{u v_i v_j}, t-1) \\ + \sum_{1 \leqslant i < j < l \leqslant k-1} f(G_{u v_i v_j v_l}, t-1) + \cdots + f(G_{u v_1 v_2 \cdots v_{k-1}}, t-1) \}$$

例 9.9 求图 9.6 所示图的色多项式。

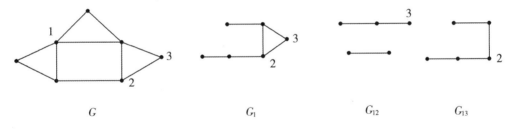

$$G \qquad\qquad G_1 \qquad\qquad G_{12} \qquad\qquad G_{13}$$

图 9.6 一个 7 阶图

应用定理 9.12 求出一个给定图的色多项式,一般选的顶点u应是最大度点(即$d(u) = \Delta(G)$)。据此,对于图 9.6 中的图G,我们选顶点 1,和顶点 1 不相邻的顶点为 2、3,注意到 2 与 3 相邻,应用推论 9.13,有

$$\begin{aligned} f(G, t) &= t f(G_1, t-1) + t f(G_{12}, t-1) + t f(G_{13}, t-1) \\ &= t(t-1)(t-2)^4(t-3) + t(t-1)^2(t-2)^3 + t(t-1)(t-2)^4 \\ &= t(t-1)(t-2)^3((t-2)(t-3) + t-2 + t-1) \\ &= t(t-1)(t-2)^3(t^2 - 3t + 3) \end{aligned}$$

注 上述推导过程用到:①若T是一棵p阶树,则$f(T, t) = t(t-1)^{p-1}$;②若$G_1 \cap G_2 = \varnothing$,则$f(G_1 \cup G_2, t) = f(G_1, t) \cdot f(G_2, t)$。这些结论见下节。其中$G_1$、$G_{12}$、$G_{13}$。这三个子图如图 9.6 中所示。

9.1.6 色多项式的基本性质

色多项式的几个基本性质可直接由定理 9.3 获得。

定理 9.15 令 G 是一个 p 阶图,有 q 条边和 r 个分支 $G_1,G_2,\cdots,G_r$,并令

$$f_t(G)=a_nt^n+a_{n-1}t^{n-1}+\cdots+a_2t^2+a_1t+a_0$$

则有

(1) $f_t(G)$ 的次数是 p,即 $p=n$;

(2) $a_p=a_n=1$;

(3) $a_0=0$;

(4) $a_{p-1}=-q$;

(5) $f_t(G)$ 中有非零系数的 t 的最小次数是 r;

(6) $f_t(G)=\prod_{i=1}^{r}f_t(G_i)$;

(7) $f_t(G)$ 中系数的符号是正、负交替的;

(8) 若 $r=1$,则有

$$f_t(G)\leqslant t(t-1)^{p-1}$$

注 上述定理中,对第 8 个结果其逆不真。

如取 $G=nK_3$,显然 $\omega(G)=n$,易知,$f_t(G)=t^n(t-1)^n(t-2)^n$,且

$$\frac{t(t-1)^{3n-1}}{t^n(t-1)^n(t-2)^n}=\frac{(t-1)^{2n-1}}{t^{n-1}(t-2)^n}$$

$$=\left(\frac{t-1}{t}\right)^{n-1}\cdot\left(\frac{t-1}{t-2}\right)^n$$

$$=\left(1-\frac{1}{t}\right)^{n-1}\left(1+\frac{1}{t-2}\right)^n$$

$$=\left(1+\frac{1}{t-2}\right)\left(1+\frac{1}{t-2}-\frac{t-1}{t(t-2)}\right)^{n-1}$$

而

$$\frac{1}{t-2}>\frac{t-1}{t(t-2)}$$

因此

$$t^n(t-1)^n(t-2)^n<t(t-1)^{3n-1}$$

注 具有相同色多项式的两个图未必同构。

虽然同构的图具有相同的色式,但其逆不真。我们考察图 9.6 所示的两个图。它们的补图也在图中给出。

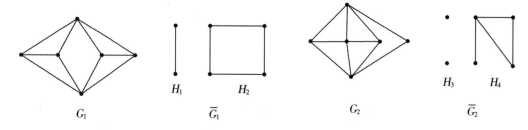

图 9.7　一对不同构的图及它们的补图

$\overline{G_1}$ 由两个连通分支 H_1、H_2 构成,$\overline{G_2}$ 由两个连通分支 H_3、H_4 构成。容易得到

$$h(H_2,x)=h(H_4,x)=2x^2+4x^3+x^4$$

$$h(H_1,x)=h(H_3,x)=x+x^2$$

从而有 $h(\overline{G_1},x)=h(\overline{G_2},x)$,因此

$$f_t(G_1)=f_i(G_2)$$

注 一个系数正、负号交替的多项式未必是某图的色多项式。

如多项式 $t^4-3t^3+3t^2$,若它是图 G 的色多项式,则 $|V(G)|=4$,$|E(G)|=3$,$\omega(G)=2$,即

$$G=K_3\bigcup K_1, \quad \text{但} f(K_3\bigcup K_1)=t^4-3t^3+2t^2$$

9.1.7 联图的色多项式

定理9.16 设 G_1,G_2 是两个简单图,令 G 是 G_1 与 G_2 的联图,即 $G=G_1+G_2$,则

$$g_r(G)=\sum_{i+j=r} g_i(G_1) \cdot g_j(G_2) \tag{9.18}$$

证 由于 G_1 的每个顶点(在 G 中)与 G_2 的每一个顶点相邻,所以,G 中任何一个色组,或是 G_1 的一个色组,或是 G_2 中的一个色组,于是有(9.18)式。 □

推论9.17 由定理9.16,我们得到 G_1+G_2 的色多项式为

$$f(G_1+G_2)=f(G_1)\odot f(G_2) \tag{9.19}$$

其中多项式的运算 $\odot$ 定义为把每一多项式写成 $\sum m_i[t]_i$ 的形式,并把 $[t]_i$ 当作幂来乘。 □

例9.10 $K_{3,3}=E_3+E_3$,于是

$$\begin{aligned}
f_t(K_{3,3})&=f_t(E_3)\odot f_t(E_3)\\
&=t^3\odot t^3\\
&=([t]_3+3[t]_2+[t]_1)\odot([t]_3+3[t]_2+[t])\\
&=[t]_6+6[t]_5+11[t]_4+6[t]_3+[t]_2\\
&=t^6-9t^5+36t^4-75t^3+78t^2-31t
\end{aligned}$$

图 E_1+G 和 E_2+G 称为 G 的锥和双角锥,分别记为 cG 和 sG。

定理9.18 设 G 是一个简单图,则

$$f_t(cG)=tf_{t-1}(G) \tag{9.20}$$

$$f_t(sG)=t(t-1)f_{t-2}(G)-tf_{t-1}(G) \tag{9.21}$$

证 令 $f_t(G)=\sum_i m(i)[t]_i$,则由推论9.17及事实 $[t]_{i+1}=t[t-1]_i$,我们有

$$\begin{aligned}
f_t(cG)&=f_t(E_1+G)=f_t(E_1)\odot f_t(G)\\
&=t\odot f_t(G)=[t]_1\odot\sum_i m(i)[t]_i\\
&=\sum_i m(i)[t]_{i+1}\\
&=t\sum_i m(i)[t-1]_i=tf_{t-1}(G)
\end{aligned}$$

注意到 $t^2 = [t]_2 + [t]_1$,故有

$$
\begin{aligned}
f_t(sG) &= f_t(E_2 + G) = f_t(E_2) \odot f_t(G) \\
&= t^2 \odot f_t(G) = ([t]_2 + [t]_1) \odot \sum_i m(i)[t]_i \\
&= [t]_2 \odot \sum_i m(i)[t]_i + [t]_1 \odot \sum_i m(i)[t]_i \\
&= \sum_i m(i)[t]_{i+2} + \sum_i m(i)[t]_{i+1} \\
&= t(t-1)f_{t-2}(G) - t f_{t-1}(G)
\end{aligned}
$$

$\square$

9.1.8 几类特殊图的色多项式

虽然我们已经给出了求图的色多项式的几种方法,但是,如果顶点数较大时,用这些方法求出图的色多项式几乎是不可能的事情。于是,人们考虑对某些特殊图,或者感兴趣的图求其色多项式的方法。我们已经知道 $f_t(K_p) = [t]_p$, $f_t(E_p) = t^n$。在这一小节和下两小节,我们介绍这方面的工作。

定理 9.19 若 T_p 表示有 p 个顶点的一棵树,则有

$$f_t(T_p) = t(t-1)^{p-1} \tag{9.22}$$

证 应用归纳证明,结论对 $p=1$ 显然成立。

假设对 $p = n \geqslant 2$ 时结论成立。我们考虑 $p = n+1$ 的情况。由于当 $n \geqslant 2$ 时,T_{n+1} 至少有两个悬挂顶点。不妨设 $v \in T_{n+1}$, $d(v) = 1$, e 与 v 关联,于是由定理 9.3 有

$$f_t(T_{n+1}) = f_t(T_{n+1} - e) - f_t(T_{n+1} \cdot e)$$

又由定理 9.15 中的(6)及假设有

$$f_t(T_{n+1} \cdot e) = t(t-1)^{n-1}$$
$$f_t(T_{n+1} - e) = t \cdot t(t-1)^{n-1}$$

所以 $f_t(T_{n+1}) = t \cdot t(t-1)^{n-1} - t(t-1)^{n-1} = t(t-1)^n$,即 $p = n+1$ 时结论成立。 $\square$

定理 9.20 设 C_p 表示长度为 p 的圈,则

$$f_t(C_p) = (t-1)^p + (-1)^p(t-1) \tag{9.23}$$

证 应用数学归纳法,$p=3$ 时

$$
\begin{aligned}
f_t(C_3) &= f_t(K_3) = t(t-1)(t-2) \\
&= (t-1)(t-1+1)(t-1-1) \\
&= (t-1)^3 + (-1)^3(t-1)
\end{aligned}
$$

结论成立。

假设 $n-1$ 时结论成立,我们考虑 n 的情况,由定理 9.3 和定理 9.19 得

$$f(C_n) = f(C_n - e) - f(C_n \cdot e) \qquad e \in E(C_n)$$

注意到 $C_n - e$ 是长度为 $n-1$ 的路(即 n 阶树),$C_n \cdot e = C_{n-1}$,故有

$$f(C_n - e) = t(t-1)^{n-1}$$
$$f(C_n \cdot e) = (t-1)^{n-1} + (-1)^{n-1}(t-1)$$

代入得

$$f(C_n) = t(t-1)^{n-1} - (t-1)^{n-1} - (-1)^{n-1}(t-1)$$
$$= (t-1)^{n-1}(t-1) + (-1)^n(t-1)$$
$$= (t-1)^n + (-1)^n(t-1)$$

□

若 $G = C_n + E_1$,则称 G 为具有 n **辐的轮图**。

定理 9.21 若 $G = G_n + E_1$ 则

$$f_t(G) = t(t-2)^n + (-1)^n t(t-2)$$

证 由(9.20)式和(9.23)式,又由于 $C_n + E_1$ 是一个锥,故

$$f_t(C_n + E_1) = t f_{t-1}(C_n)$$
$$= t((t-2)^n + (-1)^n(t-2))$$
$$= t(t-2)^n + (-1)^n t(t-2)$$

□

关于定理 9.15～定理 9.22 可参见文献[5]。

9.1.9 准可分图

图 G 叫做**准可分图**,如果存在 $V(G)$ 的一个子集 V',使得 $G[V']$ 为完全图,并且 $G[V-V']$ 是不连通的。若 $V' = \varnothing$(在此情况下,G 本身是不连通的)或 $|V'| = 1$(在此情况下,V' 中仅有一个顶点,此点为割点)时,则称 G 为**可分的**。

由此,一个准可分图就是 $V(G) = V_1 \cap V_2$,且 $G[V_1 \cap V_2]$ 为 G 的完全子图,在 G 中不存在连接 $V_1 - (V_1 \cap V_2)$ 到 $V_2 - (V_1 \cap V_2)$ 的边。

例 9.11 图 9.8 给出了最小的准可分而不可分的图。

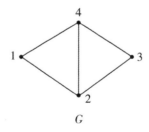

图 9.8 一个最小准可分图

相应的子集为 $V_1 = \{1,2,4\}, V_2 = \{2,3,4\}$。

定理 9.22 若 G 为准可分图,则

$$f(G) = \frac{f(G[V_1]) f(G[V_2])}{f(G[V_1 \cap V_2])} \tag{9.24}$$

证明 若 $V_1 \cap V_2$ 为空集,我们约定分母为 1,于是这个结论为定理 9.15 中(6)的结论。设 $G[V_1 \cap V_2]$ 为完全图 $K_u, u \geqslant 1$,由于 G 包含 K_u,故 G 的点着色的颜色数大于或者等于 u。所以 $[t]_u$ 为 $f_t(G)$ 的一个因子,对每个自然数 $s \geqslant u$,$f_s(G)/[s]_u$ 是把 $G[V_1 \cap V_2]$ 的一个给定的点着色扩展到整个 G 的方法数(至多用 s 种颜色)。

同样,$G[V_1], G[V_2]$ 都包含完全图

$$K_u = G[V_1 \cap V_2]$$

所以在这些图上，$f_s(G[V_i])/[s]_u(i=1,2)$ 有相同的解释，但在 G 中，没有边连接 $V_1-(V_1 \cap V_2)$ 到 $V_2-(V_1 \cap V_2)$，所以 $G[V_1 \cap V_2]$ 上的点着色的扩展是相互独立的。因此，对所有的 $s \geqslant u$，有

$$\frac{f_s(G)}{[s]_u} = \frac{f_s(G[V_1])}{[s]_u} = \frac{f_s(G[V_2])}{[s]_u}$$

由此结果，对所有 t 都成立。 $\square$

定理 9.22 中的公式常常在计算小的图的色多项式时有用。如图 9.7 的色多项式利用定理 9.22，其结果为

$$\frac{t(t-1)(t-2)t(t-1)(t-2)}{t(t-1)} = t(t-1)(t-2)^2$$

推论 9.23 若 $G = G_1 \cup G_2$，且 G_1 与 G_2 有且仅有一个公共点，则

$$f(G) = \frac{1}{t}f(G_1)f(G_2) \tag{9.25}$$

$\square$

9.1.10 广义外平面图

广义外平面图[6]，记作 G_{n+1}，是由 $n+1$ 个圈 $C_1,C_2,\cdots,C_{n+1}$ 构成，其中 C_i 与 C_{i+1} 之间有且只有 $b_{i+1}(\geqslant 1)$ 条公共边 $(i=1,2,\cdots,n)$，如图 9.9 所示。

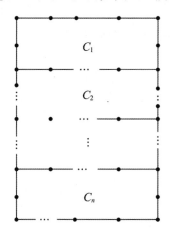

图 9.9　广义外平面图

当 G_{n+1} 中所有的 b_{i+1} 是 1 时，G_{n+1} 就是通常所言的外平面图。

定理 9.24 设 G_n 表示由 n 个圈 $C_1,C_2,\cdots,C_n$ 构成的广义外平面图（如图 9.8 所示），并令 $|C_i \cap C_{i+1}| = b_{i+1}(i=1,2,\cdots,n-1) \geqslant 1$，$|C_i| = a_i \geqslant 3(i=1,2,\cdots,n)$，则

$$f_t(G_n) = \begin{cases} A(t)f_t(G_{n-1}) + B(t)f_t(G_{n-2}) & \text{若 } a_n - 2b_n \geqslant 0 \\ A_1(t)f_t(G_{n-1}) + B_1(t)f_t(G_{n-2}) & \text{若 } a_n - 2b_n < 0 \end{cases}$$

其中

$$A(t)=\frac{1}{t}\{(-1)^{a_n}(t-1)^{b_n}-(t-1)^{a_n-b_n}-(-1)^{a_n-b_n}(t-1)-(-1)^{a_n+b_n}\}$$

$$A_1(t)=\frac{1}{t}\{(-1)^{a_n-1}[(t-1)^{b_n}-(-1)^{b_n}]-[(t-1)^{a_{n-1}-b_{n-1}}+(-1)^{a_n-b_n}(t-1)]\}$$

$$B(t)=t^{-2}[(t-1)^{b_n}-(-1)^{b_n}][(t-1)^{a_{n-1}+a_n-2b_{n-1}-b_{n-1}}$$
$$-(-1)^{a_n}(t-1)^{a_{n-1}-b_{n-1}}]$$
$$+t^{-2}[(t-1)^{a_n-b_n}+(-1)^{a_n-b_n}(t-1)][(t-1)^{a_{n-1}-b_{n-1}}-(-1)^{b_n}$$
$$\cdot(t-1)^{a_{n-1}-b_n-b_{n-1}}]$$

$$B_1(t)=t^{-2}[(t-1)^{b_n}-(-1)^{b_n}][(-1)^{a_n}(t-1)^{a_{n-1}-b_{n-1}}$$
$$-(t-1)^{a_{n-1}+a_n-2b_n-b_{n-1}}]$$
$$+t^{-2}[(t-1)^{a_n-b_n}+(-1)^{a_n-b_n}(t-1)][(t-1)^{a_{n-1}-b_{n-1}}-(-1)^{b_n}$$
$$\cdot(t-1)^{a_{n-1}-b_n-b_{n-1}}]$$

推论 9.25 若 G_{n+1} 是外平面图,则

$$f_t(G_{n+1})=\frac{(t-1)^{a_{n+1}}+(-1)^{a_{n+1}}(t-1)}{t(t-1)}f_t(G_n)$$

其中 $a_{n+1}=|C_{n+1}|$

其证明参见文献[6]。

9.2 自补度序列图

本节提出一类比自补图更广泛的图类,称为**自补度序列图**,并且对它的基本性质与特征、度序列特征等进行了较为详细的研究。我们将会看到,自补度序列图不仅是对自补图的一种形式的推广,而且在图与补图的色多项式的研究中有其重要的应用。有关自补度序列图与自补图的构造见文献[12]~[14]。

9.2.1 关于自补度序列图基本性质

容易看到,若 G 是一个自补度序列图,则有

$$|V(G)|=0,1(\bmod 4) \tag{9.26}$$

为了证明下面的定理 9.26,我们先给出几个概念和一个引理。

设 v_1 是图 G 的度数为最小的顶点,即 v_1 满足 $d(v_1)=\delta(G)$,则我们称 v_1 为图 G 的**最小点**。若 v_n 是图 G 的度数为最大的顶点,即 v_n 满足 $d(v_n)=\Delta(G)$,则我们把 v_n 称为图 G 的**最大点**。显然,一个图 G 的最大点与最小点并不一定是唯一的。设 $v\in V(G)$,则由补图的定义,我们有

$$d_G(v)+d_{\bar{G}}(v)=|V(G)|-1$$

容易证明：若 v_1 是图 G 的最小点，v_n 是图 G 的最大点，则 v_1 必是图 $\overline{G}$ 的最大点，v_n 必是图 $\overline{G}$ 的最小点。

定理 9.26 设 G 是自补度序列图，则 G 必定是连通的。

证明 用反证法。假设 G 是连通的。不失一般性，我们可设 G 具有两个连通的分支 G_1 和 G_2；$G=G_1\bigcup G_2$；且令 $|V(G_1)|=m_1\geqslant 1$，$|V(G_2)|=m_2\geqslant 1$ 则有

$$|V(G)|=m_1+m_2=n\equiv 0,1(\mathrm{mod}\ 4)$$

设 v_1 和 v_n 分别表示图 G 的最小点和最大点，则可能有以下两种情况。

情况 I $v_1\in V(G_1)$，$v_n\in V(G_1)$。

这时 v_1 和 v_n 当然分别是 G_1 的最小点与最大点。故 v_1 是 $\overline{G_1}$ 的最大点，并且最大度数 $d_{\overline{G}}(v_1)=m_1-1-d(v_1)+m_2$。$v_n$ 是 $\overline{G}$ 的最小点，其最小度数 $d_{\overline{G}}(v_n)=m_1-1-d(v_n)+m_2$。显然，由于 $v_n\in V(G_1)$，有 $m_1>d(v_n)$。又因为 $d(v_1)$ 必定小于 m_2，否则：

第一，若 $d(v_1)>m_2$，则显然与 v_1 是 G 的最小点矛盾；

第二，若 $d(v_1)=m_2$，则 G_2 中的每一顶点的度数都小于等于 m_2-1；当然，G_2 中每一顶点的度数都小于 $d(v_1)$，这与 v_1 是 G 的最小点矛盾，故有

$$m_2-1-d(v_1)\geqslant 0$$

所以

$$d_G(v_1)=m_2-1-d(v_1)+m_1>d(v_n)$$

故有 $\overline{G}$ 的最大度数 $\neq G$ 的最大度数。这与 G 是自补度序列图矛盾。

情况 II $v_1\in V(G_1)$，$v_n\in V(G_2)$。

令 $\delta(G)=d(v_1)$，$\Delta(G)=d(v_n)$，则在 $\overline{G}$ 中

$$\Delta(\overline{G})=m_1-1-d(v_1)+m_2 \tag{9.26}$$

$$\delta(\overline{G})=m_2-1-d(v_n)+m_1 \tag{9.27}$$

显然，$m_1>d(v_1)$，而 $m_2-1-d(v_n)\geqslant 0$。故由此式知

$$\delta(\overline{G})>d(v_1)=\delta(G)$$

由此式易知，G 与 $\overline{G}$ 的最小度数不相等，这与 G 是自补度序列图矛盾。

综合情况 I 与 II，本定理获证。

9.2.2 自补度序列图的度序列的基本特征

在本小节，我们对自补度序列图的度序列的基本性质及特征，给予了较为详细的研究和讨论。下述定理给出了自补度序列图的度序列的基本特征，它是进一步研究自补度序列图的基础。

定理 9.27 设 $(d_1,d_2,\cdots,d_{4n})$ 是图 G 的度序列，则 G 是自补度序列图的充要条件为

$$d_i+d_{4n+1-i}=4n-1 \qquad i=1,2,\cdots,2n \tag{9.28}$$

若 G 是 $4n+1$ 阶的图，并且 $(d_1,d_2,\cdots,d_{4n+1})$ 是它的度序列，则 G 是自补度序列图的充要条件为

$$\left.\begin{array}{l} d_i+d_{4n+1-i}=4n \quad i=1,2,\cdots,2n \\ d_{2n+1}=2n \end{array}\right\} \tag{9.29}$$

证明 我们在此仅给出 $4n$ 阶情况的证明,至于 $4n+1$ 阶,同理可证之。

先证必要性。设 G 是自补度序列图,令 $V(G)=\{v_1,v_2,\cdots,v_{4n}\}$,$d_i=d(v_i)(i=1,2,\cdots,4n)$,并且有

$$d_1\leqslant d_2\leqslant\cdots\leqslant d_{4n} \tag{9.30}$$

由于

$$d_G(v_i)+d_{\overline{G}}(v_i)=4n-1$$

令

$$d'_i=d_{\overline{G}}(v_{4n+1-i}) \qquad i=1,2,\cdots,4n$$

即有

$$d_i+d'_{4n+1-i}=4n-1 \qquad i=1,2,\cdots,4n \tag{9.31}$$

再由条件(9.30)式,我们有

$$d'_1\leqslant d'_2\leqslant\cdots\leqslant d'_{4n} \tag{9.32}$$

由图的度序列的定义及(9.32)式知 $\overline{\pi}=(d'_1,d'_2,\cdots,d'_{4n})$ 是图 $\overline{G}$ 的度序列。又因为 G 是自补度序列图,从而有

$$\pi=(d_1,d_2,\cdots,d_{4n})=(d'_1,d'_2,\cdots,d'_{4n})=\overline{\pi}$$

即得

$$d_i=d'_i \qquad i=1,2,\cdots,4n \tag{9.33}$$

将(9.33)式代入(9.31)式得到(9.28)式,必要性获证。

再证充分性。设图 G 的度序列为 $\pi=(d_1,d_2,\cdots,d_{4n})$,并且满足条件(9.28)式。我们现在来证明 G 是自补度序列图。

仍取 $d'_i=d_{\overline{G}}(v_{4n+1-i})$,则必有

$$d_i+d'_{4n+1-i}=d_G(v_i)+d_{\overline{G}}(v_i)=4n-1 \quad i=1,2,\cdots,4n \tag{9.34}$$

于是由(9.34)式和(9.28)式,我们有

$$d'_i=d_i \qquad i=1,2,\cdots,4n$$

故有

$$(d_1,d_2,\cdots,d_{4n})=(d'_1,d'_2,\cdots,d'_{4n})$$

显然 $(d'_1,d'_2,\cdots,d'_{4n})$ 是 G 的补图 $\overline{G}$ 的度序列。故 G 是自补度序列图。 □

推论 9.28 设 G 是 $4n$ 阶的自补度序列图,$(d_1,d_2,\cdots,d_{4n})$ 是它的度序列,则有

$$1\leqslant d_i\leqslant 2n-1 \qquad 1\leqslant i\leqslant 2n$$
$$2n\leqslant d_j\leqslant 4n-2 \qquad 2n+1\leqslant j\leqslant 4n$$

若 G 是 $4n+1$ 阶自补度序列图,$(d_1,d_2,\cdots,d_{4n+1})$ 是它的度序列,则有

$$1\leqslant d_i\leqslant 2n \qquad 1\leqslant k\leqslant 2n$$
$$d_{2n+1}=2n$$
$$2n\leqslant d_j\leqslant 4n-1 \qquad 2n+2\leqslant j\leqslant 4n+1$$

□

在定理 9.27 中,我们是在已知 π 是**图序列**的条件下给出了自补度序列图的度序列的充要条件的,然而,当 $\pi=(d_1,d_2,\cdots,d_p)(p\equiv 0,1(\bmod 4))$ 不具备"图序列"这个条件时,它的

特征又如何描述呢? 这正是定理 9.31 所要解决的问题。为了完成定理 9.3 的证明,我们首先给出两个必要的引理。虽然这两个引理在前面出现过,但为了系统和方便,我们在此给出变形的叙述。设 $\pi=(d_1,d_2,\cdots,d_n)$ 是一个非负整数序列,π 称为**可自补度序列的**,如果存在一个 p 阶自补度序列图 G 满足 $\pi(G)=\pi$,则称 G 是 π 的一个**实现**。

引理 9.29 设 $\pi=(d_1,d_2,\cdots,d_p)$ 是非负整数序列,$\sum_{i=1}^{p}d_i$ 是偶数,并且 $d_1\leqslant d_2\leqslant\cdots\leqslant d_p$,则 π 是图序列的充要条件为

$$\sum_{i=1}^{r}d_{p+1-i}\leqslant r(r-1)+\sum_{i=r+1}^{p}\min\{r,d_{p+1-i}\}\qquad 1\leqslant r\leqslant p-1\qquad \Box$$

引理 9.30 设 $\pi=(d_1,d_2,\cdots,d_p)$ 是满足下列条件的非负整数序列:

$$d_1\leqslant d_2\leqslant\cdots\leqslant d_p \tag{9.35}$$

$$d_i+d_{p+1-i}=p-1\quad p\equiv 0,1(\bmod 4);i=1,2,\cdots,\left[\frac{p}{2}\right] \tag{9.36}$$

则 π 是图序列的充要条件为

$$\sum_{i=1}^{r}d_{p+1-i}\leqslant r(r-1)+\sum_{i=r+1}^{p}\min\{r,d_{p+1-i}\}\qquad r=1,2,\cdots,\left[\frac{p}{2}\right]$$

$$\Box$$

定理 9.31 若非负整数序列 $\pi=(d_1,d_2,\cdots,d_p)$ 满足(9.35)式和(9.36)式,则 π 是可自补度序列的充要条件是下式成立:

$$\sum_{i=1}^{r}d_i\geqslant\frac{1}{2}r^2\qquad 1\leqslant r\leqslant\left[\frac{p}{2}\right] \tag{9.37}$$

证明 我们这里仅对 $p=4n$ 的情形给予证明,至于 $4n+1$ 阶的情形同理可证。

由引理 9.29 和引理 9.30 知,$\pi=(d_1,d_2,\cdots,d_{4n})$ 是自补的图序列的充要条件是:

$$\sum_{i=1}^{r}d_{4n+1-i}\leqslant r(r-1)+\sum_{i=r+1}^{4n}\min\{r,d_{4n+1-i}\}$$

$$=r(r-1)+\sum_{i=1}^{4n-4}\min\{r,d_i\}\qquad 1\leqslant r\leqslant 2n \tag{9.38}$$

又由(9.35)式及(9.36)两式易知

$$d_{4n},d_{4n-1},\cdots,d_{2n+1}\geqslant 2n\geqslant r \tag{9.39}$$

不妨设 h 是一个最大的正整数,使得

$$d_h<r,\qquad 但 d_{h+1}\geqslant r \tag{9.40}$$

于是有

$$d_{4n},\cdots,d_{2n+1},\cdots,d_{h+1}\geqslant r \tag{9.41}$$

$$d_h,d_{h-1},\cdots,d_1<r \tag{9.42}$$

所以

$$\sum_{i=1}^{r}d_{4n+1-i}\leqslant r(r-1)+(2n-r)r+(2n-h)r+\sum_{i=1}^{h}d_i$$

$$=r(4n-1-h)+\sum_{i=1}^{h}d_i$$

即

$$\sum_{i=1}^{r}(4n-1-d_i) \leqslant r(4n-1-h) + \sum_{i=1}^{h}d_i$$

化简后得

$$\left.\begin{array}{c}\sum_{i=1}^{h}d_i + \sum_{j=1}^{r}d_j \geqslant rh \\ 1 \leqslant r \leqslant 2n, \quad 1 \leqslant h \leqslant 2n\end{array}\right\} \tag{9.43}$$

以下,我们来证明(9.43)式与(9.44)式是等价的。

$$\sum_{i=1}^{r}d_i \geqslant \frac{1}{2}r^2 \qquad 1 \leqslant r \leqslant 2n \tag{9.44}$$

第一步,推导(9.44)式 $\Rightarrow$ (9.43)式。因为

$$\sum_{i=1}^{h}d_i \geqslant \frac{1}{2}h^2, \qquad \sum_{j=1}^{r}d_j \geqslant \frac{1}{2}r^2$$

故有

$$\sum_{i=1}^{h}d_i + \sum_{j=1}^{r}d_j \geqslant \frac{1}{2}(r^2 + h^2) \geqslant rh$$

第二步,推导(9.43)式 $\Rightarrow$ (9.44)式。假设对某个 r,有

$$\sum_{i=1}^{r}d_i < \frac{1}{2}r^2 \tag{9.45}$$

并且我们取最小的这样一个满足(9.45)式的 r,则必有 $h \geqslant r$。否则,如果 $h < r$,由(9.41)式有

$$d_r \geqslant r \tag{9.46}$$

于是有

$$\begin{aligned}\sum_{i=1}^{r-1}d_i = \sum_{i=1}^{r}d_i - d_r &< \frac{1}{2}r^2 - r \\ &= \frac{1}{2}r^2 - \frac{r}{2} - \frac{1}{2}r \\ &= \frac{1}{2}r(r-1) - \frac{1}{2}r \\ &< \frac{1}{2}r(r-1) - \frac{1}{2}(r-1) \\ &= \frac{1}{2}(r-1)^2\end{aligned}$$

这与 r 是满足(9.45)式的最小性矛盾(若 $r=1$,则明显地有 $h \geqslant r$)。

现在,再由(9.42)式,当 $j \leqslant h$ 时有

$$d_j < r \tag{9.47}$$

于是由(9.45)式和(9.47)式,我们有下列关系式:

$$\begin{aligned}\sum_{j=1}^{h}d_j = \sum_{j=1}^{r}d_j + \sum_{j=r+1}^{h}d_j \\ < \frac{1}{2}r^2 + (h-r)r\end{aligned}$$

$$=hr-\frac{1}{2}r^2$$

从而我们获得

$$\sum_{i=1}^{r}d_i+\sum_{j=1}^{h}d_j<\frac{1}{2}r^2+hr-\frac{1}{2}r^2=hr \qquad 1\leqslant r\leqslant 2n, \quad 1\leqslant h\leqslant 2n$$

这就是说,如果(9.43)式成立,则(9.44)式必定成立。

综合前两步,等价性获证,从而本定理获证。 □

由定理9.27我们已经看到,自补度序列图 G 的度序列 $\pi=(d_1,d_2,\cdots,d_p)(p\equiv 0,1 \pmod 4)$ 由前 $\left[\frac{p}{2}\right]$ 个度数便可唯一地决定下来。于是,我们只要讨论前 $\left[\frac{p}{2}\right]$ 个度数的性质,就会对自补度序列图的构造问题有较大的帮助。故我们在此给出以下推论。

推论9.32 设 $\pi=(d_1,d_2,\cdots,d_p)$ 是自补的图序列, $p\equiv 0,1 \pmod 4$,则必有

$$\sum_{i=1}^{2n}d_i\geqslant 2n^2 \tag{9.48}$$

□

推论9.33 任何自补度序列图最多有两个悬挂顶点(阶≤1的除外)。若一个自补度序列图恰有两个悬挂顶点,则其余顶点的度数必≥3(阶≤5的除外)。

证明 假设 $\pi=(d_1,d_2,\cdots,d_{4n})$ 是某自补度序列图的度序列,并且 $d_1=d_2=d_3=1$,则 $\sum_{i=1}^{3}d_i=3<4.5=\frac{1}{2}\times 3^2$ 。这与定理9.31式矛盾,从而本推论的前半部分获证。

再假设该自补度序列图恰有两个悬挂顶点,由 $4n\geqslant 8\Rightarrow 2n\geqslant 4$,故可假设 $d_3=2$,于是有

$$\sum_{i=1}^{3}d_i=1+1+2<4.5=\frac{1}{2}\times 3^2 \tag{9.49}$$

显然(9.49)式与(9.37)式矛盾,从而本推论全部获证。 □

9.3 图与它的补图的色多项式

图的着色理论一直是图论学科中的主要研究方向之一。在这个方向上,图的色多项式是一个较活跃且较重要的研究领域。为了对图的色多项式进行深入的研究,国内外几位学者从研究其补图的色多项式入手。自然,考虑一个图与它的补图的色多项式之间的关系是一个基本的问题。在1980年"第四届国际图论会议"上,Akyama 和 Harary 提出下列公开问题:"是否存在着非自补的图 G , G 与它的补图 $\overline{G}$ 有相同的色多项式?",文献[8]、[11]对这个问题给出了肯定回答。文献[9]系统地解决了这个问题。在这一节里,我们应用自补图与自补度序列图的有关理论,较圆满地回答了这个问题,获得了:

(1)不存在阶数<8的非自补图 G 与它的补图 $\overline{G}$ 有相同的色多项式;

(2)不存在阶数 $p\equiv 2,3 \pmod 4$ 的图 G 与它的补图 $\overline{G}$ 有相同的色多项式;

(3)若 $p \geq 8$，则对任意的 $p \equiv 0, 1 \pmod 4$，存在 p 阶非自补的图 G，它与它的补图 $\overline{G}$ 有相同的色多项式。

一个图 G 称为具有 A－H 性，如果 G 不是自补的，但 $f_t(G) = f_t(\overline{G})$。

为了证明本节的主要结果，我们先引入若干引理。这几个引理在前面有类似的结果。

引理 9.34 设 $v \in V(G)$，且 v 的邻域 $N(v)$ 属于 G 中某个完全子图的顶点集，$d_G(v) = d$，则有

$$f_t(G) = (t-d) f_t(G-v) \tag{9.50}$$

应用引理 9.22，本引理易证，故略。 □

定理 9.35[9] 不存在 $p \equiv 2, 3 \pmod 4$ 阶的图 G，使得

$$f_t(G) = f_t(\overline{G}) \tag{9.51}$$

证明 假设 (9.51) 式成立，必有 $|E(G)| = |E(\overline{G})|$，但当 $p = 4n+2$ 时，$\dfrac{1}{2}\dbinom{4n+2}{2}$ 为奇数；$p = 4n+3$ 时，$\dfrac{1}{2}\dbinom{4n+3}{2}$ 为奇数。 □

定理 9.36[9]

(1) 不存在阶数 <8 的具有 A－H 性的图；

(2) 若 $p \geq 8$，则对任意的 $p \equiv 0, 1 \pmod 4$，存在 p 阶图 G 满足 A－H 性。

证明

(1) 若 $p < 8$，当 $p = 2, 3, 6, 7$ 时，由定理 9.34 可获证。当 $p = 4$ 时，满足 $|E(G)| = |E(\overline{G})| = 3$ 的图只有一个自补图 P_4（长度为 3 的路）、$K_{1,3}$（星图）及 $K_3 \cup K_1$，注意后两个图互补却不满足 (9.51) 式。当 $p = 5$ 时，具有 5 条边的 5 阶图共有 6 个，其中 2 个是自补图，其余 4 个均不满足 (9.51) 式。

(2) 以下我们来证明 $p \geq 8$，且 $p \equiv 0, 1 \pmod 4$ 的情况，分两种情况。

情况 I $p = 4n$。

考虑序列：

$$\pi = (n-1, \underbrace{n, \cdots, n}_{2n-2 \text{ 个}}, n+1, 3n-2, \underbrace{3n-1, \cdots, 3n-1}_{2n-2 \text{ 个}}, 3n)$$

由定理 9.31 容易证明 π 是可自补度序列的，但由自补图的度序列的充要条件（见第 2 章）知 π 不是可自补的。故若有 G 满足 $\pi(G) = \pi$，则 G 是自补度序列图，但不是自补图。现在，我们来构造一个 $4n$ 阶的自补度序列图 G，满足 $\pi(G) = \pi$，且满足 (9.51) 式。为了方便，现令

$$V(G) = \{1, \cdots, 2n, v_1, \cdots, v_{2n}\}$$

其构造步骤如下（以 $n=4$ 为例）：

第一步 按图 9.10 所示列出顶点集 $V(G)$；

第二步 令顶点 1 与顶点 $v_1, v_2, \cdots, v_{n-1}$ 相连边；顶点 i $(2 \leq i \leq 2n-1)$ 与顶点 v_i，$v_{i+1}, \cdots, v_{i+n-1}$ 相连边，这里 $i+j$ $(1 \leq j \leq n-1)$ 取模 $2n$ 加法，下同；顶点 $2n$ 与顶点 v_1，

$v_2, \cdots, v_{n+1}$ 相连边,如图 9.11 示。

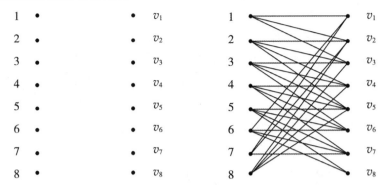

图 9.10　顶点布局　　　　图 9.11　自补度序列的但非自补的图

第三步　令 $\{v_1, v_2, \cdots, v_{2n}\}$ 集中每对顶点相连边即得所要构造的图(其图略)。

由图 G 的构造过程知,在 G 中,

(1)　　　　　　　$G[v_1, v_2, \cdots, v_{2n}] \cong K_{2n}$

(2)　　　　　　　$G[1, 2, \cdots, 2n] \cong E_{2n}$(完全空图)

(3)　　　　　　　$d(1) = n - 1$

　　　　　　　　　$d(2) = d(3) = \cdots = d(2n - 1) = n$

　　　　　　　　　$d(2n) = n + 1$

　　　　　　　　　$d(v_1) = \cdots = d(v_n) = d(v_{n+2}) = \cdots = d(v_{2n-1}) = 3n - 1$

　　　　　　　　　$d(v_{n+1}) = 3n$

　　　　　　　　　$d(v_{2n}) = 3n - 2$

由 G 的性质易推得它的补图 $\overline{G}$ 具有下列性质:

(1)　　　　　　　$\overline{G}[1, 2, \cdots, 2n] \cong K_{2n}$

(2)　　　　　　　$\overline{G}[v_1, v_2, \cdots, v_{2n}] \cong E_{2n}$

(3)　　　　　　　$(d'_{n+1}, d'_1, \cdots, d'_n, d'_{n+2}, \cdots, d'_{2n-1}, d'_{2n}, d''_{2n}, \cdots, d''_1)$

$$= (n - 1, \underbrace{n, \cdots, n}_{2n-2 \text{ 个}}, n + 1, 3n - 2, \underbrace{3n - 1, \cdots, 3n - 1}_{2n-2 \text{ 个}}, 3n)$$

其中　　　　　$d'_i = d_{\overline{G}}(v_i)(1 \leqslant i \leqslant 2n), d''_j = d_G(j)(1 \leqslant j \leqslant 2n)$

由此可知,$\pi(G) = \pi(\overline{G})$,并由引理 9.34 及定理 9.22 可算得

$$f_t(G) = f_t(\overline{G}) = t(t - n + 1)(t - n)^{2n-2}(t - n - 1)f_t(K_{2n})$$

情况 II　$p = 4n + 1$。

考虑序列

$$\pi' = (n - 1, \underbrace{n, \cdots, n}_{2n-2 \text{ 个}}, n + 1, 2n, 3n - 1, \underbrace{3n, \cdots, 3n}_{2n-2 \text{ 个}}, 3n + 1)$$

容易证明 π' 是可自补度序列的但不是可自补的。下面,我们给出构造其度序列为 π',且满足 (9.51)式的图 G',其构造步骤如下(以 $n = 4$ 为例)。

步骤 1 按情况 I 的方法步骤，先构造出度序列为 π 且满足(9.51)式的非自补的自补度序列图 G（如图 9.12，其中 $G[v_1,\cdots,v_{2n}]$ 中的全部边略去）；

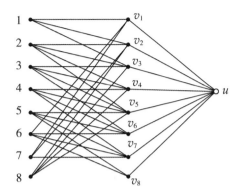

图 9.12 一个 $(4n+1)$ 阶的具有 A—H 性的图

步骤 2 在 G 中增添一个新的顶点 u，并使 u 与 $v_1,v_2,\cdots,v_{2n}$ 中每个顶点相连边即可（如图 9.12）所示，其中以 $n=4$ 为例，并且在 G' 中略去 $G'(v_1,v_2,\cdots,v_{2n})$ 中所有的边）。

同情况 I 一样，容易证明，G' 是度序列为 π' 的非自补的自补度序列图，并由引理 9.34 容易算出：

$$f_t(G) = f_t(\overline{G'}) = (t-n+1)^{2n-2}(t-n-1)f_t(K_{2n+1})$$

综合情况 I、II，本定理获证。 □

自然，我们会提出下列问题：

(1)是否对非可自补度序列的度序列 π，存在 $G,\pi(G)=\pi,G$ 具有 A—H 性？

(2)是否对每个自补度序列的度序列 $\pi=(d_1,d_2,\cdots,d_p)(p\geqslant 8)$，均可找到一个满足 A—H 性的图 G？

对于(1)，这个问题尚待解决，为此，我们提出下列猜想。

猜想 不存在 $p\equiv 0,1(\mathrm{mod}\ 4)$ 阶的非自补度序列图 G 满足 A—H 性。

对于(2)，答案是否定的。例如，我们有下列两个结果：

定理 9.37 对于可自补图的度序列

$$\pi_1 = (1,1,3,3,\cdots,2n-1,2n-1,2n,2n,\cdots,4n-2,4n-2)$$

不存在满足 A—H 性的图 G，使 $\pi(G)=\pi_1$。

证明 由第 3 章，关于自补图的构造过程中，具有度序列为 π_1 的图只有一个自补图可得证。 □

定理 9.38 令

$$\pi_x = (x,\underbrace{n,\cdots,n}_{2n-2\ \text{个}},2n-x,2n+x-1,\underbrace{3n-1,\cdots,3n-1}_{2n-2\ \text{个}},4n-x-1)$$

$$1\leqslant x\leqslant 2n-2,n\geqslant 3$$

则不存在自补度序列图 G，使得 $\pi(G)=\pi_x$，且 G 具有 A—H 性。

通过分析构造满足度序列为 π_x 的各种情况，不难证明，这里略之。 □

若 π 是可自补的,是否存在满足 A—H 性的图 G,使得 $\pi(G)=\pi$? 我们猜想是肯定的。为此,我们提出猜想。

猜想 设 $\pi=(d_1,d_2,\cdots,d_p)$ 是可自补图的度序列,$p\geqslant12,p\equiv0,1\pmod4$,$\pi\neq\pi_1$(定理 9.37 中定义的),则存在满足 A—H 性的图 G,使得 $\pi(G)=\pi$。

例 9.12 对于 $\pi=(2,2,3,3,4,4,7,7,8,8,9,9,)$,由第 2 章知它是可自补的。我们在图 9.13 中给出了一个图 G 和它的补图 $\overline{G}$,显然,$\pi(G)=\pi(\overline{G})=\pi$。注意在 G 中,顶点为 2 的度数是 2,它与顶点 11 和顶点 12 相邻;顶点为 3 的度数也是 2,它与顶点 9 和顶点 10 相邻,而 $d_G(9)=d_G(11)=9,d_G(10)=d_G(12)=7$。

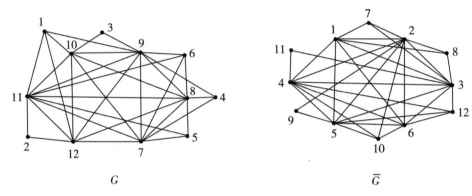

$$G \qquad\qquad \overline{G}$$

图 9.13 一对互补的 A—H 图

在 $\overline{G}$ 中,度数为 2 的两个顶点分别是 9 和 11,它们的相邻者是 2,5,3 和 4,但 $d_{\overline{G}}(4)=d_{\overline{G}}(5)=8$,故 G 与 $\overline{G}$ 不同构。

又由引理 9.34 易得
$$f(G,t)=f(\overline{G},t)=t(t-1)(t-2)^3(t-3)^3(t-4)^3(t-5)$$
这就证明了 G 具有 A—H 性。

这个例子给出上述猜想的一个肯定的例子。且此图为非平面图。

下面,我们将主要讨论满足 A—H 性的平面图,即图 G 是非自补的平面图且满足
$$f(G,t)=f(\overline{G},t)$$
由文献[7]知,若 G 是极大平面图,则
$$|E(G)|=3p-6 \tag{9.52}$$
其中 $p=|V(G)|$。

又因为,若 G 是阶满足 A—H 性的图,则
$$|E(G)|=\frac{1}{2}\binom{p}{2}=\frac{1}{4}p(p-1) \tag{9.53}$$
综合(9.52)式与(9.53)式知,若 G 具有 A—H 性的平面图,则
$$\frac{1}{4}p(p-1)\leqslant3p-6$$
即
$$p^2-13p+24\leqslant(p-11)^2+9p-97\leqslant0 \tag{9.54}$$

显然,若 $p \geqslant 11$,则(9.54)式不成立,于是由定理 9.35 及定理 9.36,有

定理 9.40[8]   若 G 为平面图且满足 A—H 性,则

$$|V(G)| = 8, 9 \tag{9.55}$$

□

自然,下列问题会被提出:满足 A—H 性的 8(或 9)阶平面图是否存在? 若存在,一共有多少个?

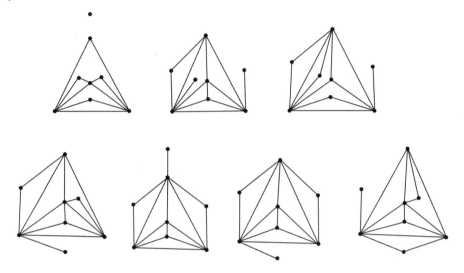

图 9.14   1992 年所获得的具有 A—H 性的平面图

关于存在性问题是肯定的,文献[8]中应用定理 9.36 的证明过程已经构造出了 8 个 8 阶的具有 A—H 性的平面图,如图 9.14 所示。文献[11]中构造出了一对 8 个顶点的具有 A—H 性的平面图,如图 9.15 所示。

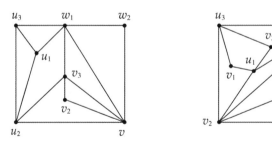

图 9.15   1993 年所获得的具有 A—H 性的平面图

另外,我们对具有 A—H 性的平面图进行了较为深入的研究,构造出了 8 个顶点的具有 A—H 性的平面图共有 36 个,如图 9.16 所示。并且我们猜想,不存在 9 个顶点的具有 A—H 性的平面图。

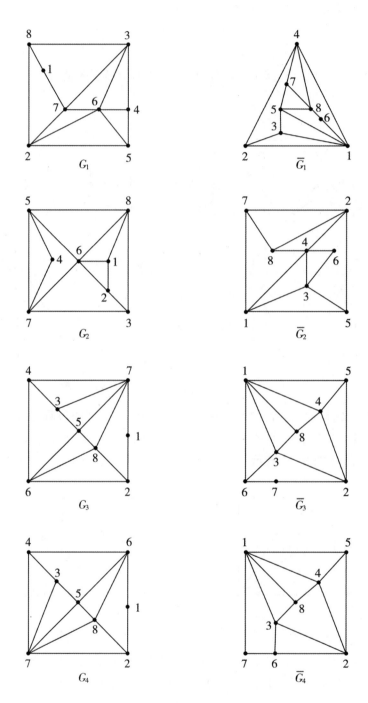

图 9.16 1999 年所获得的具有 A—H 性的平面图

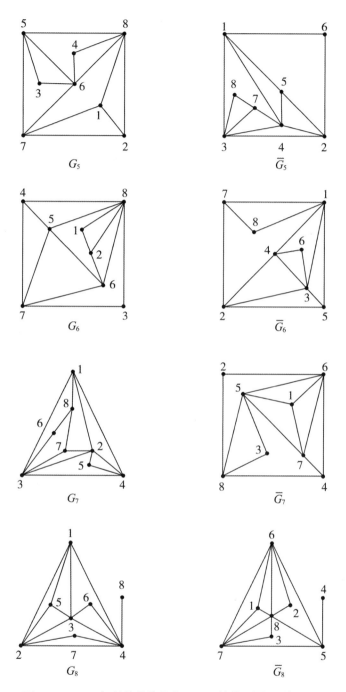

图 9.16 1999 年所获得的具有 A—H 性的平面图(续一)

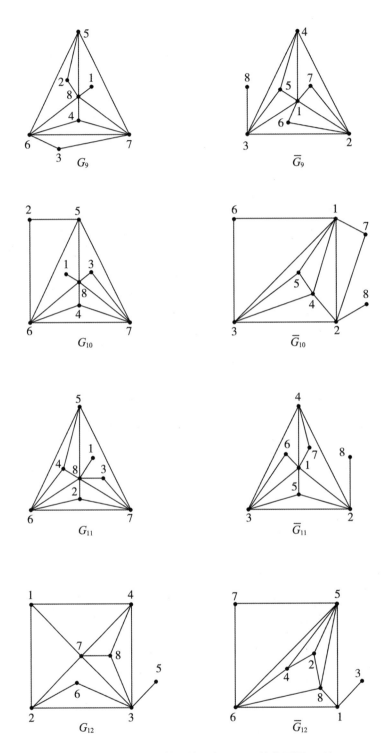

图 9.16 1999 年所获得的具有 A—H 性的平面图(续二)

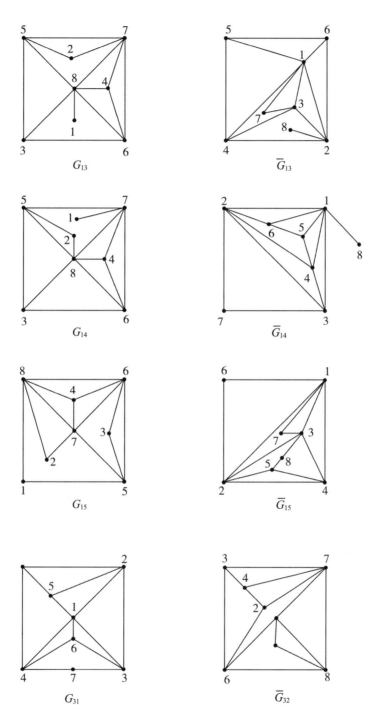

图 9.16 1999 年所获得的具有 A—H 性的平面图(续三)

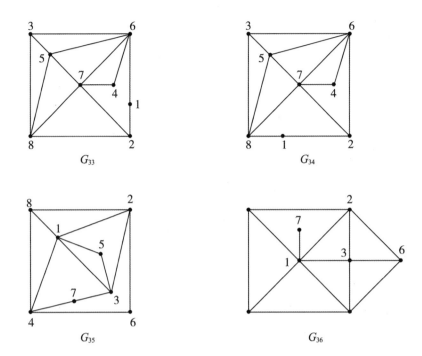

图 9.16　1999 年所获得的具有 A−H 性的平面图(续四)

9.4　尚待解决的困难问题与猜想

猜想 1　不存在 $p=0,1(\bmod 4)$ 阶的非自补度序列图 G 满足 A−H 性。

猜想 2　设 $\pi=(d_1,d_2,\cdots,d_p)$ 是可自补的,$p\geqslant 12$,$p=0,1(\bmod 4)$,$\pi\neq(1,1,3,3,\cdots,4n-2,4n-2)$,则存在具有 A−H 性的图 G,使得 $\pi(G)=\pi$。

猜想 3　具有 A−H 性的平面图有且只有如图 9.16 所示的 36 个平面图。

问题 4　具有 $p\equiv 0,1(\bmod 4)$ 个顶点的 A−H 性的图有多少个?

问题 5　表征 A−H 图的基本特征。

习　题

1. 试求完全多分图 $K_{a_1,a_2,\cdots,a_n}$ 的色多项式。

2. 若 G 为有 p 个顶点的简单图且 $f_t(G)=t(t-1)^{p-1}$,则 G 是一棵树。

3. 若 G_{n+1} 是通常的广义外平面图,试求 $f_t(G_{n+1})=?$（参见文献[3]。）

4. 证明定理 9.7。

5. 利用理想子图方法证明推论 9.17。

6. 证明推论 9.28。

参 考 文 献

［1］AKIYAMA J，HARARY F. A graph and its complement with specified properties—A survey. Theory and Applications of Graphs Proceedings，Proceedings-Fourth International Graph Theory Conference，Kalamozoo，May 6-9，1980，1-11.

［2］BIRKHOFF G D. A determinantal formula for the number of ways of coloring a map. Ann. of Math. ，1912，14:42-46.

［3］BIRKHOFF G D，LEWIS D C. Chromatic polynomials. Trans. Amer. Math. Soc. 1946，60：355-451.

［4］XU JIN(许进). Recursive formula for calculating the chromatic polynomial of a graph by vertex deletion. Acta Mathematica Scientia Series B，2004，24B(4)：577-582.

［5］BIGGS N. Algebraic Graph Theory. Cambridge University Press，London，1993.

［6］许进,李虹. 串联 n-圈图的色多项式. 西北大学学报，1992(2):147-152.

［7］DAVID BARNETTE. Map coloring，Polyhedra，and the Four-Color Problem. New York：The Mathematical Association of America，1986.

［8］郭保林,许进. 具有 A-H 性的平面图. 陕西师范大学学报(运筹学专集),1992.

［9］XU J，LIU Z. The chromatic polynomials between a graph and its complementabout Akiyama and Hararys' open problem，Graphs and Combinatorics，11(1995),337-345.

［10］刘儒英. 求色多项式的一种新方法. 科学通报,1987,32(1) :77-77.

［11］柳柏濂,周镇海,谭贵权. 色多项式的 Akiyama-Harary 问题. 数学物理学报,1993,13(3):252-255.

［12］许进,王自果. 论自补度序列图. 工程数学学报,1988(3)：117-119.

［13］许进,王自果. 论自补图的构造(Ⅰ). 西北工业大学学报,1988(2)：181-186.

［14］许进,王自果. 论自补图的构造(Ⅱ). 陕西师范大学学报,1992(4):4-10.